高职高专机械设计与制造专业规划教材

金属切削与机床

刘 坚 主 编

陈 立 屈 雁 副主编

清华大学出版社

北 京

内 容 简 介

本书在深入调研的基础上，反映了近几年来高等职业技术教育课程改革的经验，适应经济发展、科技进步和生产实际对教学内容提出的新要求，注意反映生产实际中的新知识、新技术、新工艺和新方法，突出了职业教育特色，紧密联系生产实际，具有广泛的实用性。

本书共 11 章，主要介绍了金属切削基本知识，刀具材料，金属切削过程的基本规律，工件材料的切削加工性，切削用量、切削液和刀具几何参数的选择，金属切削机床的基本知识，车床与车削加工，铣床与铣削加工，磨床与磨削加工，齿轮加工与齿轮加工机床，其他机床及加工方法，各章后均附有习题与思考题。书中采用了新国标规定的名词术语，较系统地介绍了金属切削原理与刀具，金属切削机床的基本知识。

本书可供高等职业技术学院及职工大学机械设计与制造、机电、数控、模具等相关专业选用，也可供大专院校和从事机械加工工作的工程技术人员参考，或作为工厂金属切削机床操作工人的自学教材。

图书在版编目(CIP)数据

金属切削与机床/刘坚主编；陈立，屈雁副主编. —北京：清华大学出版社，2012（2019.1重印）
(高职高专机械设计与制造专业规划教材)
ISBN 978-7-302-30011-3

Ⅰ. ①金⋯　Ⅱ. ①刘⋯　②陈⋯　③屈⋯　Ⅲ. ①金属切削—机床—高等职业教育—教材　Ⅳ. ①TG502

中国版本图书馆 CIP 数据核字(2012)第 211252 号

责任编辑：李玉萍　　桑任松
封面设计：杨玉兰
责任校对：周剑云
责任印制：沈　露

出版发行：清华大学出版社
　　　　网　　　址：http://www.tup.com.cn, http://www.wqbook.com
　　　　地　　　址：北京清华大学学研大厦 A 座　　　邮　　编：100084
　　　　社 总 机：010-62770175　　　　　　　　　邮　　购：010-62786544
　　　　投稿与读者服务：010-62776969, c-service@tup.tsinghua.edu.cn
　　　　质量反馈：010-62772015, zhiliang@tup.tsinghua.edu.cn
　　　　课件下载：http://www.tup.com.cn, 010-62791865
印 装 者：三河市铭诚印务有限公司
经　　销：全国新华书店
开　　本：185mm×260mm　　印　张：19　　字　数：457 千字
版　　次：2012 年 9 月第 1 版　　　　印　次：2019 年 1 月第 5 次印刷
定　　价：45.00 元

产品编号：046219-02

前　　言

　　本书是高职高专机械设计与制造专业规划教材，除供高等职业技术院校及业余职工大学机械设计与制造、机电、数控、模具及其他相关专业选用外，还可供大专院校和从事机械加工工作的工程技术人员参考，或作为工厂金属切削机床操作工人的自学教材。

　　本书根据机械制造技术的迅速发展对人才素质的需要而确立课程的教学内容，体现了创新意识和实践能力为重点的教育教学指导思想。书中渗透当代科学思维，反映了机械制造技术发展对机电类应用型人才素质的要求。

　　本书在深入调研的基础上，总结近年来高等职业技术教育课程改革的经验，适应经济发展、科技进步和生产实际对教学内容提出的新要求，注意反映生产实际中的新知识、新技术、新工艺和新方法；突出了高等职业教育特色，紧密联系生产实际，注重基本理论、基本知识和基本技能的叙述；编写了形式多样的例题、习题和思考题，方便教学，具有广泛的实用性。

　　全书共 11 章，分别介绍了金属切削基本知识，刀具材料，金属切削过程的基本规律，工件材料的切削加工性，切削用量、切削液和刀具几何参数的选择，金属切削机床的基本知识，车床与车削加工，铣床与铣削加工，磨床与磨削加工，齿轮加工与齿轮加工机床，其他机床及加工方法等内容。

　　本书由刘坚任主编，陈立、屈雁任副主编。各章编写分工如下：绪论、第 1 章、第 6 章、第 10 章、第 11 章由刘坚编写，第 2 章、第 3 章由陈立编写，第 4 章由李秀兰编写，第 5 章由孙甲尧编写，第 7 章由屈雁编写，第 8 章由欧阳海菲编写，第 9 章由凡进军编写。

　　本书由程璋主审，对初稿提出了宝贵和全面的修改意见。在编写过程中还得到了有关兄弟院校领导和老师的大力支持和帮助，在此表示衷心的感谢。

　　由于编者水平有限，经验不足，书中的缺点和错误在所难免，恳请读者给予批评指正。

编　者

目　录

绪　　论

1．机械制造业在国民经济中的地位和作用

零件是最基本的制造单元体，各行各业及日常生活中使用的各种机械设备和工具等，都是由具有一定形状和尺寸的零件所组成的。加工这些零件，并将它们装配成机械设备和工具的行业，称为机械制造业。

机械制造业的主要任务是为国民经济各部门提供各种先进的技术装备，而先进的技术装备本身就体现了有关的先进科技成果。机械制造业是国民经济重要的基础工业部门，也是应用科学技术的主要领域，是应用最新科技推动社会、经济发展的主导产业。机械工业的技术水平和规模是衡量一个国家工业化程度和国民经济综合实力的主要指标之一。

机械制造业提供的技术装备的水平与质量直接影响国民经济各部门的生产技术水平和经济效益，强大的机械制造业为国民经济的发展提供了物质基础。因此，国民经济的发展速度在很大程度上取决于机械制造业的技术水平和发展速度。据国外有关资料统计，在经济发展阶段，机械工业的发展速度要高出整个国民经济发展速度的 20%～25%。

从世界经济的发展历史来看，经济的竞争归根到底是制造技术和制造能力的竞争。可见，机械制造业是国民经济赖以发展的基础，是国家经济实力和水平的综合体现。21 世纪是科学技术、综合国力竞争的时代，必须大力发展机械制造技术及机械制造业。

现代社会物质文明的高度发展，首先归功于制造业的进步。制造业为人们的生活提供各种各样的生活用品，为国民经济的生产部门、国防及科研机构提供各种各样的技术装备。制造业为社会在创造大量物质财富的同时也创造了巨大的经济效益，在国民经济中常常起到举足轻重的作用。经济发达的工业化国家无不重视制造业的发展。这些国家制造业所创造的财富在国民经济中占有很大的比例，是国民经济的支柱产业。

2．金属切削机床的发展概况

金属切削机床(Metal cutting machine tools)是用切削的方法将金属毛坯加工成机器零件的机器，它是制造机器的机器，所以又称为"工作母机"或"工具机"，习惯上简称为机床。

工具的制造和使用是人类从猿进化到人的一个本质的飞跃。随着人类对各种生产和生活工具制造水平的提高和应用范围的扩大，人类文明也随之不断地发展。从某种意义上说，生产工具(设备)的发展史，也就是一部人类文明的创造史。

人类的生产活动是最基本的实践活动，劳动创造了世界，一切工具都是人手的延长。在古代，人类从劳动实践中逐步认识到：如果要钻一个孔，可使刀具转动，同时使刀具向孔深处推进。也就是说，最原始的钻床是依靠双手的往复运动，在工件上钻孔。如图 0-1 所示的钻具，就是我国古代发明的舞钻，它利用了飞轮的惯性原理。如果要制造一个圆柱体，就需一边使工件旋转，一边要使刀具沿工件做纵向移动进行车削。为加工圆柱体，出现了依靠人力使工件往复回转的原始车床，如图 0-2 所示的车床图案就是在古埃及国王墓碑上发现的最古老的车床形式。

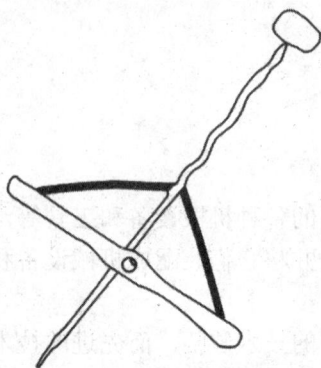

图 0-1　舞钻　　　　　　　　　图 0-2　古埃及国王墓碑上的车床图案

在原始切削加工阶段，人既是机床的原动力，又是机床的操纵者。图 0-3 所示就是我国古代钻床的形式。早在 6000 年前，我国古代半坡人就已经用弓钻在石斧、陶器上钻孔，如图 0-4 所示。

图 0-3　古代钻床　　　　　　　图 0-4　半坡人用弓钻钻孔

随着生产的发展和需要，15 世纪至 16 世纪出现了铣床、磨床。我国明朝宋应星所著的《天工开物》一书中，就已有对天文仪器进行铣削和磨削加工的记载。图 0-5 所示是我国使用过的脚踏刃磨床。

在漫长的奴隶社会和封建社会里，生产力的发展是非常缓慢的。当加工对象由木材逐渐过渡到金属时，车圆、钻孔等都要求增大动力，于是就逐渐出现了水力、风力和畜力等驱动的机床。到 17 世纪中叶，才开始用畜力代替人作为机床的动力，但仍然用手握持刀具，图 0-6 所示就是我国 17 世纪中叶所使用过的加工天文仪器上大铜环的马拉机床(平面铣床和磨床)。18 世纪又出现了刨床。

18 世纪末，瓦特的蒸汽机将机床工业向前推进了一大步。伴随着机用走刀架的出现，基本解放了操作者的双手，加工质量和加工效率也有了明显提高。19 世纪至 20 世纪初，电动机取代了笨拙的蒸汽机，成为机床的新动力源，加上齿轮变速箱的出现，至此，机床基本上具备了现代的结构形式。

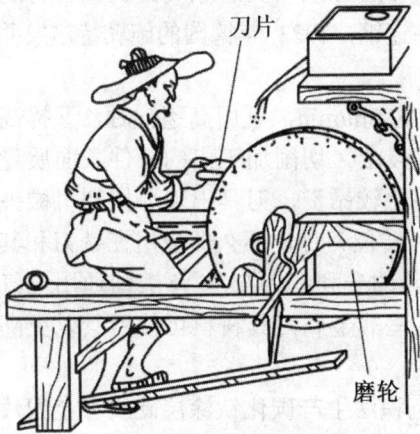

图 0-5　脚踏刃磨床

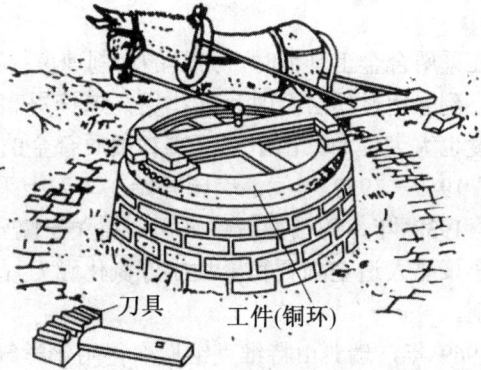

图 0-6　马拉机床

随着电气、液压等科学技术的出现，特别是近些年来微电子技术、电力电子技术、计算机技术和测量控制技术的发展及其向机床领域的渗透，使高新技术与机床加工过程的结合日益密切，机床业的发展进入了一个新的时代。同时，高新技术的发展对机电产品性能质量的要求不断提高，材料技术的发展和机电产品用材的多样化，市场竞争日趋激烈和机电产品技术寿命的不断缩短，社会物质文化生活水平的提高，导致人们对劳动条件和劳动环境提出了更高的要求等，也促使机床的发展要与之相适应。因此，机床的品种越来越多，结构日益完善，应用范围不断扩大，生产率和经济效益也大大提高。

机床未来的发展趋势是：进一步应用电子计算机技术、新型伺服驱动元件、光栅和光导纤维等新技术，简化机械结构，提高和扩大自动化工作的功能，使机床适用于柔性制造系统工作；提高主运动和进给运动的速度，相应提高结构的动、静刚度以适应采用新型刀具的需要，提高切削效率；提高加工精度并发展超精密加工机床，以适应电子、机械、航天等新兴工业的需要；发展特种加工机床，以适应难加工金属材料和其他新型工业材料的加工。高速、高效、复合、精密、智能、环保等是世界机床的发展趋势。

机床技术的发展是永无止境的，各种新技术、新工艺、新材料、新结构的不断涌现，为机床技术的进一步发展开辟了广阔的前景。同时，整个科学技术的不断进步，又对机床提出了更高、更严格的要求。

3. 金属切削刀具的发展概况

金属切削刀具是机械制造中用于切削加工的工具，又称切削工具。绝大多数的刀具是机用的，但也有手用的。通常所说的刀具指金属切削刀具。

刀具的发展在人类进步的历史上占有重要的地位。中国早在公元前 28 世纪至公元前 20 世纪，就已出现黄铜锥和紫铜的锥、钻、刀等铜质刀具。战国后期(约公元前 3 世纪)，由于人们掌握了渗碳技术，制成了钢质刀具。当时的钻头和锯，与现代的扁钻和锯已有些相似之处。然而刀具的快速发展则是在 18 世纪后期，伴随蒸汽机等机器的发展而来的。

1783 年，法国的勒内首先制作出铣刀。1792 年，英国的莫兹利制作出丝锥和板牙。有关麻花钻的发明最早的文献记载是在 1822 年，但直到 1864 年才作为商品生产。那时的刀具是用整体高碳工具钢制造的，许用的切削速度约为 5m/min。1868 年英国的穆舍特制成含钨的合金工具钢；1898 年美国的泰勒和怀特发明高速钢；1923 年德国的施勒特尔发明硬质合金。

在采用合金工具钢时，刀具的切削速度提高到约 8m/min，采用高速钢时，又提高两倍以上，到采用硬质合金时，又比用高速钢提高两倍以上，切削加工出的工件表面质量和尺寸精度也大大提高。由于高速钢和硬质合金的价格比较昂贵，刀具出现焊接和机械夹固式结构。1949—1950 年间，美国开始在车刀上采用可转位刀片，不久即应用在铣刀和其他刀具上；1938 年，德国德古萨公司取得关于陶瓷刀具的专利；1972 年，美国通用电气公司生产了聚晶人造金刚石和聚晶立方氮化硼刀片。这些非金属刀具材料可使刀具以更高的速度切削。

1969 年，瑞典山特维克钢厂取得用化学气相沉积法生产碳化钛涂层硬质合金刀片的专利。1972 年，美国的邦沙和拉古兰发展了物理气相沉积法，在硬质合金或高速钢刀具表面涂覆碳化钛或氮化钛硬质层。表面涂层方法把基体材料的高强度和韧性与表层的高硬度和耐磨性结合起来，从而使这种复合材料具有更好的切削性能。

刀具技术的发展方向如下。

(1) 开发高性能的刀具材料。如硬质合金、陶瓷等，研发适应硬切削、干式切削和高速切削的高性能刀具材料是当前研究的热点。

(2) 开发精密和超精密加工刀具。这类刀具的研究代表了一个国家制造领域的高技术水准，直接影响到机械、国防、电子、计算机等许多方面的发展。超精密刀具技术主要是金刚石刀具刃磨技术和其他新型超硬刀具材料的研究与开发。

(3) 开发多功能刀具。多功能刀具是指用一把刀就能实现数把刀才能实现的加工，即实现一次安装多次走刀完工的要求。发展这样的刀具可有效避免频繁换刀和对刀，减少辅助时间，提高生产率和加工精度。当今材料种类繁多，如一种或几种材料对应设计一把专用刀具，不但会造成刀具的设计、制造、管理和选用等许多麻烦问题，而且各种制造、管理费用也高。因此，开发通用性好、适应性强，能够在多种条件下均能正常工作的刀具是刀具业的一个发展方向。

(4) 开发高速切削刀具。高速切削技术是切削技术发展的方向，其优势在于只需切一刀就可高速切除大量的多余材料而又达到很高的加工精度和表面质量。而高速切削技术所依赖的关键技术之一就是相应的高速切削刀具。

(5) 开发环保型刀具。环境保护是人类社会赖以生存和发展的需要，近年来的"绿色制造工程"、"无公害切削技术"、"清洁化生产"等应运而生，而环保型刀具技术是解决这些问题的重要手段之一。因此，开发各种高刚性、高稳定性、高抗震性、高锋利性、低摩擦、低噪声、无需切削液的干式切削刀具是刀具发展的一个重要方向。

(6) 开发高刚性连接系统、模块化工具系统及刀具监控与诊断系统。零件的加工精度、生产率和成本、刀与机的连接刚性与换刀精度、刀具的磨损、刀具的高稳定性和可靠性等许多问题均与上述各系统有着密切的关系。因此，开发这类系统是整个制造业发展的需要。

4．本课程的性质和任务

本书包含金属切削加工中的金属切削原理、金属切削刀具和金属切削机床等方面的内容。

金属切削原理和金属切削刀具是研究金属切削加工的一门技术科学。材料的切削加工是用一种硬度高于工件材料的单刃刀具或多刃刀具，在工件表层切去多余材料，使工件达到零件设计图上规定的尺寸精度、形状精度、位置精度和表面质量要求，同时使加工成本降低。

切削过程中牵涉刀刃前端工件材料的大塑性变形(剪切应变为 2～8)、高切削温度(可达或超过 1000℃)、新的切出表面、刀具以及加工表面的相当高的机械应力和刀具的磨损或破损。因此，这门科学与金属工艺学、工程力学、热学、化学、弹塑性理论、工程数学、计算技术、电子学和生产管理与经济等有着密切的联系。

金属切削机床就是用切削的方法将金属毛坯(或半成品)加工成机器零件的机器。本书主要介绍：机床的功用、性能、结构、传动、调整等方面的基础知识；切削加工时刀具的材料、几何角度的选择和切削加工时切削用量的制定；切削不同零件时机床的调整和工件的装夹等基础知识。

本课程是机械类专业的一门非常重要的专业课程，它为机械类专业的培养目标即培养机械设计与制造、数控技术和机械设备维护与修理的高级技能型人才服务，并为本专业的后续课程和相关机电类专业的选修课等以及专业课课程设计、顶岗实习、毕业设计提供必要的基础知识。

学生通过本课程的理论教学、实训教学，应达到以下要求。

(1) 掌握金属切削过程中切削变形、切削力、切削热及切削温度、刀具磨损、破损的基本理论与基本规律。

(2) 掌握常用刀具材料的种类、性能及其应用范围，具有根据加工条件合理选择刀具材料、刀具几何参数的能力；掌握材料加工性及加工表面质量的评定标志、影响因素和提高加工性及提高零件加工表面质量的主要措施等知识。

(3) 掌握切削用量的选用原则，应能根据加工要求，正确应用金属切削资料和手册制定切削用量；了解切削液的种类、作用和选用。

(4) 具有根据加工要求相关资料、手册及公式计算切削力和切削功率的能力；了解掌握各类机床的加工范围、结构特点、传动系统的分析、机床速度的调整计算；具有根据加工零件的结构形状正确选择机床的能力；能正确进行工件的装夹。

(5) 通过观摩、操作、实际动手拆装机床，掌握机床必要的调整和维护知识，能正确装夹工件；具有初步解决生产第一线一般技术问题的能力。

(6) 了解国内外在金属、非金属切削方面的新科技、新知识和发展趋势的最新动态；具有初步的对生产现场提出的切削加工工艺问题进行试验研究的能力；对国内外金属切削机床发展趋势有一定的了解。

第 1 章　金属切削基本知识

学习目标：

- ● 掌握工件基本表面的形成、表面成形运动和辅助运动。
- ● 掌握切削用量三要素。
- ● 掌握刀具静止角度参考系、主剖面参考系。
- ● 掌握刀具静止角度的标注。
- ● 掌握刀具的工作参考系和刀具的工作角度。
- ● 了解常见工件的表面形状。
- ● 了解主要的切削层参数。
- ● 了解几种主要的切削方式。

金属切削加工就是用金属切削刀具把工件毛坯上预留的多余金属材料(余量)切除，以获得满足零件图纸要求的加工过程。在金属切削过程中，刀具和工件之间必须有相对运动，这些运动是由金属切削机床来完成的。

如果不考虑刀具切削部分材料等因素，对于不同被加工材料，刀具切削部分几何形状的选择正确与否直接关系着切削加工的质量、效率以及刀具制造、刃磨的难易程度及使用寿命的长短。

切削层参数及切削方式的合理选择对掌握金属的切削规律、提高切削效率、降低成本、改善加工质量是至关重要的。

1.1　工件表面的成形方法和机床所需的运动

各种类型的机床，虽然工艺范围不同、结构各异，但其工作原理是相同的，即所有的机床都必须通过刀具与工件之间的相对运动，将毛坯上多余的金属切除，以获得零件图纸所要求的尺寸精度、形状精度、位置精度和表面质量的零件。

1.1.1　工件表面的成形方法

1. 常见工件的表面形状

图 1-1 所示为机器零件上常用的各种表面。

从图 1-1 中可以看出，工件表面是由几个基本表面组成的。这些基本表面是平面、圆柱面、圆锥面、螺旋面、直线成形曲面和空间曲面等。

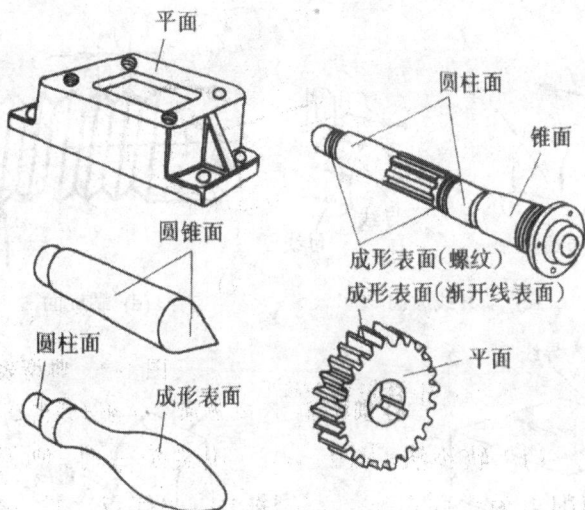

图 1-1　机器零件上常用的各种表面

2. 工件基本表面的形成

1) 表面成形原理

任何表面都可以看作是一条线(称为母线)沿着另一条线(称为导线)运动的轨迹。母线和导线统称为形成表面的发生线(简称生线)。

(1) 圆柱面、圆锥面。它们都是由一条直线(母线)沿一个圆(导线)运动而形成的，如图 1-2(a)、(b)所示，但形成圆柱面时直线(母线)与轴线平行，形成圆锥面时直线(母线)与轴线相交。

(2) 直齿圆柱齿轮渐开线齿面。该面由渐开线(母线)沿垂直其所在平面的直线(导线)运动而形成，如图 1-2(c)所示。

(3) 普通螺纹的螺旋面。它由"∧"形线(母线)沿螺旋线(导线)运动而形成，如图 1-2(d)所示。

(4) 平面。它由一条直线(母线)沿另一条直线(导线)运动而形成，如图 l-2(e)所示。

(5) 直线成形曲面。它由曲线(母线)，沿直线(导线)运动而形成，如图 1-2(f)所示。

由图 1-2 可知，有些表面，其母线和导线可以互换，如圆柱面、直齿圆柱齿轮渐开线齿面、直线成形曲面和平面等，称为可逆表面；而另一些表面，其母线和导线不可互换，如圆锥面、螺旋面等，称为不可逆表面。

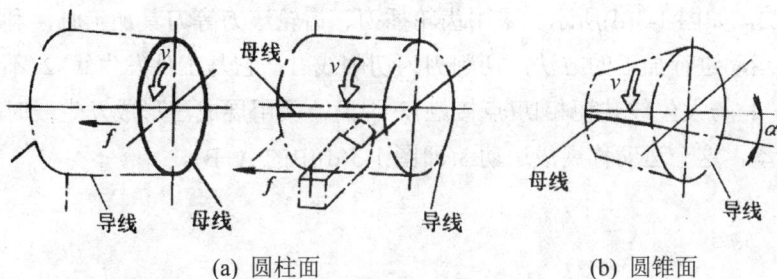

(a) 圆柱面　　　　　　　　　　　　　　　　　(b) 圆锥面

图 1-2　典型表面的形成原理

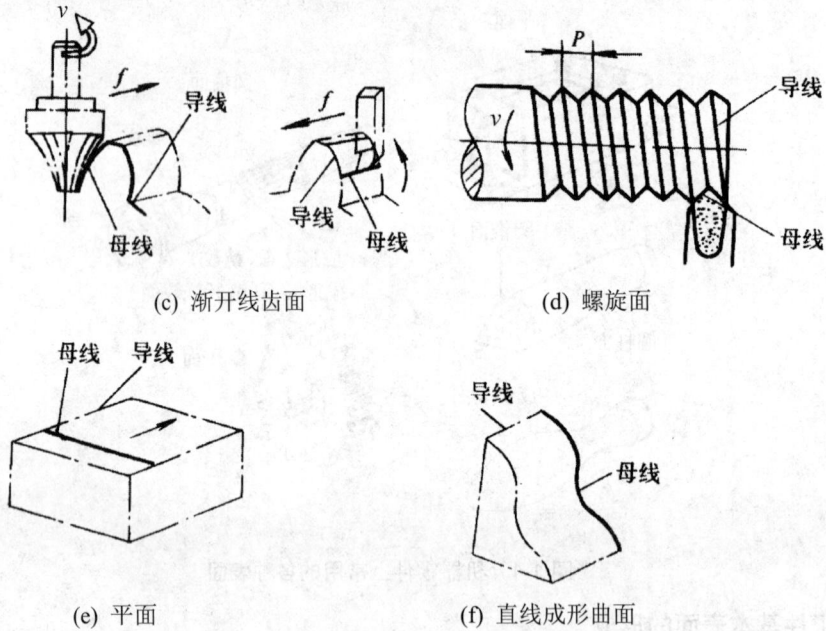

(c) 渐开线齿面　　　　　　　　(d) 螺旋面

(e) 平面　　　　　　　　(f) 直线成形曲面

图1-2　典型表面的形成原理(续)

2) 表面发生线的形成方法

发生线是由刀具切削刃和工件的相对运动形成的。由于使用的刀具切削刃形状和采用的加工方法不同，形成发生线的方法和所需的运动也不同，可归纳为以下4种。

(1) 轨迹法，如图1-3(a)所示。用尖头车刀、刨刀等刀具加工时，切削刃与被加工表面为点接触，切削刃为切削点1，发生线2是切削点1按一定的规律作轨迹运动3而形成的。因此，采用轨迹法形成发生线。需要一个独立成形运动。

(2) 成形法，如图1-3(b)所示。用各种成形刀具加工时，切削刃是与所需形成的发生线2完全吻合的切削线1，因此，采用成形法形成发生线，不需任何运动。

(3) 相切法，如图1-3(c)所示。采用铣刀、砂轮等旋转刀具加工时，切削刃在垂直于刀具旋转轴线的截面内看仍为切削点1。加工时，刀具做旋转运动，刀具的旋转中心按一定规律作轨迹运动3，切削点1运动轨迹的包络线便是所需的发生线2。所以采用相切法形成发生线，需要两个成形运动(刀具旋转和刀具旋转中心按一定规律的运动)。

(4) 展成法，如图1-3(d)所示。采用齿轮插刀、齿轮滚刀等刀具加工时，利用工件和刀具做展成切削运动进行加工的方法。切削刃为切削线1，它与工件发生线2不相吻合。加工时，切削线1与发生线共轭相切(点接触)，因而，采用展成法形成发生线时，需要一个独立构成的运动，这个运动称展成运动3(即图1-3(d)中的A+B)。

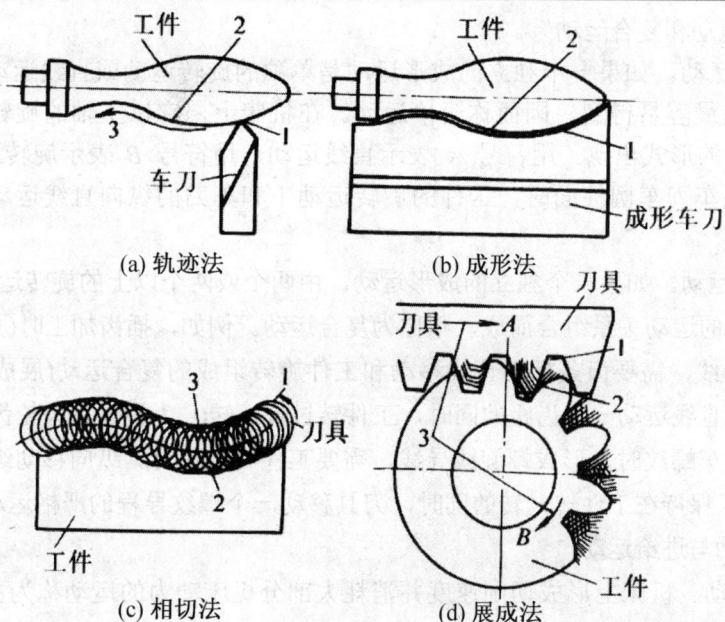

(a) 轨迹法　　　　　　(b) 成形法

(c) 相切法　　　　　　(d) 展成法

图 1-3　形成发生线的四种方法

1.1.2　机床的运动

1. 表面成形运动

直接参与切削过程，为形成所需表面形状有关的刀具与工件间的相对运动，称为表面成形运动。如图 1-4 中工件的旋转运动Ⅰ和车刀的纵向直线运动Ⅴ是形成圆柱体表面的成形运动。成形运动按其组成情况不同，可分为简单运动和复合运动。根据切削过程中所起作用不同，成形运动又可分为主运动和进给运动。

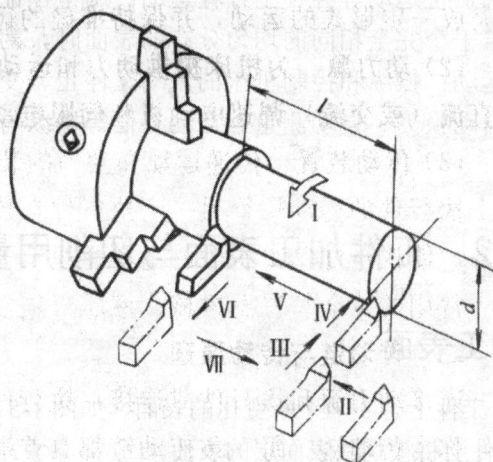

图 1-4　车削圆柱面过程中的运动

1) 简单运动和复合运动

(1) 简单运动。如果一个独立的成形运动是单独的旋转运动或直线运动，而这两种运动最简单，也最容易得到，因而称简单运动。在机床上，它以主轴的旋转、刀架或工作台的直线运动的形式出现。用符号 A 表示直线运动，用符号 B 表示旋转运动。如图 1-4 所示，用尖头车刀车圆柱面时，工件的旋转运动 I 和车刀的纵向直线运动 V 就是两个简单运动。

(2) 复合运动。如果一个独立的成形运动，由两个或两个以上的旋转运动或(和)直线运动，按照严格的运动关系组合而成，则称为复合运动。例如，插齿加工时(见图 1-3(d))，为形成渐开线母线，需要齿条插刀直线移动和工件旋转组成的复合运动(展成运动)，要求保持在齿条插刀直线运动一个齿距的同时，工件转过 $1/z$ 转(z 为被加工齿轮齿数)的严格运动关系。又如，车螺纹时，形成螺旋线导线，需要工件旋转和刀具纵向移动组成复合运动(螺旋运动)，要求保持在工件转一转的同时，刀具移动一个螺纹导程的严格运动关系。

2) 主运动与进给运动

(1) 主运动。机床上形成切削速度并消耗大部分机床动力的运动称为主运动。例如，车削加工时工件的旋转运动，铣削时铣刀的旋转运动，磨削时砂轮的旋转运动等，都是主运动。任何机床，必定有且通常只有一个主运动。

(2) 进给运动。机床上维持切削加工过程连续不断进行的运动，称为进给运动。例如，车削时刀具的纵向、横向进给，铣削时工作台的纵向、横向、垂直进给，磨外圆时工作台的纵向进给、工件的圆周进给等运动。当表面成形运动只有一个时，则该运动为主运动，而无进给运动。当表面成形运动有两个或两个以上时，则其中一个为主运动，其余的为进给运动。主运动和进给运动可以是简单运动，也可以是复合运动。

2. 辅助运动

机床在切削加工中除表面成形运动以外的其他所有运动都称为辅助运动。例如，进给前后的快速运动和各种调位运动等各种空行程运动；用于保证被加工表面获得所需尺寸的切入运动；当加工若干个完全相同的均匀分布的表面时，为使表面成形运动得以周期性地连续进行的分度运动；操纵和控制机床的启动、停止、变速、换向、部件与工件的夹紧和松开、转位及自动换刀、自动测量、自动补偿等操纵与控制运动等，都属于辅助运动。

1.2　工件加工表面与切削用量

1.2.1　工件上的加工表面

在整个切削过程中，工件上有 3 个不断变化的表面，如图 1-5 所示。

(1) 待加工表面。工件上将被切除表面层的表面。

(2) 已加工表面。工件上经切削后产生的新表面。

(3) 过渡表面。由刀具切削刃切削后形成的表面，它将在下一行程中被去除。

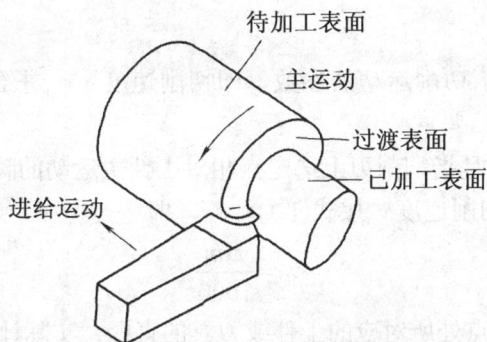

图 1-5 车削时的工件表面

1.2.2 切削运动

金属切削过程的实质是刀具迫使工件毛坯上一部分材料与另一部分材料分离。因此,毛坯与刀具之间必然有相对的切削运动,如图 1-6 所示。

1. 主运动

对主运动的介绍见 1.1.2 小节。

2. 进给运动

对进给运动的介绍见 1.1.2 小节。

3. 合成切削运动

当主运动与进给运动同时进行时,这两个运动的合成运动称为合成切削运动。刀具切削刃上选定点相对于工件的瞬时合成运动方向,称为合成切削运动方向,其速度称为合成切削速度。该速度的方向与过渡表面相切,如图 1-6 所示。

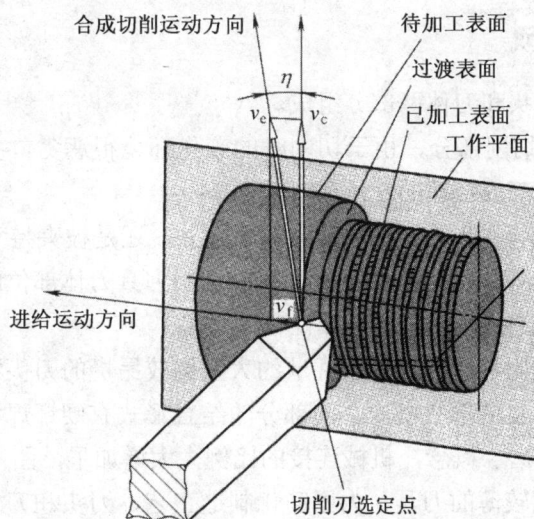

图 1-6 切削运动和工件表面

1.2.3 切削用量

切削用量是用来表示切削运动的参数，即切削速度 v_c、进给量 f、背吃刀量(吃刀深度) a_p。也称为切削用量三要素。

(1) 切削速度 v_c。它是指切削刃上选定点相对工件主运动的瞬间速度(单位为 m/min)，若主运动为旋转运动，切削速度 v_c 按式(1-1)计算，即

$$v_c = \frac{\pi dn}{1000} \tag{1-1}$$

式中：d——切削刃选定点处所对应的工件或刀具的直径，实际计算中一般取工件或刀具切削部位的最大直径，mm；

n——工件或刀具的转速，r/min。

(2) 进给量 f。它指刀具在进给运动方向上相对工件的位移量，可用刀具或工件每转行程的位移量来表示或量度。单位为 mm/r 或 mm/行程(如刨削等)。车削时的进给速度 v_f (单位为 mm/min)为

$$v_f = nf \tag{1-2}$$

式中：n——工件或刀具的转速，r/min。

(3) 背吃刀量(吃刀深度) a_p。通过切削刃基点并垂直于工作平面的方向上测量的距离(mm)，或者说是已加工表面与待加工表面之间的法向距离，即

$$a_p = \left| \frac{d_w - d_m}{2} \right| \tag{1-3}$$

式中：d_w——待加工表面直径，mm；

d_m——已加工表面直径，mm。

1.3 刀具的几何角度

1.3.1 刀具的构成

任何刀具通常由刀头和刀体两部分组成。

(1) 刀头部分。即切削部分，由于切削时的工作环境很恶劣，要求根据实际情况选择相应的刀具材料，并加工成合理的几何形状。

(2) 刀体部分。其作用除了起支撑刀头部分之外，还是被夹持和定位的部位。由于夹持与定位的形式和方法各种机床有所不同，所以不同刀具刀体部位的形状有所不同。要求刀体部分应该具有足够的强度、刚度、弹性、韧性。

为了满足两部分不同性能的要求，并节约大量比较昂贵的刀头材料，上述两部分通常由两种材料，分别按各自的形状制成。两部分的结合形式有硬钎焊和机械连接两种。特别是现代刀具引入"不重磨"概念，机械连接的比例大大增加了，图 1-7 是机夹不重磨式可转位车刀。对于较小或较薄的刀具，为了简化制造工艺，刀头和刀体两部分可采用一种材料制成。

1.3.2　刀具切削部分的组成

刀具投入切削工作的仅仅是靠近刀尖的一部分区域，称为刀具的切削部分。刀具切削部分是一个实体，它像六面体的一个角，是由 3 个面组成的实体。这 3 个面相交形成 3 个棱边和一个尖角。其中，两个棱边在切削过程中担任着重要的角色，是刀具几何形状研究的对象：“三面两刃和一尖”。下面以外圆车刀为例来讨论刀具切削部分的组成，先定义“三面”、“两刃”、“一尖”，如图 1-8 所示。

(1) 前面（A_γ），是产生切削力的面，同时又是切屑接触并流过的刀面。

(2) 主后面（A_α），是与工件上的过渡表面相对的刀面。

(3) 副后面（$A_\alpha{'}$），是与工件上的已加工表面相对的刀面。

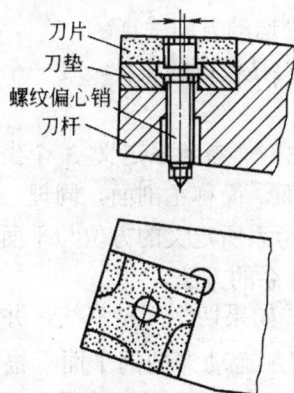

图 1-7　机夹不重磨式可转位车刀　　　　图 1-8　典型外圆车刀切削部分的构成

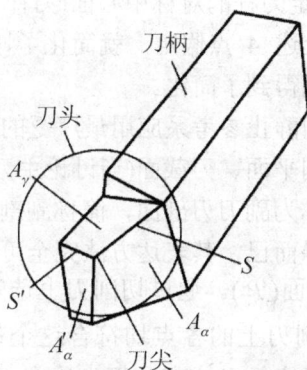

(4) 主切削刃（S），是前面与主后面相交的棱线。切削过程中由它产生过渡面，担任主要的切削工作。

(5) 副切削刃（S'），是前面与副后面相交的棱线。切削过程中由它产生已加工面，同时修整已加工表面和协同主切削刃完成金属的切除工作。

(6) 刀尖，是主切削刃与副切削刃的交点。

不同类型的刀具，其切削部分的组成不尽相同。图 1-9 所示为切断刀，其切削部分除前面、主后面、主切削刃外，还有两个副后面、两条副切削刃和两个刀尖。与外圆车刀相比，它是由四面三刃两尖组成，可简记为“432”。

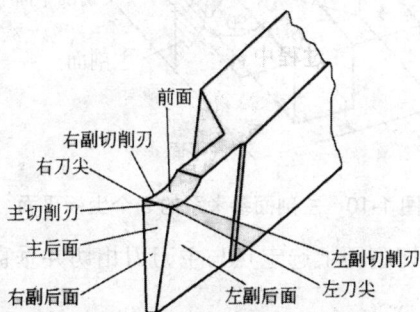

图 1-9　切断刀切削部分的构成

1.3.3 刀具静止角度参考系

刀具切削部分的各表面与切削刃，其空间位置对刀具的切削性能、加工质量与切削效率有很大影响。刀具几何角度就是用来表达前面、后面和切削刃的空间位置的。而确定刀具几何角度的大小，需要人为地建立坐标平面和测量平面，并由这些平面构成参考系。

刀具静止角度参考系是设计、制造和刃磨刀具时采用的参考系。目前，常用的参考系有 4 种，即主剖面参考系、法剖面参考系、进给剖面参考系和切深剖面参考系。

为研究问题方便起见，在介绍刀具静止角度参考系之前先作 4 点假定。

① 装刀时，刀尖恰在工件的中心线上。

② 假定刀具切削刃上各点切削速度的方向与刀杆底面垂直。

③ 假定进给运动的方向与刀杆底面平行，但不考虑进给运动的大小。

④ 假定刀杆的对称中心面(刀杆中心轴线)与假定进给运动方向垂直。

有了上述 4 点假定，就简化了切削运动和设立标准刀具位置的条件，使一个实际上很复杂的问题得到了简化。

刀具的静止参考系应用最广泛的是主剖面参考系。主剖面参考系定义 3 个坐标平面：基面、切削平面、刃截面(当讨论主刀刃时称为主刀刃剖面，简称主剖面。同理，在讨论副刀刃时，称为副刀刃剖面，简称副剖面)。仅仅是静止参考系所定义的方位与平面直角坐标系有所差异而已，其表达方法完全可以沿用平面直角坐标系的方法。

(1) 基面(P_r)。通过切削刃上选定点(即要研究的点。如果切削刃是直线，并平行于水平面，切削刃上的各点均符合这个条件) 并垂直该点切削运动方向的平面。根据假设条件，只考虑主运动方向和刀尖恰在工件中心线上的假设，可以认为基面就是由工件中心线和刀尖规定的一个平面。如果刀尖安装得过高或过低，根据主运动垂直向上的假设，该点不在刀尖上，而是在刀刃上的某一点，此时并不会改变基面的位置，如果刀刃是直线，也不会影响其测量的角度，如图 1-10 所示。

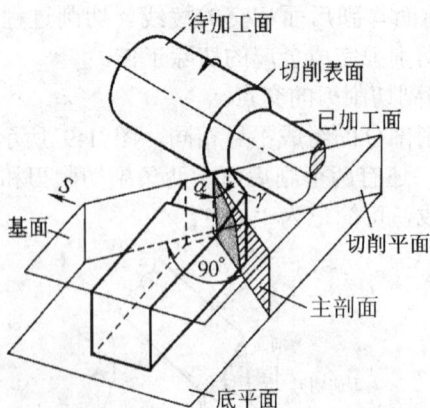

图 1-10　主剖面参考系的 3 个坐标平面

(2) 切削平面(P_s)。通过切削刃上选定点与主刀刃相切并垂直于基面的平面，如图 1-10 所示。

一般情况下，切削平面就是指主切削平面。

(3) 主剖面(正交平面，P_o)。它是指通过切削刃选定的点并同时垂直于基面和切削平面的平面。也可以看成是通过切削刃选定点并垂直于切削刃在基面上投影的平面。

对于副切削刃的静止参考系，也有上述同样的坐标平面。为区分起见，在相应的符号上方加"$'$"，如 P_o' 为副切削刃的副剖面。

1.3.4　主剖面参考系刀具静止角度的标注

1. 在基面 P_r 内量度的角度

(1) 主偏角 κ_r。在基面内主刀刃与进给方向的夹角，如图 1-11 所示。

(2) 副偏角 κ_r'。在基面内负切削刃与进给方向的反向的夹角。

(3) 刀尖角 ε_r。它是主、负切削刃在基面上投影所夹的角度。其大小为

$$\varepsilon_r = 180^\circ - (\kappa_r + \kappa_r') \tag{1-4}$$

2. 在切削平面 P_s 内量度的角度

在切削平面量度的角度有刃倾角 λ_s，如图 1-11 所示。它是主切削刃与基面 P_r 间的夹角。当刀尖是主切削刃的最高点时，刃倾角为正值，切削时产生的切屑流向待加工表面；反之，刃倾角为负值，切削时产生的切屑流向已加工表面。当切削刃与基面平行时，刃倾角为 0°，这时切削刃在基面内。

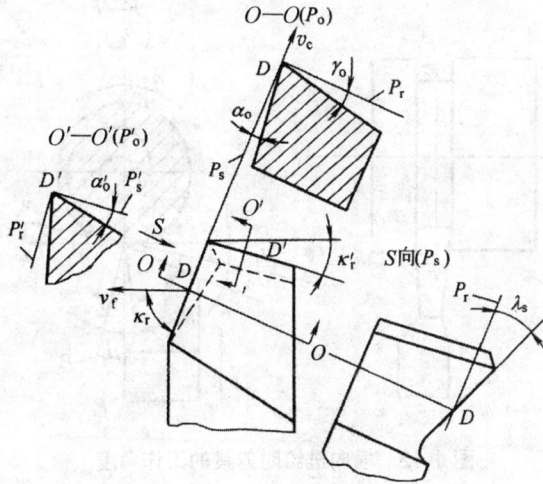

图 1-11　主剖面参考系刀具静止角度

3. 在主剖面 P_o 内量度的角度

(1) 前角 γ_o。前角是前刀面(A_r)与基面(P_r)间的夹角。当前面与切削平面夹角小于 90° 时，前角为正值；大于 90° 时，前角为负值；等于 90° 时，前角为零，如图 1-11 所示。

(2) 后角 α_o。后角是主后面(A_α)与切削平面(P_s)间的夹角。当前刀面与切削平面夹角小于 90° 时，后角为正值；大于 90° 时，后角为负值；等于 90° 时，后角为零。

(3) 楔角 β_o。楔角是前刀面(A_r)与主后面(A_o)间的夹角。它是由前角和后角得到的派生角度，即

$$\beta_o = 90° - (\gamma_o + \alpha_o) \tag{1-5}$$

同理，如果以副切削刃为研究对象，可以给出副前角 γ_o'、副后角 α_o'。

(4) 副后角 α_o'。在副剖面 P_o' 内量度，副后面(A_r')与副切削平面(P_s')间的夹角。

在上述角度中，前角 γ_o 与刃倾角 λ_s 确定了前刀面的方位。其主偏角 κ_r 和后角 α_o 确定了主后面的方位。由主偏角 κ_r 和刃倾角 λ_s 也就自然确定了主切削刃的方位。同理，只用副前角 γ_o'、副后角 α_o'、副偏角 κ_r' 和副刃倾角 λ_s'，副切削刃及其对应的前刀面和副后刀面在空间的方位也就完全确定了。

1.4 刀具工作参考系及工作角度

刀具静止角度是在假设条件下定义的角度，是供设计、刃磨与测量使用的。然而，绝大多数刀具的加工状态由于进给运动的参与，速度或刀具安装位置的变化，导致刀具静止角度与实际工作角度不同。

1.4.1 刀具的工作参考系

(1) 工作基面 P_{re}。过切削刃上选定点与合成切削速度 v_e 垂直的平面称为工作基面，如图 1-12 所示。

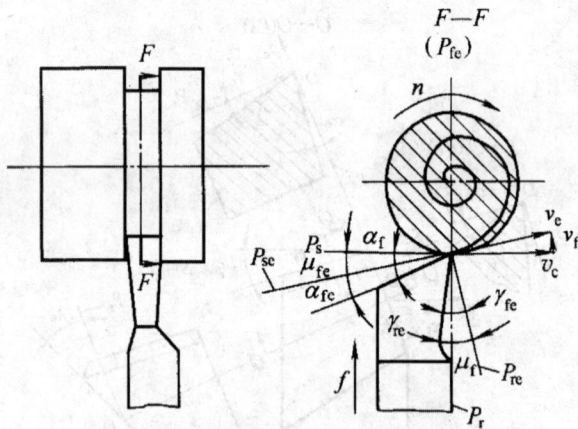

图 1-12 横向进给时刀具的工作角度

(2) 工作切削平面 P_{se}。过切削刃上选定点与切削刃相切，并垂直于工作基面的平面叫作工作切削平面。也可以叙述为：过切削刃上选定点与切削刃相切，并包含合成切削速度方向的平面叫作工作切削平面(如图 1-12 所示)。

(3) 工作主剖面 P_{oe}。过切削刃上选定点并同时与工作基面和工作切削表面相垂直的平面叫作工作主剖面。

1.4.2 刀具的工作角度

(1) 工作前角 γ_{oe}。在工作主剖面 P_{oe} 内量度的工作基面 P_{re} 与前面 A_γ 间的夹角。

(2) 工作后角 α_{oe}。在工作主剖面 P_{oe} 内量度的工作切削平面 P_{se} 与后刀面 A_α 间的夹角。

1.4.3　横向进给运动对刀具工作角度的影响

以切断刀为例，具体地分析这种刀具在实际工作中各种角度的变化，同时也可以理解复合刀具的意义，如图 1-13 所示。

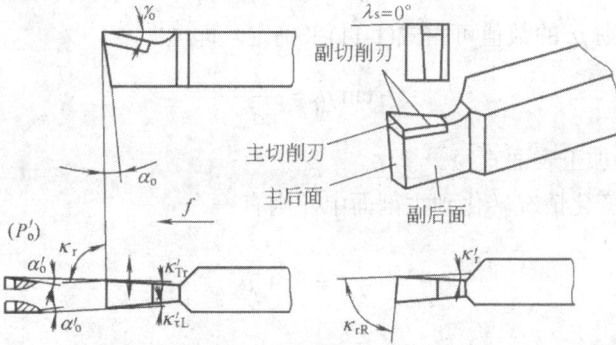

图 1-13　切断刀的刀具角度

切断刀是最简单的复合刀具，可以把它看成是两把端面车刀的组合，只不过两把端面车刀的主切削刃合二为一，成为公共的一条主切削刃、两条副切削刃，左、右两个刀尖同时车削左、右两个端面。

当刀具要切断工件时，就要做横向进给运动。此时主切削刃上选定点相对于工件的运动轨迹是主运动和横向进给运动的合成运动轨迹，称为阿基米德螺旋线(如图 1-12 所示)。其合成运动 v_e 沿过该点阿基米德螺旋线的切线方向。工作基面 P_{re} 应垂直于 v_e，工作切削平面 P_{se} 过切削刃上该点并切于阿基米德螺旋线的切线和 v_e 重合，于是工作基面 P_{re} 和工作切削平面 P_{se} 相对基面 P_r 和切削平面 P_s 转动一个 μ_f 角，结果使切削刃的工作前角增加、工作后角减少。计算公式为

$$\gamma_{fe} = \gamma_f + \mu_f \tag{1-6}$$

$$\alpha_{fe} = \alpha_f - \mu_f \tag{1-7}$$

$$\tan \mu_f = \frac{v_f}{v_e} = \frac{f}{\pi d_w} \tag{1-8}$$

式中：f——进给量，mm/r；

d_w——工件待加工表面直径，mm。

由式(1-8)可知，μ_f 值随 f 值的增大而增大，随工件直径的减小而增大，意味着在工作平面内，后角 α_{fe} 随工件直径的减小而减小，甚至为负值。使刀具后刀面和过渡表面间产生剧烈摩擦，甚至出现抗刀现象而使切削无法进行。切削刃为平行于工件轴线的切断刀，切断时最后实际是挤断，在工件上中心留下一个尾巴，甚至还会产生打刀现象，就是由于 α_{fe} 为负值的原因。

当外圆车刀纵向进给时，工作前角和工作后角同样发生变化。这在车削大导程的丝杠或多头螺纹时必须加以注意和考虑。

1.4.4　纵向进给运动对刀具工作角度的影响

由于纵向进给运动的存在，以合成切削速度 v_e 建立的工作基面 P_{re} 和工作切削平面 P_{se}，分

别与基面 P_r 和切削平面 P_s 的夹角为 μ_f，如图 1-14 所示。工作角度与静止角度的关系如下：

工作进给前角为

$$\gamma_{fe} = \gamma_f + \mu_f \qquad (1\text{-}9)$$

工作进给后角为

$$\alpha_{fe} = \alpha_f - \mu_f \qquad (1\text{-}10)$$

若进给量为 f，则 μ_f 的数值可由式(1-11)来确定。即

$$\tan \mu_f = \frac{f}{\pi d_w} \qquad (1\text{-}11)$$

式中：d_w——工件待加工表面直径。

若将工作角度的变化情况转化到主剖面中，则有

工作前角

$$\gamma_{oe} = \gamma_o + \mu_o \qquad (1\text{-}12)$$

工作后角

$$\alpha_{oe} = \alpha_o - \mu_o \qquad (1\text{-}13)$$

μ_o 是工作基面 P_{re} (或工作切削平面 P_{se})与基面 P_r (或切削平面 P_s)在主剖面内的夹角。在车削螺纹时，尤其是大导程或多头螺纹，μ_o 的值往往很大，必须对工作角度进行验算，不得使工作后角为零。图 1-15 所示是车螺纹时刀具的工作角度。

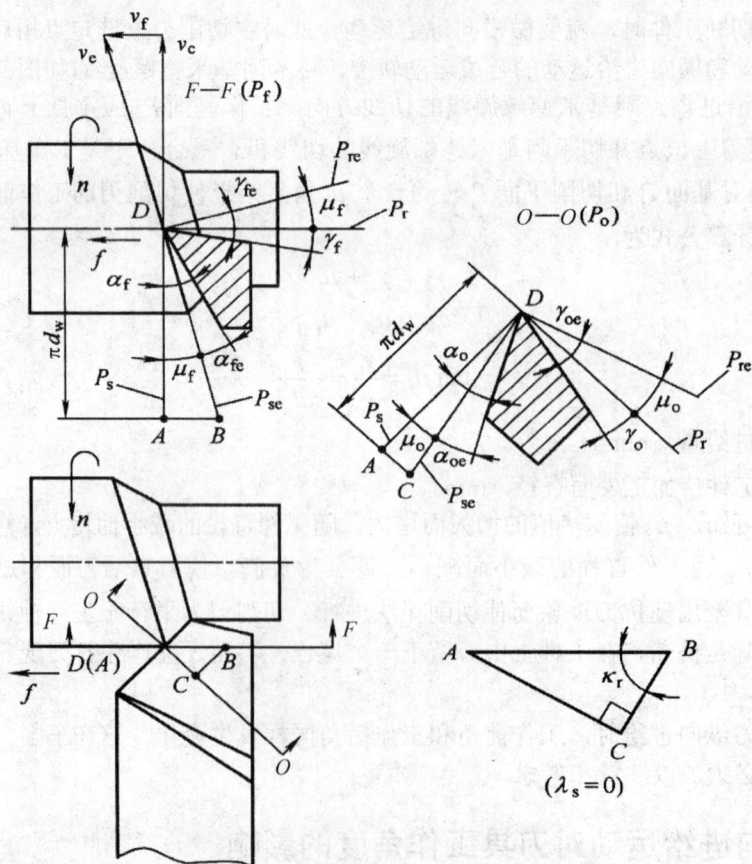

图 1-14　纵向进给时刀具的工作角度

$$F - F\ (P_f)$$

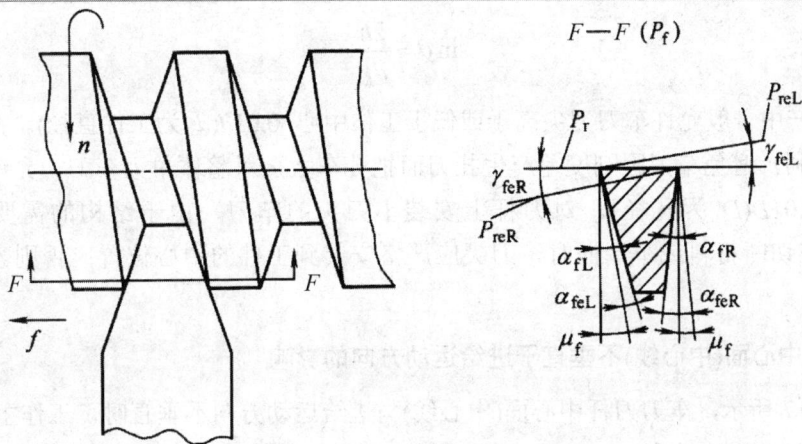

图 1-15　车螺纹时刀具的工作角度

值得注意的是，螺纹车刀左、右两侧切削刃的 μ_f 值对工作角度的影响是相反的，为使左、右两侧工作后角相接近，在刃磨时左右两侧不应磨成相等的后角。

1.4.5　刀具安装位置对工作角度的影响

1. 刀尖安装高低对工作角度的影响

图 1-16 所示为切断刀的两种安装情况，图 1-16(a)是将刀尖安装高于工件的工作中心，此时工作基面 P_{re} 和与工作切削平面 P_{se}，相对静止参考系中的基面 P_r 和切削平面 P_s 向逆时针方向扭转一个角度 θ_f，使工作前角 γ_{oe} 增大，工作后角 α_{oe} 减小；图 1-16(b)是将刀尖安装低于工件的工作中心，与上述情况相反，此时工作基面 P_{re} 和与工作切削平面 P_{se}，相对静止参考系中的基面 P_r 和切削平面 P_s 向顺时针方向扭转一个角度 θ_f，其结果是工作前角 γ_{oe} 减小，工作后角 α_{oe} 增大。

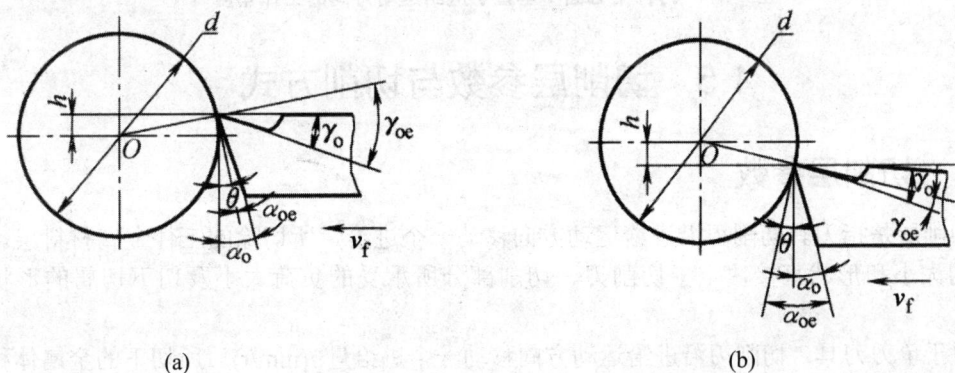

(a)　　　　　　　　　　　　　　　　(b)

图 1-16　主剖面参考系的 3 个坐标平面

$$\gamma_{oe} = \gamma_o \pm \theta \tag{1-14}$$

$$\alpha_{oe} = \alpha_o \pm \theta \tag{1-15}$$

$$\sin\theta = \frac{2h}{d_{\mathrm{w}}} \tag{1-16}$$

实际生产中一般允许车刀刀尖高于或低于工作中心 $0.01d(d$ 为工件直径)。在镗孔时，为使切削顺利，避免车刀因刚度差产生扎刀而把孔车大，对整体单刃车刀，允许刀尖高于工件中心 $0.01D(D$ 为孔径)。对刀杆上安装小刀头的车刀，由于结构的需要，一般取 $h=0.05D$。在切断材料或车端面时，刀尖应严格安装到工件的中心位置；否则容易造成打刀现象。

2. 刀杆中心面(中心线)不垂直于进给运动方向的影响

如图 1-17 所示，车刀刀杆中心面(中心线)与进给运动方向不垂直时，工作主偏角 κ_{re}、工作副偏角 κ'_{re} 将发生改变。

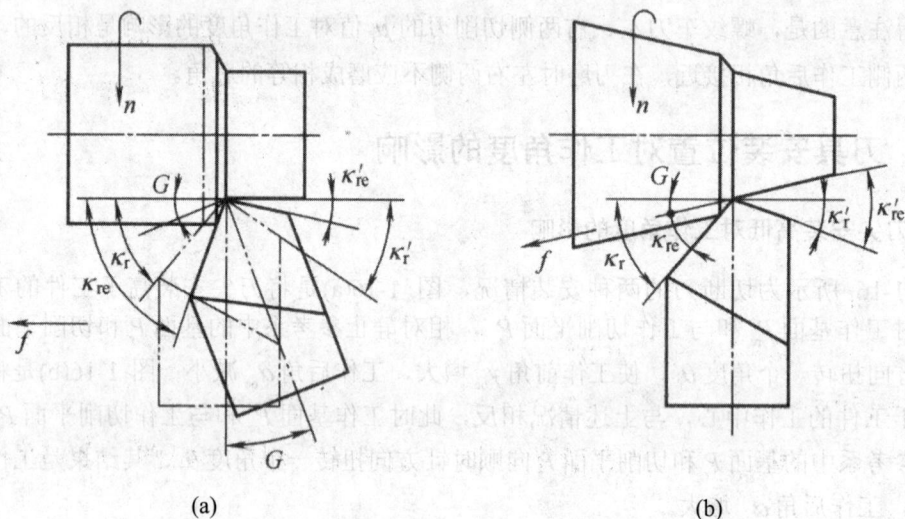

(a)   (b)

图 1-17　刀杆中心面不垂直于进给运动方向的工作角度

1.5　切削层参数与切削方式

1.5.1　切削层参数

切削层是指刀具切削刃沿进给运动方向移动一个进给量所切除的工件金属材料层。切削层的大小和形状直接决定了切削刃、切削部分所承受的负荷大小及切下切屑的形状和尺寸。

对于单刃刀具，切削刃沿进给运动方向移动一个进给量 f(mm/r)后所切下的金属体积在基面上所截得的金属层，如图 1-18 所示。规定这个截面称为切削层尺寸平面。

1. 切削层公称横截面积 A_{D}

它是指在给定的瞬间，切削层在切削层尺寸平面里的实际横截面积，即图 1-18 中 $AMCD$ 所包围的面积。由于负偏角的存在，经切削加工后的已加工表面上常留下有规则的刀纹，这些刀纹在切削层尺寸平面里的横截面积 A_{ABM}(图 1-18 中 ABM 所包围的面积)称残留面积，它影响已加工表面粗糙度。

切削层公称横截面积 A_D 可按式(1-17)计算，即

$$A_D = a_p f = b_D h_D \tag{1-17}$$

2. 切削层公称宽度 b_D

它是指在给定瞬间，作用主切削刃截面上两个极限点间的距离，在切削层尺寸平面中测量。它大致反映了工作主切削刃参加切削工作的长度，对于直线主切削刃有以下近似关系，即

$$b_D = \frac{a_p}{\sin \kappa_r} \tag{1-18}$$

3. 切削层公称厚度 h_D

它是指在同一瞬间的切削层横截面积与其公称切削层宽度之比，如图 1-19(a)所示。相邻两个过渡表面之间在基面上测量的垂直距离，又称为切削厚度。h_D 可以由式(1-19)表示，即

$$h_D = f \sin \kappa_r \tag{1-19}$$

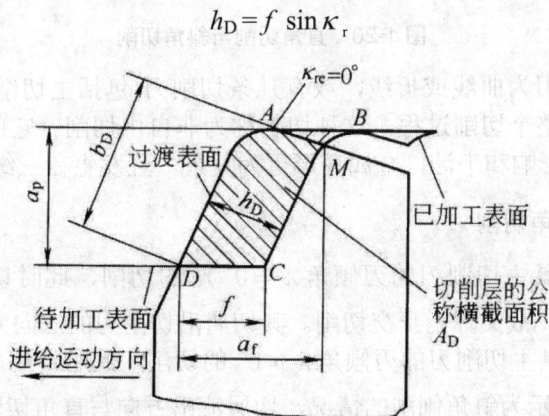

图 1-18　车削时的切削层尺寸

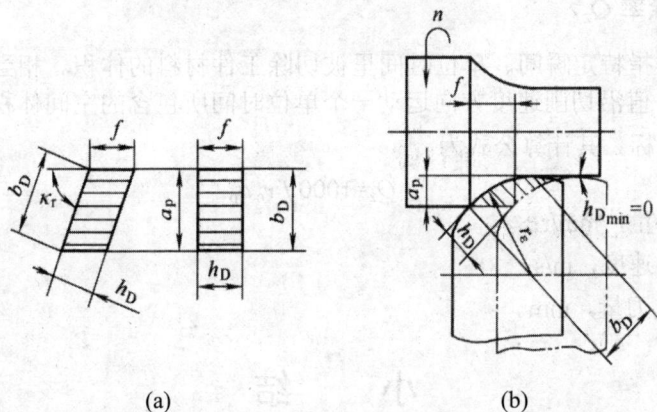

(a)　　　　　　　　　(b)

图 1-19　切削层形状及参数

1.5.2 切削方式

1. 自由切削和非自由切削

刀具在切削过程中，如果只有一条切削刃参加切削，这种切削称为自由切削。它的主要特征是刀刃上各点切屑流出方向大致相同，被切金属的变形基本发生在二维平面内。如图 1-20 所示。其特点是主切削刃长度大于工件被切削层的宽度，没有其他切削刃参加切削，且主切削刃各点切屑流出方向基本上都沿着切削刃的法向，所以属于自由切削。

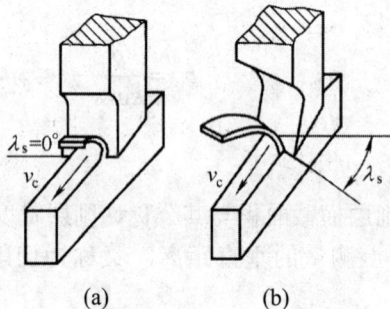

图 1-20 直角切削与斜角切削

若刀具上的切削刃为曲线或折线，或有几条切削刃(包括主切削刃和副切削刃)同时参加切削，并同时完成整个切削过程，这种切削称为非自由切削。它的主要特征是各切削刃交会处下的金属互相影响和干涉，金属变形更为复杂，且发生在三维空间内。

2. 直角切削和斜角切削

直角切削是指刀具主切削刃的刃倾角 $\lambda_s = 0°$ 时的切削，此时切削速度垂直于主切削刃，如图 1-20(a)所示，故又称为正交切削。其切屑沿切削刃的法向方向流出。

斜角切削是指刀具主切削刃的刃倾角 $\lambda_s \neq 0°$ 的切削，此时，切削速度方向与主切削刃不垂直。图 1-20(b)所示为斜角刨削的情况，切屑流出方向与直角切削不同，将偏离切削刃法向流出。

3. 材料的切除率 Q_z

材料切除率是指特定瞬间、单位时间里被切除工件材料的体积。相当于切削层公称截面积以切削速度 v_c 值沿切削速度方向运动一个单位时间所包含的空间体积，它是反映切削效率高低的一个指标。其计算公式为

$$Q_z = 1000 f v_c a_p \tag{1-20}$$

式中：f ——进给量，mm/r；

v_c ——切削速度，m/s；

a_p ——背吃刀量，mm。

小　结

常见工件的表面形状有：平面、圆柱面、圆锥面、螺旋面、直线成形表面和空间曲面

等。表面发生线的形成方法有：轨迹法、成形法、相切法和展成法。切削用量三要素包含：切削速度 v_c、进给量 f 和背吃刀量(吃刀深度) a_p。主剖面参考系定义的三个坐标平面为：基面、切削平面、刃截面，在基面 P_r 内量度的角度有：主偏角 κ_r、副偏角 κ_r' 和刀尖角 ε_r，在切削平面量度的角度有刃倾角 λ_s，在主剖面 P_o 内量度的角度有：前角 γ_o、后角 α_o 和楔角 β_o。

横向进给时，工作后角 α_{fe} 随工件直径的减小越来越小，甚至为负值。车外圆时刀尖安装高于工件的工作中心时工作前角 γ_{oe} 增大，工作后角 α_{oe} 减小；而镗内孔时，工作前角 γ_{oe} 和工作后角 α_{oe} 的变化与车外圆时刚好相反。三种主要的切削层参数为：切削层公称横截面积 A_D、切削层公称宽度 b_D、切削层公称厚度 h_D。主要的切削方式有自由切削和非自由切削、直角切削和斜角切削。

习题与思考题

1-1　什么叫发生线？发生线的形成有哪几种方法？它们各有何特点？

1-2　试用简图分析下列加工方法加工相应表面时，需要哪些成形运动？其中哪些是简单运动？哪些是复合运动？

①用成形车刀车削外圆锥面；②用普通车刀车削外圆锥面；③用普通刨刀刨直线成形曲面；④用钻头钻孔；⑤用成形铣刀铣直线成形面；⑥用窄砂轮磨长圆柱面；⑦用滚刀滚切直齿圆柱齿轮；⑧用螺纹铣刀铣螺纹。

1-3　什么叫切削用量三要素？它们如何进行定义？

1-4　刀具切削部分由哪些结构要素组成？这些结构要素怎样定义？

1-5　已知工件材料为 45 钢，现钻一直径为 12mm 的孔，选择切削速度为 60m/mim，进给量为 0.1mm/r，试求 2 mim 后钻孔的深度。

1-6　用一直径为 20mm 的立铣刀铣削加工，选择切削速度为 80m/mim，试计算铣床主轴转速 $n_{主}$ 应为多少(单位为 r/min)？

1-7　刀具标注角度参考系有哪几种？它们由什么参考平面构成？试给这些参考平面下定义。

1-8　试绘图说明主剖面标注角度参考系的构成。

1-9　试绘图表示外圆车刀主剖面标注角度参考系各参考平面移置平面图，并在适当位置标注 6 个基本角度。

1-10　试给外圆车刀副切削刃选定点构造一个副剖面参考系，并将这个参考系应标注的角度标出。

1-11　确定一把单刃刀具切削部分的几何形状最少需要哪几个基本角度？

1-12　确定一把普通外圆车刀切削部分的几何形状最少需要哪几个基本角度？

1-13　试述判定车刀前角 γ_o、后角 α_o 和刃倾角 λ_s 正负号的规则。

1-14　刃倾角 λ_s 怎样定义？它的作用是什么？

1-15　切断车削时，进给运动怎样影响工作角度？

1-16　为什么横向进给时，进给量不能过大？

1-17　纵车时进给运动怎样影响工作角度？

1-18　何谓正切削、倒切削、自由切削、非自由切削？材料的切除率如何计算？

第2章 刀具材料

学习目标：

2.1 刀具材料的性能和分类

刀具材料一般是指刀具切削部分的材料。在切削过程中，刀具切削部分直接承担切除余量和形成已加工表面的工作。刀具切削性能的好坏，首先取决于刀具材料，其次才取决于刀具的几何参数及刀具结构的设计。刀具材料是影响加工表面质量、切削效率、刀具寿命的重要因素。本章主要讲解刀具材料牌号、性能与选用方法。

2.1.1 刀具材料应具有的性能

在金属切削过程中，刀具切削部分在高温下承受着很大切削力与剧烈摩擦，并且切削中的各种不均匀、不稳定因素，还将对刀具切削部分造成不同程度的冲击和振动。要使刀具能在这样的条件下工作并保持良好的切削能力，刀具材料应具备以下几方面性能。

1. 高硬度和耐磨性

硬度是刀具材料应具备的基本性能。刀具硬度应高于工件材料的硬度，常温硬度一般须在 60HRC 以上。耐磨性是指材料抵抗磨损的能力，一般情况下，刀具材料硬度越高，耐磨性越好，刀具材料的耐磨性不仅取决于它的硬度，而且也和它的化学成分、强度和显微组织等有关。刀具材料组织中硬质点(碳化物、氮化物等)的硬度越高，数量越多，颗粒越小，分布越均匀，则耐磨性也越高。

2. 足够的强度和韧性

切削时刀具要承受较大的切削力、冲击和振动，为避免崩刀和折断，刀具材料应具有足够的强度和韧性。

3. 较高的耐热性和良好的导热性

耐热性是指刀具材料在高温下保持硬度、耐磨性、强度和韧性的性能。通常把材料在高温下仍保持高硬度的能力称为热硬性(也称为红硬性)，刀具材料在高温下的硬度越高，则切削性能越好，允许的切削速度也越高。

良好的导热性可降低切削温度，减轻刀具磨损。

4. 稳定的化学性能和良好的抗粘结性

刀具材料的化学性能稳定，则其氧化磨损和扩散磨损小。刀具材料与工件材料的亲和性小，则刀具材料的抗粘结性能好，粘结磨损小。

5. 良好的工艺性和经济性

为了便于刀具制造，刀具材料要有良好的工艺性能(可锻性、可焊性、热处理性、可切削性和可磨削性)。经济性是刀具材料的重要指标之一，使用某种刀具材料是否经济，应以分摊到每个零件的成本多少来衡量。例如，金刚石刀具材料虽然单价很高，但因其使用寿命长，分摊到每个零件的成本不一定很高，仍有好的经济性。

应当指出，上述几项性能之间可能相互矛盾(如耐磨性好的刀具材料，往往刃磨性较差)。没有一种刀具材料能具备所有性能的最佳指标，而是各有所长，所以应根据不同的切削条件对刀具材料合理选用。

2.1.2　刀具材料的分类

目前，常用刀具材料可以分为工具钢(包括碳素工具钢、合金工具钢和高速钢)、硬质合金、陶瓷和超硬刀具材料(包括金刚石、立方氮化硼)等四大类。各种刀具材料的力学性能见表 2-1。碳素工具钢和合金工具钢由于耐热性低已很少使用，主要用于手动工具或低速切削刀具。陶瓷、金刚石、立方氮化硼虽有很高的显微硬度及优良的抗磨损性能，刀具耐用度高，加工精度好，但由于强度低、脆性大、成本高等原因，仅应用于有限的场合。使用量最大的刀具材料是高速钢和硬质合金。各类刀具材料所适用的切削范围如图 2-1 所示。

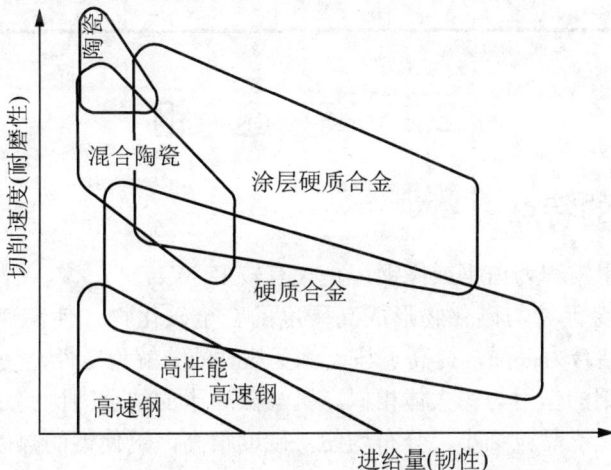

图 2-1　各类刀具材料适用的切削范围

表 2-1　各类刀具材料的物理力学性能

材料种类		相对密度	硬度 HRC(HRA) [HV]	抗弯强度 σ_{bb}/GPa	冲击韧性 a_k /(MJ/m²)	热导率 κ /[W/(m·K)]	耐热性 /℃	切削速度 大致比值
工具钢	碳素工具钢	7.6～7.8	60～65 (81.2～84)	2.16	—	≈41.87	200～250	0.32～0.4
	合金工具钢	7.7～7.9	60～65 (81.2～84)	2.35	—	≈41.87	300～400	0.48～0.6
	高速钢	8.0～8.8	63～70 (83～86.6)	1.96～ 4.41	0.098～ 0.588	16.75～25.1	600～700	1～1.2
硬质合金	钨钴类	14.3～ 15.3	(89～91.5)	1.08～ 2.16	0.019～ 0.059	75.4～87.9	800	3.2～4.8
	钨钛钴类	9.35～ 13.2	(89～92.5)	0.882～ 1.37	0.0029～ 0.0068	20.9～62.8	900	4～4.8
	含有碳化钽、铌类	—	(～92)	～1.47	—	—	1000～ 1100	6～10
	碳化钛基类	5.56～ 6.3	(92～93.3)	0.78～ 1.08	—	—	1100	6～10
陶瓷	氧化铝陶瓷	3.6～4.7	(91～95)	0.44～ 0.686	0.0049～ 0.0117	4.19～20.93	1200	8～12
	氧化铝碳化物混合陶瓷			0.71～ 0.88			1100	6～10
	氮化硅陶瓷	3.26	[5000]	0.735～ 0.83	—	37.68	1300	—
超硬材料	立方氮化硼	3.44～ 3.49	[8000～9000]	≈0.294	—	75.55	1400～ 1500	—
	人造金刚石	3.47～ 3.56	[10000]	0.21～ 0.48	—	146.54	700～ 800	≈25

2.2　高　速　钢

2.2.1　高速钢的特点

高速钢在工厂中常称为白钢或锋钢，是含有较多 W、Mo、V、Cr 等合金元素的高合金工具钢。这些合金元素与碳化物形成高硬度的合金碳化物，使高速钢具有较好的耐磨性。钨和碳原子的结合力很强，提高了马氏体受热时的分解稳定性，使钢在 500～600℃时仍能保持高硬度，钼的作用与钨大体相似。钒与碳原子的结合力比钨还强，以稳定的碳化钒形式存在，且碳化钒晶粒细小，分布均匀，硬度很高，钒使钢的热硬性提高的作用比钨更强烈。钨、钒的碳化物在高温加热时有力地起到阻止晶粒长大的作用。铬在高速钢中的主要作用是提高淬透性，也可提高回火稳定性和抑制晶粒长大。

高速钢具有高的强度(其抗弯强度为一般硬质合金的 2～3 倍，为陶瓷的 5～6 倍)和韧性(韧性是硬质合金的 9～10 倍)，适合于各类切削刀具的要求，可用于在刚性较差的机床上加工。

高速钢刀具制造工艺简单，容易磨成锋利的切削刃，能锻造，热处理变形小，这对形状复杂及大型成形刀具非常重要。故在复杂刀具(钻头、丝锥、拉刀、齿轮刀具、成形刀具等)制造中，高速钢仍占主要地位。

高速钢的性能较硬质合金和陶瓷稳定，在自动机床上使用可靠。

高速钢刀具可以加工从有色金属到高温合金范围广泛的材料。

2.2.2　常用高速钢材料的分类与性能及应用

根据切削性能，高速钢可分为通用型高速钢和高性能高速钢；根据化学成分，可分为钨系、钨钼系及钼系高速钢；根据制造方法，可分为熔炼高速钢和粉末冶金高速钢。

常用高速钢的种类、牌号及其物理性能见表 2-2。

表 2-2　常用高速钢的种类、牌号及其物理性能

类　型		牌　号	硬度/HRC	抗弯强度/MPa	冲击韧性/(kJ/m^2)	高温硬度/HRC	
						500℃	600℃
通用型高速钢		W18Cr4V	63～66	3000～3400	180～320	56	48.5
		W6Mo5Cr4V2	63～66	3500～4000	300～400	55～56	47～48
		W9Mo3Cr4V	65～66.5	4000～4500	350～400	—	—
高性能高速钢	高碳	CW6Mo5Cr4V2	67～68	3500	130～260	—	52.1
	高钒	W6Mo5Cr4V3	65～67	～3200	～250	—	51.7
	含钴	W6Mo5Cr4V2Co8	66～68	～3000	～300	—	54
	超硬	W2Mo9Cr4VCo8	67～69	2700～3800	230～300	～60	～55
		W6Mo5Cr4V2Al(501)	67～69	2900～3900	230～300	60	55

注："牌号"一列中，圆括号内所注为国内有关厂代号。

1. 通用型高速钢

通用型高速钢的含碳量为 0.7%～0.9%，它经 4h 加热到 615～620℃后仍可保持 60HRC 的硬度。由于这类钢具有一定的硬度(63～66HRC)和耐磨性，高的韧性和强度，良好的塑性和磨削性，因此广泛用于制造各种复杂刀具，切削硬度在 250～280HB 以下的大部分钢和铸铁。此种高速钢应用最为广泛，占高速钢总产量的 75%～80%。

通用型高速钢刀具的切削速度不太高，切削普通钢料时一般不高于 50～60m/min。

这类高速钢刀具也不适于对较硬的材料进行切削。

通用型高速钢主要牌号有以下 3 种。

1) W18Cr4V(简称 W18)

其属钨系高速钢，是最老的一种高速钢牌号，其含钒量少，刃磨工艺性好。淬火时过热倾向小，热处理容易控制。缺点是含钨量偏高，钢中碳化物的粗大和不均匀分布对其强度、韧性造成不利影响，又因钨价较高，现已很少使用。

2) W6Mo5Cr4V2(简称 M2)

其属钨钼系高速钢，是国外研制用以代替 W18Cr4V 的牌号，它以 1%钼代替 2%钨，钢中合金元素较少，减少了碳化物的数量及分布不均匀性，使抗弯强度提高，韧性及热塑性更是比 W18Cr4V 提高 50%以上，特别适合于作热轧刀具(如扭制麻花钻)，但其脱碳倾向较大，且较易氧化，淬火温度范围较窄。

3) W9Mo3Cr4V (简称 W9)

其属钨钼系高速钢，是我国自行研制的牌号，硬度、强度、热塑性略高于W6Mo5Cr4V2。具有较好的硬度和韧性的配合，并且易轧、易锻、热处理温度范围较宽，脱碳敏感性小，成本也更低。

2. 高性能高速钢

高性能高速钢是在通用高速钢成分中再添加一些 C、V、Co、Al 等合金元素，进一步提高硬度、耐热性能和耐磨性，刀具耐用度为通用型高速钢的 1.5～3 倍，适用于加工不锈钢、耐热钢、钛合金及高强度钢等难加工材料。这种高速钢的种类很多。

1) 高碳高速钢

其典型牌号是 CW6Mo5Cr4V2，高碳高速钢刀具的耐用度虽不及高钒和含钴高速钢，但工艺性能较好(与通用型高速钢差不多)。

高碳高速钢适合制作耐磨性要求高的铰刀、锪钻、丝锥和钻头，也适合制作要求很好保持尺寸精度的刀具(如自动线上的刀具)及加工较硬材料(200～250HB)的刀具。

2) 高钒高速钢

其典型牌号是 W6Mo5Cr4V3，高钒高速钢是将钢中钒的质量分数增加到 3%～5%。由于碳化钒的硬度较高，比普通刚玉高，使耐磨性大大提高，同时也增加了此钢种的刃磨难度。

3) 钴高速钢

其典型牌号是 W2Mo9Cr4VCo8，简称 M42。钴高速钢是一种含钴超硬高速钢，除硬度、耐热性和耐磨性高之外，其强度、韧性也很高，因含钒量不高，可磨削性良好。主要用于加工高温合金、不锈钢等导热性差、强度高的难加工材料。M42 的切削性能虽然好，但因含钴量较多，价格昂贵，约为普通高速钢的 5 倍。钴高速钢在国外应用较多，我国由于钴储量少，故使用不多。

4) 铝高速钢

其典型牌号是 W6Mo5Cr4V2Al，简称 501。铝高速钢是我国研制的无钴高速钢，是在W6Mo5Cr4V2 的基础上增加铝、碳的含量，以提高钢的耐热性和耐磨性，并使其强度和韧性不降低。501 的性能与 M42 接近，因不含钴，价格较低，已在我国推广使用。其缺点是可磨削性较差，热处理工艺性也较差。

3. 粉末冶金高速钢

一般的高速钢都是通过冶炼、铸锭和锻轧工艺得到的，称为熔炼高速钢。熔炼高速钢在冶炼过程中易出现碳化物偏析现象，因而影响刀具制造质量。

粉末冶金高速钢是用高压氮气或纯氮气雾化熔融的高速钢钢水，得到高速钢粉末，然后在高温高压下，将粉末压制成致密的钢坯，最后再轧制(或锻造)成刀具形状。

粉末冶金高速钢在 20 世纪 60 年代由瑞典首先研制成功，70 年代国产的粉末冶金高速钢就开始试用，由于其使用性能好，应用日益广泛。

粉末冶金高速钢与熔炼高速钢相比有以下优点。

(1) 由于可获得细小、均匀的结晶组织，从而完全避免了碳化物的偏析，提高了钢的硬度与强度。

(2) 由于物理力学性能各向同性，可减少热处理变形与应力，因此可用于制造精密刀具。

(3) 由于钢中的碳化物细小、均匀，使磨削加工性得到显著改善，含钒量多者，改善程度就更显著。这一独特的优点，使得粉末冶金高速钢能用于制造新型的、增加合金元素的、加入大量碳化物的超硬高速钢，而不降低其刃磨工艺性。这是熔炼高速钢无法比拟的。

(4) 粉末冶金高速钢提高了材料的利用率。

粉末冶金高速钢目前应用较少的原因是成本较高。主要用于切削各种难加工材料，特别适合于制造各种精密刀具、大尺寸刀具和形状复杂的刀具。

2.3 硬 质 合 金

2.3.1 硬质合金的特点

硬质合金是由难熔金属碳化物(WC、TiC、TaC、NbC 等)和金属粘结剂(如 Co、Ni 等)经粉末冶金方法制成的。

由于硬质合金成分中都含有大量金属碳化物，因此硬质合金的硬度、耐磨性、耐热性都很高。常用硬质合金的硬度为 89～93HRA，比高速钢的硬度(83～86.6HRA)高得多。在 800～1000℃时尚能进行切削，在 600℃时的硬度超过了高速钢的常温硬度。刀具耐用度可提高几倍到几十倍。

常用硬质合金的抗弯强度为 900～1500MPa，比高速钢的抗弯强度低得多，冲击韧性也很差，因此，硬质合金刀具不像高速钢刀具那样能承受较大的切削振动和冲击负荷。

硬质合金的物理力学性能取决于其合金碳化物的种类、数量、粉末颗粒的大小和分布，以及粘结剂的品种、数量多少。含高硬度、高熔点的碳化物越多，合金的硬度与高温硬度越高。含粘结剂越多，强度越高。

硬质合金由于其切削性能优良，因此使用极其广泛。不仅一些简单的刀具，如车刀、刨刀、铣刀、深孔钻、铰刀等广泛地采用了硬质合金，就连一些复杂的刀具，如拉刀、齿轮滚刀等，也有采用硬质合金的。硬质合金刀具还能够加工高速钢刀具不能加工的淬火钢等硬钢材及冷硬铸铁、热喷涂(焊)等材料。

虽然硬质合金在切削加工中的使用量还略少于高速钢，但由于硬质合金刀具的高生产率，实际上 80%以上的金属切除量是由硬质合金刀具完成的。

2.3.2　硬质合金分类及其选用

1. 常用硬质合金

常用硬质合金是以 WC 为基体，并分为 WC-Co、WC-TiC-Co、WC-TiC-TaC(NbC)-Co 等 3 类。其牌号、成分和性能见表 2-3。

表 2-3　常用硬质合金的成分和物理力学性能

| 类　别 | 牌　号 | 化学成分/% | | | | 密度/(t/m³) | 热导率/[W/(m·K)] | 硬度/HRA | 抗弯强度/GPa |
		WC	TiC	TaC/NbC	Co				
WC 基	钨钴类	YG3X	97		<0.5	3	14.9～15.3	87.92	91.5	1.08
		YG6X	93.5		0.5	6	14.6～15.0	75.55	91	1.37
		YG6	94			6	14.6～15.0	75.55	89.75	1.42
		YG8	92			8	14.5～14.9	75.36	89	1.47
		YG10C	90			10	14.3～14.9	75.36	88	1.72
	钨钛钴类	YT30	66	30		4	9.3～9.7	20.93	92.5	0.88
		YT15	79	15			11.0～11.7	33.49	91	1.13
		YT14	78	14		8	11.2～12.0	33.49	90.5	1.77
		YT5	85	5		10	12.5～13.2	62.80	89	1.37
	钨钛钽(铌)钴类	YG6A(YA6)	91		3	6	14.6～15.0		91.5	1.37
		YG8A	91		1	8	14.5～14.9		98.5	1.47
		YW1	84		4	6	12.8～13.3		91.5	1.18
		YW2	82		4	8	12.6～13.0		90.5	1.32
Tic(N)基		YN05	8	71		Ni7 Mo14	5.9		93.3	0.78～0.93
		YN10	5	62	1	Ni12 Mo10	6.3		92	1.08

注：牌号后的 X 表示细颗粒合金，牌号后的 C 表示粗颗粒合金，牌号后的 A 表示含 TaC(NbC)的 YG 类合金。

1) 钨钴类(WC-Co)硬质合金

它由 WC 和 Co 组成，代号为 YG，相当于 ISO 的 K 类。我国常用牌号有 YG3、YG3X、YG6、YG6X、YG8 等。代号后面的数字为该牌号合金含钴量的百分数，X 为细晶粒组织，无 X 为中晶粒组织。如 YG6 表示含钴 6%。

YG 类合金主要用于加工铸铁、有色金属及非金属材料。加工这类材料时，切屑呈崩碎状，切削力和切削热都集中在刀刃附近，对刀具冲击很大，YG 类合金有较高的抗弯强度和韧性，可减少切削时的崩刃，同时，YG 类合金的导热性较好，有利于降低刀刃和刀尖温度。另外，YG 类合金可磨削性较好，刃口比较锐利。

在加工淬火钢、高强度钢、不锈钢和高温合金时，由于切削力很大，切屑与前面接触长度又很短，切削力集中在刀刃附近易造成崩刃，也应采用韧性较好的 YG 类合金。

在 YG 类合金中添加少量的 TaC(NbC)时，可明显提高合金的硬度、耐磨性、耐热性而不降低韧性，如 YG6A、YG8A 等牌号。

随着含钴量增加，材料抗弯强度和耐冲击韧性增加，但硬度、耐热、耐磨性逐渐下降，因此含钴量较多的牌号，适合于粗加工及断续切削；含钴量较少的牌号，适合于精加工。

2) 钨钛钴类(WC-TiC-Co) 硬质合金

它由 WC、TiC 和 Co 组成，代号为 YT，相当于 ISO 中的 P 类。我国常用牌号有 YT5、YT14、YT15、YT30 等，代号后面的数字为 TiC 含量的百分数。如 YT15 中 TiC 含量为 15%。随着 TiC 含量的增高及 Co 含量降低，材料硬度和耐磨性提高，抗弯强度降低，导热性及焊接性也有所降低，与 YC 类硬质合金相比，YT 类合金的硬度、耐热、耐磨性较高，但强度及韧性有所下降。

YT 类合金主要用于加工钢料，粗加工时选含 Co 量较高或含 TiC 量较低的能抵抗一定冲击的材料，无冲击的精加工则可选 TiC 含量高，硬而耐磨的材料。加工含钛的不锈钢及钛合金时，不宜选用 YT 类合金。

3) 钨钛钽(铌)钴类(WC-TiC-TaC(NbC)-Co)硬质合金

它由 WC、TiC、TaC(NbC)、Co 组成，代号为 YW，相当于 ISO 的 M 类。常用牌号有 YW1、YW2 等。它是在上述两类合金中加入一定数量的 TaC(NbC)，以提高其抗弯强度、抗疲劳强度和耐冲击韧性，以及高温硬度、强度、抗氧化能力和耐磨性。

YW 类合金既可加工铸铁、有色金属，也可加工钢料，又称为通用硬质合金。若含钴量较高，强度、耐冲击韧性便较高，可用于粗加工和断续切削；若含钴量低，则耐磨性、耐热性好，可用于半精加工和精加工。

YW 类合金由于价格较贵，主要用于耐热钢、高锰钢、不锈钢等难加工材料。

2. 其他硬质合金

(1) TiC 基硬质合金。TiC 基硬质合金是以 TiC 为主体，Ni 与 Mo 为粘结剂，并加入少量其他碳化物而形成的一种硬质合金，代号为 YN，相当于 ISO 的 P 类，其典型牌号是 YN05 和 YN10。由于 Ti 硬度高，所以 YN 类合金硬度高于 WC 基合金，耐磨性、耐热性强，化学稳定性好，与工件亲和力小，抗粘结、氧化能力强，摩擦系数较小，但耐冲击韧性较差。加入 TiN 后，强度、韧性有所改善。它硬度、耐磨性接近陶瓷，抗弯强度则比陶瓷高得多，填补了 WC 基硬质合金与陶瓷材料之间的空白。YN 类硬质合金适用于工具钢的半精加工和精加工及淬硬钢的加工。

(2) 超细晶粒硬质合金。普通硬质合金的 WC 粒度为几微米，用细化晶粒的方法使晶粒达到 $0.2 \sim 1\mu m$(大部分在 $0.5\mu m$ 以下)便成为超细晶粒硬质合金。其硬度高，耐磨性好，强度高，韧性好，同时由于晶粒细，可磨出锋利切削刃，与工件的化学亲和力小，具有良好的切削性能。这类合金适用于断续表面的加工，特别是不锈钢、钛合金等难加工材料的断续加工。

(3) 钢结硬质合金。以 WC、TiC 作硬质相(占 30%～40%)，高速钢(或合金钢)作粘结相(占 60%～70%)，用粉末冶金的方法制成，代号为 YE。它的常温硬度可达 70HRC，高温硬度、耐磨性、耐冲击韧性与工艺性等都介于硬质合金与高速钢之间。此种硬质合金一个重要的特点就是可以在退火状态下锻造与切削加工，可用来制造结构复杂、对耐磨性、抗弯强度和耐用度要求较高的刀具，如拉刀、铣刀、钻头等。它弥补了硬质合金和高速钢在性能方面的不足。

各种硬质合金的应用范围见表 2-4。

表 2-4 各种硬质合金的应用范围

牌 号	使用说明	使用场合
YG3X	属细颗粒合金，是 YG 类合金中耐磨性最好的一种，但耐冲击韧性差	铸铁、有色金属的精加工，合金钢、淬火钢及钨、钼材料精加工
YG6X	属细颗粒合金，耐磨性优于 YG6，强度接近 YG6	铸铁、冷硬铸铁、合金铸铁、耐热钢、合金钢的半精加工、精加工
YG6	耐磨性较好，抗冲击能力优于 YG3X、YG6X	铸铁、有色金属及合金、非金属的粗加工、半精加工
YG8	强度较高，抗冲击性能较好，耐磨性较差	铸铁、有色金属及合金的粗加工，可断续切削
YT30	YT 类合金中红硬性和耐磨性最好，但强度低，不耐冲击，易产生焊接和磨刀裂纹	碳钢、合金钢连续切削时的精加工
YT15	耐磨性和红硬性较好，但抗冲击能力差	碳钢、合金钢连续切削时的半精加工和精加工
YT14	强度和冲击韧性较高，但耐磨性和红硬性低于 YT15	碳钢、合金钢连续切削时的粗加工、半精加工和精加工
YT5	是 YT 类合金中强度和耐冲击韧性最好的一种，不易崩刃，但耐磨性差	碳钢、合金钢连续切削时的粗加工，可用于断续切削
YG6A	属细颗粒合金，耐磨性和强度与 YG6X 相近	硬铸铁、球铸铁、有色金属及合金、高锰钢、合金钢、淬火钢的半精加工、精加工
YG8A	属中颗粒合金，强度较好，红硬性较差	硬铸铁、球铸铁、白口铁、有色金属及合金，不锈钢的粗加工、半精加工
YW1	红硬性和耐磨性较好，耐冲击，通用性较好	不锈钢、耐热钢、高锰钢及其他难加工材料的半精加工、精加工
YW2	红硬性和耐磨性低于 YW1，但强度和抗冲击刃性较高	不锈钢、耐热钢、高锰钢及其他难加工材料的半精加工、精加工

2.4 涂层刀具材料

2.4.1 涂层刀具材料概述

涂层刀具是为提高刀具耐磨性，同时不降低其韧性，在刀具基体上涂覆一薄层耐磨性好的难熔金属(或非金属)化合物而获得的，是近 20 年来发展最快的新型刀具。

涂层材料具有高的硬度、耐磨性、耐热性、抗粘结性与化学稳定性，摩擦系数则很低(尤其是 TiN 涂层，可使积屑瘤得以减少或消除)，涂层作为化学屏障和热屏障，还减少了刀具与工件间的扩散和化学反应。因而涂层刀具可减小切削力，提高刀具耐用度和切削生产率，提高加工精度和已加工表面质量，尤其是使目前使用量仍居于统治地位的高速钢刀具得以向高效率刀具转化。金刚石涂层还解决了整体金刚石刀具不能用于成形加工的难题。

目前工业发达国家涂层刀具已占总刀具量的 80%以上，CNC 机床上所用的切削刀具90%以上是涂层刀具。

常用的涂层材料有 TiC、TiN 和 Al_2O_3 等，TiC 耐磨性好，能有效地提高刀具抗月牙洼磨损能力，适合于低速切削及磨损严重的场合；TiN 涂层具有低的摩擦系数，润滑性能好，能减少切削热和切削力，适合于产生磨损的切削；Al_2O_3 的高温耐磨性、耐热性和抗氧化能力比 TiC 和 TiN 好，适合于高速、大切削热切削；近年来，还出现了超硬材料涂层，比如金刚石涂层具有硬度和热导性高，摩擦系数很低的特点，适合于有色金属合金的高速切削。复合涂层综合几种涂层材料的特点，尤其是复合涂层 TiC-TiN(主要用于加工钢)和 TiC-Al_2O_3(主要用于加工铸铁)很有发展前途。

涂层方式可以是单涂层，也可以是双涂层或多涂层。涂层太薄，则耐磨性能差，不能有效保护基体；涂层太厚，则材料强度降低。

刀具涂层工艺常用的有化学气相沉积法(CVD 法)和物理气相沉积法(PVD 法)两种，其他方法如等离子喷涂、电镀等还存在较大的应用局限性。CVD 法的沉积温度是 900～1050℃，涂层厚度为 5～10μm，一般用于硬质合金；PVD 法的沉积温度为 300～500℃，涂层厚度为 2～5μm，一般用于高速钢刀具。因 PVD 法未超过高速钢本身的回火温度，所以高速钢刀具一般采用 PVD 法，硬质合金大多采用 CVD 法。采用 CVD 法涂层时，由于其沉积温度高，故涂层与基体之间容易形成一层脆性的脱碳层，导致刀片脆性破裂。近十几年来，随着涂覆技术的进步，硬质合金也可采用 PVD 法或 PVD/CVD 相结合的技术。

2.4.2　涂层刀具的分类及应用

涂层刀具有 4 种，即涂层高速钢刀具、涂层硬质合金刀具以及在陶瓷和超硬材料(金刚石或立方氮化硼)刀片上的涂层刀具。其中，涂层高速钢刀具和涂层硬质合金刀具应用最广泛。

1. 涂层高速钢

采用 PVD 方法在高速钢刀具基体上涂覆一薄层 TiN，即成涂层高速钢刀具，涂层后，刀具表面呈金黄色。涂层硬度可达 80HRC，相当于一般硬质合金的硬度，切削速度可提高20%～40%，切削力、切削温度约下降 25%，刀具耐用度成倍提高。

涂层材料除 TiN 外，近来还开发了 TiAlN、TCN 等涂层。

涂层高速钢刀具特别适合加工长屑类工件材料，适用于制造齿轮滚刀、插齿刀、锥齿轮加工刀具、拉刀、钻头、立铣刀、丝锥等结构复杂刀具。但涂层高速钢刀具不宜用于一些超精密特薄切削层的加工。

涂层高速钢刀具磨钝后可重磨再用，即使刀具重磨后其性能仍优于通用型高速钢。

2. 涂层硬质合金

通过 CVD 法或其他方法在韧性高的硬质合金基体上涂覆耐磨性高的 TiC、TiN、Al_2O_3 而得到的涂层硬质合金，是提高硬质合金耐磨性而不降低其韧性的有效途径，这样就将刀具材料发展中的一对矛盾(为提高材料的硬度和耐磨性就需要损失一些韧性)很好地结合了起来。

涂层硬质合金有比基体更高的硬度、有高的耐磨性和抗月牙洼磨损能力，有低的摩擦系数和高的耐热性，有高的抗粘结和抗扩散磨损性能，切削力和切削温度均较未涂层刀片为低，因此涂层刀片的耐用度可提高好几倍。

涂层刀片可用于加工不同工件材料，通用性广，一种涂层刀片可代替几种未涂层刀片使用。因而可大大减少硬质合金刀片的品种(可减少一半左右)和库存量，简化刀具管理和降低刀具成本。随着机夹可转位刀片的普遍使用，涂层刀片必将迅速发展。

涂层硬质合金刀具可适用于各种钢料、铸铁的精加工和半精加工，负荷较轻的粗加工也可使用。含 Ti 的涂层材料由于其亲和力强，故不适于加工高温合金、奥氏体不锈钢及钛合金等材料。硬质合金经涂层后其强度、韧性及切削刃锋利性也有所下降，加之涂层的粘结强度问题，故涂层硬质合金不适合用于重负荷下的粗加工、冲击大的间断切削和低速切削等场合。也不适用于加工高硬度材料及带硬质夹杂物的材料，深孔钻削、切断等排屑困难的加工采用涂层刀片效果也不理想。涂层硬质合金由于锋利性、抗剥落和抗崩刃性还不及未涂层刀片，也不适用于进给量很小的精加工。

2.5 陶 瓷 刀 具

2.5.1 陶瓷刀具的特点

陶瓷刀具是以氧化铝(Al_2O_3)或以氮化硅(Si_3N_4)为基体再添加少量金属，在高温下烧结而成的一种刀具材料。主要特点如下。

(1) 有高硬度与高耐磨性，常温硬度达 91～95HRA，超过硬质合金。因此可用于切削 60HRC 以上的硬材料。

(2) 有高的耐热性，1200℃下硬度为 80HRA，强度、韧性降低较少。

(3) 有高的化学稳定性，在高温下仍有较好的抗氧化、抗粘结性能，因此刀具的热磨损较少。

(4) 有较低的摩擦系数，切屑不易粘刀，不易产生积屑瘤。

(5) 强度与韧性低。强度只有硬质合金的 1/2。因此，陶瓷刀具切削时需要选择合适的几何参数与切削用量，避免承受冲击载荷，以防崩刃与破损。

(6) 热导率低，仅为硬质合金的 1/2～1/5，热胀系数比硬质合金高 10%～30%，这就使陶瓷刀抗热冲击性能较差。陶瓷刀切削时不宜有较大的温度波动，一般不加切削液。

由于陶瓷的原料在自然界容易得到，因而是一种极有发展前途的新型刀具材料。陶瓷刀具被认为是 20 世纪 90 年代进一步提高生产率的最有希望的刀具材料，它可用于加工钢，也可用于加工铸铁，对于高硬度材料、大件及高精度零件加工特别有效。

2.5.2 陶瓷刀具的分类及选用

20 世纪 50 年代使用的是纯氧化铝陶瓷，由于抗弯强度低于 45MPa，使用范围很有限，20 世纪 70 年代开始使用氧化铝添加碳化钛混合陶瓷，20 世纪 80 年代开始使用氮化硅基陶瓷，抗弯强度可达到 70～85MPa。至此陶瓷刀的应用有了较大的发展。近几年来陶瓷刀具在开发与性能改进方面取得了很大成就，抗弯强度已达到 90～100MPa。常用的陶瓷刀具有以下几种。

1. 氧化铝-碳化物系陶瓷

这类陶瓷是将一定量的碳化物(一般多用于 TiC)添加到 Al_2O_3 中，并采用热压工艺制成，称为混合陶瓷或组合陶瓷。TiC 的质量分数达 30%左右时即可有效地提高陶瓷的密度、强度与韧性，改善耐磨性及抗热振性，使刀片不易产生热裂纹，不易破损。

混合陶瓷适合在中等切削速度下切削难加工材料，如冷硬铸铁、淬硬钢等。

氧化铝-碳化物系陶瓷中添加 Ni、Co、W 等作为粘结金属，可提高氧化铝与碳化物的结合强度。可用于加工高强度的调质钢、镍基或钴基合金及非金属材料，由于抗热振性能提高，也可用于断续切削条件下的铣削或刨削。

2. 氮化硅基陶瓷

氮化硅基陶瓷是将硅粉经氮化、球磨后添加助烧剂，置于模腔内热压烧结而成。主要性能特点如下。

(1) 硬度高，达到 1800～1900HV，耐磨性好。

(2) 耐热性、抗氧化性好，达 1200～1300℃。

(3) 氮化硅与碳和金属元素化学反应较小，摩擦系数也较低。实践证明用于切削钢、铜铝均不粘屑、不易产生积屑瘤，从而提高了加工表面质量。

氮化硅基陶瓷最大的特点是能进行高速切削，车削灰铸铁、球墨铸铁、可锻铸铁等材料效果更为明显。切削速度可提高到 500～600m/min。只要机床条件许可，还可进一步提高速度。由于抗热冲击性能优于其他陶瓷刀具，在切削与刃磨时都不易发生崩刃现象。

氮化硅陶瓷适宜精车、半精车、精铣或半精铣。可用于精车铝合金，达到以车代磨，还可用于车削 51～54HRC 镍基合金、高锰钢等难加工材料。

2.6 超硬刀具材料

超硬刀具材料指金刚石与立方氮化硼。

2.6.1 金刚石的分类与特点

1. 金刚石的分类

金刚石是碳的同素异形体，金刚石刀具有 3 种。

1) 天然单晶金刚石刀具

其主要用于非铁材料及非金属的精密加工。单晶金刚石结晶界面有一定的方向，不同的晶面上硬度与耐磨性有较大的差异，刃磨时需选定某一平面；否则影响刃磨与使用质量。

2) 人造聚晶金刚石

人造金刚石(PCD)是在高温高压下将金刚石微粉加溶剂聚合而成的多晶体材料。一般情况下制成以硬质合金为基体的整体圆形片，称为聚晶金刚石复合片。我国 20 世纪 60 年代就成功获得第一颗人造金刚石。人造聚晶金刚石可制成所需形状尺寸，镶嵌在刀杆上使用。由于抗冲击强度提高，可选用较大切削用量。聚晶金刚石结晶界面无固定方向，可自由刃磨。

3) 金刚石烧结体

它是在硬质合金基体上烧结一层约 0.5mm 厚的聚晶金刚石。金刚石烧结体强度较好，允许切削断面较大，也能间断切削，可多次重磨使用。

2．金刚石刀具的特点

(1) 有极高的硬度和耐磨性。其显微硬度达 10000HV 左右，是目前已知的最硬物质。因此，它可用于加工硬质合金、陶瓷、高硅铝合金及耐磨塑料等高硬度、高耐磨性的材料，材料越硬，加工的效果也越显著。

(2) 刀具切削刃非常锋利。能切下极薄的切屑，适合于极精密的加工。

(3) 金刚石刃部的粗糙度极小。摩擦系数低于其他刀具材料，切削时不易产生积屑瘤，冷硬现象较小，因此加工表面质量很高。

(4) 有很高的导热性和很低的热膨胀系数。因而切削温度低，工件和刀具的热变形小，能获得很高的加工精度。

金刚石主要用于磨具及磨料，用作刀具时多用于在高速下对有色金属及非金属材料进行精细车削及镗孔。

金刚石刀具的主要缺点是耐热性较低，切削温度不宜超过 700～800℃；否则就会碳化而失去其硬度。此外，金刚石的抗弯强度较低，脆性较大，对振动很敏感，由于与钢中的铁有很强的化学亲和力，故一般不适合加工钢材。

2.6.2　立方氮化硼的特点

立方氮化硼(CBN)是由六方氮化硼(白石墨)在高温高压下转化而成的，是 20 世纪 70 年代发展起来的新型刀具材料。

立方氮化硼刀具的主要特点如下。

(1) 有很高的硬度和耐磨性。其显微硬度达 8000～9000HV，虽次于金刚石，但比其他刀具材料硬得多，因此有很高的刀具耐用度。

(2) 有很高的热稳定性。耐热温度可达 1400～1500℃，而且有抵抗周期性高温作用的能力，因此立方氮化硼刀具可以高速切削高温合金。但在高温下与水易起化学反应，故一般宜干切削。

(3) 有良好的化学稳定性。与铁系材料在 1200～1300℃时也不起化学反应，在 1000℃时也不发生氧化。因此，立方氮化硼可用于加工钢、铁等黑色金属，刀具的抗扩散和抗氧化能力都较强。

(4) 有良好的导热性。其导热性虽低于金刚石，但比高速钢及硬质合金都高。

(5) 有较低的摩擦系数，不易产生积屑瘤。

(6) 脆性较大，强度及韧性较差，不宜用于低速加工。

立方氮化硼要用作刀具和砂轮。立方氮化硼刀具的最主要用途是加工高硬度的淬硬钢及冷硬铸铁，也用于加工高温合金、各种热喷涂材料等。立方氮化硼刀具的高耐用度使它非常适用于数控机床，不仅可减少换刀次数，而且淬火前的粗加工(用硬质合金刀具)和淬火后的精加工(用立方氮化硼刀具)能在同一台数控机床上加工，从而可减少机床的台数和品种。立方氮化硼砂轮则主要用于磨削高速钢，包括高钒高速钢等可磨削性差的材料，而且一般不会产生磨削烧伤。立方氮化硼开发较晚，其使用量还远比金刚石少，但其发展速度却比金刚石快得多。另外，立方氮化硼也可与硬质合金烧结成一体，这种 CBN 烧结体的抗弯强度可达 1.47GPa，能经多次重磨使用。当前各国竞相发展的是立方氮化硼硬质合金复合刀片。

应该指出的是，加工一般材料大量使用的还是高速钢与硬质合金。只有对高硬度的材料或超精加工时使用超硬材料才有较好的经济效益。

小　　结

刀具材料应具有的基本性能：高硬度和耐磨性、足够的强度和韧性、较高的耐热性和良好的导热性、稳定的化学性能和良好的抗粘结性、良好的工艺性和经济性。刀具材料分为工具钢、硬质合金、陶瓷和超硬刀具材料等四大类，最常用的刀具材料是高速钢和硬质合金。

高速钢具有高的强度和韧性，工艺性很好。硬质合金的硬度、耐磨性、耐热性都很好。常用硬质合金的抗弯强度比高速钢的抗弯强度低得多，冲击韧性也比高速钢差很多。涂层刀具有涂层高速钢刀具、涂层硬质合金刀具、涂层陶瓷刀具和涂层超硬材料刀具等四种。陶瓷刀具具有高的硬度与耐磨性，高的耐热性，高的化学稳定性，较低的摩擦系数，低的强度与韧性，低的热导率；一般用于高速精细加工高硬度材料。金刚石主要用于磨具及磨料，用作刀具时多用于在高速下对有色金属及非金属材料进行精细车削及镗孔；立方氮化硼主要用作刀具和砂轮，主要用于加工高硬度的淬硬钢及冷硬铸铁，也用于加工高温合金、各种热喷涂材料等。

习题与思考题

2-1　刀具材料应有哪些基本性能?

2-2　常用刀具材料有哪几种?试比较它们的特性和应用范围。

2-3　高速钢刀具材料有哪些性能特点?适用于什么加工范围?

2-4　粉末冶金高速钢有什么特点?

2-5　常用硬质合金刀具材料有哪些种类?各有何性能特点?适用于什么加工范围?

2-6　粗车下列工件材料外圆时，可选择什么刀具材料?

①45 钢；②灰铸铁；③黄铜；④铸铝；⑤不锈钢；⑥钛合金；⑦高锰钢；⑧高温合金

2-7　涂层高速钢和硬质合金有什么优点?

2-8　常用涂层材料有哪些？各具有什么特点?

2-9　陶瓷刀具材料有何特点?各类陶瓷刀具材料的适用场合如何?

2-10　金刚石和立方氮化硼刀具各有何特点？它们的适用场合如何?

2-11　简单分析刀具材料的发展方向。

第 3 章　金属切削过程的基本规律

学习目标：

● 掌握变形程度的表示方法。
● 掌握切屑的种类。
● 掌握积屑瘤与鳞刺。
● 掌握刀具磨损过程及磨钝标准。
● 掌握合理耐用度的选用原则。
● 了解金属切削过程及变形区。
● 了解切削力切削功率的计算。
● 了解切削热与切削温度。
● 了解刀具磨损的原因。
● 了解刀具磨损的形态。
● 了解刀具的破损。

3.1　金属切削变形与切屑种类

将金属毛坯上多余的材料切除下来，从而形成符合零件图精度要求和表面质量的合格零件。被切除的多余金属则会变成切屑。切屑的形成往往伴随着一些基本物理现象产生(如切屑变形、切削力、切削热、切削温度、摩擦及刀具磨损等)，这些现象反过来又极大地影响着切削过程，并关系到切削效率、产品质量和加工成本。了解并掌握这些变化规律，对研究解决切削加工中出现的问题非常重要。

3.1.1　金属切削过程及变形区

1. 切屑的形成

金属切削过程是指刀具与工件运动并相互作用的过程，其作用是使切削层与工件母体分离。机理是刀具切削刃和前刀面对工件的推挤、摩擦，使切削层金属发生剪切滑移变形和摩擦塑性变形而形成切屑。切削过程中，后刀面与工件挤压而形成加工表面。金属切削过程也可以看成是形成切屑的过程或形成加工表面的过程。

切屑的形成过程如图 3-1 所示。切削塑性金属时，金属受前刀面的挤压，在 OA(开始滑移面)以左产生弹性变形；随着前刀面向前挤压，应力增大，在 AOE 内产生塑性变形；随着前刀面继续向左推移，应力进一步加大，当应力达到材料的强度极限时，在 OE(终止滑移面)产生剪切滑移；在 OE(终止滑移面)以上形成切屑。

由此可知，塑性金属切屑的形成过程经历了 4 个阶段，即弹性变形、塑性变形、剪切滑移和切离过程。

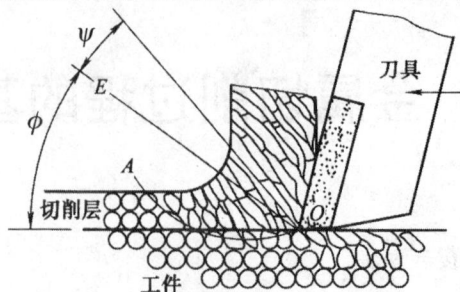

图 3-1　塑性金属的切屑形成过程

当金属沿滑移线发生剪切变形时，晶粒会伸长。晶粒伸长的方向与滑移方向(即剪切面方面)是不重合的，它们成一夹角 ψ。在一般切削速度范围内，第一变形区的宽度仅为 0.02～0.2mm，所以可以用一剪切面 OE 来表示(图 3-1)。剪切面与切削速度方向的夹角称作剪切角，以 ϕ 表示。

2. 变形区的划分

根据图 3-2 所示的金属切削过程中的流线，即被切削金属的某一点在切削过程中流动的轨迹，可以大致划分出 3 个变形区。

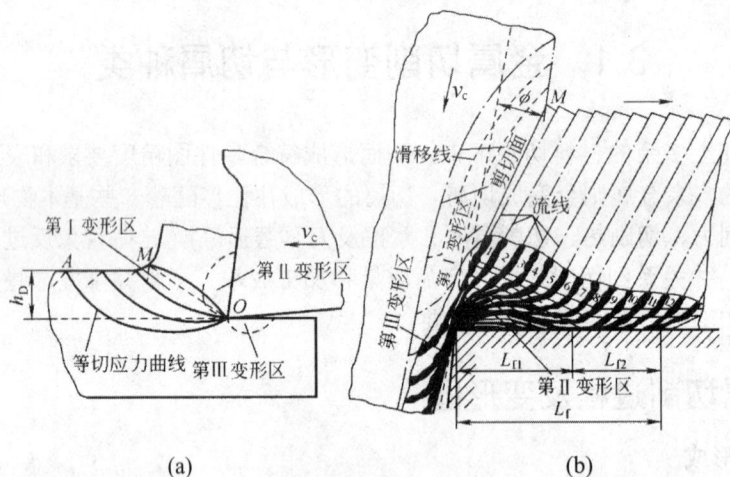

(a)　　　　　　　　　　　(b)

图 3-2　金属切削过程的流线与 3 个变形区示意图

1) 第 I 变形区

如图 3-3 所示，在这里曲线 $OAMO$ 所包围的区域即为剪切滑移区，又称为第 I 变形区。所以在整个第 I 变形区内，其变形的主要特征就是沿滑移线的剪切变形，以及随之产生的加工硬化。它是金属切削过程中主要的变形区，消耗大部分功率，并产生大量的切削热。曲线 OA 代表开始滑移的曲面，称为始滑移面，曲线 OM 为终滑移面。实际上始滑移面和终滑移面间的宽度很窄，为 0.02～0.2mm，且切削速度越高，其宽度越窄。为使问题简化，可以用一个平面 OM 代替剪切滑移区，称为剪切平面 OM。被切削层与工件母体是相连的整体，经过第 I 变形区后只是形状发生变化，仍然为整体。

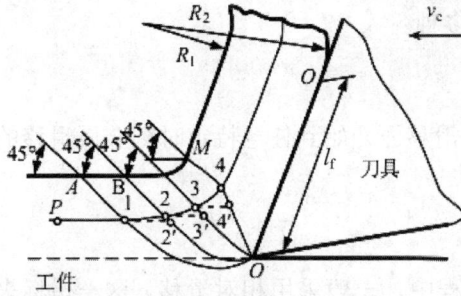

图 3-3　第 I 变形区金属的滑移

2) 第 II 变形区

第 II 变形区是指切削层通过剪切平面 OM 后形成的切屑，在沿刀具前面流出过程中，受到前面的挤压而使切屑层底部产生滑移变形的区域。如图 3-4 所示，由于该变形区的变形是剧烈的摩擦引起的，故又称为摩擦区 L_f，根据摩擦性质的不同，又可以把摩擦区分为粘结区 L_{f1} 和滑动区 L_{f2}。

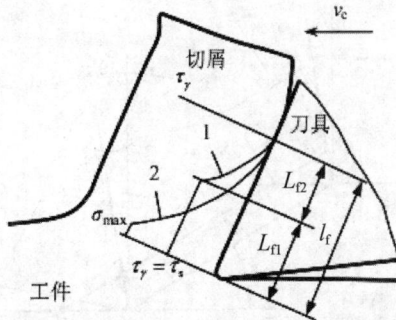

图 3-4　第 II 变形区切屑与前刀面摩擦情况

粘结区 L_{f1} 内，切屑与前刀面之间的压力很大，可达 2～3GPa，加上几百摄氏度的高温，使材料的塑性增加，并使切屑底层的金属与前刀面发生粘结现象，类似于胶着状，粘结时，它们之间就不再是一般的外摩擦，粘结面的金属流动趋于停滞，越接近粘结面的金属流动速度越低，可以称为滞留层。切屑的流动靠底层金属内部发生的剪切滑移(二次滑移)来实现，这种现象称为内摩擦。即一般所说的冷焊现象。内摩擦与材料的流动应力特性以及粘结面积大小有关。它的规律与外摩擦不同。外摩擦力的大小与摩擦系数及压力有关，而与接触面积无关。

滞留层金属发生强烈的塑性变形，其变形量可高达第 I 变形区的几十倍。尽管滞留层的厚度为切屑公称厚度的 1/20，可它消耗的能量却约占总能耗的 1/5。随着切屑离开刀尖的距离增加，内摩擦现象逐渐减弱。

3) 第 III 变形区

第 III 变形区是指工件过渡表面和已加工表面受切削刃钝圆部分和后面的挤压、摩擦与回弹产生微量塑性变形的区域，其表面出现加工硬化。

3.1.2　变形程度的表示方法

金属切削过程中的许多物理现象，都与切削过程中的变形程度大小直接有关，衡量切削变形程度大小的方法有多种。

1. 绝对滑移 ΔS

如图 3-5 所示，从始滑移面开始到任意特定时刻金属滑移的总量，它不能确切表示变形程度的大小。

2. 相对滑移 ε

在切削塑性金属的过程中，一般采用相对滑移 ε 这一指标来衡量变形程度。如图 3-5 所示，当平行四边形 $OABM$ 发生剪切变形后，变为平行四边形 $OA'B'M$，其相对滑移为

$$\varepsilon=\frac{\Delta S}{\Delta Y}=\frac{BC+CB'}{MC}=\cot\phi+\tan(\phi-\gamma_0) \tag{3-1}$$

由式(3-1)可知，在刀具的前角一定的情况下，相对滑移仅与剪切角 ϕ 有关。在实际应用中必须用快速落刀装置获得切屑根部图片，才能测量出剪切角，过于麻烦，所以一般使用变形系数来量度。

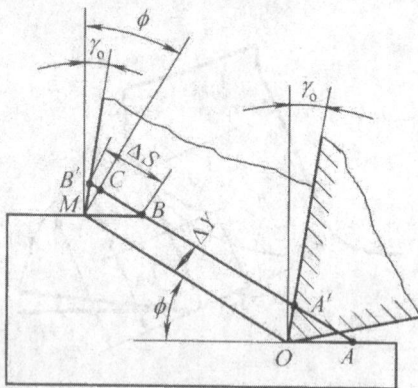

图 3-5　绝对滑移和相对滑移

3. 变形系数 ξ

如图 3-6 所示，切削层经过滑移变形成为切屑，其长度比切削层长度缩短，厚度 h_{ch} 比切削层厚度 h_D 增厚，而宽度 b_D 基本相等(在该图上垂直于纸面，反映不出来)。设金属材料在变形前后体积不变，则 $h_D b_D l=h_{ch} b_D l_c$。

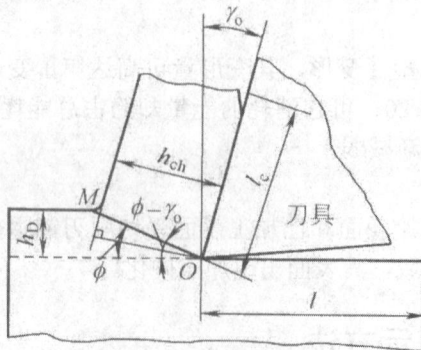

图 3-6　变形系数

变形系数 ξ 公式为

$$\xi = \frac{l}{l_c} = \frac{h_{ch}}{h_D} > 1 \tag{3-2}$$

加工普通塑性金属时，变形系数 ξ 总是大于 1。例如，切削中碳钢时，变形系数为 2～3。

一般而言，工件材料相同而切削条件不同时，变形系数值越大说明塑性变形越大；当切削条件相同而工件材料不同时，变形系数值越大说明材料塑性越大。

4. 剪切角 ϕ

剪切角是金属切削层产生剪切滑移的一个特定参数。从图 3-6 中可以看出，剪切角越大，h_{ch}/h_D 比值越小。从而导致切屑变形和切削力越小，这一点已被大量实验研究所证明。由此可见，剪切角也是反映切屑变形程度的参量，其数值可由切屑根部的金相磨片测得，也有不少学者试图建立切削模型求得剪切角的计算公式，其中比较著名的有以下公式。

1) 麦钱特(M. E. Merchant)公式

$$\phi = \frac{\pi}{4} - \frac{\beta}{2} + \frac{\gamma_o}{2} \tag{3-3}$$

2) 李和谢弗(Lee & Shaffer)公式(该公式也称为切削第一定律)

$$\phi = \frac{\pi}{4} - \beta + \gamma_o \tag{3-4}$$

从式(3-3)和式(3-4)中都能看出以下两点。

(1) 当前角 γ_o 增大时，ϕ 随之增大，变形减小。可见在保证切削刃强度的前提下，增大刀具前角对改善切削过程是有利的。

(2) 当摩擦角 β 增大时，ϕ 随之减小，变形增大。因此在低速切削时，采用切削液以减小前刀面上的摩擦系数是很重要的。

3.1.3　影响切削变形的主要因素

1. 工件材料

如图 3-7 所示，工件材料强度和硬度越高，变形系数越小。这是因为工件材料的强度和硬度增大，使前刀面上的平均正应力 σ_{av} 增大，摩擦系数 μ 减小(见表 3-1)，摩擦角 β 减小，剪切角 ϕ 增大，所以变形系数 ξ 减小。

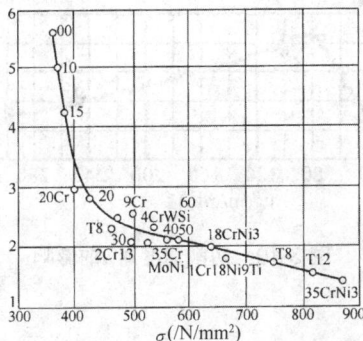

图 3-7　工件材料强度对变形系数的影响

表 3-1 不同材料在各种切削速度时的摩擦系数

工件材料	抗弯强度 σ_b /GPa(kgf/mm²)	硬度/HB	切削厚度 a_c/mm			
			0.1	0.14	0.18	0.22
铜	0.231(21.3)	55	0.78	0.76	0.75	0.74
10 钢	0.362(36.2)	102	0.74	0.73	0.72	0.72
10Cr 钢	0.48(48)	125	0.73	0.72	0.72	0.71
1Cr18Ni9Ti	0.634(63.4)	170	0.71	0.70	0.68	0.67

2. 刀具前角

前角 γ_o 越大,变形系数 ξ 越小。这是因为增大前角使剪切角 ϕ 增大,从而使切削变形减小,如图 3-8 所示。

摩擦系数 μ 随着前角 γ_o 增大而增大,如图 3-9 所示。这是因为前角 γ_o 增大后使平均正应力 σ_{av} 减小。

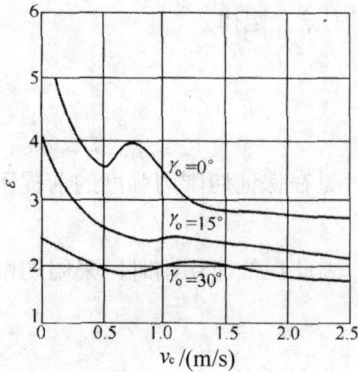

图 3-8 前角对变形系数的影响

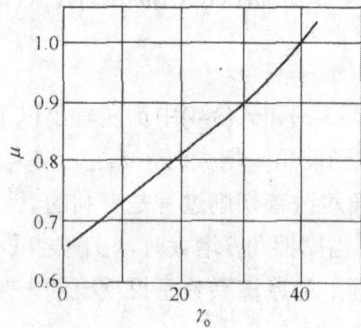

图 3-9 前角对摩擦系数的影响

3. 切削用量

1) 切削速度 v_c 的影响

在无积屑瘤的切削速度范围内,切削速度 v_c 越高,变形系数 ξ 越小,如图 3-10 所示。

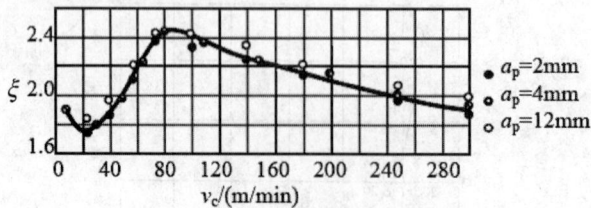

图 3-10 切削速度对 μ 的影响

2) 进给量 f 的影响

进给量 f 在无积屑瘤情况下,是通过切削厚度 h_D 来影响变形的,而 h_D 又是完全通过

摩擦系数 μ 来影响变形的。图 3-11 给出了 $f\text{-}\xi$ 关系曲线。

不难看出，进给量 f 越大，变形系数 ξ 越小。因为 f 增大，就意味着 h_D 增大（$h_D =$ $f\sin\kappa_r$），前刀面上的平均正应力 σ_{av} 增大，摩擦系数 μ 减小，β 减小，ϕ 角加大，变形系数 ξ 随之减小。

当 v_c 较低时，曲线有驼峰。这是由于积屑瘤的消长和切削温度的影响导致的。

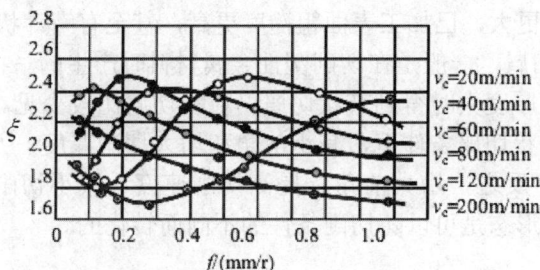

图 3-11　$f\text{-}\xi$ 关系曲线

3) 背吃刀量 a_p 的影响

从图 3-10 中可以看出，a_p 对变形系数 ξ 的影响很微小。

3.1.4　切屑的类型

如图 3-12 所示，切削过程中所产生的切屑种类有 4 种类型，分别为带状切屑、节状切屑、粒状切屑和崩碎切屑。

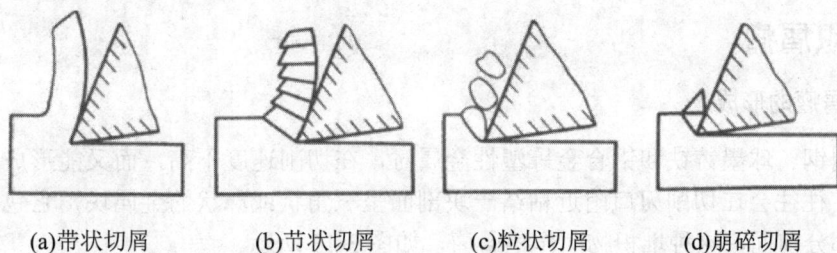

(a)带状切屑　　　　(b)节状切屑　　　　(c)粒状切屑　　　　(d)崩碎切屑

图 3-12　切屑类型

1. 带状切屑

这是一种最常见的连续切屑。如图 3-12(a)所示，它的内表面是光滑的，外表面是毛茸茸的。它的形成条件是切削材料经剪切滑移变形后，剪切面上的切应力未超过金属材料的破裂强度。当切削塑性材料，切削厚度较小、切削速度较高、刀具前角较大时，容易得到这种切屑。这时，切削过程较平稳、切削力波动较小，有利于已加工表面粗糙度值的减小，但必要时应采取断屑措施，以防对工作环境和操作人员安全造成危害。

2. 节状切屑

如图 3-12(b)所示，这类切屑的外表面呈锯齿状，这是由于切削层在滑移变形过程中塑性和韧性不断降低，局部剪切面上的切应力达到了材料的破裂强度，导致在局部滑移面或滑移方向产生破裂所致。它多产生于工件塑性较低、切削厚度较大、切削速度较低和刀具前角较小的情况下。其切削过程不稳定，切削力波动较大，已加工表面粗糙度高。

3. 粒状切屑

图 3-12(c)所示为粒状切屑。由于各粒形状相似，所以又被称为单元切屑。它是在加工塑性更差的金属时，使用更低的切削速度，更大的切削厚度，更小的刀具前角的情况下产生的。它的切削力波动更大，已加工表面粗糙度更高，甚至有鳞片状毛刺出现。

上述 3 种类型的切屑，一般是在切削塑性金属材料时产生的。在生产中一般最常见到的是带状切屑，当切削厚度大时得到节状切屑，粒状切屑比较少见。由于材料的力学物理性能的影响，在形成节状切屑条件下，减小前角和增大切削厚度，并采用很低的切削速度就可以形成粒状切屑；反之，增大前角、提高切削速度、减小切削厚度则可形成带状切屑。也就是说，切屑的形态是可以随切削条件的不同而转化的。

4. 崩碎切屑

如图 3-12(d)所示，切削脆性金属时，由于材料的塑性很小、抗拉强度较低，刀具切入后，切削层内靠近切削刃和前刀面的局部金属未经明显的塑性变形就在拉应力状态下脆断，形成不规则的碎块状切屑，工件材料越是硬脆，切削厚度越大时，越容易产生这类切屑。崩碎切屑的切削力波动最大，已加工表面凹凸不平，且容易造成刀具破坏，对机床不利。

3.2　积屑瘤与鳞刺

3.2.1　积屑瘤

1. 积屑瘤的形成

在切削钢、球墨铸铁和铝合金等塑性金属时，在切削速度不高，而又能形成带状切屑的情况下，往往会在切削刃口附近粘结一块剖面呈三角状或鼻状的金属块，它包围着切削刃且覆盖部分前面，这种堆积物叫作积屑瘤，如图 3-13 所示。

2. 积屑瘤对加工过程的影响

(1) 由于积屑瘤是材料剧烈变形强化后的产物，其硬度高达金属母体的 2～3 倍。稳定的积屑瘤可以代替切削刃和前刀面进行切削，从而保护切削刃和前刀面，减少刀具的磨损。

(2) 积屑瘤的存在使刀具在切削时具有了更大的实际前角(可达 35°)，如图 3-14 所示，减小了切屑的变形，并使切削力下降。

(3) 积屑瘤具有一定的高度，其前端伸出切削刃之外，使实际的切削厚度增大。

(4) 在切削过程中积屑瘤是不断地生长和破碎的，所以积屑瘤的高度也是在不断地变化的，从而也导致了实际切削厚度的不断变化，引起局部过切，使零件的表面粗糙度增大。同时部分积屑瘤的碎片会嵌入已加工表面，影响零件表面质量。

(5) 不稳定的积屑瘤不断地生长、破碎和脱落，积屑瘤脱落时会剥离前刀面上的刀具材料，造成刀具的磨损加剧。

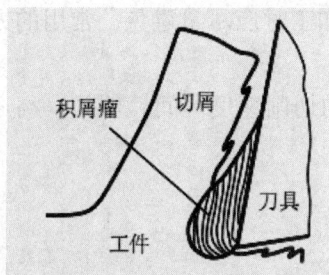

图 3-13　积屑瘤

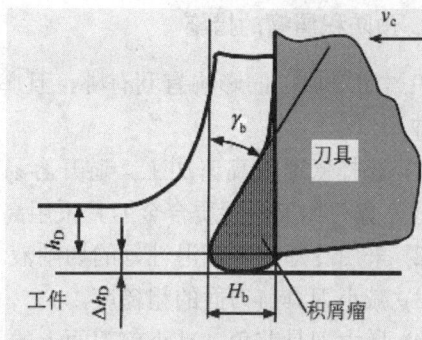

图 3-14　积屑瘤前角 γ_b 和伸出量 Δh_D

3. 积屑瘤影响因素

影响积屑瘤的因素很多，主要有工件材料、切削速度、切削液、刀具表面质量和前角大小及刀具材料等切削条件。

工件材料塑性高、强度低时，切屑与前面摩擦大，切屑变形大，容易粘刀而产生积屑瘤，而且积屑瘤尺寸也较大。切削脆性金属时切屑呈崩碎状，刀和屑接触长度短，摩擦较小，切削温度较低，一般不易产生积屑瘤。

实验研究表明，当切削温度达到被切削材料的再结晶温度时，由于金属软化，积屑瘤就会消失。加工碳素钢，切削温度在 300℃时，积屑瘤最高。500℃以上趋于消失，由于切削温度与切削速度密切相关，因而切削速度与积屑瘤的形成和高度有着密切关系，如图 3-15 所示。在低速区 Ⅰ 内形成粒状切屑或节状切屑，由于切削温度较低，一般不产生积屑瘤；在Ⅱ区里形成带状切屑，有积屑瘤生成，积屑瘤的高度随着切削速度的提高而增大，同时积屑瘤前端越来越像楔子，越来越深入地楔入切削层与工件之间。当切削速度增大到Ⅱ区的右边界时，积屑瘤的高度达到最大值。在Ⅲ区里，积屑瘤的高度随着切削速度的提高逐渐减小，而且积屑瘤的顶部逐渐趋于与前刀面平行。当 v_c 增大到Ⅲ区右边界值时，积屑瘤便消失。Ⅳ区里此时切屑底层高度纤维化，纤维的方向几乎与前刀面平行。这样的切屑底层称为滞流层。积屑瘤不再生成，或者说不明显。由此可见，具体加工中采用低速或高速切削是抑制积屑瘤的基本措施。

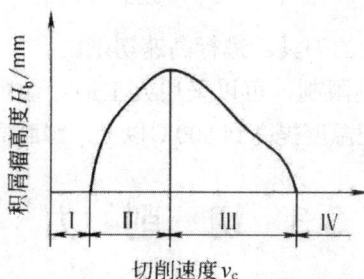

图 3-15　积屑瘤高度与切削速度的关系

切削液能减少切屑与刀具前刀面的摩擦，并能降低切削温度，所以不易产生积屑瘤。

4．预防积屑瘤的措施

积屑瘤对加工的影响有利有弊，且弊大于利，精加工时应尽量避免。常用的方法有以下几种。

(1) 选择低速或高速加工，避开容易产生积屑瘤的切削速度区间。例如，高速钢刀具采用低速宽刀加工，硬质合金刀具采用高速精加工。

(2) 采用冷却性和润滑性好的切削液。

(3) 减小刀具前刀面的粗糙度。

(4) 增大刀具前角，减小前刀面上的正压力。

(5) 采用预先热处理，适当提高工件材料硬度、降低塑性，减小工件材料的加工硬化倾向。

3.2.2 鳞刺

鳞刺是在已加工表面上出现的鳞片状毛刺，如图 3-16 所示。它是以较低的速度切削塑性金属时(如拉削、插齿、滚齿、螺纹切削等)常出现的一种现象。鳞刺对表面粗糙度有严重的影响，使已加工表面变得很粗糙，是加工中获得较小粗糙度表面的一大障碍。

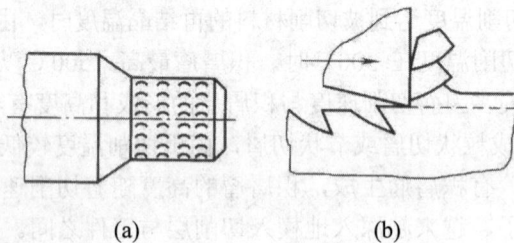

(a)　　　　　　　　　(b)

图 3-16　鳞刺现象

抑制鳞刺的措施有以下几种。

(1) 减小切削厚度。

(2) 采用润滑性能良好的极压切削油或极压乳化液，同时适当降低切削速度，以保持切削液的润滑性能。

(3) 采用硬质合金或高硬度的刀具，进行高速切削。

(4) 如果提高切削速度受到限制，可以采用人工加热切削区的措施，如电热切削、等离子加热等。切削钢时，只要把温度提高到 500℃以上，鳞刺高度便大大降低，甚至消失。

3.3　切　削　力

切削过程中，切削力不仅使切削层金属产生变形、消耗功率，产生切削热，使刀具磨损变钝，影响已加工表面质量和生产效率；同时，切削力也是机床电动机功率选择、机床主运动和进给运动机构设计的主要依据。

3.3.1　切削力的来源、切削合力及分解

1. 切削力的来源

切削力来源于 3 个方面，如图 3-17 所示。

(1) 克服被加工材料对弹性变形的抗力。

(2) 克服被加工材料对塑性变形的抗力。

(3) 克服切屑对刀具前刀面的摩擦力和刀具后刀面对过渡表面和已加工表面之间的摩擦力。

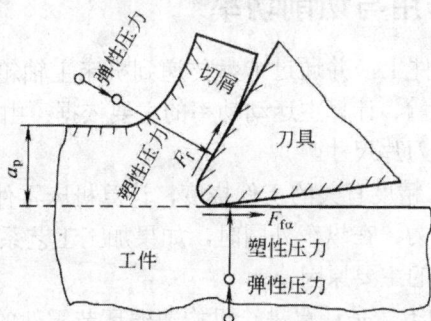

图 3-17　切削力的来源

弹性变形抗力和塑性变形抗力，在切削中的 3 个变形区中均存在，但以第 I 变形区中的抗力最大。

2. 切削合力及其分解

以车削为例，讨论切削合力。由上述分析可知，切屑与工件内部产生弹性、塑性变形抗力，切屑与工件对刀具产生摩擦阻力，形成了作用于刀具上的合力 F。

如图 3-18 所示，为了测量和应用的方便，F 可以分解为相互垂直的 3 个分力，即切削力 F_c、进给力 F_f、背向力 F_p。

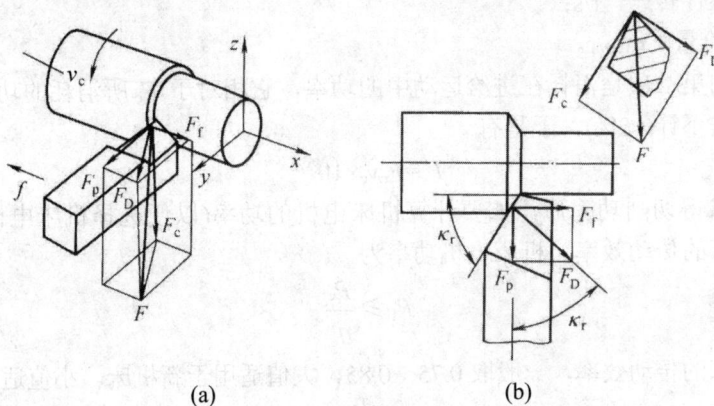

(a)　　　　　　　　　　(b)

图 3-18　切削时切削合力

F_c：为主切削力或切向力 F_z。它切于加工表面并与基面垂直。

F_f：为进给力、轴向力或走刀力 F_x。它是处于基面内并与工件轴线平行、与走刀方向相反的力。

F_p：为切深抗力或背向力、径向力、吃刀力 F_y。它是处于基面内并与工作轴线垂直的力。

F_D：作用于基面内的合力，垂直于主切削刃。

由图 3-18 可知，有

$$F = \sqrt{F_D^2 + F_c^2} = \sqrt{F_c^2 + F_p^2 + F_f^2} \tag{3-5}$$

3.3.2 切削分力的作用与切削功率

切削力 F_c 是作用在工件上，并通过卡盘传递到机床主轴箱，它是设计机床主轴、齿轮、设计夹具、选择切削用量、计算主运动功率的主要依据；由于 F_c 作用使刀杆弯曲、刀片受压，故用它决定刀杆、刀片尺寸。

F_p 用来确定与工件加工精度有关的工件挠度，计算机床零件和刀具强度。它也是使工件在切削过程中产生振动的力。在纵车外圆时，如果加工工艺系统刚性不足，F_p 是影响加工工件精度和引起切削振动的主要原因。

F_f 作用在机床进给机构上，是计算进给机构薄弱环节零件的强度和车刀进给功率的主要依据。F_f 将消耗总功率的 1%～5%。

消耗在切削过程中的功率称为切削功率 P_c。计算切削功率 P_c 是用于核算加工成本和计算能量消耗，并在设计机床时根据它来选择机床电动机功率。切削功率为 F_f 和 F_c 所消耗功率之和，因 F_p 方向没有位移，所以不消耗功率。于是切削功率为

$$P_c = \left(F_c v_c + \frac{F_f n_w f}{1000} \right) \times 10^{-3} \tag{3-6}$$

式中：F_c——主切削力，N；

F_f——进给力，N；

v_c——切削速度，m/s；

n_w——工件转速，r/s；

f——进给量，mm/r。

等号右侧的第二项是消耗在进给运动中的功率，它相对于 F_c 所消耗的功率来说，一般很小，可以略去不计(<2%)，于是有

$$P_c = F_c v_c \times 10^{-3} \tag{3-7}$$

按式(3-7)求得切削功率后，如要计算机床电机的功率(以便选择机床电机)，还应将切削功率除以机床的传动效率。机床电机功率为

$$P_E \geqslant \frac{P_c}{\eta_c} \tag{3-8}$$

式中：η_c 为机床的传动效率，一般取 0.75～0.85，大值适用于新机床，小值适用于旧机床。

3.3.3 切削力切削功率的计算

目前，在生产实际中计算切削力的经验公式可以分为两类：一类是指数公式；另一类

是按单位切削力进行计算。

(1) 计算切削力的指数公式如下：

$$F_c = C_{F_c} a_p^{x_{F_c}} f^{y_{F_c}} v_c^{n_{F_c}} K_{F_c}$$ (3-9)

$$F_p = C_{F_p} a_p^{x_{F_p}} f^{y_{F_p}} v_c^{n_{F_p}} K_{F_p}$$ (3-10)

$$F_f = C_{F_f} a_f^{x_{F_f}} f^{y_{F_f}} v_c^{n_{F_f}} K_{F_f}$$ (3-11)

式中：F_c、F_p、F_f——切削力，N；

a_p——吃刀深度；

f——进给量；

v_c——切削速度。

各系数 C_F 值由实验时加工条件确定，各指数 x_F、y_F、n_F 值表明各参数对切削力影响程度，修正值 K_F 是不同加工条件时对各切削分力的修正数值(在计算切削力时，考虑到各个参数对切削力不同的影响，需对切削力数值进行相应的修正，其修正系数值是通过切削实验确定的)。

式中的系数、指数和修正数值均可查得。

(2) 单位切削力 k_c。单位切削力 k_c 是指单位切削面积上的切削力，由式(3-12)求得，即

$$k_c = \frac{F_c}{A_D} = \frac{C_{F_c} a_p^{x_{F_c}} f^{y_{F_c}}}{a_p f} = \frac{C_{F_c}}{f^{1-y_{F_c}}}$$ (3-12)

式中：A_D——切削面积，mm^2；

a_p——背吃刀量，mm；

f——进给量，mm/r。

(3) 单位切削功率 p_c。在单位时间内切除单位体积的金属所消耗的功率称为单位切削功率。

如果单位切削功率为已知，则可以计算出切削功率 P_c 为

$$P_c = p_c Q_z$$ (3-13)

式中：p_c——单位切削功率，$kW/(mm^3/s)$；

Q_z——单位时间金属切除量，(mm^3/s)。

将式(3-13)代入式(3-6)，且 $Q_z = 1000 v_c A_D = 1000 v_c a_p f$，有

$$p_c = \frac{P_c}{Q_z} = \frac{k_c a_p v_c f \times 10^{-3}}{1000 a_p f v_c} = k_c \times 10^{-6}$$ (3-14)

3.3.4 影响切削力的因素

1. 切削用量

1) 背吃刀量 a_p 与进给量 f

如图 3-19 所示，背吃刀量 a_p 和进给量 f 增加，使切削力 F_c 增加，但影响程度是不同的。其原因是：若 f 不变，a_p 增加 1 倍，由于切削宽度 b_D 和切削层横截面积 A_D 随之增大 1 倍，使切削变形和摩擦成倍增加，故切削力 F_c 也增加 1 倍；若 a_p 不变，f 增加大 1 倍，

使切削厚度 h_D 和切削层横截面积 A_D 也都增加 1 倍，但因进给量 f 增加使切削变形减小，故切削力 F_c 增加为 70%～80%。

研究 a_p 和 f 对 F_c 的影响规律，对于指导生产具有重要作用。例如，在相同的切削层横截面积，并且切削效率相同时，而增大进给量与增大背吃刀量相比较，前者既减小了切削力又节省了切削功率的消耗；若消耗相等机床功率时，则允许选用更大的进给量切削，这样可达到切除更多的金属层和提高生产效率的目的。

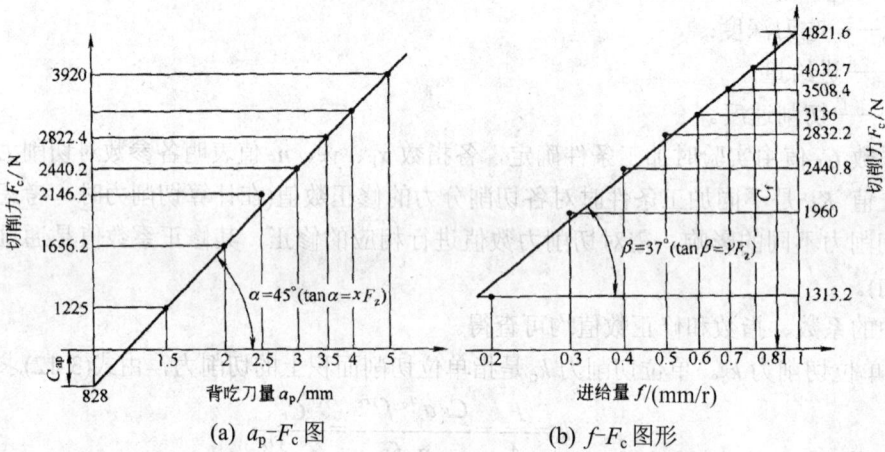

(a) a_p-F_c 图　　　　(b) f-F_c 图形

图 3-19　背吃刀量 a_p 与进给量 f 对切削力 F_c 的影响

2) 切削速度 v_c

加工塑性金属时，切削速度对切削力的影响主要是由于积屑瘤影响实际工作前角和摩擦系数的变化造成的。

以车削 45 钢为例，如图 3-20 所示，可知当切削速度 v_c 在 5～20m/min 区域内增加时，积屑瘤高度逐渐增加，切削力 F_c 减小；切削速度继续在 20～35m/min 范围内增加，积屑瘤逐渐消失，切削力 F_c 增加；在切削速度 $v_c>35$m/min 时，由于切削温度上升，摩擦系数减小，故切削力 F_c 下降。一般切削速度超过 90m/min，切削力 F_c 处于变化甚小的较稳定状态。

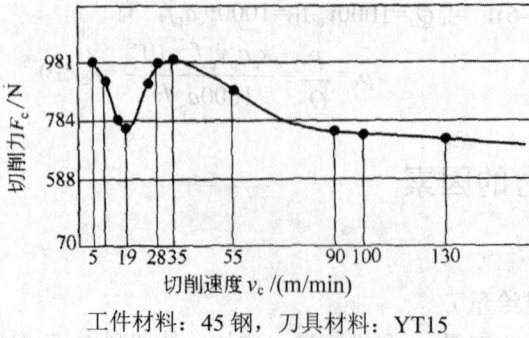

工件材料：45 钢，刀具材料：YT15

图 3-20　切削速度 v_c 对切削力 F_c 的影响

加工脆性金属时变形和摩擦均较小，故切削速度 v_c 对切削力影响不大。

分析表明，如果刀具材料和机床性能允许，采用高速切削，既能提高生产效率，又可使切削力减小。

2. 工件材料

工件材料是通过材料的剪切屈服强度、塑性变形程度与刀具间的摩擦等条件影响切削力。

工件材料的硬度和强度越高，切削力越大。

工件材料的塑性和韧性越高，切削变形越大，切屑与刀具间摩擦增加，故切削力越大。

切削脆性材料时的变形小、摩擦小、加工硬化小，切屑为崩碎状，与前刀面接触面积小，故产生的切削力小。

除了工件材料的物理力学性能影响切削力外，工件毛坯的制造方法，由于影响金属表面的组织状况，因而对切削力也有影响。例如，加工热轧钢时的切削力比加工冷拉钢的切削力大。另外，同一材料热处理状态不同时，如正火、调质、淬火状态下的硬度不同，切削力就有很大的差别。

3. 刀具几何参数

1) 前角和刃倾角

前角增大，切削变形减小，故切削力减小，如图 3-21(a)所示。尤其是加工材料的韧性、延伸率越高，增大前角使切削力下降更为显著。

刃倾角的变化对切削力 F_c 影响不大，如图 3-21(b)所示。刃倾角对切削力 F_p 影响较大。

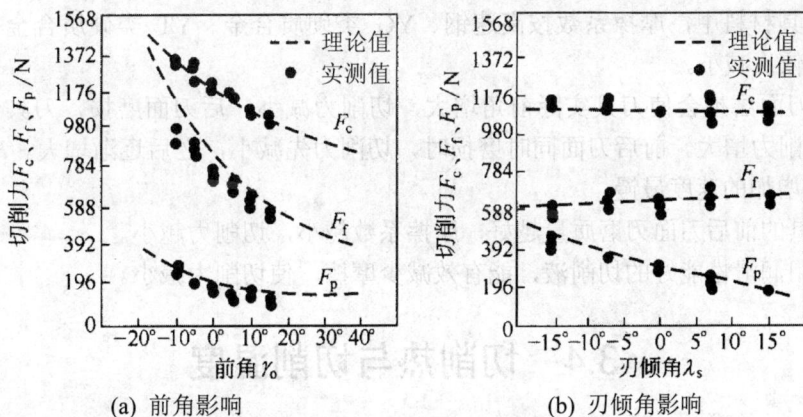

(a) 前角影响　　　　　　　　　　(b) 刃倾角影响

图 3-21 前角 γ_o 与刃倾角 λ_s 对切削力的影响

通过切削实验可知，负刃倾角增加 1°，使 F_p 增加 2%～3%。所以，生产中常因负刃倾角增加，而使轴类工件产生弯曲变形并引起振动。

2) 主偏角

如图 3-22 所示，主偏角在 30°～60°范围内增大，由于切削厚度 h_d 增大，切削变形减小，故切削力 F_c 减小。若主偏角从 60°增加到 90°，圆弧刀尖在切削刃上占切削宽度增大。使切屑流出时挤压加剧，切削力 F_c 逐渐增大。通常在主偏角为 60°～75° 时，切削力 F_c 较小。主偏角变化，改变了切削分力 F_p、F_f 的分配比例，即主偏角增大，使 F_p 减小，F_f 增大。由于主偏角 60°～75° 能减小切削力 F_c 和 F_p，因此，生产中主偏角为 75° 的车刀被广泛使用。

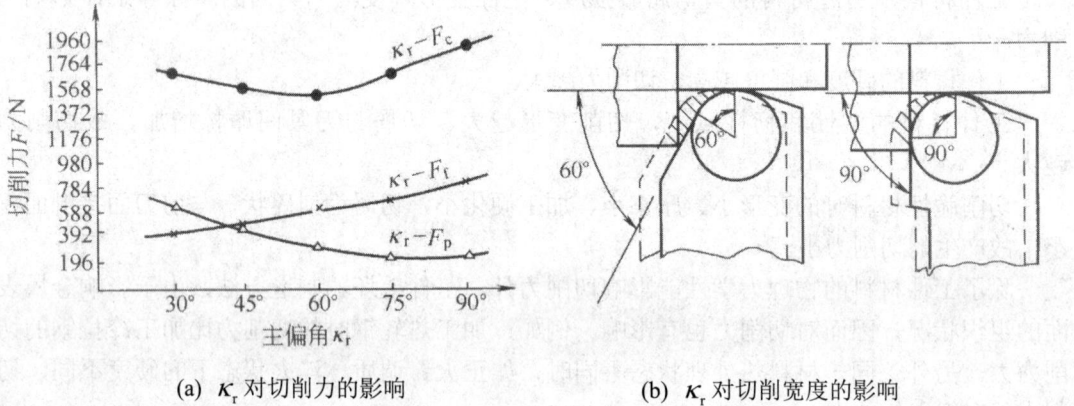

(a) κ_r 对切削力的影响　　　　(b) κ_r 对切削宽度的影响

图 3-22　主偏角对切削力的影响

3) 刀尖圆弧半径

刀尖圆弧半径大，切削变形增大，使切削力增大。此外，圆弧切削刃上各点主偏角的平均值越小，背切削力 F_p 越大。

4. 其他因素

(1) 刀具材料的摩擦系数越小，切削力越小。

各类刀具材料中，摩擦系数按高速钢、YG 类硬质合金、YT 类硬质合金、陶瓷、金刚石的顺序依次减小。

(2) 前刀面磨损会使刀具实际前角增大，切削力减小。后刀面磨损，刀具与工件的摩擦增大，切削力增大。前后刀面同时磨损时，切削力先减小，之后逐渐增大。F_p 增加的速度最快，F_c 增加的速度最慢。

(3) 刀具的前后刀面刃磨质量越好，摩擦系数越小，切削力越小。

(4) 使用润滑性能好的切削液，能有效减少摩擦，使切削力减小。

3.4　切削热与切削温度

切削热和由它导致的切削温度是影响金属切削状态的重要物理因素之一，切削时所消耗能量的 97%～99% 转化为热能。切削温度的高低会直接影响刀面上的摩擦系数、工件材料的切削性能、积屑瘤大小、已加工表面质量、刀具磨损和耐用度及生产率等。因此，研究切削热和切削温度对生产实践有着重要的指导意义。

3.4.1　切削热的产生和传出

切削热的来源主要有两个方面。一方面是切屑与前刀面、工件与后刀面之间的摩擦所消耗的摩擦功,这是切削热的主要来源。另一方面是切削层金属在刀具的作用下发生弹性变形和塑性变形所消耗的变形功。与此相对应,切削热产生在 3 个区域,即剪切面、切屑与前刀面接触区、工件与后刀面接触区,如图 3-23 所示。

切削温度的高低取决于切削热产生的位置和多少,以及切削热传递和散失出去的速度快慢。因此,控制切削温度不仅要想办法减少切削热的产生,还要设计合理、有效的热量散失途径。

切削热的产生平衡关系式为

$$Q=Q_弹+Q_塑+Q_{前摩}+Q_{后摩} \tag{3-15}$$

式中:$Q_弹$——弹性变形所消耗的功转变成的热,所占比例很小,可略去不计;

　　　$Q_塑$——塑性变形所消耗的功转变成的热;

　　　$Q_{前摩}$——刀具前刀面与切削摩擦所产生的热;

　　　$Q_{后摩}$——刀具后刀面与工件加工表面摩擦所产生切削热。

切削热传散出去的途径主要是切屑、工件、刀具和周围介质(如空气、切削液等),影响热传导的主要因素是工件和刀具材料的热导率及周围介质的状况。各部分传出的比例随工件材料、切削速度、刀具材料及加工形式等确定,见表 3-2。因此切削热的传出平衡关系式为

$$Q=Q_屑+Q_工+Q_刀+Q_介 \tag{3-16}$$

式中:$Q_屑$——由切屑传出的热;

　　　$Q_工$——由工件传出的热;

　　　$Q_刀$——由刀具传出的热;

　　　$Q_介$——由周围介质传出的热。

表 3-2　车削和钻削时切削热由各部分传出的比例

类型	$Q_屑$	$Q_刀$	$Q_工$	$Q_介$
车削	50%~80%	40%~10%	9%~3%	1%
钻削	28%	14.5%	52.5%	5%

热量传散的比例与切削速度有关,图 3-24 所示为不同切削速度时热量分布比例。图 3-24 中表明,切削速度增加时,由摩擦生成的热量增多,但切屑带走的热量也增加,在工件中热量减少,在刀具中热量更少。所以高速切削时,切屑中温度很高,在工件和刀具中温度较低,这有利于切削加工的顺利进行。

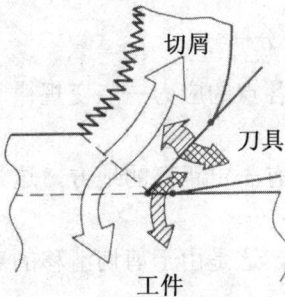

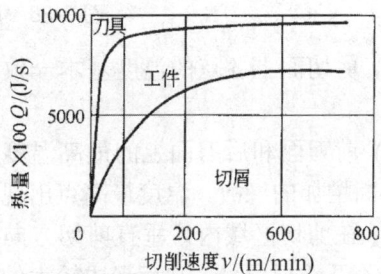

图 3-23　切削热的来源　　　　　　图 3-24　不同切削速度时的热量分布

3.4.2 切削温度的分布

工件、切屑和刀具上各点的温度分布，称为温度场。图 3-25 所示为测得的刀具。工件和切屑中温度分布；图 3-26 所示为刀具前刀面上温度分布。从图中得出以下的温度分布规律。

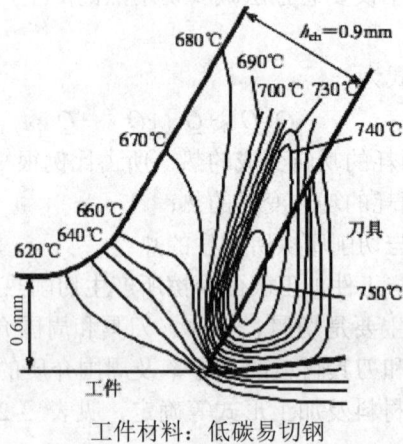

工件材料：低碳易切钢

图 3-25　直角自由切削中的温度场

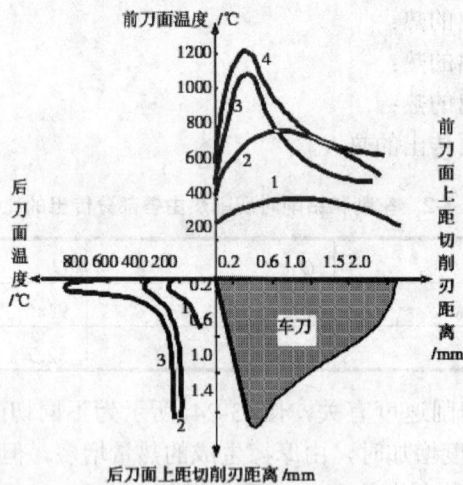

1—45 钢—YT15；2—GCr15—YT14；
3—钛合金 BT2—YG8；4—BT2—YT15

图 3-26　切削不同材料的温度分布

(1) 剪切面上各点的温度基本一致，可见剪切面上各点的应力—应变规律基本上变化不大。

(2) 前刀面和后刀面上的最高温度都处在离切削刃有一定距离的地方，这是摩擦热沿刀面不断增加的缘故。温度最高点出现在前刀面上。

(3) 在剪切区域内，垂直剪切方向上温度梯度较大，这是由于剪切滑移的速度很快，热量来不及传导出来，从而形成较大的温度梯度。

(4) 垂直前刀面的切屑底层温度梯度大，距离前刀面 0.1～0.2mm，温度就可能下降一半。这说明前刀面上的摩擦是集中在切屑的底层，因此切削温度对前刀面的摩擦系数有较大影响。

(5) 后刀面的接触长度很小，因此温度的升降是在极短时间内完成的，导致已加工表面受到一次热冲击。

(6) 工件材料塑性越大，前刀面上的接触长度越大，切削温度的分布就越均匀些。工件材料脆性越大，最高温度所在的点离切削刃就越近。

(7) 工件材料热导率越低，刀具的前、后刀面的温度就越高，这是一些高温合金和钛合金切削加工性能低的主要原因之一。

3.4.3　切削温度的主要影响因素

1. 切削用量的影响

1) 切削速度

如图 3-27 所示，切削速度对切削温度有显著的影响。当切屑沿前刀面流出时，切屑底层与前刀面发生强烈的摩擦，因而产生很多的热量。而这摩擦热主要是在切屑很薄的底层里产生的，摩擦热一边生成而又一边向切屑的顶面方向和刀具内部传导。如果切削速度提高，则摩擦热生成的时间很短，而切屑底层产生的切削热向切屑内部和刀具内部传导都需要一定的时间。因此，提高切削速度的结果是，摩擦热来不及向切屑和刀具内部传导，而是大量积聚在切屑底层，从而使切削温度升高。此外，随着切削速度的提高，单位时间内的金属切除量成正比例地增多，消耗的功增大了，所以切削热也会增加。而随着切削速度的提高，单位切削力和单位切削功率却有所减小，故切削热和切削温度不与切削速度成正比例地增加。

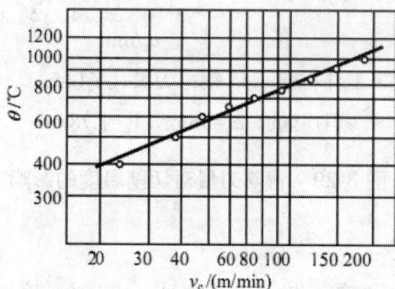

工件材料：45 钢；刀具：YT15；
切削用量：a_p=3mm，f=0.1mm/r

图 3-27　切削速度对切削温度的影响

2) 进给量

随着进给量的增大，单位时间内的金属切除量增多，切削过程产生的切削热也增多，使切削温度上升，但切削温度随进给量增大而升高的幅度不如切削速度那样显著。这是因为单位切削力和单位切削功率随进给量增大而减小，切除单位体积金属产生的热量也减小。此外，当进给量增大后，切屑变厚，切屑的热容量也增多，由切屑带走的热量也增多，故切削区的平均温度的上升不甚显著，如图 3-28 所示。

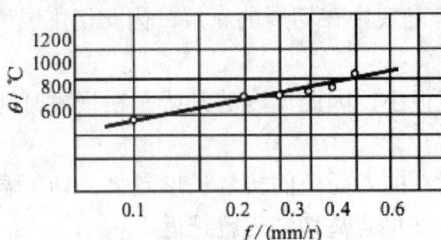

工件材料：45 钢；刀具：YT15；

切削用量：a_p=3mm，v_c=1.57m/s

图 3-28 进给量对切削温度的影响

3) 背吃刀量

背吃刀量 a_p 对切削温度的影响很小。因为背吃刀量 a_p 增大以后，切削区产生的热量虽然成正比例地增多，但因切削刃参加切削工作的长度也成正比例地增长，改善了散热条件，所以切削温度的升高并不明显，如图 3-29 所示。

切削用量三要素对切削温度的影响 $v_c>f>a_p$，这与它们对切削力的影响程度正好相反。在控制切削温度的前提下提高加工效率，应在机床允许的条件下，选用比较大的背吃刀量 a_p 和进给量 f，这比选用大的切削速度 v_c 更为有利。

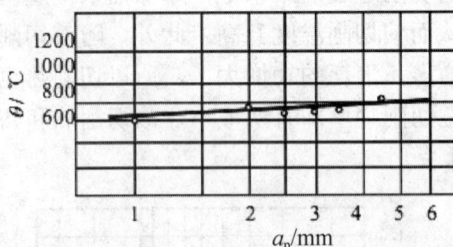

工件材料：45 钢；刀具：YT15；

切削用量：a_p=3mm，v_c=1.78m/s

图 3-29 背吃刀量对切削温度的影响

2. 刀具几何参数的影响

(1) 前角 γ_o 对切削温度的影响。图 3-30 表明，切削温度随前角的增大而下降，这是由于前角增大时，单位切削力下降，使产生的切削热减少的缘故。但当前角大于 18°～20°后，对切削温度的影响将减小，这主要是由于前角增大导致刀具楔角减小，使刀具的散热体积也减小所致。

(2) 主偏角 κ_r 对切削温度的影响。主偏角减小时，致使切削宽度增大，刀尖角增大，刀具散热条件改善，有利于降低切削温度，如图 3-31 所示。

(3) 刀尖圆弧半径 r 对切削温度的影响。刀尖圆弧半径在 0～1.5mm 范围内变化，基本上不会影响切削温度。这是由于刀尖圆弧半径的增大，使塑性变形区的塑性变形增大，切削热也随之增加。另外，刀尖圆弧半径的增加会使刀具的散热条件有所改善，传出的热量增加。两者趋于平衡，所以对切削温度的影响很小。

刀尖圆弧半径对刀尖处局部切削温度的影响较大，增大刀尖圆弧半径，有利于刀尖处局部切削温度的降低。

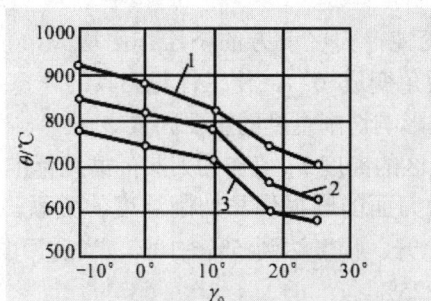

1—v_c=135m/min；2—v_c=105m/min；

3—v_c=81m/min

切削用量：a_p=3mm，f=0.1mm/r

图 3-30　前角与切削温度的关系

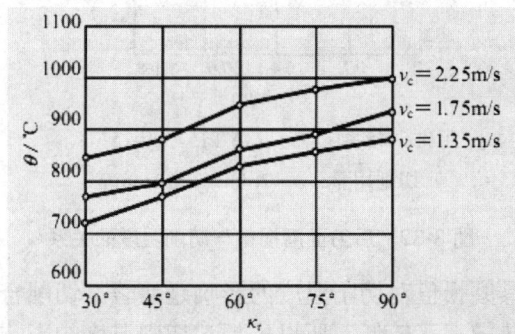

工件：45 钢；刀具：YT15，γ_o=15°；

切削用量：a_p=2mm，f=0.2mm/r

图 3-31　主偏角与切削温度的关系

3. 工件材料的影响

工件材料的强度、硬度越高，切削力越大，切削时消耗的功也越多，产生的切削热也越多，切削温度也就越高。合金结构钢的强度普遍高于 45 钢，而热导率又一般均低于 45 钢。所以切削合金结构钢时的切削温度一般均高于切削 45 钢时的切削温度。不锈钢 1Cr18Ni9Ti 和高温合金 GH131 不但热导率低，而且在高温下仍能保持较高的强度和硬度。所以切削这种类型的材料时，切削温度比切削其他材料要高得多。大部分的热量被刀具吸收，致使刀具的温度升高，加剧刀具磨损。必须尽可能采用导热性和耐热性都较好的刀具材料，加注充分的切削液冷却。

脆性金属的抗拉强度和延伸率都较小，切削过程中切削区的塑性变形很小，切屑呈崩碎状或脆性带状，与前刀面的摩擦也很小，所以产生的切削热较少，切削温度一般比切削钢料时低。

4．刀具磨损对切削温度的影响

刀具磨损后，切削刃变钝，刃区前方的挤压作用增大，使切削区金属的塑性变形增加。同时，磨损后的刀具后角变成 0°，使工件与刀具的摩擦加大，两者均使切削热的产生增加。所以，刀具磨损是影响切削温度的重要因素。

规定后刀面上均匀磨损区的高度 V_B 值作为刀具的磨钝标准。

图 3-32 所示为车刀后刀面的磨损值与切削温度的关系。从图 3-32 可知，当 $V_B >$ 0.4mm 后，切削温度急剧上升。幅度达到 5%～10%。当后刀面磨损值达到 0.7mm 时，切削温度上升幅度达到 20%～25%。

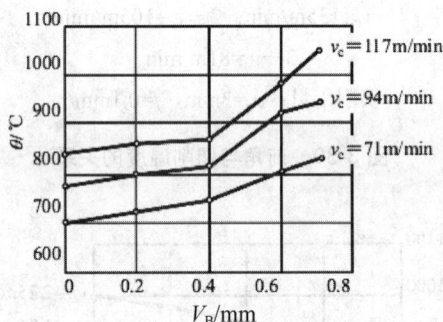

工件：45 钢；刀具：YT15，γ_o=15°；

切削用量：a_p=2mm，f=0.1mm/r

图 3-32　后刀面磨损值与切削温度的关系

切削速度越高，刀具磨损值对切削温度的影响越显著。切削合金钢时，由于合金钢的强度和硬度比较高，而热导率又较低，所以磨损对切削温度的影响比较显著。因此切削合金钢的刀具，仅允许有较小的磨损量。

5．切削液

切削液对切削温度的影响，与切削液的导热性能、比热容、流量、浇注方式及其本身的温度有很大关系。从导热性能来看，水基切削液>乳化液>油类切削液，实验表明，如果用乳化液代替油类切削液，加工生产率可以提高 50%～100%。如果将室温(20℃)下的切削液降至 5℃，则刀具耐用度可以提高 50%。

3.4.4　切削温度对工件、刀具和切削过程的影响

1．切削温度对工件材料力学性能的影响

切削时温度虽然很高，但对工件材料硬度、强度的影响并不很大，对剪切区应力的影响也不明显。其原因是：切削速度较高时，变形速度很高，其对增加材料强度的影响足以抵消切削温度降低强度的影响；另外，切削温度是在切削变形过程中产生的，因此，对剪切面上的应力—应变状态来不及产生很大的影响，只对切屑底层的剪切强度产生影响。

2．切削温度对刀具材料的影响

硬质合金的性质之一是高温时，强度比较高，韧性比较好。因此，适当提高切削温度可以防止硬质合金崩刃，对提高其耐用度是有利的。

3．切削温度对工件尺寸的影响

工件受热膨胀，尺寸发生变化，切削后不能达到精度要求，在加工细长轴时，工件因受热而变长，但因夹固在机床上不能自由伸长而发生弯曲，加工后使中部直径变大。另外，刀杆受热膨胀，使实际切削深度增加，改变工件的加工尺寸。

在精加工和超精加工时，切削温度对加工精度的影响十分突出，必须特别注意降低切削温度。

4．利用切削温度自动控制切削速度或进给量

大量切削试验证明：对给定的刀具材料、工件材料以不同的切削用量加工时，都可以得到一个最佳的切削温度，它使刀具磨损强度最低，刀具耐用度最高。因此，可用热电偶测出切削温度作为控制信号，并用电子线路和自动控制装置来控制机床的转速或进给量，使切削温度经常处于最佳范围，以提高生产率和工件表面质量。

3.5　刀具磨损与刀具耐用度

在零件的加工过程中，刀具不可避免地遭到损耗。当刀具的损耗积累到一定的程度后，会使工件的加工精度降低，表面粗糙度增大，并导致切削力和切削温度增加，甚至产生振动，不能继续正常切削，即刀具失效，这时就要更换新的切削刃或换刀磨刀。

刀具损坏的主要形式有磨损和破损两类。

3.5.1　刀具磨损的形态

刀具的磨损表现为连续地、逐渐地发生，磨损主要取决于刀具材料、工件材料的物理力学性能和切削条件，刀具磨损时存在着机械、热和化学作用，表现为摩擦、粘结和扩散等现象。如图 3-33 所示，刀具的磨损形式有以下几种。

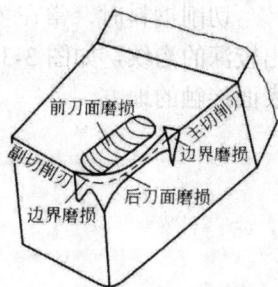

图 3-33　刀具磨损形态

1．前刀面磨损

加工塑性金属时，当刀具材料的耐热性、耐磨性不足，切削速度较高，切削厚度较大(大于 0.5mm)时，常在前刀面上发生磨损。

由于切屑底面和刀具前刀面在切削过程中是化学活性很高的新鲜表面，在接触面的高温高压作用下，接触面积的 80%以上是空气和切削液较难进入的，切屑沿前刀面的滑动逐渐在前刀面上磨出一个月牙形凹窝，如图 3-34(a)所示，所以这种磨损形态又常称为月牙洼磨损。起初月牙洼距离主切削刃还有一小段距离，随着切削过程的进行，磨损加剧，月牙洼逐渐向前、后扩展，深度

不断增大，其深度最大的位置就是切削温度最高处。其宽度取决于切屑的宽度，在磨损过程中变化不大。当月牙洼发展到其前缘与切削刃之间的棱边很窄时，切削刃强度下降，容易导致崩刃。

前刀面磨损的程度用月牙洼的宽度 K_B 和深度 K_T 表示。

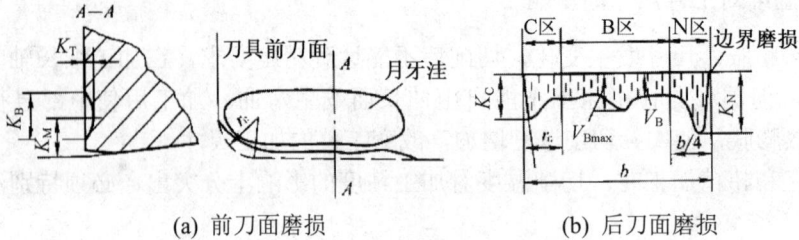

(a) 前刀面磨损　　　　　　　(b) 后刀面磨损

图 3-34　刀具磨损的测量位置

2. 后刀面磨损

切削时，工件的新鲜加工表面与刀具后刀面接触，并相互摩擦，从而引起后刀面磨损。以较小的切削厚度(小于 0.1mm)、较低的切削速度切削塑性金属及切削铸铁时，主要发生这种磨损。

后刀面虽然有后角，但由于切削刃不如理想中的锋利，存在一定的钝圆，与工件表面的接触压力很大，存在着弹性和塑性变形。因此，后刀面与工件实际上是小面积接触，磨损就发生在这个接触面上，形成后角为零的小棱面，如图 3-34(b)所示。

后刀面磨损往往不均匀，刀尖部分(C 区)强度较低，散热条件又差，磨损比较严重，其最大值为 V_C。主切削刃靠近工件外皮处的后刀面(N 区)上，磨成较严重的深沟，以 V_N 表示。在后刀面磨损带的中间部位(B 区)上，磨损比较均匀，平均磨损带宽度以 V_B 表示，而最大磨损宽度以 V_{Bmax} 表示。

当以中等切削速度、中等切削厚度(0.1～0.5mm)切削塑性金属时，容易发生前、后刀面同时磨损。

3. 边界磨损

切削钢料时，常在主切削刃靠近待加工表面处及副切削刃靠近刀尖处的后刀面上，磨出较深的沟纹，如图 3-35 所示。这两处分别是在主、副切削刃与工件待加工表面或已加工表面接触的地方。

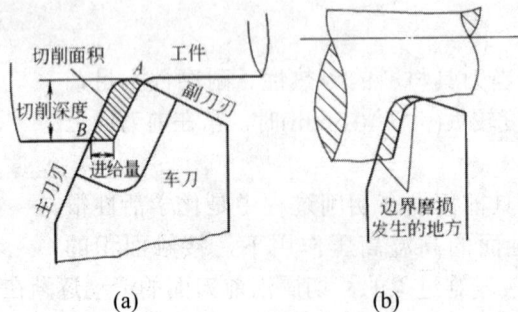

(a)　　　　　　　　　(b)

图 3-35　边界磨损的发生位置

3.5.2　刀具磨损的原因

1. 硬质点磨损

硬质点磨损，主要是由于工件材料中的杂质、基体组织中的硬质点(如碳化物、氮化物和氧化物等)及积屑瘤碎片等，在刀具表面上划出一条条沟纹造成的磨损。工具钢刀具的这类磨损比较显著。硬质合金刀具由于具有很高的硬度，这类磨损相对较小。

刀具在各种切削速度下都存在硬质点磨损，硬质点磨损是低速刀具(如拉刀、板牙、丝锥等)磨损的主要原因。这是由于在低速切削时，切削温度较低，其他形式的磨损还不显著。一般认为，由硬质点磨损产生的磨损量与刀具-工件相对滑动距离或切削路程成正比。

2. 粘结磨损

在摩擦面的实际接触面积上，在足够大的压力和高温作用下，刀具和工件材料接触到原子间距离时发生结合的冷焊现象。两摩擦表面的粘结点因相对运动将发生撕裂而被对方带走，如果粘结处的破裂发生在刀具这一方，就会造成刀具的损耗，这就是刀具的粘结磨损。粘结磨损程度取决于切削温度、刀具和工件材料的亲和力、刀具和工件材料硬度比、刀具表面形状与组织和工艺系统刚度等因素。切削温度是影响粘结磨损的主要因素。

高速钢、硬质合金、陶瓷刀具、立方氮化硼及金刚石刀具都会发生粘结磨损。由于高速钢具有较大的抗剪和抗拉强度，所以发生粘结磨损的程度小。硬质合金的抗剪和抗拉强度低，粘结磨损比较严重，这是造成硬质合金刀具在中低速切削时磨损的主要原因，此外硬质合金晶粒的大小对粘结磨损影响很大，晶粒越细小，磨损的速度越慢。

3. 扩散磨损

切削温度较高时，刀具表面始终与被切出的新鲜表面接触，使其具有巨大的化学活泼性。当刀具与工件材料的化学元素浓度相差较大时，它们就会在固态下互相扩散到对方中去，引起摩擦面两侧刀具和工件材料化学成分的改变，使刀具材料性能下降，从而造成刀具磨损，这种磨损称为扩散磨损。

扩散磨损是中高速切削时，硬质合金刀具磨损的主要原因，它往往和粘结磨损同时发生。硬质合金刀具的前刀面上月牙洼的最深处是切削温度的最高处，也是发生扩散最严重的地方。另外，该处又很容易发生粘结现象，因此这里的磨损速度最快，所以月牙洼是由扩散磨损和粘结磨损共同作用而形成的。

4. 化学磨损

切削时在一定温度下，刀具与周围介质的某些成分(如空气中的氧、切削液中的极压添加剂硫、氯等)起化学反应，在刀具表面形成一层硬度较低的化合物，而被切屑带走，加速了刀具的磨损，或者因为刀具材料被某种介质腐蚀，造成刀具损耗，这些被称为化学磨损。

5. 热电磨损

在切削区的高温作用下，刀具与工件材料可形成热电偶，产生热电动势，形成流过刀具-工件、刀具-切屑的热电流，从而促进化学元素的扩散，加速刀具的磨损，这种在热电势的作用下产生的扩散磨损称为热电磨损。

6. 相变磨损

相变磨损是指切削时，当刀具的最高温度超过材料的相变温度时，刀具表面金相组织发生变化，使刀具硬度急剧下降，迅速被磨损，甚至失去切削能力。

在不同的工件材料、刀具材料和切削条件下，磨损原因和磨损强度是不同的。图 3-36 所示为硬质合金刀具加工钢料时，在不同的切削速度(切削温度)下各类磨损所占的比例。由图 3-36 可知，对于一定的刀具材料和工件材料，切削温度对于刀具磨损具有决定性的影响。中低速切削时，切削温度低，由硬质点磨损和粘结磨损占主导地位。高速切削时，切削温度高，由受切削温度影响较大的热、化学磨损占主导地位。

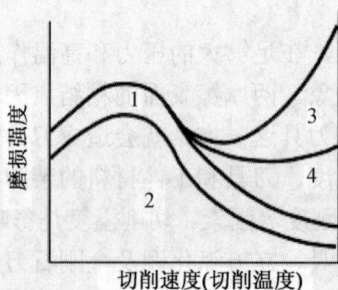

1—机械磨损；2—粘结磨损；
3—扩散磨损；4—热化学磨损

图 3-36　切削速度对刀具磨损强度的影响

3.5.3　刀具磨损过程及磨钝标准

1. 刀具的磨损过程

刀具的磨损随着切削时间的延长而逐渐加大，通过实验可以得到如图 3-37 所示的刀具磨损过程典型曲线。该图的横坐标为切削时间，纵坐标为后刀面磨损量 V_B。由图 3-37 可知刀具的磨损过程大致可以分为以下 3 个阶段。

1) 初期磨损阶段

该阶段磨损曲线的斜率较大，这意味着刀具磨损很快。这是由于新刃磨的刀具后刀面与加工表面之间的实际接触面积很小，压强很大，造成磨损很快。此外，新刃磨刀具的后刀面上的粗糙不平以及刃磨造成的微裂纹、氧化或脱碳层等缺陷，也是引起初期阶段磨损较大的原因。通常初期磨损量为 V_B 为 0.05～0.1mm，经过研磨的刀具初期磨损量小，而且会比较耐用。

2) 正常磨损阶段

经过初期磨损后，刀具的后刀面上被磨出一条狭窄的棱面，压强减小。同时刀具的表面已经被磨平，磨损量的增加减缓并稳定下来，刀具进入正常磨损阶段。这个阶段也是刀具的有效工作阶段，该阶段时间较长，磨损曲线基本上是一条上行的直线，其斜率代表刀具正常工作时的磨损强度，这是一个用来衡量刀具切削性能的重要指标。

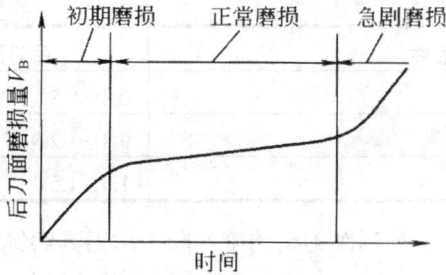

图 3-37　刀具典型磨损曲线

3) 急剧磨损阶段

刀具经过正常磨损阶段后，切削刃明显变钝，引起切削力、切削温度迅速增大。这时进入急剧磨损阶段，这一阶段磨损曲线斜率很大，表现为刀具磨损速度很快。如果此时刀具继续工作，非但不能保证工件的加工质量，刀具材料的损耗也很大，经济上不合算，所以应避免刀具的磨损进入这个阶段。在这个阶段到来之前，就要及时换刀或更换新切削刃。

2. 刀具的磨钝标准

刀具磨损后将影响切削力、切削温度和加工质量，因此必须根据加工情况规定一个最大的允许磨损量，这就是刀具的磨钝标准。一般刀具的后刀面上都有磨损，它对加工精度和切削力的影响比前刀面磨损更显著。另外，后刀面的磨损量比较容易测量，因此在刀具管理和科学研究中，都以后刀面磨损量作为衡量刀具的磨钝标准。国际标准组织规定以 1/2 背吃刀量处后刀面上测定的磨损带宽度 V_B 作为刀具的磨钝标准。

自动化生产中使用的精加工刀具，常根据工件的精度要求来制定磨钝标准。常以沿工件径向的刀具磨损尺寸作为衡量刀具磨钝的标准，称为刀具的径向磨损量 N_B，如图 3-38 所示。

磨钝标准的制定既要顾及刀具的合理使用，又要保证加工精度，还要考虑工件材料的切削加工性、刀具制造和刃磨的难易程度等诸多因素的影响。因此，不同的加工条件下，刀具的磨钝标准也各不相同。

例如，精加工时磨钝标准可制定得低些；粗加工磨钝标准可以制定得高些；工艺系统刚性差时，应考虑在磨钝标准内的加工是否会产生振动。

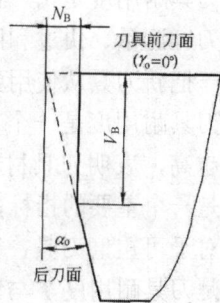

图 3-38　车刀的径向磨损量

根据生产实践中的调查资料，硬质合金车刀的磨钝标准推荐值见表 3-3。

表 3-3　硬质合金车刀的磨钝标准

加工条件	后刀面的磨钝标准 V_B/mm
精车削	0.1～0.3
合金钢粗车削，粗车削刚性较差的工件	0.4～0.5

续表

加工条件	后刀面的磨钝标准 V_B/mm
碳素钢粗车削	0.6～0.8
铸铁件粗车削	0.8～1.2
钢及铸铁件大件低速粗车削	1.0～1.5

国际标准组织已经规定了外圆车刀耐用度实验中的刀具磨钝标准。

1) 高速钢或陶瓷刀具

(1) 如果后刀面在 B 区内是有规则的磨损，取 V_B=0.3mm。

(2) 后刀面在 B 区内是无规则磨损、划伤、剥落或有严重沟痕，取 V_{Bmax}=0.6mm。

2) 硬质合金刀具

(1) 后刀面有规则磨损，V_B=0.3mm。

(2) 后刀面无规则磨损，则 V_{Bmax}=0.6mm。

(3) 前刀面磨损量 K_T=0.06+0.3f，其中 f 为进给量。

这个规定只用于切削实验，实际生产中除精加工外，刀具磨钝标准往往要大一些。

实际生产中，不能经常卸下刀具测量磨损量，而是根据切削中发生的现象来判断是否已经磨钝。例如，粗加工时，切屑颜色和形状变化以及是否出现振动和不正常声音等；精加工时，可观察加工表面粗糙度变化以及测量加工零件的形状与尺寸精度等。发现异常现象要及时换刀。

3.5.4 合理耐用度的选用原则

1. 刀具耐用度的概念

刀具耐用度是指一把新刃磨的刀具从开始切削至达到磨损限度所经过的切削时间(不包括对刀、测量、快进和回程等非切削时间)。用 T 表示，单位是 min。

一把新刀具从使用到报废为止的总切削时间称为刀具寿命，用 H 表示。

刀具耐用度是一个表征刀具材料切削性能优劣的综合指标。在相同的切削条件下，耐用度越高，表明刀具材料的耐磨性越好。在比较不同的工件材料切削加工性时，刀具耐用度也是一个重要的指标，刀具耐用度越高，表明工件材料的切削加工性越好。

对于可重磨刀具，刀具的耐用度是指刀具两次刃磨之间所经历的实际切削时间，刀具寿命是刀具耐用度 T 与刃磨次数 n 的乘积，即

$$H=Tn \text{ min} \tag{3-17}$$

而对于不可重磨刀具，刀具寿命等于刀具耐用度。

2. 刀具耐用度的经验公式

刀具耐用度与切削用量有关。图 3-39 所示为固定其他切削条件时，不同切削速度下的磨损曲线，通过刀具磨损实验可知，工件材料、刀具材料及刀具的几何参数确定后，切削速度是影响刀具耐用度的最主要因素，提高切削速度，刀具的耐用度就会降低。根据规定的磨钝标准，可以求出不同切削速度所对应的刀具耐用度，然后在双对数坐标系中，标出由切削速度和对应的刀具耐用度所确定的各点，如图 3-40 所示。在一定范围内，可以发现

这些点基本位于一条直线上。

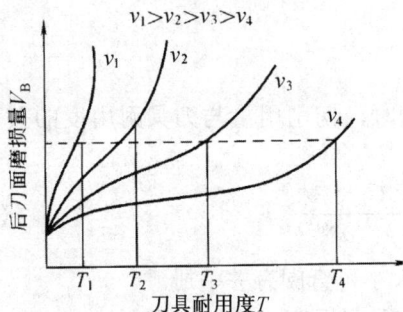

图 3-39　刀具磨损曲线

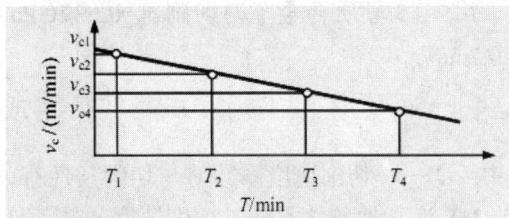

图 3-40　在双对数坐标系上的 v_c-T 曲线

刀具耐用度方程式为

$$vT^m = C_0 \tag{3-18}$$

式中：v——切削速度，m/min；

　　　T——刀具耐用度，min；

　　　m——指数；直线的斜率，表示 v 对 T 的影响程度，与刀具材料无关；

　　　C_0——直线在纵坐标轴上的截距，与工件材料和切削条件有关。

式(3-18)是重要的刀具耐用度公式，又称为泰勒公式，是选择切削速度的重要依据。

需要注意的是，泰勒公式在下面的情况下不再适用。

(1) 式(3-18)是以刀具的正常磨损为基础得到的，对于脆性大的刀具材料，在断续切削情况下的刀具破损，该式不再适用。

(2) 在较宽的切削速度范围内进行实验时，由于积屑瘤的影响，v_c-T 关系不再是一个单调函数，而是形成驼峰形曲线，对应曲线的上升部分，该式不再适用。

图 3-41 所示为 3 种不同的刀具材料加工同一种工件材料(镍-铬-钼合金钢)时的耐用度曲线，耐热性越差的刀具 m 值越小，直线越平缓，即切削速度对刀具耐用度的影响越大。例如，高速钢刀具的耐热性较差，一般 m 为 0.1～0.125；硬质合金和陶瓷刀具的耐热性较好，直线斜率较大，硬质合金刀具 m 为 0.2～0.3，陶瓷刀具 $m \geq 0.4$。

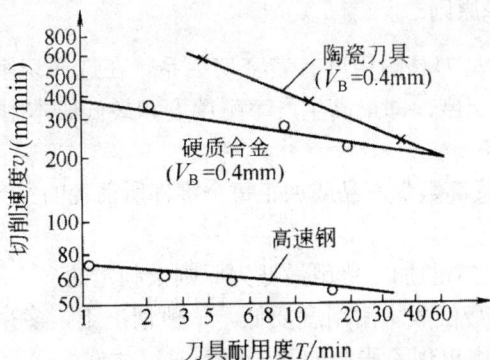

图 3-41　各种刀具材料的耐用度曲线

另外，切削时，增加进给量和背吃刀量，刀具耐用度也要减小。固定其他切削条件，

可以得到刀具耐用度与切削用量的一般关系为

$$T=\frac{C_T}{v^{\frac{1}{m}}f^{\frac{1}{m_1}}a_p^{\frac{1}{m_2}}}$$ (3-19)

用 YT5 硬质合金车刀切削 $\sigma_b=0.637\text{GPa}$ 的碳钢时，切削用量与刀具耐用度的关系为（$f>0.7\text{mm/r}$）

$$T=\frac{C_T}{v^5 f^{2.25} a_p^{0.75}} \text{ 或 } v=\frac{C_v}{T^{0.2} f^{0.45} a_p^{0.15}}$$ (3-20)

式中：C_v——切削速度系数，与切削条件有关，其大小可查阅有关手册。

(1) 当其他条件不变，切削速度 v_c 提高 1 倍，刀具耐用度 T 降低到原来的 3%。

(2) 当其他条件不变，进给量 f 提高 1 倍，刀具耐用度 T 降低到原来的 21%。

(3) 当其他条件不变，背吃刀量 a_p 提高 1 倍，刀具耐用度 T 降低到原来的 59%。

可见，对于某一切削加工，当工件、刀具材料和刀具几何形状选定后，切削用量三要素对刀具耐用度的影响的大小，按顺序为 v、f、a_p，其中切削速度是影响刀具耐用度的主要因素。这是因为切削速度对切削温度影响最大，因而对刀具磨损影响最大。因此，从刀具合理耐用度出发，在确定切削用量时，首先应采用尽可能大的背吃刀量，其次应选用大的进给量，最后在刀具耐用度和机床功率允许的情况下选取切削速度 v。

工件材料硬度、强度越高，塑性越好，刀具磨损越快，刀具耐用度越低。耐热性越好，刀具材料耐用度也越高。

在刀具几何参数中对刀具耐用度影响较大的是前角和主偏角。前角增大，可减小切削力和降低切削温度，故可使刀具耐用度提高；但刀具前角太大，刀刃强度会降低，散热条件会变差，而且容易产生破损，故耐用度反而降低。因此，存在一个刀具耐用度最高时的合理刀具前角。主偏角减小时，刀尖强度增大，散热条件改善，故可使刀具耐用度提高；但主偏角太小容易引起振动。

适当减少副偏角和增加刀尖圆弧半径均可增加刀尖强度和改善散热条件，可提高刀具耐用度。

切削液可明显降低切削温度，减少切屑粘结，减少磨损，大大提高刀具耐用度。

3. 合理耐用度的选择原则

如上所述，切削用量与刀具耐用度有着密切关系。在选择切削用量时，应首先根据优化目标选择合理的刀具耐用度，即最高生产率耐用度和最低成本耐用度。

1) 最高生产率耐用度

它是以单位时间生产最高数量产品或加工每个零件所消耗的生产时间为最少来衡量的。

2) 最低成本耐用度

它是以每件产品(或工序)的加工费用最低为原则来制定的。

最高生产率耐用度比最低成本耐用度要低。一般情况下，多采用最低成本耐用度。只有当生产任务紧迫或生产中出现不平衡的薄弱环节时，才选用最高生产率耐用度。

选择刀具耐用度时应考虑以下几点。

(1) 根据刀具的复杂程度、制造和磨刀成本来选择。复杂和高精度的刀具耐用度应选得比单刃刀具高些。刀具越复杂，耐用度越应定得高一些，以减少刃磨、调整的时间和费用。

(2) 对机夹可转位刀具，由于换刀时间短，为充分发挥其切削性能，提高生产率，刀具耐用度可选低些，一般取 15～30min。

(3) 对装刀、换刀和调刀比较复杂的多刀机床、组合机床与自动化加工刀具，刀具耐用度应选高些，尤其应保证刀具的可靠性。

(4) 大件精加工时，为保证至少完成一次走刀，避免切削时中途换刀，刀具耐用度应按零件精度和表面粗糙度来确定。

3.5.5　刀具的破损

在切削加工中，刀具时常会不经过正常的磨损，就在很短的时间内突然损坏以致失效，这种损坏类型称为破损。破损也是刀具损坏的主要形式之一，多数发生在使用脆性较大的刀具材料进行断续切削或者加工高硬度材料的情况下。

据统计，硬质合金刀具有 50%～60%的损坏是破损，陶瓷刀具的比例更高。刀具的破损按时间先后可以分成早期破损和后期破损。按破损形态可分为脆性破损和塑性破损两种。

早期破损是切削刚开始或经过很短的时间切削后即发生的破损，主要是由于刀具制造缺陷及冲击载荷引起的应力超过了刀具材料的强度，通常刀具切削时受到冲击的次数小于或接近于 1000 次，前、后刀面尚未发生明显的磨损($V_B \leqslant 0.1mm$)。后期破损是加工一定时间后，刀具材料因机械冲击和热冲击造成的机械疲劳和热疲劳而发生破损。

1. 刀具脆性破损形式

1) 崩刃

当工件材料的组织、硬度不均匀，毛坯几何形状不规则，加工余量不均匀，或工艺系统刚性不足产生振动等情况下，切削过程就或多或少带有断续切削性质。如果工件表面带有沟、槽、孔或铣削、刨削等加工时，则更属于断续切削。用粉末冶金或烧结方法制造的刀具材料(如硬质合金，尤其是陶瓷刀具)在上述条件下加工，特别是当这些刀具材料的组织不均，存在空隙、裂纹等缺陷时，常常在切削刃上产生细小颗粒崩落而形成很小的缺口(一般缺口尺寸与进给量相当或稍大一些)，称为切削刃微崩。这时刀具将失去一部分切削能力，但还可以继续工作。陶瓷刀具最易发生这种崩刃。

2) 剥落

在用脆性较大的刀具材料进行断续切削时，刀具表面承受着交变接触应力，当刀具表层组织中存在有缺陷或裂纹，或由于焊接，刃磨而使表层存在残余拉应力时，刀具表层就会产生片状(不像崩刃呈颗粒状)剥落。当剥落较轻微时，刀具尚能继续工作，严重剥落时将使刀具丧失切削能力。用陶瓷刀具端铣时最常见到这种破损，用硬质合金刀具在低速下断续切削时，也常发生这种现象。

3) 裂纹破损

刀具在断续切削(如高速铣削)时，受到的是周期性的机械载荷，刀片内引起很大的交变应力；同时，由于刀具切削(切入)与空行程(切出)的交替变化，刀具表面受到骤冷骤热周期性的温度变化，会使其表层产生很大的热应力。在这种机械应力和热应力的多次反复作用下,会使刀具表层达到或超过刀具材料的疲劳强度极限,因而产生裂纹。这些裂纹的发展和扩大就造成刀具的裂纹破损。

4) 折断

当切削用量过大,切削条件极为恶劣,冲击载荷强烈,刀片或刀具材料中由于各种原因而存在裂纹(制造烧结时的裂纹、焊接和刃磨时产生的裂纹或热裂纹等)的情况下,再加上操作不慎等因素,可能造成刀片或刀具的折断。刀具发生折断后通常只能报废。

2. 刀具的塑性破损

切削时由于高温、高压的作用,有时在前、后刀面和切屑或工件的接触层上,刀具表层材料发生塑性流动而丧失切削性能。它直接和刀具材料与工件材料的硬度比值有关,比值越高,越不容易发生塑性破损。硬质合金刀具的高温硬度高,一般不易发生这种破损。

高速钢刀具因其耐热性较差,常出现这种破损。常见的塑性破损形式有以下两种。

1) 卷刃

刀具切削刃部位的材料,由于后刀面和工件已加工表面的摩擦,沿后刀面向所受摩擦力的方向流动,形成切削刃的倒卷,称为卷刃。主要发生在工具钢、高速钢等刀具材料进行精加工或切削厚度很小的切削时,产生卷刃后,切削部分的几何形状和几何参数都将发生变化,刀具不能继续进行切削工作。

2) 刀面隆起

在采用大的切削用量及加工硬材料的情况下,刀具前、后刀面的材料发生远离切削刃的塑性流动,致使前、后刀面发生隆起。工具钢、高速钢及硬质合金刀具都会发生这种损坏。

3. 刀具破损的防止措施

(1) 选用抗冲击性能和耐热冲击性能好的材料。

(2) 选用抗破损能力大的刀具合理形状和参数。

(3) 保证焊接和刃磨质量,避免产生裂纹。尽量选用可转位刀片刀具,如采用金刚石砂轮或立方氮化硼砂轮刃磨刀具。

(4) 合理选用切削用量,避免过大切削力和切削温度。

(5) 尽可能提高工艺系统刚性,以减少振动。

(6) 采用正确的操作方法,防止刀具承受突变性载荷。

小　　结

加工塑性金属时,切削变形区可以划分为三个变形区。变形程度的表示方法有:绝对滑移 Δs,相对滑移 ε,变形系数 ξ,剪切角 ϕ。切屑种类有:带状切屑、节状切屑、粒状切屑和崩碎切屑等四种。精加工时预防积屑瘤的措施有:选择合适的切削速度(低速或高速加工),采用冷却性和润滑性好的切削液,减小刀具前刀面的粗糙度,增大刀具前角, 通过预先热处理,适当提高工件材料硬度、降低塑性。

切削热散热途径主要是:切屑、工件、刀具和周围介质。影响切削温度的主要因素有：切削用量，刀具几何参数，工件材料，刀具磨损，切削液。刀具磨损的形态有：前刀面磨损，后刀面磨损，边界磨损。刀具磨损的原因主要有：硬质点磨损，粘结磨损，扩散磨损，化学磨损，热电磨损，相变磨损。刀具磨损过程大致分为三个阶段：初期磨损阶段，正常磨损阶段，急剧磨损阶段。刀具的磨钝标准是根据加工情况规定的最大允许磨损量。合理的刀具耐用度有：最高生产率耐用度和最低成本耐用度。刀具的破损按破损形态可分为脆性破损和塑性破损两种。

习题与思考题

3-1　试画图说明切削过程的 3 个变形区及各产生何种变形。

3-2　切削变形的表示方法有哪些？它们之间有何关系？

3-3　前刀面上摩擦有何特点？

3-4　从切屑形成的机理可把切屑分为哪些种类？各有何特点？可否相互转化？

3-5　何谓积屑瘤？形成的基本条件是什么？有何特点？对切削过程有何影响？如何抑制？

3-6　何谓鳞刺？它是如何形成的？如何抑制？

3-7　以外圆车削为例说明切削合力、分力及切削功率。

3-8　试述有哪些因素影响切削力？是如何对切削力产生影响的？

3-9　切削功率如何计算？

3-10　切削热是如何产生与传出的？

3-11　切削温度对切削变形有哪些影响？是如何影响的？

3-12　切削用量三要素对切削温度的影响是否相同？为什么？试与切削用量对切削力的影响进行对比。

3-13　刀具有哪几种磨损形态？各有什么特征？

3-14　刀具磨损过程可分为几个阶段？各阶段有什么特点？

3-15　何谓刀具磨钝标准？它与刀具耐用度有何关系？磨钝标准制定的原则是什么？

3-16　何谓刀具耐用度？它与刀具寿命有何关系？

3-17　切削用量三要素对刀具耐用度的影响有何不同？为什么？

3-18　刀具破损的主要形式有哪些？产生刀具破损的原因是什么？防止刀具破损的措施有哪些？

第 4 章　工件材料的切削加工性

学习目标：

- 掌握切削加工性的指标。
- 掌握掌握常用材料的切削加工性。
- 掌握改善工件材料切削加工性的方法。
- 了解工件材料物理力学性能对切削加工性的影响。
- 了解化学成分对切削加工性的影响。
- 了解金相组织对切削加工性的影响。

4.1　材料切削加工性指标

在切削加工中，有些材料容易切削，有些材料却很难切削。判断材料切削加工的难易程度、改善和提高切削加工性对提高生产率和加工质量有重要意义。

工件材料切削加工性是指在一定切削条件下，对工件材料进行切削加工的难易程度。

难易程度是个相对的概念，不仅取决于材料本身，还取决于具体的加工性质、加工方式和切削条件。比如：纯铁的粗加工可算容易，但精加工时表面粗糙度很难达到要求。不锈钢在普通机床上加工问题并不大，但在自动化生产时因不断屑会使生产中断等。显然，上述情况下的切削加工性是不同的，相应的衡量指标也各不相同。

研究材料切削加工性的主要目的，是为了更有效地找出对各种材料特别是难加工材料便于切削加工的途径。

1. 切削加工性的指标

根据不同的加工要求，衡量切削加工性的指标有以下几种。

1) 刀具耐用度 T 或在一定刀具耐用度条件下所允许的切削速度 v_T

在相同切削条件下切削两种材料，刀具耐用度高的那种工件材料切削加工性好。在保证相同刀具耐用度的前提下，v_T 较大的材料切削加工性好。

一般情况下可取 $T=60\text{min}$；对于一些难切削材料，可取 $T=30\text{min}$ 或 $T=15\text{min}$。对于机夹可转位刀具，T 可以取得更小一些。如果取 $T=60\text{min}$，则 v_T 可写作 v_{60}。

2) 以切削力衡量切削加工性

在粗加工或机床动力不足时，常用切削力指标来评定材料的切削加工性。即相同的切削条件下，切削力大的材料，其切削加工性就差；反之，其切削加工性就好。

3) 以已加工表面质量衡量切削加工性

精加工时，用被加工表面粗糙度值来评定材料的切削加工性。对有特殊要求的零件，则以已加工表面变质层深度、残余应力和加工硬化等指标来衡量材料的切削加工性。凡是容易获得好的已加工表面质量的材料，其切削加工性就较好；反之，则切削加工性就较差。

4) 以断屑的难易程度衡量切削加工性

在自动机床、组合机床及自动线上进行切削加工时，或者对如深孔钻削、盲孔钻削等断屑性能要求很高的工序，采用这种衡量指标。凡是切屑容易折断的材料，其切削加工性就好；反之，则切削加工性就差。

生产中通常采用相对加工性来衡量工件材料的切削加工性，即以强度 $\sigma_b=0.637\text{GPa}$ 的处于正火状态下 45 钢的 v_{60} 为基准，写作 $(v_{60})_j$，其他被切削的工件材料的 v_{60} 与之相比的数值，记作 K_r，这个比值 K_r 称为相对加工性，即

$$K_r=\frac{v_{60}}{(v_{60})_j} \tag{4-1}$$

$K_r>1$ 的材料，比 45 钢容易切削；$K_r<1$ 的材料，比 45 钢难切削。在实际生产中，一定耐用度下所允许的切削速度是最常用的指标之一。

目前常用的工件材料，按相对加工性 K_r 可分为 8 级，见表 4-1。由表 4-1 可知，K_r 越大，切削加工性越好；K_r 越小，切削加工性越差。

表 4-1　工件材料的相对切削加工性等级

加工性等级	名称及种类		相对加工性 K_r	代表性工件材料
1	很容易切削材料	一般有色金属	>3.0	5-5-5 铜铅合金，9-4 铝铜合金，铝镁合金
2	容易切削材料	易切削钢	2.5～3.0	退火 15Cr $\sigma_b=0.373\sim0.441\text{GPa}$ 自动机钢 $\sigma_b=0.392\sim0.490\text{GPa}$
3		较易切削钢	1.6～2.5	正火 30 钢 $\sigma_b=0.441\sim0.549\text{GPa}$
4	普通材料	一般钢及铸铁	1.0～1.6	45 钢，灰铸铁，结构钢
5		稍难切削材料	0.65～1.0	2Cr13 调质 $\sigma_b=0.8288\text{GPa}$ 85 钢轧制 $\sigma_b=0.8829\text{GPa}$
6	难切削材料	较难切削材料	0.5～0.65	45Cr 调质 $\sigma_b=1.03\text{GPa}$ 65Mn 调质 $\sigma_b=0.9319\sim0.981\text{GPa}$
7		难切削材料	0.15～0.5	50CrV 调质 1Cr18Ni9Ti 未淬火，α 相钛合金
8		很难切削材料	<0.15	β 相钛合金，镍基高温合金

2. 常用材料的切削加工性

1) 铸铁

由于铸铁中石墨的作用，使材料的硬度低、性变脆，石墨能增强切屑与前刀面间的润滑。切削铸铁时变形小，切削力小，切削温度较低，且产生崩碎切屑，有微振，不易达到

小的表面粗糙度。总的来说，铸铁的加工性较易。铸铁的加工性受到石墨的存在形式、基体组织状态、金属成分和热处理影响。例如，灰铸铁、可锻铸铁和球墨铸铁的石墨分别呈片状、团絮状和球状，因此，它们的强度依次提高，加工性随之变差；铸铁中的金属元素也影响加工性，如含 Si 形成 SiO_2 使铸铁硬度提高，含 P 形成 Fe_3P 起磨料作用使用刀具产生磨料磨损，加工性差，但含 S、Ni 则能改善加工性。

为了适应铸铁加工性特点，在切削时可适当减小刀具前角和降低切削速度。

2) 碳素结构钢

普通碳素钢的加工性主要决定于含碳量。低碳钢硬度低，塑性和韧性高，故切削变形大，切削温度高，易产生粘屑和积屑瘤，断屑困难，表面不易达到小的粗糙度，故低碳钢加工性较差。

高碳钢硬度高，塑性低及热导率低，切削力大，切削温度高，刀具易磨损，寿命低。故高碳钢的加工性差。

切削低碳钢应选用较大的前角和后角，正刃倾角和较大主偏角，刀刃锋利。

切削高碳钢选用耐磨性高、耐热性高的硬质合金刀具、涂层刀具和 Al_2O_3 陶瓷刀具。前角应较小，磨出很窄的负倒角，适当减小主偏角。

3) 合金结构钢

在碳素结构钢中加入合金元素，如 Si、Mn、Cr、Ni、Mo、W、V、Ti 等，提高了结构钢的性能，其加工性也随之变化。例如，铬钢(20Cr、30Cr 和 40Cr 钢等)中的铬能细化晶粒，提高强度，其中调质 40Cr 比调质中碳钢的强度提高 20%、热导率低 15%，因此，较同类碳钢难加工，在切削时应选择耐磨性、耐热性高的刀具材料，降低切削速度；普通锰钢在碳钢中加入 1%～2%的锰，强化碳钢中铁素体，并增加和细化珠光体，因此，锰钢的塑性和韧性低，强度和硬度高。

4) 有色金属的切削加工性

铜、镁、铝等有色金属及其合金因其硬度和强度较低，导热性能也好，属于易切削材料。切削时一般应选用大的刀具前角($\gamma_0 > 20°$)和高的切削速度(高速钢刀具 v_{60} 可达 300m/min)，所用刀具应锋利、光滑，以减少积屑瘤和加工硬化对表面质量的影响。

5) 难加工材料的加工性

目前在航空、航天、造船和国防工业方面对零件的性能有很高的要求，如耐磨、耐高温、耐腐蚀、耐冲击等，这些零件常用的材料有高强度合金钢、不锈钢、高锰钢、钛合金、高温合金、冷硬铸铁和高硅铝合金等。

(1) 高强度合金钢。高强度合金钢是含合金的结构钢，其中有含有 1 种合金元素的，如铬、镍或锰钢；含两种合金元素的，如铬锰、铬钼或铬镍钢；含 3 种以上合金元素的，如铬锰钛、铬锰钼钒等，后者被称为超高强度钢，这是一类很难切削的材料。切削时变形阻力大，因此，切削力大，切削温度高、热导率小，断屑困难，故刀具后面磨损严重，前面上磨出月牙洼，刀尖区域温度高，受切屑作用易破损。

高强度钢的金相组织多为马氏体，通常应在退火状态下切削。

切削高强度钢应选用高的耐热性、耐磨性和耐冲击的刀具材料，如细晶粒、涂层硬质合金刀具，半精加工和精加工可选用 Al_2O_3 陶瓷或 CBN 刀具。选用较小或负值前角，磨出负倒棱和刀尖圆弧半径。切削速度可低于 45 钢 40%左右，进给量适当加大。此外，应具有足够的加工工艺系统刚性。

(2) 不锈钢。不锈钢种类很多，按化学成分可分为铬不锈钢和铬镍不锈钢两大类。按金相组织则可分为 4 类，即马氏体不锈钢、铁素体不锈钢、奥氏体不锈钢、奥氏体—铁素体不锈钢。

与 45 钢相比，不锈钢属于难切削材料，其相对加工性 K_r 在 0.3～0.5 之间。铁素体和马氏体不锈钢的成分以铬元素为主，经常在淬火—回火或退火、调质状态下使用，综合物理力学性能适中，切削加工一般不太困难；奥氏体及奥氏体—铁素体不锈钢以铬、镍元素为主，并在淬火后呈奥氏体或奥氏体+铁素体状态下使用，切削加工相对困难。以奥氏体—铁素体不锈钢加工性最差。

(3) 高锰钢。高锰钢的锰质量分数高达 11%～14%，其中有高碳高锰耐磨钢和中碳高锰无磁钢。高锰钢的强度和硬度均较高，在切削时晶格滑移和晶粒扭曲及伸长变形严重，故加工硬化很严重，其深度达 0.3mm 左右，硬度提高 3 倍，它的韧性和伸长率均很高，故切削力大，切屑不易折断。热导率低，切削温度高，较 45 钢高 200～250℃，刀具产生粘结磨损和破损。

切削高锰钢可选用耐磨性和韧性较高的硬质合金刀具，为减小加工硬化和增加散热面积，应适当加大前角，使切削刃锋利。但应提高刀具强度，如减小主、副偏角，选择负刃倾角，磨负值大的倒棱并适当增大后角等。切削速度不应太高，硬质合金刀具取 $v_c \leqslant$ 30m/min，背吃刀量和进给量应适当加大。

(4) 钛合金。钛合金是一种密度小、强度高、热强性好、耐腐蚀、低温力学性能好的金属结构材料，其比强度(强度与密度之比)在现代工程结构金属材料中最高，特别适于做飞行器的零部件，已用于制造飞机蒙皮、翼梁、刹车板、发动机压气盘、叶片、涡轮轴及燃烧室外壳等。

钛合金的加工特点是具有高的硬度和强度，导热性差，热导率是 45 钢的 1/2 左右，钛又是高度活泼的金属，容易与刀具中钛亲和，并且在高温时又易与空气中氧和氮形成 TiO_2 和 TiN 硬化层，深度为 0.1～0.15mm。此外，钛合金塑性变形小，测得切屑厚度压缩比非常小，因而切屑与刀面间接触长度短，刀尖处受力大、温度集中。钛合金的弹性复原大，后刀面上粘屑严重。切削钛合金刀具易产生粘结磨损和扩散磨损，刀尖又易破损。通常切削钛合金刀具应选用亲和力小、导热性好、强度高的含钴量多、细晶粒和含稀有金属的硬质合金材料。选用前角小、后角大、有较大刀尖圆弧半径，且保持刀刃锋利的刀具。采用切削速度小于 100m/min 和较大背吃刀量。

(5) 其他难加工材料加工性简介。高温合金中镍基高温合金较难切削，它的热导率低，切削力大，较切削 45 钢大 2～3 倍，切削温度高，达 750～1000℃，加工硬化严重，提高硬度 200%～500%，切削时刀具上粘屑严重。

淬火钢硬度不小于 60HRC、硬质合金硬度大于 70HRC，它们都具有高硬度、低塑性、热导率小的特点，因此，切削时冲击力大，切削温度集中在刀尖区域，刀具磨损快、破损严重。

切削冷硬铸铁和高硅铝合金，它们的硬度均很高、性脆，材料中分布着硬质点，耐磨性高，切屑呈崩碎状，刀刃刀尖处受冲击力大，刀具产生磨粒磨损和破损。

工程陶瓷是机械工程中应用较多的陶瓷，它是由天然黏土等原料经精细粉碎再粗烧结成形，然后经粗加工，最后由高温高压精烧结作为精加工坯料。工程陶瓷硬度高达 2500～3000HV，具有很高耐磨性和耐热性，性脆，目前常用人造金刚石磨削加工。

4.2　工件材料切削加工性的影响因素

4.2.1　工件材料物理力学性能对切削加工性的影响

1．材料的硬度和强度

一般情况下，材料中硬度较高的，切削加工性能较差。工件材料的硬度高时，切屑与刀具前刀面的接触长度减小，摩擦热集中在较小的刀—屑接触面上，促使切削温度增高，刀具的磨损加剧。工件材料硬度过高时，甚至引起刀尖的烧损及崩刃。

材料的高温硬度对切削加工性的影响尤为显著，高温硬度值越高，切削加工性越差，因为这时刀具材料的硬度与工件材料的硬度比降低，加速了刀具的磨损。这也是某些耐热、高温合金钢切削加工性差的主要原因。

另外，金属中硬质点越多，形状越尖锐，分布越广，则材料的加工性越差。

加工硬化性越严重，切削加工性越差。

工件材料的强度包括常温强度和高温强度。

工件材料的强度越高，切削力就越大，切削功率随之增大，切削温度因之增高，刀具磨损增大。所以在一般情况下，切削加工性随工件材料强度的提高而降低。

合金钢与不锈钢的常温强度和碳素钢相差不大，但高温强度却相差比较大，所以合金钢及不锈钢的切削加工性低于碳素钢。

2．材料的韧性

工件材料的韧性用冲击韧度 a_k 值来表示，a_k 值越大的材料，表明它在切削变形时吸收的能量越多。因此在切削时，切削力和切削温度越高，并且越不容易断屑，其切削加工性能就越差。

3．材料的塑性

工件材料的塑性以伸长率 δ 来表示。δ 越大，则材料的塑性越大，其切削加工性能越差。这是因为塑性大的材料，切削时的塑性变形就越大，切削力就较大，切削温度也较高，并且刀具容易产生粘结磨损和扩散磨损，已加工表面的粗糙度值较大。

在中、低速切削塑性较大的材料时容易产生积屑瘤，影响表面加工质量。

同时，塑性大的材料，切削时不易断屑，切削加工性较差。但材料的塑性太低时，切屑与前刀面的接触长度缩短较多，切削力和切削热集中在切削刃附近，加剧刀具的磨损，也会使切削加工性变差。由此可知，工件材料的塑性过大或过小都会使切削加工性下降。

4．材料的热导率

一般情况下，热导率高的材料，切削热越容易传出，越有利于降低切削区的温度，减小刀具的磨损，切削加工性也越好。但热导率高的工件材料的温升较高，容易引起工件变形，这对控制加工尺寸造成一定的困难，应特别引起注意。

各种金属材料的热导率的高低，大致顺序是纯金属、有色金属、碳素结构钢及铸铁、低合金结构钢、工具钢、耐热钢及不锈钢，非金属的导热性比金属差。

5. 其他物理力学性能

热膨胀系数大的材料，加工时由于热胀冷缩的影响，工件尺寸变化很大，故不容易控制加工精度。

弹性模量是表示材料刚度的指标，弹性模量大，表示材料在外力的作用下不易产生弹性变形。但弹性模量小的材料在切削过程中，弹性恢复大，且刀具摩擦大，切削也困难。

4.2.2　化学成分的影响

材料的物理力学性能是由材料的化学成分决定的。

1. 钢的化学成分

从切削加工性出发，可将结构钢的化学成分大致分为 3 组。

第一组：碳。钢的强度与硬度一般随含碳量的增加而增加，而塑性和韧性随含碳量的增加而降低。

低碳钢(C<0.15%)硬度低，塑性和韧性高，故切削变形大，切削温度高，断屑困难，易粘屑，不易得到较小的表面粗糙度值，切削加工性差。

高碳钢(C>0.5%)的硬度高、塑性低、导热性差，故切削力大、切削温度高、刀具耐用度低、切削加工性差。

中碳钢的切削加工性较好，但经热轧或冷轧，或经正火或调质后，其加工性也各不相同。

合金结构钢的切削加工性能主要受加入的合金元素的影响，其切削加工性较普通结构钢差。为了改善钢的性能，钢中可加入一些合金元素。

第二组：铬(Cr)、镍(Ni)、钒(V)、钼(Mo)、钨(W)、锰(Mn)、硅(Si)和铝(Al)等。

铬——能提高硬度和强度，但韧性要降低，易于获得较低的表面粗糙度值和较易断屑。

镍——能提高韧性及热强性，但热导率将明显下降。

钒——能使钢组织细密，在低碳钢时强度硬度提高不明显，中碳时能提高钢的强度。

钼——能提高强度和韧性，对提高热强性有明显影响，但热导率将降低。

钨——对提高热强性及高温硬度有明显作用，但也显著降低热导率，在弹簧钢及合金工具钢中能提高强度和硬度。

锰——能提高强度和硬度，韧性略有降低。

硅和铝——容易形成氧化铝及氧化硅等高硬度的夹杂物，会加剧刀具磨损，同时硅能降低热导率。

其中 Cr、Ni、V、Mo、W、Mn 等元素大都能提高钢的强度和硬度，这些元素含量较低时(一般以 0.3%为限)，对钢的切削加工性影响不大；超过这个含量水平，对钢的切削加工性则是不利的。

例如，普通锰钢是在碳钢中加入 1%~2%的锰，使其内部铁素体得到强化，增加并细化珠光体，故塑性和韧性降低，强度和硬度提高，加工性较差。

但低锰钢在强度、硬度得到提高后，其加工性比低碳钢好。

第三组：钢中加入少量的硫、硒、铅、铋、磷等元素后，能略微降低钢的强度，同时又能降低钢的塑性，故对钢的切削加工性有利。

例如，硫能引起钢的红脆性，但若适当提高锰的含量，可以避免红脆性。硫与锰形成的 MnS 以及硫与铁形成的 FeS 等，质地很软，可以成为切削时塑性变形区中的应力集中源，能降低切削力，使切屑易于折断，减小积屑瘤的形成，从而使已加工表面粗糙度减小，减少刀具的磨损。

硒、铅、铋等元素也有类似的作用。磷能降低铁素体的塑性，使切屑易于折断。根据以上的事实，研制出了含硫、硒、铅、铋或磷等的易削钢。其中以含硫的易削钢用得较多。

2. 铸铁的化学成分

铸铁的化学成分对切削加工性的影响，主要取决于这些元素在对碳的石墨化作用上。

铸铁中碳元素以两种形式存在：与铁结合成碳化铁或作为游离石墨。石墨硬度很低，润滑性能很好，所以碳以石墨形式存在时，铸铁的切削加工性就高；而碳化铁的硬度高，加剧刀具的磨损，所以碳化铁含量越高，铸铁的切削加工性越低。

在铸铁的化学成分中，凡能促进石墨化的元素，如硅、铝、镍、铜、钛等都能提高铸铁的切削加工性；反之，凡是阻碍石墨化的元素，如铬、钒、锰、钼、钴、磷、硫等都会降低切削加工性。

4.2.3 金相组织

金属材料的成分相同，但由于加工方法和热处理的不同其金相组织不同时，物理力学性能和切削加工性也会不同。

1. 钢材的组织

钢的金相组织有铁素体、渗碳体、珠光体、索氏体、托氏体、马氏体、奥氏体。各种组织的特性如表 4-2 所列。

表 4-2　各种金相组织的物理力学性能

金相组织	硬度/HB	抗拉强度/GPa	延伸率/%	热导率/[W/(m·℃)]
铁素体	60～80	0.25～0.30	30～50	77.03
渗碳体	700～800	0.030～0.035	极小	7.12
珠光体	160～260	0.80～1.30	15～20	50.24
索氏体	250～320	0.70～1.40	10～20	—
托氏体	400～500	1.40～1.70	5～10	—
马氏体	520～760	1.75～2.10	2.8	—
奥氏体	170～220	0.85～1.05	40～50	—

铁素体是碳溶于铁的固溶体，含碳量很少，其性能接近纯铁，很软，塑性很大。切削时对刀具的擦伤很小，故容易切削。但容易与刀具产生粘结并形成积屑瘤，因为粘结磨损大，加工表面质量也不好。渗碳体是碳和铁的化合物，硬度很高，塑性很低，导热性也很差，故切削加工性很差。

珠光体是由片状渗碳体和铁素体相间构成的共析物，它的硬度、强度和塑性都比较适中，当钢中含有大部分铁素体和少部分珠光体时，刀具耐用度较高。珠光体含量增加时，刀具耐用度则下降。

珠光体呈片状分布时，刀具要不断与珠光体中硬度达 800HB 的 Fe_2C_3 接触，因而刀具磨损很大。片状珠光体经球化处理后，就会形成在铁素体基底上分布着分散的球状碳化物，切割时，球状硬质点会被挤压到软基底中去，因而刀具磨损小，耐用度高。

索氏体、托氏体：索氏体是细珠光体组织，托氏体是最细的珠光体组织，它们的硬度和强度比一般珠光体高，塑性则较小。由于它们的硬度较高，故切削加工性较差。

索氏体的切削速度约为 45 钢(铁素体+珠光体)的 1/2，托氏体则为其 1/3。但在这两种组织中，由于渗碳体高度弥散，塑性较低，故精加工时可获得良好的表面质量。

马氏体组织的硬度和强度都很高，塑性则较低，故切削加工性较差。具有马氏体组织的淬硬钢就很难用一般刀具进行切削，通常用磨削方法加工。

奥氏体的硬度不高，但塑性和韧性却很大，切削时的变形、加工硬化及粘结都很严重，故切削加工性较差。

2. 铸铁的组织

铸铁分为白口铸铁、麻口铸铁、珠光体灰铸铁、灰铸铁、铁素体灰铸铁和球墨铸铁(包括可锻铸铁)等，其切削加工性依次增高。这是因为它们的塑性依次递增而硬度递减的关系。白口铸铁是铁水急剧冷却后得到的组织，它的组织中有少量碳化物，其余为细粒状珠光体。珠光体灰铸铁中的组织是珠光体及石墨。灰铸铁的组织为较粗的珠光体、铁素体及石墨。铁素体灰铸铁的组织为铁素体及石墨。球墨铸铁中碳元素大部分以球状石墨的形式存在。

从表 4-3 中可以看出，铸铁的硬度越高(珠光体为细粒状，碳化铁含量多等)，切削加工性越差。铸铁的硬度越低(石墨和铁素体含量增加)，则切削加工性越好。

普通灰铸铁的塑性和强度都较低，组织中的石墨有一定的润滑作用，切削时摩擦系数较小，加工较为容易。但铸铁表面往往有一层带型砂的硬皮和氧化物，硬度很高，粗加工时其切削加工性较差。

球墨铸铁中的碳元素大部分以球状石墨形态存在，它的塑性较大，切削加工性良好；而白口铸铁是铁水在急骤冷却后得到的组织，硬度较高，切削加工性最差。

表 4-3　铸铁的相对加工性

铸铁种类	组　织	硬度/HB	延伸率/%	相对加工性 K_v
白口铸铁	细粒珠光体+碳化铁等碳化物	600	—	难切削
麻口铸铁	细粒珠光体+少量碳化铁	263	—	0.4
珠光体灰铸铁	珠光体+石墨	225	—	0.85

续表

铸铁种类	组 织	硬度/HB	延伸率/%	相对加工性 K_v
灰铸铁	粗粒珠光体+石墨+铁素体	190	—	1.00
铁素体灰铸铁	铁素体+石墨	100	—	3.0
球墨铸铁	石墨为球状(白口铁经长时间退火后变为可锻造铸铁,碳化物析出球状石墨)	265	2	0.6
		215	4	0.9
		207	17.5	1.3
		180	20	1.8
		170	22	3.0

4.3　改善工件材料切削加工性的措施

4.3.1　调整工件材料的化学成分

在不影响工件使用性能的前提下,在钢中适当添加一些化学元素,如 S、Pb(铅)等,能使钢的切削加工性得到改善,可获得易切钢。易切钢的良好切削加工性主要表现在切削力小、容易断屑,且刀具耐用度高,加工表面质量好。

另外,在铸铁中适量增加促进石墨化的元素,也能改善其切削加工性。这些方法常用在大批量生产中。

4.3.2　改变工件材料的金相组织

通过不同的热处理方法改变材料的金相组织是提高材料切削加工性的有效方法。但是不同的加工方法在不同切削条件下加工各种材料时,能获得良好加工性的显微组织是不同的。

表 4-4 是用高速钢刀具加工中碳钢时,不同显微组织所能获得的加工表面精度。因此,在批量生产中可根据具体加工条件通过试验获得最佳的显微组织。

表 4-4　用不同加工方法各种显微组织所获得的表面粗糙度

组　织	拉削、铰孔、用丝锥板牙切螺纹 (v=3～15m/min)	齿轮切削、成形车削 (v=15～40m/min)	精车、精铣 (v=40～90m/min)
片状珠光体+铁素体	小,甚小	小	中等,小
粒状珠光体	很大	大	小,甚小
高硬度索氏体,托氏-索氏体	小,甚小	小	甚小

对低碳钢,不论是粗加工还是精加工,最好是片状珠光体及铁素体组织,珠光体必须均匀分布,大块铁素体的聚集会使低碳钢加工表面质量恶化。由于塑性过高,通过冷拔或正火处理,可以适当降低其塑性,提高硬度,使它与刀具由于粘结而产生的粘结磨损或扩

散磨损减少，从而提高 v_T，并且减少出现鳞刺和积屑瘤的可能性，因而提高加工表面质量，改善了低碳钢的切削加工性。

中碳钢在粗加工情况下，粒状珠光体能保证最高的刀具耐用度。但在低速精加工时，粒状珠光体会获得很粗糙的加工表面，这时最好是片状珠光体及中等大小粒度。中碳钢一般比较容易加工，如果组织不均匀，或表面有硬皮时，可通过正火使其组织和硬度均匀，以改善加工性。如对中碳钢进行退火处理后加工时，则 v_T 可增加，切削力可降低。

高碳钢硬度偏高，且有较多的网状和片状渗碳体组织，较难切削。通过球化退火，并能得到球状珠光体组织，硬度得以降低，粗加工时有利于提高刀具耐用度。

马氏体不锈钢通常要通过调质处理到适当的硬度，硬度过低时，塑性较大，不易得到较小的表面粗糙度值，硬度较高时，则切削时会使刀具磨损增大。

高强度合金钢通过退火、回火或正火处理可改善其切削加工性。

铸铁件一般在切削前都要安排退火处理，以降低表层硬度，消除内应力，改善其切削加工性。例如，白口铸铁可通过在 950～1000℃ 下长期退火而变成可锻铸铁，使切削过程较易进行。

4.3.3 选择切削加工性好的材料状态

锻造的坯件由于余量不均匀，而且不可避免地有硬皮，因而加工性不好。若改用热轧钢，则加工性可获改善。

4.3.4 合理选择刀具材料

根据加工材料的性能和要求，应选择与之匹配的刀具材料。例如，切削含钛元素的不锈钢、高温合金和钛合金易与刀具材料中钛元素产生亲和作用，因此适宜用 YG(K)硬质合金刀具切削，其中选用 YG 类中的细颗粒牌号，能明显提高刀具寿命。由于 YG(K)类的耐冲击性能较高，故也可用于加工工程塑料和石材等非金属材料，

氧化铝基陶瓷刀具切削各种钢和铸铁，尤其对切削冷硬铸铁效果良好。氮化硅基陶瓷能高速切削铸铁、淬硬钢、镍基合金等。

立方氮化硼铣刀高速铣削 60HRC 模具钢的效率比电火花加工高 10 倍，表面粗糙度达 Ra1.8～2.3μm。金刚石涂层刀具在加工未烧结陶瓷和硬质合金时，效率比用硬质合金刀具高数十倍左右。

4.3.5 难切削材料采用新的切削加工技术

目前难切削材料的切削加工多采用常规切削加工方法。尽管在研制新型刀具材料、更新刀具结构、选择刀具的合理几何参数、制定合理的切削用量、研究新的切削液及冷却润滑方法及研制新机床等方面取得了很多重大进展，但仍不足以从根本上解决切削中存在的刀具磨损严重、已加工表面质量不理想、生产效率低等问题。为了更有效地进行切削加工，近年来发展了一系列非常规的新型切削加工方法，并取得了积极的效果，为难切削材料的切削增添了新的技术途径。其中有的方法已较为成熟，有的则尚处于探索研究阶段。现简介如下。

1) 振动切削

振动切削是在常规切削过程中利用专门的振动发生器迫使刀具或工件发生有规律的脉冲振动来进行切削的方法。按振动频 f，可分为高频振动切削($f>16000Hz$，也称超声振动切削)和低频振动切削($f<200Hz$)；按振动方向可分为 v_c 方向、f 方向和 a_p 方向的振动切削。试验证明，无论是高频还是低频振动切削，只要振动参数选择合适，就能获得显著的切削效果，以 v_c 方向振动切削效果最好，应用较多。

振动切削过程中，刀具与工件周期性接触和离开，从而对切削过程施加影响。以外圆车削为例，在不考虑进给运动的情况下，实际切削速度应为工件圆周速度与刀具(或工件)振动速度的合成，因而其大小和方向均随振动速度的变化而不断改变，造成刀具工作角度大幅度变化，产生一种切削刃锋利化的效果，使切削变形及刀—屑摩擦系数减小，切削力大为降低，切削温度也下降。例如，超声振动切削不锈钢 1Cr18Ni9Ti，刀—屑摩擦系数仅为常规切削的 1/10，切削力为 1/5，切削温度仅 40℃。从而抑制了积屑瘤、鳞刺的生成，加工硬化也减轻，提高了已加工表面质量。若同时使用切削液，效果更佳，已加工表面质量甚至可以达到磨削乃至研磨的效果。但振动切削对刀具耐用度有不利影响，必须采用韧性强的刀具材料。

2) 加热切削

加热切削是把工件的整体或局部通过某种方式加热到一定温度后再进行切削加工的一种方法。加热的目的在于软化工件材料，使其硬度、强度降低，易于切削，从而改善切削过程，减轻加工硬化，减小切削力，抑制积屑瘤和鳞刺的产生，改变切屑形态，减少振动，提高刀具耐用度和生产率，减小已加工表面粗糙度值。

应用加热切削的关键在于加热方式。已经研究过和正在研究的加热方式很多，归纳起来可分为两大类，即整体加热和局部加热。局部加热又可细分为火焰加热、感应加热、电弧加热、导电加热、等离子弧加热和激光加热等。其中整体加热和火焰、感应等局部加热方式因存在加热区过大，消耗功率多，温度控制困难等弊端，已逐步被淘汰；其他加热方式热量集中，热效率高，温控较易，目前都有应用。但不同程度地存在价格昂贵、适用范围有限等不足，有待进一步改进。

迄今为止，加热切削在难切削材料的加工中的效果已得到公认。例如，利用等离子弧加热车削高锰钢 26Mn13，与常规切削相比，刀具耐用度提高 1～4 倍，生产效率提高 5 倍左右，且无加工硬化现象。

3) 低温切削

低温切削是指用液氮(-180℃)、液体 CO_2(-76℃)或其他低温液体作为切削液，在切削过程中冷却工件或刀具，以改善切削过程。研究表明，低温切削钛合金、不锈钢、高强度钢及耐磨铸铁等难切削材料均得到良好效果，可有效地降低切削温度 200～400℃，减轻刀具磨损。提高刀具耐用度 3～5 倍，积屑瘤、鳞刺也不会生成，可大大减小已加工表面粗糙度值。此外，用金刚石刀具切削钢料时，采用低温切削可避免高温下金刚石的碳化及与铁发生化学亲和反应，充分发挥金刚石优异的切削性能，拓展其使用范围。

4) 绝缘切削

切削过程中，若刀具、工件、机床组成回路，则会产生热电势、热电流、加剧刀具磨损。若将刀具、工件与机床绝缘，切断热电流，则可延长刀具寿命。有人试验用这种方法车削马氏体不锈钢及钻削高强度合金，简便易行，有一定效果。但对绝缘切削的机理目前尚未完全查明，有待进一步研究和实践。

5) 在惰性气体保护下切削

有些金属(如钛合金)化学性质活泼，切削过程中易与空气中的元素化合而生成不利于切削的化合物，增大切削难度。若向切削区喷射惰性气体(如氩气)，使切削区工件材料与空气隔离，不再生成化合物，可改善切削过程。

此外，各种特种加工方法，如电火花加工、电解加工、超声加工、激光加工、电子束加工、离子束加工等，技术日趋成熟和完善，在难切削材料的加工技术领域中有着广阔的发展前景。

小　　结

生产中通常采用相对加工性 K_r 来衡量工件材料的切削加工性，K_r 越大切削加工性越好；K_r 越小切削加工性越差。有色金属的切削加工性非常好；普通碳素钢的切削加工性主要决定于含碳量，低碳钢和高碳钢的切削加工性较差，中碳钢的切削加工性较好；铸铁的切削加工性较好；一般合金钢的比普通碳素钢的切削加工性稍差；高强度合金钢、不锈钢、钛合金、高温合金等材料的切削加工性差或很差。

改善工件材料切削加工性的方法有：调整工件材料的化学成分，改变工件材料的金相组织，选择切削加工性好的材料状态，合理选择刀具材料，采用新的切削加工技术(如振动切削、加热切削、低温切削、绝缘切削、在惰性气体保护下切削等)。

习题与思考题

4-1　试说明工件材料切削加工性的含义。为什么工件材料切削加工性有相对性？研究材料加工性有什么意义？

4-2　如何评价材料的切削加工性？衡量切削加工性常用哪些指标？

4-3　何谓相对加工性？

4-4　欲改善材料的切削加工性，可采取哪些措施？

4-5　举例说明难加工金属材料的切削加工性，并归纳其特点。

第5章 切削用量、切削液和刀具几何参数的选择

学习目标:

- 掌握切削用量的制定原则。
- 掌握背吃刀量、进给量、切削速度的确定。
- 掌握提高切削用量的途径。
- 掌握切削液的作用。
- 掌握切削液的选用。
- 掌握前角、后角和主偏角、副偏角的功用及其选择。
- 了解切削液的添加剂。
- 了解切削液的种类。
- 了解刀具合理几何参数选择的原则。

5.1 切削用量的选择

切削用量三要素对切削力、刀具磨损和刀具耐用度、产品加工质量等都有直接的影响。只有选择合适的切削用量,才能充分发挥机床和刀具的功能,最大限度地挖掘生产潜力,降低生产成本。

5.1.1 切削用量的制定原则

制定合理的切削用量,要综合考虑生产率、加工质量和加工成本。

合理的切削用量是指充分利用刀具的切削性能和机床性能(功率、扭矩),在保证质量的前提下,使得切削效率最高和加工成本最低的切削用量。

1. 切削用量对生产率的影响

以外圆切削为例,在粗加工时,毛坯的余量较大,加工精度和表面粗糙度值要求均不高,在制定切削用量时,要在保证刀具耐用度的前提下,尽可能地以提高生产率和降低加工成本为目标。

切削加工生产率可以用单位时间内金属切除量 Q_z 来表示,即

$$Q_z = 1000vfa_p \tag{5-1}$$

切削用量三要素 v、f、a_p 中的任何一个参数增加 1 倍,都可使生产率增加 1 倍。

通常背吃刀量不宜取得过小;否则,为了切除余量,可能使进给次数增加,这样会增加辅助时间,反而会使金属切除率降低。

2. 切削用量对刀具耐用度的影响

切削速度 v 对刀具耐用度的影响最大，进给量 f 的影响次之，背吃刀量 a_p 影响最小。

因此，从保证合理的刀具耐用度来考虑时，应首先选择尽可能大的背吃刀量 a_p；其次按工艺和技术条件的要求选择较大的进给量 f；最后根据合理的刀具耐用度，用计算法或查表法确定切削速度 v。

3. 切削用量对加工质量的影响

切削速度 v 增大时，切削变形和切削力有所减小，已加工方式表面粗糙度值减小。

进给量 f 增大，切削力将增大，表面粗糙度值会显著增大。

背吃刀量 a_p 增大，切削力成比例增大，工艺系统弹性变形增大，并可能引起振动，因而会降低加工精度，使已加工表面粗糙度值增大。

因此，在精加工和半精加工时，常常采用较小的背吃刀量 a_p 和进给量 f。

为了避免或减小积屑瘤和鳞刺，提高表面质量，硬质合金车刀常采用较高的切削速度(一般 v 为 80～100m/min)，高速钢车刀则采用较低的切削速度(如宽刃精车刀 v 为 3～8m/min)。

5.1.2　背吃刀量、进给量、切削速度的确定

1. 背吃刀量的选择

切削加工一般分为粗加工、半精加工和精加工，这 3 种加工方式的背吃刀量选择说明如下。

(1) 粗加工(表面粗糙度值为 Ra 20～80μm)时，尽量一次走刀切除全部余量，在中等功率机床上，a_p 可达 8～10mm。

粗加工时，当加工余量太大、工艺系统刚性不足，或者加工余量极不均匀，以致引起很大振动时，可分几次走刀。若二次走刀或多次走刀时，应将第一次走刀的背吃刀量取大些，一般为总加工余量的 2/3～3/4。而且最后一次走刀的背吃刀量取得要小一点，以使精加工工序有较高的刀具耐用度和加工精度及较小的表面粗糙度值。

(2) 半精加工(Ra 5～10μm)时，a_p 取 0.5～2mm。

(3) 精加工(Ra 1.25～2.2μm)时，a_p 取 0.1～0.4mm。

精加工时，背吃刀量的选取应该根据表面质量的要求来选择。在用硬质合金刀具、陶瓷刀具、金刚石和立方氮化硼刀具精细车削和镗孔时，背吃刀量可取为 a_p =0.05～0.2mm，f =0.01～0.1mm，v =240～900m/min，这时表面粗糙度值可以达到 Ra 0.32～0.1μm，精度达到或高于 IT5(孔达到 IT6)，可以代替磨削加工。

另外，在加工铸、锻件或不锈钢等加工硬化严重的材料时，应尽量使背吃刀量大于硬皮层或冷硬层的厚度，以保护刀尖，避免过早磨损。

2. 进给量的选择

(1) 粗加工时，由于工件的表面质量要求不高，进给量的选择主要受切削力的限制。在机床进给机构的强度、车刀刀杆的强度和刚度以及工件的装夹刚度等工艺系统强度良

好，硬质合金或陶瓷刀片等刀具的强度较大的情况下，可选用较大的进给量。当断续切削时，为减小冲击，要适当减小进给量。

(2) 在半精加工和精加工时，因背吃刀量较小，切削力不大，进给量的选择主要考虑加工质量和已加工表面粗糙度值，一般取的值较小。

在实际生产中，进给量常常根据经验或查表法确定。

3. 切削速度的确定

在实际生产中，选择切削速度的一般原则如下。

(1) 粗车时，背吃刀量 a_p 和进给量 f 均较大，故选择较低的切削速度；精加工时，背吃刀量 a_p 和进给量 f 均较小，故选择较高的切削速度，同时应尽量避开积屑瘤和鳞刺产生的区域。

(2) 加工材料的强度及硬度较高时，应选较低的切削速度；反之则选较高的切削速度。

例如，加工奥氏体不锈钢、钛合金和高温合金时，则切削速度较低。易切钢的切削速度则较同硬度的普通碳钢为高。加工灰铸铁的切削速度较中碳钢为低。而加工铝合金和铜合金的切削速度则较加工钢的要高得多。

(3) 刀具材料的切削性能越好时，切削速度也选得越高。

(4) 在断续切削或者是加工锻、铸件等带有硬皮的工件时，为了减小冲击和热应力，要适当降低切削速度。

(5) 加工大件、细长轴和薄壁工件时，要选用较低的切削速度；在工艺系统刚度较差的情况下，切削速度就应避开产生自激振动的临界速度。

4. 机床功率校验

在切削用量选定后，应当校验机床功率能否满足要求，见式(5-2)。

机床的有效功率 P_E' 为

$$P_E' = P_E \eta_m \tag{5-2}$$

式中： P_E ——机床电机功率，kW；

η_m ——机床传动效率。

应满足

$$P_c \leqslant P_E'$$

如果满足上式，则选择的切削用量是可以在该机床上应用的。如果远小于 P_E'，则说明机床的功率没有充分发挥，这时可规定较小的刀具耐用度或者采用切削性能较好的刀具材料，以提高切削速度，以充分利用机床功率，最终达到提高生产率的目的。

如果不满足上式，则可适当降低切削速度 v，以降低切削功率。

5.1.3 提高切削用量的途径

可以通过以下途径提高切削用量。

(1) 采用切削性能更好的新型刀具材料。

(2) 改善工件材料的加工性。

(3) 改进刀具结构和选用合理的刀具参数。

(4) 提高刀具的制造和刃磨质量。

(5) 采用新型的、性能优良的切削液和高效率的冷却方法。

5.1.4　超高速切削

按目前加工技术，通常认为，切削钢和铸铁切削速度在 1000m/min 以上，切削铜、铝及其合金的切削速度在 3000m/min 以上，可称为超高速切削。而且对于不同的加工，超高速切削的速度是不同的。

- 超高速车削速度为 700～7000m/min。
- 超高速铣削速度为 300～6000m/min。
- 超高速磨削速度为 5000～10000m/min。

超高速切削有以下特点。

(1) 超高速切削情况下，剪切角随切削速度提高而迅速增大，因而使切削变形减小的幅度较大。

(2) 超高速切削时，由于切削温度的影响使加工材料软化，因此切削力减小。

(3) 超高速切削产生的热大部分被切屑带走，因而工件上温度不高。此外，当超高速增加到一定值时，切削温度随之降低。

(4) 常规切削时，切削速度 v 对刀具寿命 T 影响程度的指数 m 较小，即切削速度提高，刀具寿命急速下降，但在超高速切削阶段，指数 m 增大，即使刀具寿命降低的速率较小。

超高速切削刀具可选用添加 TaC、NbC 的含 TiC 高的硬质合金、超细颗粒硬质合金、涂层硬质合金、金属陶瓷、立方氮化硼等刀具材料。

此外，应具有高效的切屑处理装置、高压冷却喷射系统和安全防护装置。

超高速切削技术应在相应的超高速切削机床上使用，机床具有高转速、大功率，对其主轴系统、床身、移动系统和控制系统均有特殊要求。

5.2　切削液的选择

切削液是金属切削加工的重要配套材料。人类使用切削液的历史可以追溯到远古时代。人们在磨制石器、铜器和铁器时，就知道浇水可以提高效率和质量。

在切削加工中，合理地使用切削液可以降低切削时的切削力以及刀具与工件之间的摩擦，及时带走切削区内产生的热量以降低切削温度，减少刀具磨损，提高刀具耐用度，同时能减少工件热变形，抑制积屑瘤和鳞刺的生长，从而提高生产效率，改善工件表面粗糙度，保证工件加工精度，达到最佳经济效果。

切削加工中最常用的切削液可分为水溶性、油溶性两大类，见表 5-1。

表 5-1 水溶性与油溶性切削液的比较

性　能	指　标	水 溶 性	油 溶 性
润滑性	刀具磨损	较大	小
	产品光洁度	稍差	好
	产品尺寸精度	稍差	好
	抗烧结、烧伤能力	较弱	强
	工件表面残余应力	较大	小
冷却性		很好	一般
防锈能力		较差	较好
润湿能力		一般	强
防止堵塞砂轮能力		一般	强
使用寿命		一般	长
废液处理		较难	易
环境卫生		好	差
对皮肤的刺激		小	强
冒烟		无	严重
着火危险		无	有
使用中的维护管理		复杂	简单

5.2.1　水溶性切削液

水溶性切削液主要分为以下几种。

1. 水溶液

水溶液是由基础油(或不含基础油)、防锈添加剂(如硝酸钠、碳酸钠)、表面活性剂、水及其他添加剂复配而成，使用时根据加工情况用水配制成一定浓度的稀释液再使用。

水溶液特点：具有良好的冷却性和一定的润滑性，并且溶液透明，操作时便于观察，不易堵塞砂轮，在某些情况下可代替乳化液，用于磨削和其他切削加工。

2. 乳化液

乳化液是由矿物油、乳化剂及其他添加剂配制而成，用水稀释后即成为乳白色或半透明状的乳化液，为了提高其防锈和润滑性能，再加入一定的添加剂。

乳化液的用途很广，较少乳化油含量的低浓度乳化液，它起冷却作用为主，用于粗加工和普通磨削加工中；高浓度乳化液以润滑作用为主，用于精加工和复杂刀具加工。

乳化液可以分成 4 类：防锈乳化液、清洗乳化液、极压乳化液和透明乳化液。

极压乳化液润滑性能比其他乳化液好得多，在有些场合可代替切削油。

透明乳化液操作便于观察，清洗性好，不易堵塞砂轮，可用于精磨工序。

3. 合成切削液

合成切削液是国内外推广使用的高性能切削液。它是由水、各种表面活性剂和化学添加剂组成的。它具有良好的冷却、润滑、清洗和防锈性能，热稳定性好，使用周期长等特点。国外的使用率达到 60%，国内工厂使用率也日益增多。

4. 离子型切削液

离子型切削液是水溶性切削液中的一种新型切削液，其母液是由阴离子型、非离子型表面活性剂和无机盐配制而成的。它在水溶液中能离解成各种强度的离子。切削时，由于强烈摩擦所产生的静电荷，可由这些离子反应迅速消除，降低切削温度。

这种切削液有良好的冷却作用，使刀具在切削中不产生高热，提高刀具耐用度。

5.2.2　油溶性切削液

油溶性切削液主要有切削油和极压切削油两种。

1. 切削油

切削油中有各种矿物油(如机械油、轻柴油和煤油等)、动植物油和加入油性、极压添加剂配制的混合油，不含水，在使用时不用水稀释。它主要起润滑作用。其中常用的是矿物油。

矿物油的特点是：热稳定性好，资源丰富，价格便宜，与动植物油相比，它的浸润和吸附能力较差。主要用于切削速度较低的精加工、有色金属加工和易切钢加工。

机械油的润滑作用较好，故普通精车、螺纹精加工中使用甚广。

煤油的渗透作用和冲洗作用较突出，故精加工铝合金、精刨铸铁和用高速钢铰刀铰孔中，均能减小加工表面粗糙度，延长刀具寿命。

常用作为切削液的动植物油有鲸鱼油、蓖麻油、棉籽油、菜籽油和豆油。它们具有优良的润滑性和生物降解性，但易氧化变质。

2. 极压切削油

极压切削油是在矿物油中添加氯、硫、磷等极压添加剂配制而成。它在高温下不破坏润滑膜，并具有良好的润滑效果，故被广泛使用。

氯化切削油主要含氯化石蜡、氯化脂肪酸等，由它们形成的化合物，如 $FeCl_2$，其熔点为 600℃，且摩擦系数小，润滑性能好，适用于切削合金钢、高锰钢及其他难加工材料。氯化切削油在加工钢材时，能耐 350℃高温。

硫化切削油是在矿物油中加入含硫添加剂，含硫量为 10%～15%，在切削时，高温作用下形成硫化铁(FeS)化学膜，其熔点在 1100℃以上，因此，硫化切削油能耐 750℃高温。

5.2.3　固体润滑剂

在攻螺纹时，常在刀具或工件上涂上一些膏状或固体润滑剂。膏状润滑剂主要是含极压添加剂的润滑脂。固体润滑剂主要是二硫化钼、蜡笔、石墨、硬脂酸皂、蜡等。

二硫化钼形成的润滑膜具有极低的摩擦系数(0.05～0.09)、高的熔点(1185℃)，因此，高温不易改变它的润滑性能，具有很高的抗压性能和牢固的附着能力，有较高的化学稳定性和温度稳定性。应用时，将固体润滑剂涂在砂轮、砂盘、丝锥或圆锯片上，能起到润滑作用，并降低工件表面的粗糙度，延长砂轮和刀具的使用寿命。

采用 MoS_2 能防止粘结和抑制积屑瘤形成，减小切削力，能显著地延长刀具寿命和减小加工表面粗糙度。

5.2.4 切削液的作用

1. 润滑作用

切削液能渗入到刀具与切屑、加工表面之间形成润滑膜或吸附膜，可以减小前刀面与切屑、后刀面与已加工表面间的摩擦，从而减小切削力、摩擦和功率消耗，降低刀具与工件坯料摩擦部位的表面温度和刀具磨损，改善工件材料的切削加工性能。

切削液的润滑性能主要取决于切削液的渗透能力、形成润滑膜的能力和强度及切削条件等。切削液的渗透性又取决于它的表面张力和黏度，表面张力和黏度大时，渗透性较差，如表 5-2 所示。

表 5-2 几种切削液与干切削比较的润滑效果

切削液名称	剪切角	变形系数	摩擦系数
干切削	15° 15′	2.9	0.90
乳化液	22° 50′	2.7	0.83
硫化脂肪油+矿物油(非活性)	24° 20′	2.6	0.72
菜籽油	25° 12′	2.3	0.68
氯化硫化矿物油	25° 30′	2.2	0.66

切削液的润滑薄膜是由化学反应和物理吸附两种作用形成的。化学作用主要靠含硫、氯等元素的极压添加剂与金属表面起化学反应，生成化合物而形成化学薄膜，主要用在高温条件下。物理吸附主要是靠切削液中的油性添加剂起作用。但油性添加剂与金属形成的吸附薄膜只能在低温下(200℃以内)起到较好的润滑作用。

2. 冷却作用

通过切削液的对流和汽化作用把因切削而发热的刀具(或砂轮)、切屑和工件间的切削热从刀具和工件处带走，从而有效地降低切削温度，减少工件和刀具的热变形，提高加工精度和刀具耐用度。在切削速度高，刀具、工件材料导热性差，热膨胀系数较大的情况下，切削液的冷却作用尤为重要。

切削液的冷却性能与其热导率、比热容、汽化热以及流动性、流量、流速、浇注方式及本身的温度等有关。

水的热导率和比热容均高于油，因此水的冷却性能要优于油，见表 5-3。

表 5-3 水、油性能比较

切削液种类	热导率，W(m·℃)	比热容，J(kg·℃)	汽化热，J/g
水	0.628	4190	2260
油	0.126～0.210	1670～2090	167～314

3. 清洗作用

在金属切削加工过程中，经常产生一些细小的切屑、金属粉末及砂轮砂粒灰末等，在切削加工铸铁和磨削加工时尤其严重。为了防止这些细小切屑及粉末互相粘结或粘结在工件、刀具上，影响工件的表面粗糙度、精度、刀具的使用寿命，要求切削液可以冲走切削区域和机床上的细碎切屑、脱落的磨粒和油污，防止划伤已加工表面和导轨，使刀具或砂轮的切削刃口保持锋利，不致影响切削效果。

一般而言，合成切削液比乳化液和切削油清洗作用好，乳化液浓度越低，清洗作用越好。

改变液体的流动条件，如提高流速和加大流量可以有效地提高切削液的冷却效果，特别是对于冷却效果较差的非水溶性切削液，加大切削液的供液压力和加大流量，可有效提高冷却性能。另外，渗透性能好、泡沫较少的切削液，冷却效果较好。

清洗性能取决于切削液的流动性和使用压力。对于油基切削油，黏度越低，清洗能力越强，尤其是含有煤油、柴油等成分的切削油，渗透性和清洗性能更好。含有表面活性剂的水基切削液，清洗效果较好，因为它能在表面上形成吸附膜，阻止粒子和油泥等粘附在工件、刀具及砂轮上，同时它能渗入到粒子和油泥粘附的界面上，将它们从界面上分离，并随切削液流走，以保持切削液的清洁。

4. 防锈作用

在切削液中加入防锈剂，可在金属表面形成一层保护膜，起到防锈作用。

防锈作用的好坏，取决于加工液本身的组成成分(如加入防锈添加剂等)，如在水溶液加工液、乳化液中添加亚硝酸钠，可提高对钢铁的防锈作用；添加苯甲酸钠、磷酸盐，可提高对钢铁及不少有色金属的防锈作用；添加苯骈三唑，可提高铜及其合金的防锈作用。

加工液的 pH 值一般都要求在 7.5～8.5 的范围，偏碱性，碱性大对钢铁防锈有利，但对铜、铝等有色金属的防锈不利。

除了以上 4 种作用外，切削液还应具备良好的稳定性，在储存和使用中不产生沉淀或分层、析油、析皂和老化等现象。对细菌和霉菌有一定抵抗能力，不易因发霉及生物降解而导致发臭、变质。另外，切削液还要不损坏涂漆零件，对人体无危害，无刺激性气味。在使用过程中无烟雾或少烟雾。便于回收，低污染，排放的废液处理简便，经处理后能达到国家规定的工业污水排放标准等。

5.2.5 切削液的添加剂

切削液中加入各种化学物质，对于改善它的作用和性能影响极大，所加的化学物质统称为添加剂。添加剂主要有油性添加剂、极压添加剂、表面活性剂和其他添加剂等。

见表 5-4。

表 5-4　切削液中的添加剂

分　类		添　加　剂
油性添加剂		动植物油、脂肪酸、脂肪酸皂，脂肪醇、酯类、酮类、胺类等化合物
极压添加剂		硫、磷、氯、碘等有机化合物，如氯化石蜡、二烷基二硫代磷酸锌等
防锈添加剂	水溶性	亚硝酸钠、磷酸三钠、磷酸氢二钠、苯甲酸钠、苯甲酸胺、三乙醇胺等
	油溶性	石油磺酸钡、石油磺酸钠、环烷酸锌等
防霉添加剂		苯酚、五氯酚、硫柳汞等化合物
抗泡沫添加剂		二甲基硅油
助溶添加剂		乙醇、正丁醇、苯二甲酸酯、乙二醇醚等
乳　化　剂 (表面活性剂)	阴离子型	石油磺酸钠、油酸钠皂、松香酸钠皂、高碳酸钠皂、磺化蓖麻油、油酸三乙醇胺等
	非离子型	平平加(聚氧乙烯脂肪醇醚)、司本(山梨糖醇油酸酯)、吐温(聚氧乙烯山梨糖醇油酸酯)
乳化稳定剂		乙二醇、乙醇、正丁醇、二乙二醇单正丁基醚、二甘醇、高碳醇、苯乙醇胺、三乙醇胺

1. 油性添加剂

其主要应用于低压低温边界润滑状态，它在金属切削过程中主要起渗透和润滑作用，降低油与金属的界面张力，使切削油很快渗透到切削区，在一定的切削温度作用下进一步形成物理吸附膜，减小前刀面与切屑、后刀面与工件之间的摩擦。常用于低速精加工。

常用的油性添加剂有动物油、植物油、脂肪酸、胺类、醇类和酯类等。

2. 极压添加剂

在高温、高压下的边界润滑，称为极压润滑状态。在极压润滑状态下，切削液中必须添加极压添加剂来维持润滑膜强度。极压添加剂是含硫、磷、氯、碘等的有机化合物。

极压添加剂的作用机理在于：利用摩擦界面间的高温，在金属表面形成某种硫、氯或磷的化合物薄膜(一种固体)，能够承受高的压强而不致被挤破或挤走，因这层极薄的膜能将相对膜材的金属界面隔开，而这种薄膜的剪切强度又很小，所以实际上起到了固体润滑剂的作用。由于高温下的化学反应是不断进行的，所以这种薄膜不断被剪切，又不断产生，因而能在高温高压下保持良好的润滑作用。

常用的极压添加剂有以下几种。

1) 含硫的极压添加剂

在切削液中引入硫元素有两种方式，一种是用元素硫直接硫化的矿物油，叫硫化切削油；另一种是在矿物油中加入含硫的添加剂，如硫化动植物油、硫化烯烃等，制成极压切削油。硫化切削油对铜及铜合金有腐蚀作用，加工时气味大，已逐渐被极压切削油所代替。含硫的极压切削油在金属切削过程中和金属起化学反应，生成硫化铁。硫化铁没有像氯化铁那样的层状结构，比氯化铁摩擦系数大，但熔点高(硫化铁熔点为 1193℃，二硫化铁熔点为 1171℃)，硫化膜在高温下不易破坏，故切削钢件时能在 1000℃左右的高温下仍保持其润滑性能。

2) 含氯的极压添加剂

常用的含氯极压添加剂有氯化石蜡(氯含量为 40%～50%)、氯化脂肪酸和酯类等。氯化物的摩擦系数低于硫化物，故含氯极压添加剂具有优良的润滑性能，含氯极压添加剂的切削液可耐约 600℃的高温，特别适合于切削合金钢、高强度钢、钼以及其他难切削材料。氯化石蜡等有腐蚀性，必须与油溶性防锈添加剂一起使用。有的资料认为含氯添加剂的重点应放在四氯化碳这一类高挥发性的添加剂上，因为它能渗入切屑、工件与刀具界面间的微裂缝中，同时又能防止冷焊磨损的发生。但因四氯化碳会挥发出有害气体，所以国内很少采用。

为了得到效果较好的切削液，往往在一种切削液中加入上述的两种或 3 种添加剂，复合使用，以便切削液迅速进入高温切削区，形成牢固的化学润滑膜。

3. 表面活性剂

它是使矿物油和水乳化而形成稳定乳化液的添加剂。它能吸附在油水界面上形成牢固的吸附膜，使油很均匀地分散在水中，形成稳定的乳化液。

1) 表面活性剂机理

表面活性剂是一种有机化合物，其分子由极性基团和非极性基团两部分组成。前者亲水，可溶于水；后者亲油，可溶于油。因此，加入表面活性剂后，它能定向排列并吸附在油水两极界面上，极性端向水，非极性端向油，把油水连接起来，降低油水的界面张力，以微小的颗粒稳定地分散在水中，形成稳定的水包油(O/W) 乳化液；反之，则为油包水(W/O)乳化液，在金属切削加工中应用的是水包油(O/W)的乳化液。

表面活性剂在乳化液中，除了起乳化作用外，还能吸附在金属表面形成润滑膜，起油性添加剂的润滑作用。

2) 表面活性剂的种类

表面活性剂的种类和牌号很多，但按其性质和分子结构，大体可分为 4 类：阴离子型、阳离子型、两性离子型和非离子型。在配制乳化液时，应用最广泛的是阴离子型和非离子型的表面活性剂。

4. 防锈添加剂

它是一种极性很强的化合物，与金属表面有很强的附着力，吸附在金属表面形成保护膜，或与金属表面化合形成钝化膜，起到防锈作用。常用的防锈添加剂，可分为水溶性(亚硝酸钠)和油溶性两大类。

(1) 水溶性防锈添加剂。　在水溶性防锈添加剂中以亚硝酸钠在乳化液和水溶液中的应用较为广泛。亚硝酸钠基本上没有润滑性能，在碱性介质中对钢铁有防锈作用，用量一般控制在 0.25%左右，浓度再高则对操作者皮肤有害。

(2) 油溶性防锈添加剂。油溶性防锈添加剂主要应用于防锈乳化液，也有用于切削油的。在使用过程中，常常将各种具有不同特点的防锈剂复合使用，以达到综合防锈的良好效果。

5. 其他添加剂

为改善乳化油及乳化液的稳定性，加入乳化稳定剂。

为了防止乳化液在长期使用后，变质发臭，常常加入万分之几的防霉添加剂。

为了防止乳化液产生大量泡沫，而降低切削液的效果，还要加入百万分之几的抗泡沫添加剂。

5.2.6 切削液的选用

在选用不同的切削液时，首先要根据工件材料、刀具材料、加工方法和要求精度等条件进行选择，同时还要综合考虑安全性、废液处理和环保等限制项目。如果要强调防火的安全性，就应考虑选用水溶性切削液，当选用水溶性切削液时，就应该考虑废液的排放问题，企业应具备废液处理的设施等。

1. 金属切削液选用的原则

1) 从工件材料方面考虑

在切削普通结构钢等塑性材料时，要采用切削液，而在加工铸铁等脆性材料时，可以不用切削液。

切削材料中含有铬、镍、钼、锰、钛、钒、铝、铌、钨等元素时，对切削液的冷却、润滑作用都有较高的要求，此时应尽可能采用极压切削油或极压乳化液。加工铜、铝及其合金不能用含硫的切削液。精加工铜及其合金、铝及其合金或铸铁时，主要是要求达到较小的表面粗糙度，可选用离子型切削液或 10%～12%的乳化液。

粗车或粗铣铸铁时，由于铸铁中含有石墨，切削时石墨可起到固体润滑剂的作用，能减少摩擦。若使用油类切削液，会把崩碎切屑和砂粒黏合在一起，起到金刚砂研磨剂的作用，使刀具和机床导轨磨损，所以一般不加切削液。

2) 从刀具材料方面考虑

高速钢刀具粗加工时，应选用以冷却作用为主的切削液，主要目的是降低切削温度。

硬质合金刀具粗加工时，可以不用切削液，因为如果切削液流量不足或不均，都会造成硬质合金刀片冷热不均，产生裂纹。必要时指的是在加工某些硬度高、强度大、导热性差的工件材料时，由于此时切削温度较高，导致刀具迅速磨损，此时也可以用低浓度的乳化液或水溶液。

3) 从加工要求方面考虑

粗加工时，切削用量较大，产生大量的切削热，容易导致高速钢刀具迅速磨损。这就要求降低切削温度，此时应选用冷却性能为主的切削液，如离子型切削液或 3%～5%乳化液。在较低速切削时，刀具以硬质点磨损为主，宜选用以润滑性能为主的切削油；在较高速度切削时，刀具主要是热磨损，要求切削液有良好的冷却性能，宜选用离子型切削液或乳化液。

(1) 用高速工具钢刀具粗车或粗铣碳素钢时，应选用 3%～5%的乳化液，也可以选用合成切削液。

(2) 用高速工具钢刀具粗车或粗铣合金、铜及其合金工件时，应选用 5%～7%的乳化液。

(3) 精加工铜及其合金、铝及其合金工件时，可选用 10%～20%的乳化液、煤油或

50%的煤油。

(4) 精加工铸铁时，可选用 7%～10%的乳化液或煤油，以降低工件表面粗糙度值。

4) 从加工方法方面考虑

(1) 半封闭加工。在深孔钻削、拉削、攻螺纹、铰孔等工序中，刀具往往在半封闭状态下工作，此时，排屑困难，刀具与切屑、工件摩擦严重，产生的大量切削热不能及时传出，造成刀刃烧损并严重地影响工件表面粗糙度。尤其是在切削加工某些硬度高、强度大、韧性大、冷硬现象较严重的特殊材料时，上述问题更为突出。

此时，除了合理地改变刀具的几何角度参数(如在刀具上开有排屑槽等)，保证顺利地分屑、断屑、排屑之外，还应选用具有良好的润滑性和一定的冷却性和清洗性的切削液，对切削区域进行润滑、冷却，并将切屑冲刷出来，以降低切削区域温度，提高刀具耐用度，同时降低工件表面粗糙度值和提高加工精度。深孔加工时，应使用大流量、高压力的切削液，以达到有效地冷却、润滑和排屑的目的。

车、铣、钻、磨等工序，一般工艺上都要求使用切削液，其中磨削加工切削液的使用量最大，大约占 83%，并且磨削加工对切削液的性能要求也较复杂。因此，如何选用磨削加工的切削液显得非常重要。

(2) 磨削加工切削液的选用。磨削加工切削液按以下原则选用。

① 一般磨削加工可选用 3%～5%的乳化液。

② 精磨削加工可选用精制合成型切削液或者 5%～10%的乳化液。

③ 超精磨削加工可选用 98%的煤油与 2%的石油磺酸钡混合液或含氯极压切削油，均可取得良好的磨削效果。但是使用前必须将切削液精细地过滤。

④ 磨削加工难加工材料时，切削液的正确选用是解决磨削难加工材料的重要途径。其切削液必须具备以下条件：冷却性好、润滑性好、清洗性好。特制的合成切削液、极压乳化液、极压切削油等 3 种切削液，在磨削难加工材料时，可以取得良好效果。

⑤ 磨齿、磨螺纹等切削的精磨加工，有时往往是成形磨削，加工时工件与砂轮表面接触面大，造成大量热量，散热性差。这时，宜选用一般低黏度矿物油或极压切削油为切削液。

为防止油雾散发出来的难闻气味，改善环境污染，保护操作工人的健康，因此，磨齿、磨螺纹时，在矿物油里加入抗氧化安定性添加剂和少许香精。

(3) 切削难加工材料切削液的选用。一般来讲，材料中含有铬、镍、钼、锰、钛、钒、铝、铌、钨等元素，均称为难切削材料。这些材料具有硬质点多、机械擦伤作用大、热导率低等特点。切削难加工材料的切削液要求较高，切削液必须具有较好的润滑性和冷却性。

用超硬高速工具钢刀具切削难加工材料时，应选用 10%～15%的极压乳化液或极压切削油。用硬质合金刀具切削难加工材料时，应选用 10%～20%的极压乳化液或硫化切削油。

2. 切削液的使用方法

常见的有浇注法、高压冷却法、喷雾冷却法。

(1) 浇注法是应用最多的方法，使用时应注意保证流量充足，浇注位置尽量接近切削区；此外还应根据刀具的形状和切削刃数目，相应地改变浇注口的形式和数目。

(2) 高压冷却法是将切削液以高压力、大流量喷向切削区，常用于深孔加工。该方法冷却、润滑和清洗、排屑效果均较好，但切削液飞溅严重，需加防护罩。

(3) 喷雾冷却法是利用压缩空气使切削液雾化，并高速喷向切削区。雾化成微小液滴的切削液在高温下迅速汽化，吸收大量热量，从而能有效地降低切削温度。该方法适于切削难加工材料，但需要专门装置，且噪声较大。

如图 5-1 所示的喷雾冷却装置是利用入口压力为 $0.3\sim0.6MPa$ 的压缩空气使切削液雾化，并高速喷向切削区，当微小的液滴碰到灼热的刀具、切屑时，便很快汽化，带走大量的热量，从而能有效地降低切削温度。喷离喷嘴的雾状液滴因压力减小，体积骤然膨胀，温度有所下降，从而进一步提高了它的冷却作用。

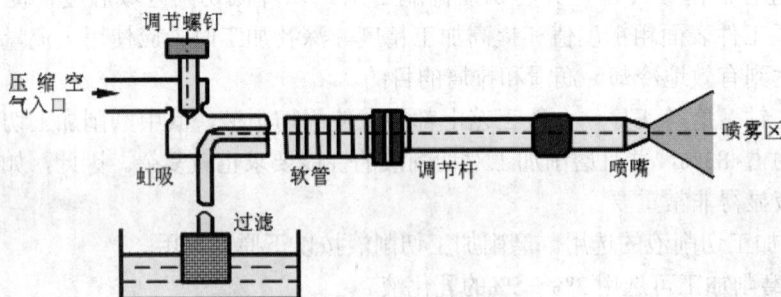

图 5-1　喷雾冷却装置

5.3　刀具几何参数的选择

刀具的合理几何参数的选择是否合理，对刀具使用寿命、加工质量、生产效率和加工成本等有着重要影响。

刀具的合理几何参数，是指在保证加工质量的前提下，能够满足刀具使用寿命长、较高生产效率、较低加工成本的刀具几何参数。

5.3.1　刀具合理几何参数选择的一般原则

1. 考虑工件、刀具材料及类型等实际情况

其主要是考虑工件、刀具材料的化学成分、物理力学性能、工件毛坯表层情况及工件的加工精度和表面质量要求、刀具的类型(焊接式、整体式、机夹式)等。

2. 考虑刀具各几何参数间的相互关系

刀具的各几何参数之间是相互联系的，不能孤立地选择某一参数，而应该综合统一考虑它们之间的相互作用和影响。例如，选择前角时，至少要考虑卷屑槽型、有无倒棱及刃倾角正负和大小等的影响，在此基础上，有选出合理的前角值。

3. 考虑具体加工条件

其主要是指要考虑加工所用机床、夹具类型，工艺系统刚度及机床功率，切削用量和

切削液性能、连续或断续切削等。一般来讲，粗加工时，主要考虑保证刀具耐用度要最高；精加工时，主要保证加工精度和表面质量要求；对加工中心，自动生产线用刀具，主要考虑刀具工作的稳定性及断屑问题；机床刚性或动力不足时，刀具应力求锋利，以减小切削力。

4. 考虑刀具锋利性与强度的关系

应在保证刀具强度的前提下，力求刀具锋利；在提高切削刃锋利性的同时，采取强化措施保证刀尖和刃区有足够的强度。

5.3.2　前角、后角和主偏角、副偏角的功用及其选择

1. 前角和前刀面形状的选择

前角是切削刀具上重要的几何参数之一，它的大小直接影响切削力、切削温度和切削功率，影响刃区和刀头的强度、容热体积和导热面积，从而影响刀具使用寿命和切削加工生产率。

1) 前角的主要功用

(1) 影响切削区域的变形程度。增大刀具前角，可以减小切削变形，从而减小了切削力、切削热。

(2) 影响切削刃与刀头的强度、受力性质和散热条件。

增大刀具前角，会使刀具楔角减小，使切削刃与刀头的强度降低，散热体积减小；前角过大，有可能导致切削刃处出现弯曲应力，造成崩刃。

(3) 影响切屑形态和断屑效果。若减小前角，可以增大切屑的变形，使之易于脆化断裂。

(4) 影响已加工表面质量。增大前角可以抑制积屑瘤和鳞刺的产生，减轻切削过程中的振动，减小前角或者采用负前角时，振幅急剧增大，如图 5-2 所示。

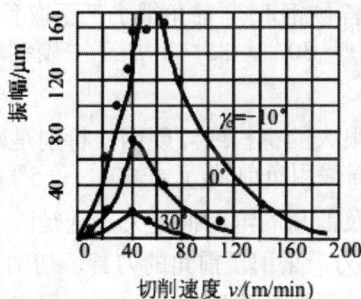

图 5-2　刀具前角与切削速度对振幅的影响

前角的大小和正负不能随意而定。通常存在一个使刀具耐用度为最大的前角，称为合理前角 γ_{opt}。

显然，由于硬质合金的抗弯强度较低，抗冲击韧性差，其合理前角小于高速钢刀具的合理前角。

同理，工件材料不同时，刀具的合理前角也不同，如图 5-3 所示。从实验曲线可以看

出，加工塑性材料比加工脆性材料的合理前角值大，加工低强度钢比加工高强度钢的合理前角值大。这是因为切削塑性大的金属材料产生的切屑，在切削过程中，它同前刀面接触长度(刀—屑接触长度)较大，由于塑性变形的缘故，刀—屑之间的压力和摩擦力很大，为了减小切削变形和切屑流动阻力，应取较大的前角。加工材料的强度、硬度较高时，由于单位切削力大，切削温度容易升高，为了提高切削刃强度，增加散热体积，需适当减小前角。切削脆性材料时，塑性变形不大，切出的崩碎切屑，与前刀面的接触长度很小，压力集中在切削刃附近，为了保护切削刃，宜取较小的前角。

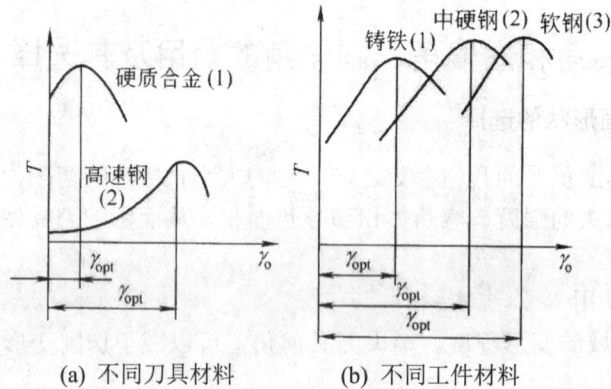

(a) 不同刀具材料　　　　(b) 不同工件材料

图 5-3　γ_o 的合理值 γ_{opt}

在某些情况下，这样选定的合理前角未必是最适宜的。例如，在出现振动的情况下，为了减小振动的振幅或消除振动，除采取其他措施外，有时需增大前角；在精加工条件下，往往需要考虑加工精度和已加工表面粗糙度的要求，来选择某一适宜的前角；有些刀具需考虑其重磨次数最多这一要求来选择某一前角。

2) 合理前角的选择原则

(1) 工件材料的强度、硬度低，应取较大的前角；工件材料强度、硬度高，应取较小的前角；加工特别硬的工件(如淬硬钢)时，前角很小甚至取负值。

例如，在加工铝合金时，$\gamma_o = 30° \sim 35°$；加工中硬钢时，$\gamma_o = 10° \sim 20°$；加工软钢时，$\gamma_o = 20° \sim 30°$。

用硬质合金车刀加工强度很大的钢料或淬硬钢，特别是断续切削时，应从刀具破损的角度出发来选择前角，这时常需采用负前角($\gamma_o = -20° \sim -5°$)。

材料的强度或硬度越高，负前角的绝对值越大。这是因为当工件材料的强度或硬度很高时，切削力很大，特别是 F_p 力，采用正前角的刀具，切削刃部分和刀尖部分主要受到的是弯曲和剪切变形，如图 5-4(a)所示，硬质合金的抗弯强度较低，在重载下容易破损。采用负前角时，切削刃和刀尖部分受到的是压应力，如图 5-4(b)所示，因硬质合金的抗压强度比抗弯强度高 3~4 倍，所以切削刃不易因受压而损坏。抗弯强度更差的陶瓷和立方氮化硼刀具，也经常采用负前角。

(2) 加工塑性材料时，尤其是冷加工硬化严重的材料，应取较大的前角；加工脆性材料时，可取较小的前角。

用硬质合金刀具加工一般钢料时，前角可选 10° ~20°。

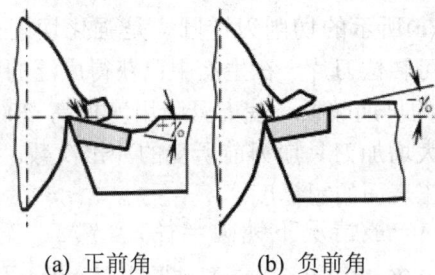

(a) 正前角　　　　　(b) 负前角

图 5-4　前角不同时刀具的受力性质

切削灰铸铁时，塑性变形较小，切屑呈崩碎状，它与前刀面的接触长度较短，与前刀面的摩擦不大，切削力集中在切削刃附近。为了保护切削刃不致损坏，宜选较小的前角。可选 5°～15°。

(3) 粗加工，特别是断续切削，承受冲击性载荷，或对有硬皮的铸锻件粗切时，为保证刀具有足够的强度，应适当减小前角；但在采取某些强化切削刃及刀尖的措施之后，也可增大前角至合理的数值。

(4) 成形刀具和前角影响刀刃形状的其他刀具，为防止刃形畸变，常取较小的前角，甚至取 0°，但这些刀具的切削条件不好，应在保证切削刃成形精度的前提下，设法增大前角。

(5) 刀具材料的抗弯强度较大、韧性较好时，应选用较大的前角。

如高速钢刀具比硬质合金刀具，允许选用较大的前角(可增大 5°～10°)。

(6) 工艺系统刚性差和机床功率不足时，应选取较大的前角。

(7) 数控机床和自动生产线所用刀具，应考虑保障刀具尺寸公差范围内的使用寿命及工作的稳定性，而选用较小的前角。

3) 倒棱

在切削加工中，增大刀具前角，有利于切屑形成和减小切削力；但增大前角，又使切削刃强度减弱。在正前角的前刀面上磨出如图 5-5(a)和图 5-5 (b)所示的倒棱则可两者兼顾。

倒棱的主要作用是增强切削刃，减小刀具破损。在使用硬质合金和陶瓷等脆性较大的刀具，尤其是在进行粗加工或断续切削时，对减少崩刃和提高刀具耐用度的效果是很显著的(可提高 1～5 倍)。

用陶瓷刀具铣削淬硬钢时，没有倒棱的切削刃是不可能进行切削的。同时，刀具倒棱处的楔角较大，使散热条件也得到改善。

倒棱的参数包括倒棱宽度 $b_{\gamma1}$ 和倒棱前角。倒棱的宽度值一般与切削厚度(或进给量 f)有关。通常 b_1 为 0.2～1mm 或 $b =(0.3～0.8) f$。粗加工时取大值，精加工时取小值。高速钢刀具倒棱的前角取 0°～5°，硬质合金刀具取−5°～−10°。

用硬质合金车刀切削带硬皮的工件时，如果切削时冲击较大，则在机床的刚性和功率允许的条件下，倒棱的 b 和 r 的绝对值可以选得大一些。这样可以进一步强化切削刃，崩刃会进一步减小，但切削力也会明显增加。如果倒棱的 b 过大、r 过小，则负倒棱将代替前刀面进行切削。

一般来说，精加工刀具，为使切削刃锋利，不宜磨出倒棱。加工铸铁、铜合金等脆性材料的刀具，以及形状复杂的成形刀具等，也不磨倒棱。

在刀具中采用如图 5-5(c)所示的切削刃钝圆，是强化切削刃的另一种有效方法。目前，经钝圆处理的硬质合金可转位刀片，在生产中已获得广泛的应用。

刀具钝圆可以减少刀具的早期破损，使刀具耐用度提高 200%左右。在断续切削时，适当增大钝圆半径 r，可大大增加刀具崩刃前所受的冲击次数。钝圆刃还有一定的挤压及消振作用，可减小工件已加工表面的粗糙度。

钝圆半径值推荐如下：一般情况下钝圆半径 $r < f / 3$，轻型钝圆半径 r 为 0.05～0.03mm，中型钝圆半径 r 为 0.05～0.1mm，重型钝圆半径 r 为 0.15mm。

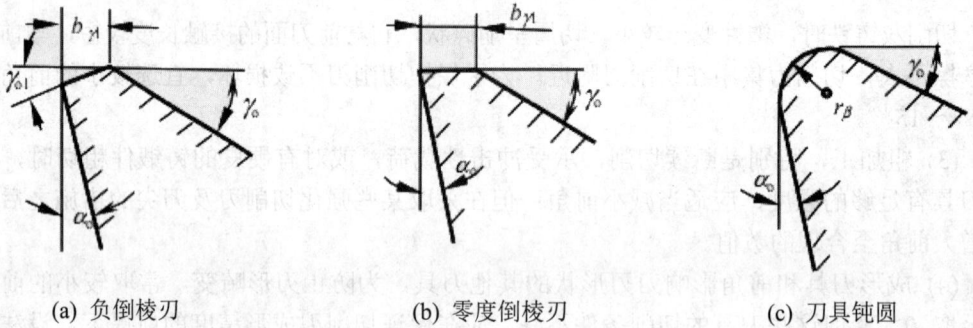

(a) 负倒棱刃   (b) 零度倒棱刃   (c) 刀具钝圆

图 5-5　强化前刀面的倒棱和钝圆

4) 带卷屑槽的前刀面形状

加工韧性材料时，为使切屑卷成螺旋形，或折断成 C 形，使之易于有规律地排出和清理，常在前刀面磨出卷屑槽，它可做成直线圆弧形、直线形、全圆弧形等，如图 5-6(a)～(c)所示。直线圆弧形的槽底圆弧半径 R_n 和直线形的槽底角($180° - \sigma$)对切屑的卷曲变形有直接的影响。当它们选择较小值时，切屑卷曲半径较小，切屑变形大、易折断；但过小时易使切屑堵塞在槽内，增大切削力，甚至崩刃。一般条件下，常取 $R_n = (0.4 \sim 0.7) W_n$；槽底角取 110°～130°。这两种槽形较适于加工碳素钢、合金结构钢、工具钢等，γ_o 一般为 5°～15°。全圆弧槽形，可获得较大的前角，且不至于使刃部过于削弱。对于加工紫铜、不锈钢等高塑性材料，γ_o 可增至 25°～30°。

卷屑槽宽 W_n 一般根据工件材料和切削用量选择 W_n，常取 $W_n = (7 \sim 10) f$。

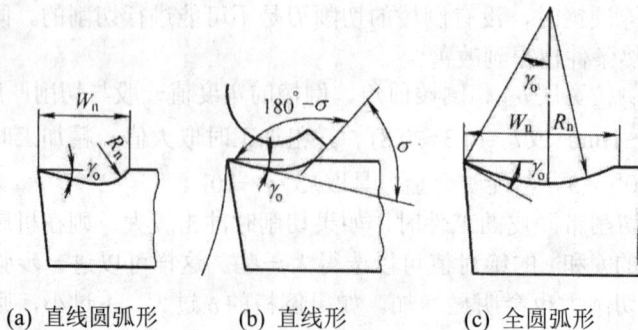

(a) 直线圆弧形   (b) 直线形   (c) 全圆弧形

图 5-6　前刀面上卷屑槽的形状

2. 后角的选择

1) 后角的功用

(1) 减少后刀面与加工表面间的摩擦。由于切屑形成过程中的弹性、塑性变形和切削刃钝圆半径 r_B 的作用，在过渡表面上有一个弹性恢复层。后角越小，弹性恢复层同后刀面的摩擦接触长度越大，它是导致切削刃及后刀面磨损的直接原因之一。

从这个意义上来看，增大后角能减小摩擦，可以提高已加工表面质量和刀具使用寿命。

(2) 增大后角，楔角则减小，使刃口钝圆半径减小，刃口锋利。

(3) 在同样的磨钝标准 V_B 下，后角大的刀具用到磨钝时，所磨去的金属体积较大 (图 5-7(a))，有利于延长刀具使用寿命。但是径向磨损量 N_B 也随之增大，这会影响工件的尺寸精度。从图 5-7(b)可知，在取径向磨钝标准 N_B 值不变时，增大后角到同样的径向磨钝标准 N_B 值时，磨损体积却比较小后角时的磨损体积小，所以在选择径向磨钝标准时，为保证精加工刀具的耐用度，后角不宜选得过大。

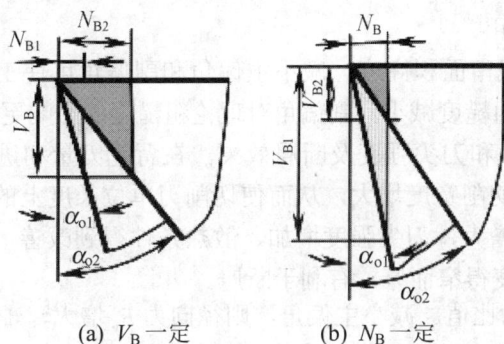

(a) V_B 一定   (b) N_B 一定

图 5-7 后角对刀具磨损的影响

2) 后角的选择原则

(1) 当切削厚度很小时，宜取较大的后角。当切削厚度很大时，后角取小些。

(2) 工件的强度、硬度较高时，为增加切削刃的强度，应选择较小的后角。工件材料的塑性、韧性较大时，为减小刀具后刀面的摩擦，可取较大的后角。加工脆性材料时，切削力集中在刃口附近，应取较小的后角。

实验证明，合理的后角主要取决于切削厚度(或进给量)。

当切削厚度很小时，磨损主要发生在后刀面上，为了减小后刀面的磨损和增加切削刃的锋利程度，宜取较大的后角。

当切削厚度很大时，前刀面上的磨损量加大，这时后角取小些可以增强切削刃及改善散热条件。同时，由于这时楔角较大，可以使月牙洼磨损深度达到较大值而不致使切削刃碎裂，因而可提高刀具耐用度。但若刀具已采用了较大负前角则不宜减小后角，以保证切削刃具有良好的切入条件。

(3) 粗加工或断续切削时，为了强化切削刃，应选较小的后角。

精加工或连续切削时，刀具的磨损主要发生在刀具后刀面，应选较大的后角。

(4) 当工艺系统刚性较差，容易出现振动时，应适当减小后角。为了减小或消除切削时的振动，还可以在车刀后刀面上磨出刃带，刃带不但可以消振，还可以提高刀具耐用度，以及起稳定和导向作用，主要用于铰刀、拉刀等有尺寸精度要求的刀具上，或磨出如图 5-8 所示的消振棱。消振棱可以使切削过程稳定性增加，有助于消除切削过程的低频振动，同时强化了切削刃，改善了散热条件，从而提高了刀具耐用度。

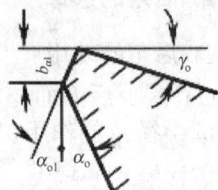

图 5-8　带有消振棱的车刀

(5) 在尺寸精度要求较严格的情况下，为限制重磨后刀具尺寸变化，一般选用较小的后角。

(6) 在一般条件下，为了提高刀具耐用度，可加大后角，但为了降低重磨费用，对重磨刀具可适当减小后角。

刀具的副后角主要用来减少副后刀面与已加工表面的摩擦，它对刀尖强度也有一定的影响。为了使制造、刃磨方便，一般取 $\alpha_o' = \alpha_o$。

3. 主、副偏角及刀尖的选择

1) 主、副偏角的功用

(1) 影响切削加工残留面积高度。减小主偏角和副偏角可使工件表面残留面积高度减小，从而使已加工表面粗糙度减小。副偏角对理论粗糙度的影响更大。

(2) 影响切削层尺寸和刀尖强度及断屑效果。在背吃刀量和进给量一定时，减少主偏角将使切削厚度减小，切削宽度增大，从而使切削刃单位长度上的负荷减轻；同时主偏角或副偏角减小使刀尖角增大，刀尖强度增加、散热条件得到改善，提高了刀具耐用度；反之，增大主偏角使切屑变得窄而厚，有利于断屑。

(3) 影响各切削分力比值。减小主偏角，则径向力 F_y 增大，轴向力 F_x 减小。同时。减小副偏角，背向力 F_p 也增大，F_p 增大会增加工艺系统的弹性变形，影响加工精度。

2) 主偏角的选择

合理选择主偏角主要按以下原则。

(1) 工艺系统的刚度较好时，主偏角可取小值(κ_r =30°～45°)，以提高刀具耐用度和加工表面质量。当工艺系统的刚度较差或强力切削时，应选用较大主偏角(κ_r =60°～75°)，以减小径向力 F_y，避免加工过程中产生振动。

(2) 在加工高强度、高硬度的工件时，可取较小主偏角(κ_r =10°～30°)，以增加刀头的强度，改善刀尖散热条件，提高刀具耐用度。

(3) 综合考虑工件形状、切屑控制等方面的要求。车削阶梯轴时，可取 κ_r =90°；用一把车刀车削外圆、端面和倒角时，可取 κ_r =45°～60°；较小的主偏角易形成长而连续的螺旋屑，不利于断屑，故对于切削屑控制严格的自动化加工，宜取较大的主偏角。

3) 副偏角的选择

副切削刃的主要作用是最终形成已加工表面。因此，副偏角的选取应首先考虑已加工表面质量要求，还要考虑刀尖强度、散热、振动等。κ_r' 越小，切削刀痕理论残留面积的高度越小，已加工表面粗糙度值越小，同时小的副偏角 κ_r' 还可以增强刀尖强度，改善散热条件。但副偏角 κ_r' 过小，会增加副切削刃参加切削工作的长度，增大副后刀面与已加工表面的摩擦和磨损，使刀具耐用度降低。此外，副偏角太小，也易引起振动，反而会增大表面粗糙度值。

(1) 在不引起振动的情况下，尽量取小值。

一般地，精加工时，取 $\kappa_r'=5°\sim10°$；粗加工时，取 $\kappa_r'=10°\sim15°$。

当工艺系统刚度较差或从工件中间切入时，可取 $\kappa_r'=30°\sim$ 45°。

在精车时，可在副切削刃上磨出一段 $\kappa_r'=0°$、长度为(1.2~1.5) f 的修光刃，以减小已加工表面的粗糙度值。如图 5-9 所示，用带有修光刃的车刀切削时，径向分力 F_y 很大，因此工艺系统刚度必须很好；否则容易引起振动。

(2) 加工高强度、高硬度材料或断续切削时，为提高刀尖强度，宜取较小副偏角。

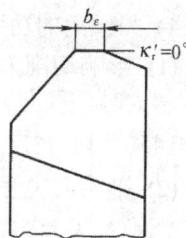

图 5-9 修光刃

4. 刀尖形状的选择

在刀具上，强度较差、散热条件不好的地方是刀尖，即主切削刃和副切削刃连接处。

在切削过程中，刀尖处切削温度较高，很容易磨损。当主偏角及副偏角都很大时，这一情况尤为严重。为了减少切削过程中的振动，往往选取较大的主偏角 κ_r，副偏角 κ_r' 取较大值时，刀尖角减小引起刀具耐用度下降。所以，为强化刀尖，在刀尖处磨出如图 5-10 所示的过渡刃，不但能显著提高刀具的耐崩刃性和耐磨性，改善其散热条件，而且还可以减小刀尖部分的形状对残留面积高度和已加工表面粗糙度值的影响，提高已加工表面质量。

(1) 圆弧过渡刃(见图 5-10(a))。圆弧过渡刃不但可以提高刀具耐用度，而且还可以大大减小已加工表面粗糙度。精加工车刀常用圆弧过渡刃。它的主要参数是圆弧半径。圆弧半径值越大，刀具的磨损和破损越小，断续切削时产生崩刃的冲击次数可显著减少，对表面质量和刀具耐用度的提高越显著，但圆弧半径取得过大，则会使径向力 F_y 增大，易引起振动。硬质合金及陶瓷等脆性较大的刀具材料，因其对振动较敏感，刀具的刀尖圆弧半径应取得较小；精加工时，因要求较小的表面粗糙度值，圆弧半径应比粗加工时取得小一些。

硬质合金和陶瓷车刀一般取 $r_\varepsilon=0.5\sim1.5$mm，高速钢车刀取 $r_\varepsilon=1\sim3$mm。

(2) 直线过渡刃(见图 5-10(b)、(c))。在硬质合金车刀和铣刀上常磨出直线过渡刃，用于粗加工，以改善刀尖强度较差、散热条件恶化的状况，提高刀具耐用度。

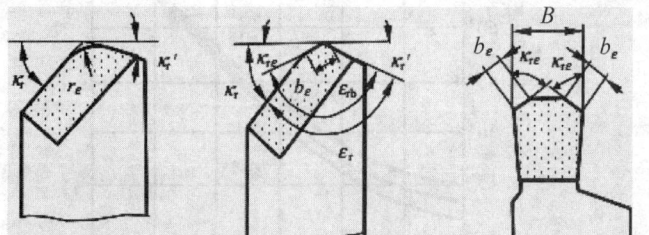

(a) 圆弧过渡刃　　　(b) 直线过渡刃　　　(c) 直线过渡刃

图 5-10 刀具的过渡刃

直线过渡刃因刃磨方便，且容易磨得对称，多用于多刃刀具上。

5. 刃倾角λ_s的选择

1) 刃倾角的功用

(1) 影响切削力的大小与方向。刃倾角对径向力和轴向力的影响较大。当负刃倾角绝对值增大时，径向力会显著增大，将导致工件变形和工艺系统振动。例如，当λ_s从0°变化到-45°时，径向力F_y约增大1倍，轴向F_x力降低约1/3，主切削力F_z基本不变。

(2) 影响刀尖强度和散热条件。当λ_s为负值时，刀尖是切削刃上的最低点。切削刃切入工件时首先与工件接触的点离开刀尖，落在切削刃上或前面上，不但保护刀尖免受冲击，而且增强了刀尖的强度。当$\lambda_s=0°$或为正值时，刀尖可能首先接触工件而受到冲击。因此，许多大前角刀具常配合选用负的刃倾角。在粗加工时，特别是冲击较大的加工中，常用λ_s为负值的刀具。

(3) 影响切屑的流出方向。图5-11所示为外圆车刀主切削刃刃倾角对切屑流向的影响。当$\lambda_s=0°$时，切屑沿主切削刃方向流出；当$\lambda_s>0°$时，切屑流向待加工表面；当$\lambda_s<0°$时，切屑流向已加工表面，容易划伤工件表面。

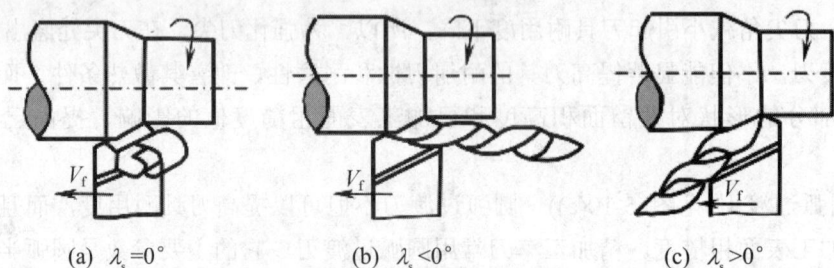

(a) $\lambda_s=0°$ (b) $\lambda_s<0°$ (c) $\lambda_s>0°$

图5-11 刃倾角对切屑流向的影响

(4) 影响切削刃的锋利程度。当刃倾角$\lambda_s>15°$时，刀具的工作前角和工作后角都随刃倾角的增大而增大，刃倾角对实际工作前角的影响如图5-12所示。而切削刃钝圆半径则随刃倾角的增大而减小，增大切削刃的锋利性。因此，对于微量精车刀和精刨刀常采用45°～75°的刃倾角，切下极薄的切屑。

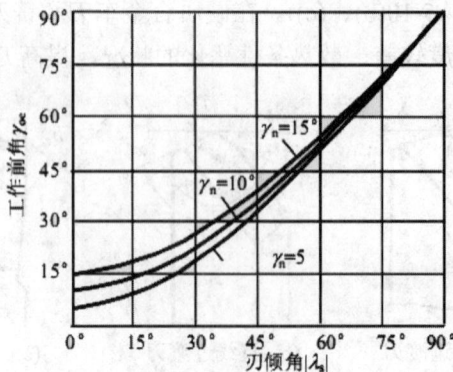

图5-12 刃倾角对实际工作前角的影响

2) 合理刃倾角的选择原则

(1) 根据加工性质选取，加工钢件或铸铁件时，粗车取 $\lambda_s = -5° \sim 0°$，精车取 $\lambda_s = 0° \sim 5°$；有冲击负荷或断续切削取 $\lambda_s = -15° \sim -5°$。

(2) 加工高强度钢、淬硬钢或强力切削时，为提高刀头强度，取 $\lambda_s = -30° \sim -10°$。

(3) 当工艺系统刚度较差时，一般不宜采用负刃倾角，以避免径向力的增加。

(4) 脆性大的刀具材料，为保证刀刃强度，不宜选用正刃倾角。如金刚石车刀，选 $\lambda_s = -5° \sim 0°$。

(5) 加工高硬度材料，宜取 $\lambda_s < 0°$。

小　　结

粗加工时，应选择大的背吃刀量 a_p，大的进给量 f，合适较低的切削速度；精加工时，应选择小的背吃刀量 a_p，小的进给量 f，较高的切削速度，同时应尽量避开积屑瘤和鳞刺产生的区域。切削液的作用是：润滑、冷却、清洗和防锈。添加剂主要有油性添加剂、极压添加剂、表面活性剂和其他添加剂等。切削液分为水溶性、油溶性两大类。选用切削液要考虑的因素有：工件材料、刀具材料、加工要求、加工方法。切削液常见的使用方法有：浇注法、高压冷却法、喷雾冷却法。

增大刀具前角，可以抑制积屑瘤和鳞刺的产生，减轻切削过程中的振动；但前角过大，有可能导致崩刃。增大刀具后角，可以提高已加工表面质量和刀具使用寿命。减小主偏角和副偏角可提高刀具耐用度，减小已加工表面粗糙度；但背向力 F_p 也增大，使振动增大，影响工件表面加工质量。当 λ_s 为正值时，切屑流向待加工表面；当 λ_s 为负值时，切屑流向已加工表面。

习题与思考题

5-1　什么是合理的切削用量？制定切削用量的一般原则是什么？

5-2　切削速度、背吃刀量和进给量如何确定？

5-3　切削加工中常用切削液有哪些类型？

5-4　切削液有何作用？

5-5　切削液的添加剂有哪几种？说明各种添加剂的作用。

5-6　常用极压添加剂有哪几种？说明它们的特点。

5-7　说明切削液的选用原则。

5-8　说明喷雾冷却的作用机理。

5-9　什么是刀具的合理几何参数？阐述刀具合理几何参数的选择原则。

5-10　前角有什么功用？说明合理前角的含义及其合理值的选择原则。

5-11　后角有什么功用？说明合理后角的含义及其合理值的选择原则。

5-12　主偏角、副偏角有些什么功用？说明它们的选择原则。

5-13　刃倾角的功用及合理刃倾角的选择原则。

第6章 金属切削机床的基本知识

学习目标:

- 掌握常见的几种机床分类方法。
- 掌握金属切削机床型号编制方法的最新国家标准(GB/T 15375—2008)。
- 掌握机床传动装置。
- 掌握机床传动系统分析。
- 了解机床传动原理。

6.1 机床的分类

金属切削机床的品种和规格繁多,为了便于区别、使用和管理,需对机床加以分类和编制型号。

机床的传统分类方法,主要是按加工性质和所用的刀具进行分类。根据我国制定的机床型号编制方法,目前将机床分为 11 大类:车床、钻床、镗床、磨床、齿轮加工机床、螺纹加工机床、铣床、刨插床、拉床、锯床及其他机床。在每一类机床中,又按工艺范围、布局形式和结构等分为若干组,每一组又细分为若干系(系列)。

在上述基本分类方法的基础上,还可根据机床的其他特征进一步区分。

同类型机床按应用范围(通用性程度)又可分为以下几种。

(1) 普通机床。它可用于加工多种零件的不同工序,加工范围较广,通用性较大,但结构比较复杂。这种机床主要适用于单件小批生产,如卧式车床、万能升降铣床等。

(2) 专门化机床。它的工艺范围较窄,专门用于加工某一类或几类零件的某一道(或几道)特定工序,如曲轴车床、凸轮轴车床等。

(3) 专用机床。它工艺范围最窄,只能用于加工某一种零件的某一道特定工序,适用大批量生产,如机床主轴箱的专用镗床、车床导轨的专用磨床等。各种组合机床也属于专用机床。

同类型机床按工件精度又可分为普通精度机床、精密机床和高精度机床。

机床可按其自动化程度分为手动、机动、半自动和自动机床。

机床还可以按质量与尺寸分为仪表机床、中型机床(一般机床)、大型机床(质量大于10t)、重型机床(质量大于30t)和超重型机床(质量大于100t)。

按机床主要工作部件的数目,可以分为单轴的、多轴的或单刀的、多刀的机床等。

通常,机床根据加工性质进行分类,再根据其某些特点进一步描述,如多刀半自动车床、高精度外圆磨床等。

随着机床的发展,其分类方法也将不断发展。现代机床正向数控化方向发展,数控机床的功能日趋多样化,工序更加集中。现在一台数控机床集中了越来越多传统机床的功能。

例如,数控车床在卧式车床功能的基础上,集中了转塔车床、仿形车床、自动车床等多种车床的功能。车削中心出现以后，在数控车床功能的基础上，又加入了钻、铣、镗等类机床的功能。又如，具有自动换刀功能的镗铣加工中心机床习惯上称为"加工中心"(Machining center)，集中了钻、铣、镗等多种类型机床的功能。有的加工中心的主轴既能立式又能卧式，即集中了立式加工中心和卧式加工中心的功能。可见，机床数控化引起了机床传统分类方法的变化。这种变化主要表现在机床品种不是越分越细，而是趋向综合化。

6.2 金属切削机床型号编制方法

本节介绍金属切削机床型号编制的国家标准 GB/T 15375—2008。

6.2.1 范围

GB/T 15375—2008 标准规定了金属切削机床和回转体加工自动线型号的表示方法。

GB/T 15375—2008 标准适用于新设计的各类通用及专用金属切削机床(以下简称机床)、自动线。

GB/T 15375—2008 标准不适用于组合机床、特种加工机床。

6.2.2 机床通用型号

1. 型号的表示方法

型号由基本部分和辅助部分组成，中间用"/"隔开，读作"之"。前者需统一管理，后者纳入型号与否由企业自定。型号构成如图 6-1 所示。

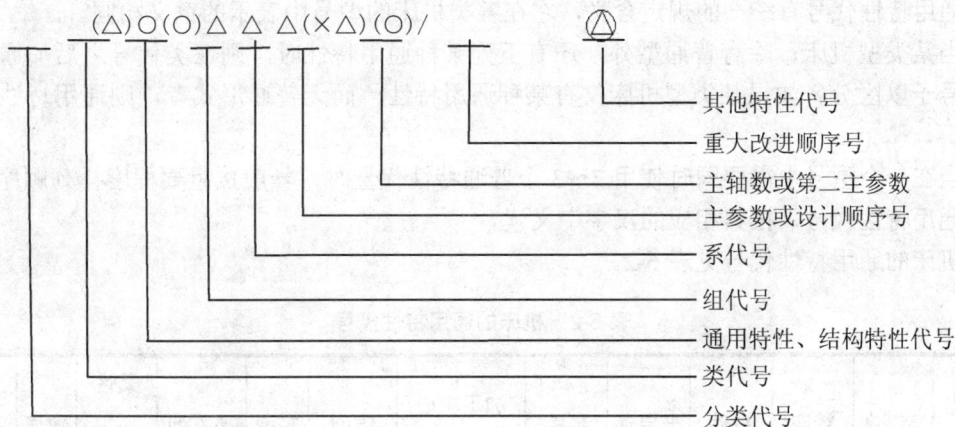

注：1. 有"( )"的代号或数字，当无内容时，则不表示。若有内容则不带括号。

2. 有"○"符号的，为大写的汉语拼音字母。

3. 有"△"符号的，为阿拉伯数字。

4. 有"◎"符号的，为大写的汉语拼音字母，或阿拉伯数字，或两者兼有之。

图 6-1 机床型号表示方法

2. 机床的分类及代号

按机床工作原理划分为车床、钻床、镗床、磨床、齿轮加工机床、螺纹加工机床、铣床、刨插床、拉床、锯床和其他机床共 11 类。

机床的类代号，用大写的汉语拼音字母表示。必要时，每类可分为若干分类。分类代号在类代号之前，作为型号的首位，并用阿拉伯数字表示。第一分类代号前的"1"省略，第"2"、"3"分类代号则应予以表示。

机床的分类和代号见表 6-1。

表 6-1　机床的分类和代号

类别	车床	钻床	镗床	磨　床			齿轮加工机床	螺纹加工机床	铣床	刨插床	拉床	锯床	其他机床
代号	C	Z	T	M	2M	3M	Y	S	X	B	L	G	Q
读音	车	钻	镗	磨	二磨	三磨	牙	丝	铣	刨	拉	割	其

对于具有两类特性的机床编制时，主要特性应放在后面，次要特性应放在前面，如铣镗床是以镗为主、铣为辅。

3. 通用特性代号、结构特性代号

这两种特性代号，用大写的汉语拼音字母表示，位于类代号之后。

1) 通用特性代号

通用特性代号有统一的规定含义，它在各类机床的型号中表示的意义相同。

当某类型机床，除有普通型外，还有下列某种通用特性时，则在类代号之后加通用特性代号予以区分。如果某类型机床仅有某种通用特性，而无普通形式者，则通用特性不予表示。

当在一个型号中需要同时使用 2~3 个普通特性代号时，一般按重要程度排列顺序。

通用特性代号，按其相应的汉字字义读音。

机床的通用特性代号见表 6-2。

表 6-2　机床的通用特性代号

通用特性	高精度	精密	自动	半自动	数控	加工中心 (自动换刀)	仿型	轻型	加重型	柔性加工单元	数显	高速
代号	G	M	Z	B	K	H	F	Q	C	R	X	S
读音	高	密	自	半	控	换	仿	轻	重	柔	显	速

2) 结构特性代号

对主参数值相同而结构、性能不同的机床，在型号中加结构特性代号予以区分。根据各类机床的具体情况，对某些结构特性代号可以赋予一定含义。但结构特性代号与通用特性代号不同，它在型号中没有统一的含义，只在同类机床中起区分机床结构、性能不同的作用。当型号中有通用特性代号时，结构特性代号应排在通用特性代号之后。结构特性代号，用汉语拼音字母(通用特性代号已用的字母和"I"、"O"两个字母不能用)A、D、E、J、L、N、P、T、U、V、W、Y 表示，当单个字母不够用时，可将两个字母组合起来使用，如 AD、AE 等或 DA、EA 等。

4. 机床组、系的划分原则及其代号

1) 机床组、系的划分原则

将每类机床划分为 10 个组，每个组又划分为 10 个系(系列)。组、系划分的原则如下。

(1) 在同一类机床，主要布局或使用范围基本相同的机床，即为同一组。

(2) 在同一组机床中，其主参数相同、主要结构及布局形式相同的机床，即为同一系。

2) 机床的组、系代号

机床的组，用一位阿拉伯数字表示，位于类代号或通用特性代号、结构特性代号之后。

机床的系，用一位阿拉伯数字表示，位于组代号之后。

5. 主参数的表示方法

机床型号中主参数用折算值表示，位于系代号之后。当折算值大于 1 时，则取整数，前面不加"0"；当折算值小于 1 时，则取小数点后第一位数，并在前面加"0"。

机床的统一名称和组、系划分，以及型号中主参数的表示方法，见表6-3。

6. 通用机床的设计顺序号

某些通用机床，当无法用一个主参数表示时，则在型号中用设计顺序号表示。设计顺序号由 1 起始，当设计顺序号小于 10 时，由 01 开始编号。

7. 主轴数和第二主参数的表示方法

1) 主轴数的表示方法

对于多轴车床、多轴钻床、排式钻床等机床，其主轴数应以实际数值列入型号，置于主参数之后，用"×"分开，读作"乘"。单轴，可省略，不予表示。

2) 第二主参数的表示方法

第二主参数(多轴机床的主轴数除外)，一般不予表示，如有特殊情况，需在型号中表示。在型号中表示的第二主参数，一般以折算成两位数为宜，最多不超过 3 位数。以长度、深度值等表示的，其折算系数为 1/100；以直径、宽度值表示的，其折算值为 1/10；以厚度、最大模数值等表示的，其折算系数为 1。当折算值大于 1 时，则取整数；当折算值小于 1 时，则取小数点后第一位数，并在前面加"0"。

8. 机床的重大改进顺序号

当机床的结构、性能有更高的要求，并需按新产品重新设计、试制和鉴定时，才按改进的先后顺序选用 A、B、C 等汉语拼音字母(但"I"、"O"两个字母不得选用)，加在型号基本部分的尾部，以区别原机床型号。

重大改进设计不同于完全的新设计，它是在原有机床的基础上进行改进设计，因此，

重大改进后的产品与原型号的产品是一种取代关系。

凡属局部的小改进，或增减某些附件、测量装置及改变装夹工件的方法等，因对原机床的结构、性能没有作重大的改变，故不属重大改进。其型号不变。

9. 其他特性代号及其表示方法

1) 其他特性代号

其他特性代号，置于辅助部分之首。其中同一型号机床的变型代号，一般应放在其他特性代号的首位。

2) 其他特性代号的含义

其他特性代号主要用以反映各类机床的特性。例如，对于数控机床，可用来反映不同的控制系统等；对于加工中心，可用以反映控制系统、联动轴数、自动交换主轴头、自动交换工作台等；对于柔性加工单元，可用以反映自动交换主轴箱；对于一机多能机床，可用以补充表示某些功能；对于一般机床，可以反映同一型号机床的变型等。

3) 其他特性代号的表示方法

其他特性代号，可用汉语拼音字母("I"、"O"两个字母除外)表示。其中 L 表示联动轴数，F 表示复合。当单个字母不够用时，可将两个字母组合起来使用，如 AB、AC、AD 等或 BA、CA、DA 等。

其他特性代号，也可用阿拉伯数字表示。

其他特性代号，还可用阿拉伯数字和汉语拼音字母组合表示。

10. 通用机床型号示例

示例 1：工作台最大宽度为 500mm 的精密卧式加工中心，其型号为 THM6350。

示例 2：工作台最大宽度为 400mm 的 5 轴联动卧式加工中心，其型号为 TH6340/5 L。

示例 3：最大磨削直径为 400mm 的高精度数控外圆磨床，其型号为 MKGl340。

示例 4：经过第一次重大改进，其最大钻孔直径为 25mm 的四轴立式排钻床，其型号为 Z5625×4A。

示例 5：最大钻孔直径为 40mm，最大跨距为 1600mm 的摇臂钻床，其型号为 Z3040×16。

示例 6：最大车削直径为 1250mm，经过第一次重大改进的数显单柱立式车床，其型号为 CX5112A。

示例 7：光球板直径为 800mm 的立式钢球光球机，其型号为 3M7480。

示例 8：最大回转直径为 400mm 的半自动曲轴磨床，其型号为 MB8240。根据加工的需求，在此型号机床的基础上交换的第一种形式的半自动曲轴磨床，其型号为 MB8240/1，变换的第二种形式的型号则为 MB8240/2，以此类推。

示例 9：最大磨削直径为 320mm 的半自动万能外圆磨床，结构不同时，其型号为 MBE1432。

示例 10：最大棒料直径为 16mm 的数控精密单轴纵切自动车床，其型号为 CKM1116。

示例 11：配置 MTC-2M 型数控系统的数控床身铣床，其型号为 XK714/C。

示例 12：试制的第五种仪表磨床为立式双轮轴颈抛光机，这种磨床无法用一个主参数表示，故其型号为 M0405。后来，又设计了第六种为轴颈抛光机，其型号为 M0406。

部分金属切削机床统一名称和类、组、系划分见表 6-3。

表 6-3　常用机床组、系代号及主参数(摘自 GB/T 15375—2008)

类	组	系	机床名称	主参数的折算系数	主 参 数	第二主参数
车床	1	1	单轴纵切自动车床	1	最大棒料直径	
	1	2	单轴横切自动车床	1	最大棒料直径	
	1	3	单轴转塔自动车床	1	最大棒料直径	
	2	1	多轴棒料半自动车床	1	最大棒料直径	轴数
	2	2	多轴卡盘自动车床	1/10	卡盘直径	轴数
	2	6	立式多轴半自动车床	1/10	最大车削直径	轴数
	3	0	回轮车床	1	最大棒料直径	
	3	1	滑鞍转塔车床	1/10	最大车削直径	
	3	3	滑枕转塔车床	1/10	最大车削直径	
	4	1	曲轴车床	1/10	最大车削回转直径	最大工件长度
	4	6	凸轮轴车床	1/10	最大车削回转直径	最大工件长度
	5	1	单柱立式车床	1/100	最大车削直径	最大工件高度
	5	2	双柱立式车床	1/100	最大车削直径	最大工件高度
	6	0	落地车床	1/100	最大回转直径	最大工件长度
	6	1	卧式车床	1/10	床身上最大回转直径	最大工件长度
	6	2	马鞍车床	1/10	床身上最大回转直径	最大工件长度
	7	1	仿形车床	1/10	刀架上最大车削直径	最大车削长度
	7	5	多刀车床	1/10	刀架上最大车削直径	最大车削直径
	7	6	卡盘多刀车床	1/10	刀架上最大车削直径	最大工件长度
	8	4	轧辊车床	1/10	最大工件直径	最大工件长度
	8	9	铲齿车床	1/10	最大工件直径	最大模数
	9	0	落地镗车床	1/10	最大工件回转直径	最大工件长度
钻床	1	3	立式坐标镗钻床	1/10	工作台面宽度	工作台面长度
	2	1	深孔钻床	1/10	最大钻孔直径	最大钻孔深度
	3	0	摇臂钻床	1	最大钻孔直径	最大钻孔深度
	3	1	万向摇臂钻床	1	最大钻孔直径	最大跨距
	4	0	台式钻床	1	最大钻孔直径	
	5	0	圆柱立式钻床	1	最大钻孔直径	
	5	1	方柱立式钻床	1	最大钻孔直径	
	5	2	可调多轴立式钻床	1	最大钻孔直径	轴数
	8	1	中心孔钻床	1/10	最大工件直径	最大工件长度
	8	2	平端面中心孔钻床	1/10	最大工件直径	最大工件长度

续表

类	组	系	机床名称	主参数的折算系数	主参数	第二主参数
镗床	4	1	立式单柱坐标镗床	1/10	工作台面宽度	工作台面长度
	4	2	立式双柱坐标镗床	1/10	工作台面宽度	工作台面长度
	4	6	卧式坐标镗床	1/10	工作台面宽度	工作台面长度
	6	1	卧式镗床	1/10	镗轴直径	
	6	2	落地镗床	1/10	镗轴直径	
	6	9	落地铣镗床	1/10	镗轴直径	铣轴直径
	7	0	单面卧式精镗床	1/10	工作台面宽度	工作台面长度
	7	1	双面卧式精镗床	1/10	工作台面宽度	工作台面长度
	7	2	立式精镗床	1/10	最大镗孔直径	
磨床	0	4	抛光机			
	0	6	刀具磨床			
	1	0	无心外圆磨床	1	最大磨削直径	
	1	3	外圆磨床	1/10	最大磨削直径	最大磨削长度
	1	4	万能外圆磨床	1/10	最大磨削直径	最大磨削长度
	1	5	宽砂轮外圆磨床	1/10	最大磨削直径	最大磨削长度
	2	1	内圆磨床	1/10	最大磨削孔径	最大磨削深度
	2	5	立式行星内圆磨床	1/10	最大磨削孔径	最大磨削深度
	3	0	落地砂轮机	1/10	最大砂轮直径	
	5	0	落地导轨磨床	1/100	最大磨削宽度	最大磨削长度
	5	2	龙门导轨磨床	1/100	最大磨削宽度	最大磨削长度
	6	0	万能工具磨床	1/10	最大回转直径	最大工件长度
	7	1	卧轴矩台平面磨床	1/10	工作台面宽度	工作台面长度
	7	3	卧轴圆台平面磨床	1/10	工作台面直径	
	7	4	立轴圆台平面磨床	1/10	工作台面直径	
	8	2	曲轴磨床	1/10	最大回转直径	最大工件长度
	8	3	凸轮轴磨床	1/10	最大回转直径	最大工件长度
	8	6	花键轴磨床	1/10	最大磨削直径	最大磨削长度
	9	0	曲线磨床	1/10	最大磨削长度	
齿轮加工机床	2	0	弧齿锥齿轮磨齿机	1/10	最大工件直径	最大模数
	2	2	弧齿锥齿轮铣齿机	1/10	最大工件直径	最大模数
	3	1	滚齿机	1/10	最大工件直径	最大模数
	3	6	卧式滚齿机	1/10	最大工件直径	最大模数或长度
	4	2	剃齿机	1/10	最大工件直径	最大模数
	4	6	珩齿机	1/10	最大工件直径	最大模数
	5	1	插齿机	1/10	最大工件直径	最大模数

类	组	系	机床名称	主参数的折算系数	主 参 数	第二主参数
齿轮加工机床	6	0	花键轴铣床	1/10	最大铣削直径	最大铣削长度
	7	0	碟形砂轮磨齿机	1/10	最大工件直径	最大模数
	7	1	锥形砂轮磨齿机	1/10	最大工件直径	最大模数
	7	2	蜗杆砂轮磨齿机	1/10	最大工件直径	最大模数
	8	0	车齿机	1/10	最大工件直径	最大模数
	9	9	齿轮噪声检查仪	1/10	最大工件直径	
螺纹加工机床	6	0	丝杠铣床	1/10	最大铣削直径	最大铣削长度
	6	2	短螺纹铣床	1/10	最大铣削直径	最大铣削长度
	7	4	丝杠磨床	1/10	最大工件直径	最大工件长度
	7	5	万能螺纹磨床	1/10	最大工件直径	最大工件长度
	8	6	丝杠车床	1/100	最大工件长度	最大工件直径
	8	9	多头螺纹车床	1/10	最大车削直径	最大车削长度
铣床	2	0	龙门铣床	1/100	工作台面宽度	工作台面长度
	4	3	平面仿形铣床	1/10	最大铣削宽度	最大铣削长度
	4	4	立体仿形铣床	1/10	最大铣削宽度	最大铣削长度
	5	0	立式升降台铣床	1/10	工作台面宽度	工作台面长度
	6	0	卧式升降台铣床	1/10	工作台面宽度	工作台面长度
	6	1	万能升降台铣床	1/10	工作台面宽度	工作台面长度
	7	1	床身铣床	1/100	工作台面宽度	工作台面长度
	8	1	万能工具铣床	1/10	工作台面宽度	工作台面长度
	9	2	键槽铣床	1	最大键槽宽度	工作台面长度
刨插床	1	0	悬臂刨床	1/100	最大刨削宽度	最大刨削长度
	2	0	龙门刨床	1/100	最大刨削宽度	最大刨削长度
	2	2	龙门铣磨刨床	1/100	最大刨削宽度	最大刨削长度
	5	0	插床	1/10	最大插削长度	
	6	0	牛头刨床	1/10	最大刨削长度	
拉床	3	1	卧式外拉床	1/10	额定拉力	最大行程
	4	3	连续拉床	1/10	额定拉力	
	5	1	立式内拉床	1/10	额定拉力	最大行程
	6	1	卧式内拉床	1/10	额定拉力	最大行程
	7	1	立式外拉床	1/10	额定拉力	最大行程
锯床	5	1	立式带锯机	1/10	最大锯削厚度	
	6	0	卧式圆锯床	1/100	最大圆锯片直径	
	7	1	滑枕卧式弓锯床	1/10	最大锯削直径	

续表

类	组	系	机床名称	主参数的折算系数	主 参 数	第二主参数
其他机床	1	6	管接头螺纹车床	1/10	最大加工直径	
	2	1	木螺钉螺纹加工机	1	最大工件直径	最大工件长度
	4	0	圆刻线机	1/100	最大加工直径	
	4	1	长刻线机	1/100	最大加工长度	

6.3 机床传动原理及传动系统分析

6.3.1 机床传动原理

为了实现机床加工过程中所需的各种运动，机床必须具备执行件、动力源和传动装置3个基本部分。机床加工过程中所需的各种运动，是通过运动源、传动装置和执行件以一定的规律所组成的传动链来实现的。

(1) 动力源。为机床提供动力和运动的装置。普通机床常用三相异步电动机，数控机床常用直流(或交流)调速电动机和伺服电动机。

(2) 传动装置。传递运动和动力的装置。通过它把动力源的运动和动力传给执行件，或把一个执行件的运动传给另一个执行件。传动装置同时还需完成变速、换向、改变运动形式等任务，使执行件获得所需的运动速度、运动方向和运动形式。

(3) 执行件。它是执行机床运动的部件，如主轴、刀架、工作台等。其任务是带动工件或刀具完成一定形式的运动，并保持准确的运动轨迹。

常用的传动装置有机械、液压(气压)和电气传动装置。

6.3.2 机床传动装置

机械传动按传动原理可分为分级传动和无级传动。常见的传动是分级传动(无级传动常被液压或电气传动取代)，下面着重介绍几种常用的机械传动装置。

1. 离合器

用于实现运动的启动、停止、换向和变速。

离合器的种类很多，按其结构和用途不同，可分为啮合式离合器、摩擦式离合器、超越式离合器和安全式离合器等。

1) 啮合式离合器

啮合式离合器利用两个零件上相互啮合的齿爪传递运动和转矩。根据结构形状不同，分为牙嵌式和齿轮式两种。

牙嵌式离合器由两个端面带齿爪的零件组成，如图 6-2(a)、(b)所示。右半离合器 2 用导键或花键 3 与轴 4 连接，带有左半离合器的齿轮 1 空套在轴 4 上，通过操纵机构控制右半离合器 2 使齿爪啮合或脱开，便可将齿轮 1 与轴 4 连接而一起旋转，或使齿轮 1 在轴上空转。

齿轮式离合器是由两个圆柱齿轮所组成的。其中一个为外齿轮，另一个为内齿轮(见图 6-2(c)、(d))，两者齿数和模数完全相同。当它们相互啮合时，空套齿轮与轴连接或同轴线的两轴连接同时旋转。当它们相互脱开时运动联系便断开。

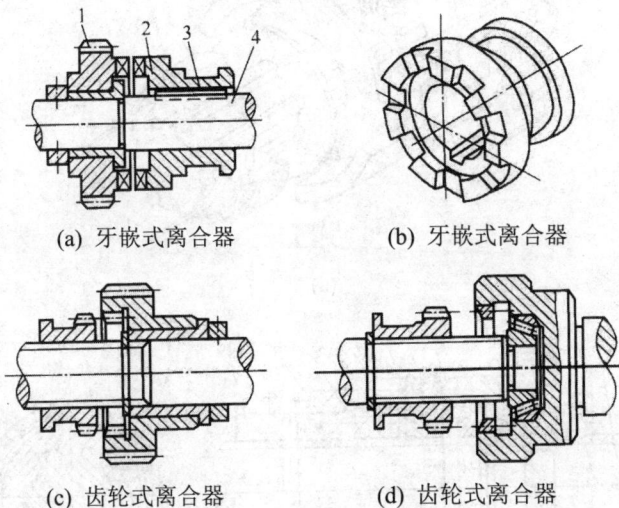

(a) 牙嵌式离合器　　　　　(b) 牙嵌式离合器

(c) 齿轮式离合器　　　　　(d) 齿轮式离合器

图 6-2　啮合式离合器

1—齿轮；2—右半离合器；3—花键；4—轴

2) 摩擦式离合器

它利用相互压紧的两个零件接触面间所产生的摩擦力传递运动和转矩，其结构形式较多，车床上应用较多的是多片摩擦式离合器。

图 6-3 所示为机械式多片摩擦离合器。它由内摩擦片 5、外摩擦片 4、止推片 3、左压套 7、滑套 9 及空套齿轮 2 等组成。内摩擦片 5 装在轴 1 的花键上与轴 1 一起旋转，外摩擦片 4 的外圆上有 4 个凸齿装在空套齿轮 2 的缺口槽中，外片空套在轴 1 上。当操纵机构将滑套 9 向左移动时，通过滚珠 8 推动左压套 7，从而带动螺母 6，使内摩擦片 5 与外摩擦片 4 相互压紧。于是轴 1 上的运动通过内、外摩擦片之间的摩擦力传给空套齿轮 2 而传递出去。

2. 定比传动副

定比传动副包括齿轮副、齿轮齿条副、带轮副、蜗杆蜗轮副和丝杠螺母副等。它们的传动比固定不变。此外，齿轮齿条副和丝杠螺母副也可以将旋转运动转变为直线运动。齿轮齿条副还可将齿条的直线运动转变为齿轮的旋转运动，但丝杠螺母副不能将直线运动转变为旋转运动(指滑动丝杠螺母副，滚珠丝杠螺母副例外)。

3. 常用变速机构

变速机构是机床分级变速的基本机构。常用的有塔轮变速机构、滑移齿轮变速机构、离合器变速机构、摆移齿轮变速机构和配换齿轮变速机构等。

(a)

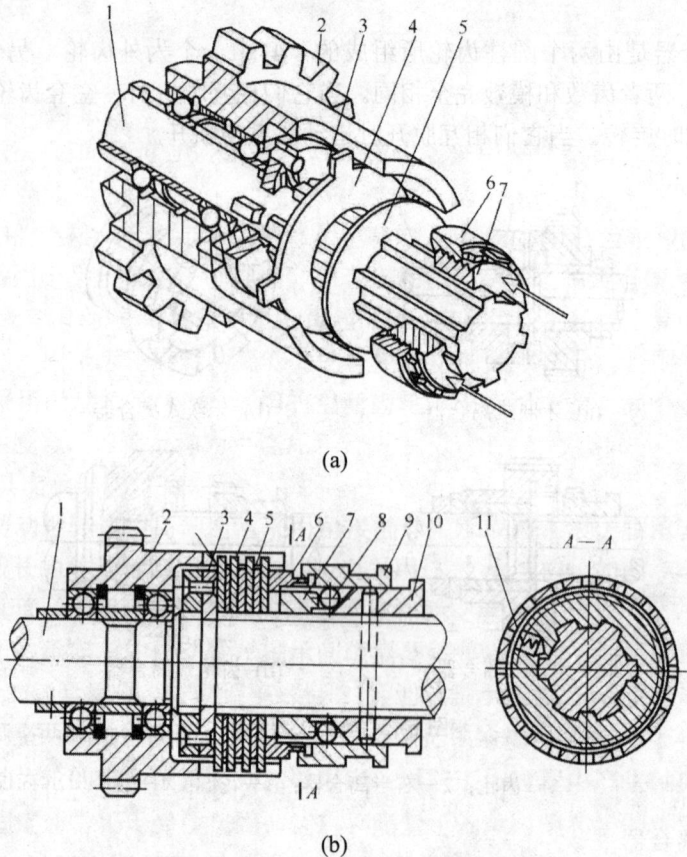

(b)

图 6-3   机械式多片摩擦离合器

1—轴；2—空套齿轮；3—止推片；4—外摩擦片；5—内摩擦片；6—螺母；7—左压套；

8—滚珠；9—滑套；10—右压套；11—弹簧

(1) 塔轮变速机构。塔轮变速机构如图 6-4(a)所示，两个塔形带轮 1、3 分别固定在轴 Ⅰ 与轴 Ⅱ 上，传动带 2 可以在塔形带轮上移换 3 个不同的位置，使轴 Ⅰ 与轴 Ⅱ 间变换 3 种不同的传动比。当轴 Ⅰ 以一种转速转动时，轴 Ⅱ 可以获得 3 种不同的转速。这种变速机构结构简单、传动平稳，可起过载保护作用，但结构尺寸较大，变速不太方便，主要用于高速机床、小型机床及筒式机床等主运动中。

(2) 滑移齿轮变速机构。图 6-4(b)所示为三联滑移齿轮变速机构。轴 Ⅰ 上装有 3 个固定齿轮 z_1、z_2、z_3，三联滑移齿轮块以花键与轴 Ⅱ 相连，当它移动到左、中、右 3 个不同的啮合位置时，使传动比不同的齿轮到 z_1/z_1'、z_2/z_2'、z_3/z_3' 依次啮合，获得 3 种不同的传动比。对应轴 Ⅰ 的每一种转速，轴 Ⅱ 都可获得 3 种不同的转速。滑移齿轮块上的齿轮数一般为 2 和 3，也有极少数为 4。这种变速机构结构紧凑、传动比准确、传动效率高、变速方便，但不能在运转过程中变速，在机床上应用广泛。

(3) 离合器变速机构。如图 6-4(c)所示，齿轮 z_1 和 z_2 固定在轴 Ⅰ 上，分别与空套在轴 Ⅱ 上的齿轮 z_1' 和 z_2' 始终保持啮合。双向离合器M用花键与轴 Ⅱ 连接。当离合器M左移或右移，与齿轮 z_1' 和 z_2' 接合时，轴 Ⅰ 的运动分别经齿轮副 z_1/z_1' 或 z_2/z_2' 带动轴 Ⅱ 转动，使轴 Ⅱ

获得两种不同的转速。离合器变速机构变速方便，变速时齿轮不用移动，可采用斜齿轮传动，使传动平稳，在齿轮尺寸较大时，操纵力较小。如采用摩擦式离合器，可在运动中变速，但各对齿轮副总是处于啮合状态，磨损较大，传动效率低。这种离合器主要用于重型机床以及采用斜齿圆柱齿轮传动的变速机构(用牙嵌式离合器)和自动、半自动机床(用摩擦式离合器)中。

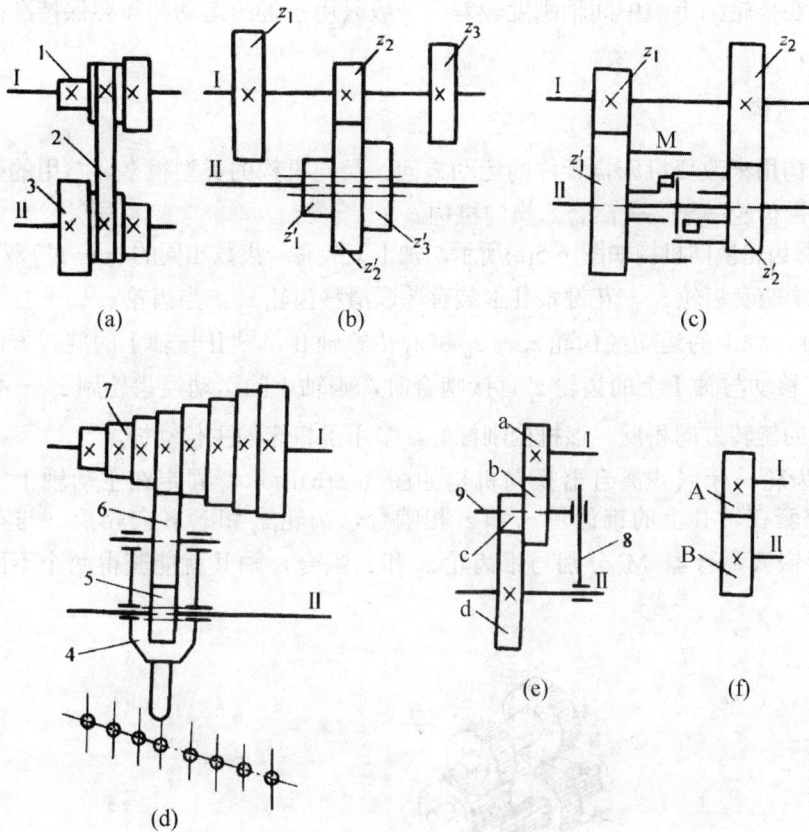

图 6-4　常用机械分级变速机构

1，3—带轮；2—传动带；4—摆移架；5—滑移齿轮；6—空套摆移齿轮；

7—塔齿轮；8—挂轮架；9—中间轴；a，b，c，d—配换齿轮；A，B—齿轮

(4) 摆移齿轮变速机构。如图 6-4(d)所示，在轴 I 上装有多个模数相同、齿数不同的塔齿轮 7。摆移架 4 能绕轴 II 摆动并带动滑移齿轮 5 沿轴向移动。在摆移架的中间轴上装有与滑移齿轮 5 啮合的空套摆移齿轮 6。将摆移架移动到不同的位置，并做相应的摆动，轴 II 上的滑移齿轮通过中间空套摆移齿轮 6 与轴 I 上不同齿数的齿轮相啮合，从而获得多种传动比。该机构刚性较差，一般只用于车床的进给箱中。

(5) 配换齿轮变速机构。这种机构又称挂轮机构，常用的有一对和两对配换齿轮形式。一对配换齿轮变速机构如图 6-4(f)所示，轴 I 和轴 II 上装有一对可以拆卸的配换齿轮 A 和 B，在保持配换齿轮齿数和不变的情况下，相应改变齿轮 A 和 B 的齿数，以改变其传动比，实现输出轴的变速。采用两对配换齿轮的变速机构如图 6-4(e)所示，配换齿轮 a 和 d 分别装在位置固定的轴 I 和轴 II 上，挂轮架 8 可绕轴 II 摆动，中间轴 9 在挂轮架上可做径

向调整移动，并用螺栓紧固在任何径向位置上。齿轮 c 和 b 空套在中间轴上，当调整中间轴的径向位置使齿轮 c、d 正确啮合之后，则可摆动挂轮架使齿轮 a 与 b 也处于正确的啮合位置。因此，通过改变配换齿轮 a、b、c、d 的齿数，可获得需要的传动比。配换齿轮变速机构结构简单、紧凑，但调整变速麻烦、费时费力。一对配换齿轮变速机构刚性好，用于不需经常变速的齿轮加工机床、半自动和自动机床等主传动系统。两对配换齿轮变速机构，由于装在挂轮架上的中间轴刚度较差，一般只用于进给运动和需要保持准确运动关系的传动链中。

4. 换向机构

换向机构用来改变机床执行件的运动方向。换向机构的类型很多，常用的有滑移齿轮换向机构和锥齿轮—牙嵌式离合器换向机构。

(1) 滑移齿轮换向机构如图 6-5(a)所示，轴 I 上装有一齿数相同的($z_1 = z_1'$)双联齿轮，中间轴上装有一空套齿轮 z_0，花键轴 II 上装有单联滑移齿轮 z_2。当齿轮 z_2 处于右位(图 6-5(a)所示位置)时，轴 I 的运动经齿轮 z_1、z_0 和 z_2 传给轴 II，轴 II 与轴 I 的旋转方向相同；当齿轮 z_2 向左移动与轴 I 上的齿轮 z_1' 直接啮合时，则轴 I 的运动经齿轮副 z_1'/z_2 传给轴 II，轴 II 与轴 I 的旋转方向相反。该机构刚性好，多用于机床的主传动链。

(2) 锥齿轮—牙嵌式离合器换向机构如图 6-5(b)所示，固定在主动轴 I 上的锥齿轮 z_1 同时与空套在轴 II 上的锥齿轮 z_2 和 z_3 相啮合，齿轮 z_2 和 z_3 转向相反。与花键轴 II 连接的双向牙嵌式离合器 M 分别与锥齿轮 z_2 和 z_3 啮合，轴 II 就能获得两个不同方向的旋转运动。

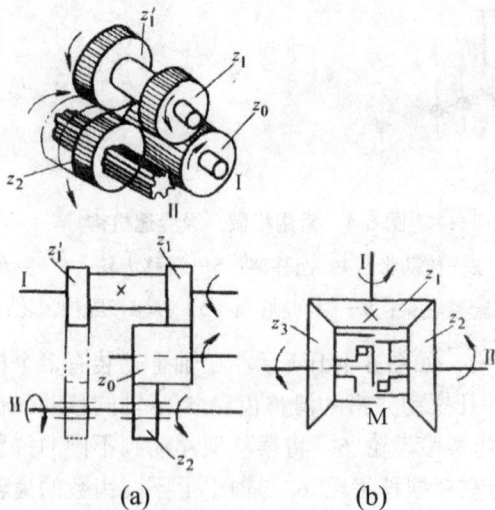

图 6-5　常用换向机构

6.3.3　机床传动系统分析

1. 传动链与传动原理

连接动力源和执行件或连接一执行件和另一执行件，使它们保持运动联系的一系列传动件，称为传动链。每一条传动链都有首端件和末端件。首端件可以是动力源，也可以是执行件，末端件是执行件。

　　根据传动联系的性质，传动链分为外联系传动链和内联系传动链。传动链两端件间无须保持严格的运动关系，传动比误差不会影响工件表面成形的传动链，称为外联系传动链。如车床上车外圆柱面时，车床的主运动传动链和纵向进给运动传动链都是外联系传动链。

　　两端件间必须保持严格的运动关系，传动比误差会影响工件表面成形的传动链，称内联系传动链。如车螺纹运动传动链，滚切圆柱齿轮的展成运动传动链，都是内联系传动链。内联系传动链用于联系复合运动的各个分解部分。

　　传动原理图常用一些简明的符号表示传动原理和传动路线。图 6-6 所示为传动原理图中常用的部分符号。表示执行件的符号，还没有统一的规定，一般采用较直观的图形表示。

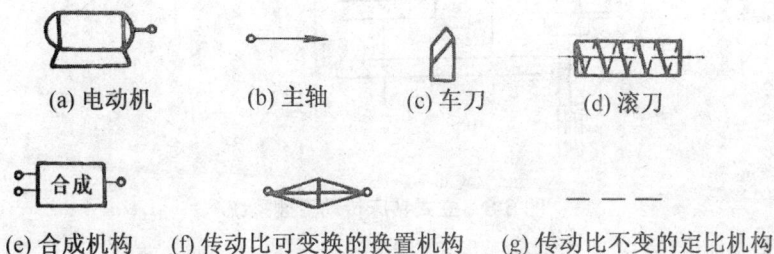

(a) 电动机　　　　(b) 主轴　　　　(c) 车刀　　　　(d) 滚刀

(e) 合成机构　　(f) 传动比可变换的换置机构　　(g) 传动比不变的定比机构

图 6-6　传动原理图常用符号

　　卧式车床车外圆柱面和螺纹时，其传动原理如图 6-7 所示。车外圆柱面时，机床有两条传动链，电动机至主轴为主运动传动链，主轴至刀架为进给运动传动链，两条传动链均为外联系传动链。

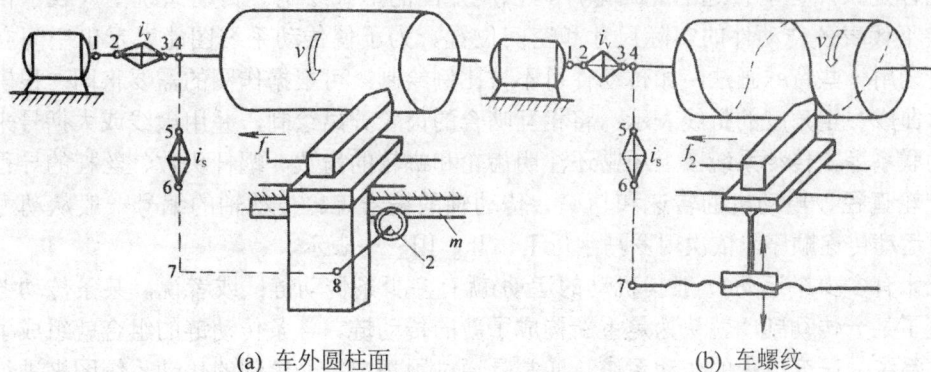

(a) 车外圆柱面　　　　　　　　　　(b) 车螺纹

图 6-7　卧式车床的传动原理

　　车螺纹时，必须保证主轴每转一转，刀具应移动一个螺纹导程的运动关系，所以主轴至刀架的车螺纹运动传动链为内联系传动链。此外，螺旋运动这个复合运动还应有一个外联系传动链与动力源相联系，即主运动传动链。

2. 机床的传动系统图分析

用规定的简单符号(见 GB/T 4460—1984《机械制图机构运动简图符号》)表示机床的传动系统中，联系机床各条传动链首端件与末端件的综合简图，称机床的传动系统图。图 6-8 所示为一台立式钻床的传动系统。

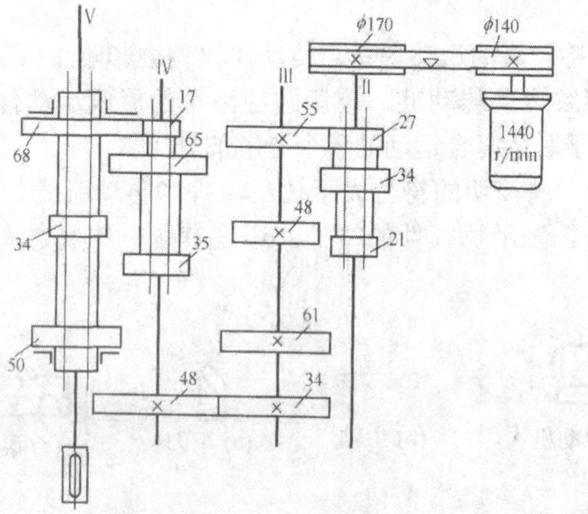

图 6-8　立式钻床传动变速系统

传动系统图用规定的简单符号，表示传动系统中机床的各条传动链、各传动件的类型和连接方式、传动件的传动参数、运动的传动路线、运动的变速、换向、接通和断开原理。

如图 6-8 所示，传动系统图一般绘制成平面展开图。绘图时，将机床的传动系统画在一个能反映机床外形和主要部件相互位置的投影面上，并限制在机床外形的轮廓线内。各传动元件是按照运动传递的先后顺序，以展开图的形式绘制。传动系统图只表示传动关系，并不代表各传动件的实际尺寸和空间位置。为了使传动系统图能表示出空间立体关系，可采用一些特殊画法，如传动件可不按比例绘制；可根据作图的需要将同一根轴用折断或弯曲成一定角度的折线表示；将相互啮合的齿轮分离绘制，并用虚线或大括号来表示其运动联系等。传动系统图上通常还注明齿轮和蜗轮的齿数、蜗杆头数、丝杠的导程和头数、带轮直径、电动机的转速和功率、传动轴的编号等。传动轴的编号一般从动力源开始，按运动传递顺序，依次用罗马字母Ⅰ、Ⅱ、Ⅲ、…表示。

机床有多少个运动(一般指机动的运动)就有多少条传动链；或者说，某条传动链中只要改变了某一传动副，就认为是重新构成了新的传动链。各条传动链的组合就组成了机床的传动系统。研究机床的传动系统，通常是通过用规定符号绘制的传动系统图来进行。下面以典型主传动变速系统图来分析主传动系统。

例 6-1　分析图 6-8 所示的立式钻床传动变速系统。

解　主运动是由 1440r/min 的电动机带动，经 ϕ140mm/ϕ170mm V 带传动，使主轴箱内的轴Ⅰ获得旋转运动。经轴Ⅱ和轴Ⅲ间、轴Ⅲ和轴Ⅳ间、轴Ⅳ和轴Ⅴ间的 3 个变速组传动，最终使主轴(即轴Ⅴ)转动。

由电动机至主轴的传动，可用以下传动路线表达式来表示

$$\left(\frac{电动机}{1440\text{r}/\min}\right)-\text{I}-\frac{\phi140}{\phi170}-\text{II}-\begin{bmatrix}\dfrac{21}{61}\\[4pt]\dfrac{27}{55}\\[4pt]\dfrac{34}{48}\end{bmatrix}-\text{III}-\frac{34}{48}-\text{IV}-\begin{bmatrix}\dfrac{17}{68}\\[4pt]\dfrac{35}{50}\\[4pt]\dfrac{65}{34}\end{bmatrix}-\text{V}$$

由传动路线表达式可以进行两方面的计算，其一是主轴变速级数计算，其二是主轴极限转速计算。

(1) 主轴变速级数的计算。电动机只有一种转速，电动机的运动经过 $\phi140\text{mm}/\phi170\text{mm}$ 带轮传动副，轴 II 和轴 III 之间的三联滑移齿轮变速组，轴 III 和轴 IV 之间的 34/48 的齿轮副，轴 IV 和轴 V 之间的三联滑移齿轮变速组传至轴 V(即主轴)，轴 V 将获得 9 种不同转速。通过变速组的变速方式与主轴变速级数的关系，可以得出结论，主轴的变速级数 Z 等于各变速组变速方式 P 的乘积，即

$$Z=P_{\text{II}-\text{III}}\times P_{\text{III}-\text{IV}}\times P_{\text{IV}-\text{V}}$$

(2) 主轴极限转速的计算。主传动链的两端是电动机和主轴，它们的运动关系是

电动机 $1440\text{r/min}\rightarrow$ 主轴 $n(\text{r/min})$

可以用一个数学式来表达这种关系，这个表达式就叫作运动平衡方程式，即

$$1440\times140/170\times i_{\text{II}-\text{III}}\times34/48\times i_{\text{IV}-\text{V}}=n_{主轴}$$

式中：$i_{\text{II}-\text{III}}$——II—III 轴间的传动比，21/61、27/55、34/48；

　　　$i_{\text{IV}-\text{V}}$——IV—V 轴间的传动比，17/68、35/50、65/34。

用不同的 $i_{\text{II}-\text{III}}$、$i_{\text{IV}-\text{V}}$ 代入运动平衡方程式，能计算出每一级主轴的转速，但用这种方式比较繁琐，借助转速图能很清楚地看出传动件与转速的关系，通过比较传动比的大小，就能很容易地计算出主轴的极限转速。

$n_{主轴\max}=1440\text{r/min}\times140/170\times34/48\times34/48\times65/34\approx1140\text{r/min}$

$n_{主轴\min}=1440\text{r/min}\times140/170\times21/61\times34/48\times17/68\approx72\text{r/min}$

3. 机床精度

各种机械零件为了完成其在一台机器上的特定作用，不仅需要具有一定的几何形状，而且还必须达到一定的精度要求，即尺寸精度、形状精度、位置精度和表面质量。这些精度的获得，虽然决定于一系列因素，如机床、夹具、刀具、工艺方案、工人操作技能等，而在正常加工条件下，机床本身的精度通常是主要因素。

机床的精度包括几何精度、传动精度和定位精度。

几何精度是指机床某些基础零件工作面的几何形状精度，决定了机床加工精度的运动部件的运动精度，并决定机床加工精度的零部件之间及其运动轨迹之间的相对位置精度。例如，卧式车床中主轴的旋转精度、床身导轨的直线度、刀架移动方向与主轴轴线的平行度等。直线精度保证了被加工零件加工表面的形状精度和位置精度。

传动精度是指机床内联系传动链两端件之间运动关系的准确性。它决定着复合运动轨迹的精度，从而直接影响被加工表面的形状精度。例如，卧式车床车削螺纹，应保证主轴每转一转时，刀架必须均匀、准确地移动一个被加工螺纹的导程。

定位精度是指机床运动部件(如工作台、刀架和主轴箱等)从某一起始位置运动到预期

的另一位置时所到达的实际位置的准确程度。

机床的几何精度、传动精度和定位精度，通常是在空载、静止或低速状态下测得的。所以，一般称为静态精度。静态精度只能在一定程度上反映机床的加工精度。机床在工作时，也即在载荷、温升、振动等作用下，测得的精度称为机床的动态精度。动态精度除了与静态精度有密切关系外，还在很大程度上取决于机床的刚度、抗震性和热稳定性。

小　　结

我国制定的最新国家标准(GB/T 15375—2008)，将机床分为 11 大类：车床、钻床、镗床、磨床、齿轮加工机床、螺纹加工机床、铣床、刨插床、拉床、锯床及其他机床。机床通用型号由基本部分和辅助部分组成，中间用"/"隔开。机床通用型号由分类代号、类代号，通用特性代号和结构特性代号，组系代号，主参数或设计顺序号，主轴数和第二主参数，机床的重大改进顺序号，其他特性代号及其表示方法等组成。

机床必须具备执行件、动力源和传动装置三个基本部分。常用的传动装置有：机械传动装置、液压(气压)传动装置和电气传动装置。常用的机械传动装置有：离合器，定比传动副，变速机构，换向机构。连接动力源和执行件或连接一执行件和另一执行件，使它们保持运动联系的一系列传动件，称为传动链。传动链分为外联系传动链和内联系传动链。

习题与思考题

6-1　金属切削机床怎样进行分类？

6-2　通用机床的型号包括哪些内容？

6-3　说出下列机床的名称和主参数，并说明它们各具有何种通用或结构特性。
CA6140；MGB1432；T4163B；XK5040；Y3150E；L6130；Z3040×20；B2010A

6-4　常用的变速机构有哪些？各有何特点？

6-5　什么叫外联系传动链？什么叫内联系传动链？它们本质的区别是什么？

6-6　说明在下列条件下的传动中，采用哪种分级变速传动机构为宜。

(1) 传递功率很小，要求结构尽量紧凑。

(2) 重型机床主运动的变速。

(3) 不需经常变速的专用机床。

(4) 需经常变速的通用机床。

(5) 采用螺旋齿圆柱齿轮传动。

(6) 传动比要求不严，但要求传动平稳的传动系统。

6-7　有传动系统如图 6-9 所示，试计算：①车刀的运动速度(m/min)；②主轴转一周时车刀移动的距离(mm/r)。

6-8　写出如图 6-10 所示传动系统的传动路线表达式，分析主轴的转速级数，列出运动平衡方程式，并计算主轴极限转速。

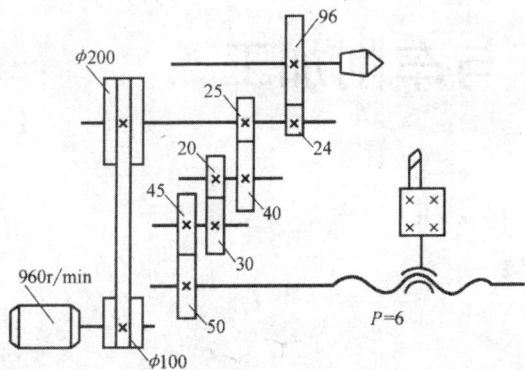

图 6-9　车床传动系统

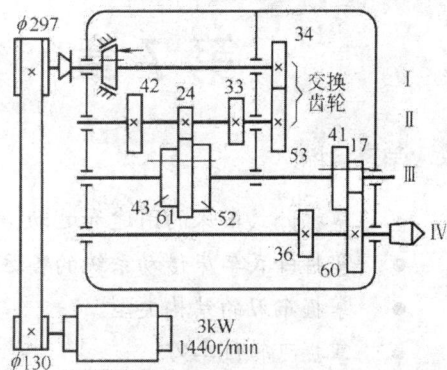

图 6-10　机床传动系统

6-9　按图 6-11 所示传动系统图，做下列各小题。

(1) 列出传动路线表达式。

(2) 分析主轴的转速级数。

(3) 列出传动链运动平衡方程式。

(4) 计算主轴的最高和最低转速。

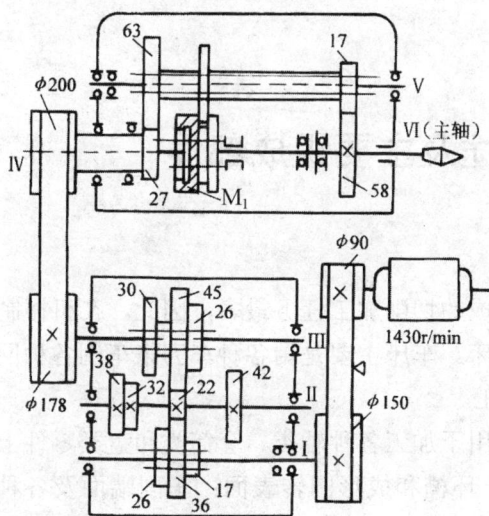

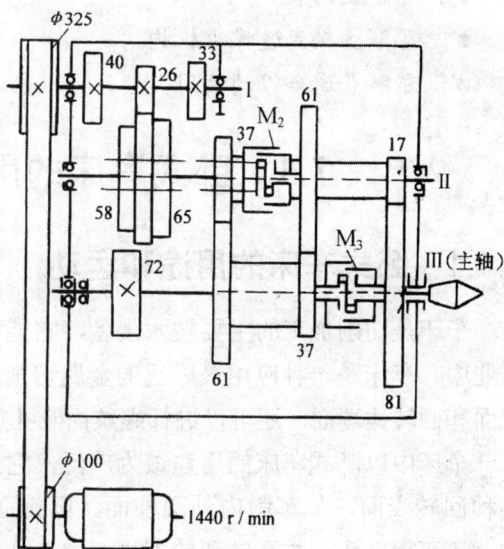

图 6-11　传动系统

第 7 章　车床与车削加工

学习目标:

- 掌握卧式车床的用途和运动。
- 掌握卧式车床传动系统的各运动传动链。
- 掌握车刀的结构类型。
- 掌握可转位车刀。
- 掌握车刀几何参数的合理选择。
- 掌握车削加工工件的各种安装。
- 了解卧式车床的主要组成部件。
- 了解主轴箱部件的传动机构。
- 了解主轴部件。
- 了解主轴的开、停和换向装置。
- 了解制动装置。
- 了解主轴变速操纵机构。
- 了解普通车刀的使用类型。

7.1　卧式车床的用途及主要组成部件

7.1.1　卧式车床的用途和运动

　　车床是切削加工的主要技术装备,它能完成的切削加工任务最多,因此,在机械制造工业中,车床是一种应用最广泛的金属切削机床。车床主要是用各种车刀来车削各种回转表面和回转体端面,还可以进行螺纹面及孔加工。

　　车床中以卧式车床的用途最为广泛,它适用于加工各种轴类、套筒类和盘类零件上的各种回转表面,如车削内外圆柱面、圆锥面、环槽和成形圆转表面;车削端面及各种螺纹;还可用钻头、扩孔钻和铰刀进行内孔加工;还能用丝锥、板牙加工内外螺纹及进行滚花等工作。图 7-1 所示为卧式车床的典型加工工序。

　　卧式车床加工范围广泛,但结构复杂而且自动化程度低,所以只适用单件、小批量生产及机修车间使用。

　　为了加工出各种表面,机床刀具与工件之间要保持必要的相对运动。车床的主运动由工件随主轴旋转来实现,而进给运动由刀架的纵、横向移动来完成。其中,与工件旋转轴线平行的进给运动为纵向进给运动,与工件旋转轴线垂直的进给运动称为横向进给运动。

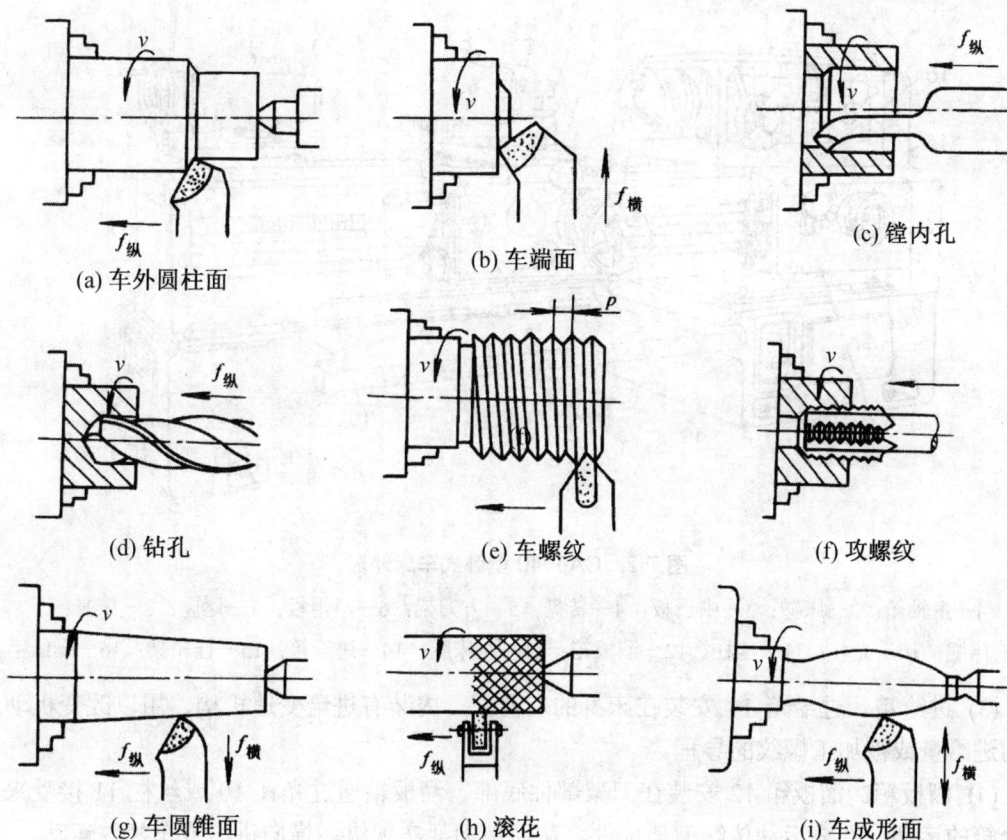

(a) 车外圆柱面   (b) 车端面   (c) 镗内孔

(d) 钻孔   (e) 车螺纹   (f) 攻螺纹

(g) 车圆锥面   (h) 滚花   (i) 车成形面

图 7-1 卧式车床典型加工工序

7.1.2 车床的分类

车床的种类很多，按其用途和结构不同，主要分为仪表车床、卧式车床、落地车床、回轮车床、转塔车床、立式车床、仿形及多刀车床、单轴自动车床、多轴自动或半自动车床等。

此外，还有各种专门化车床，如曲轴及凸轮轴车床、铲齿车床等。在大批量生产中还使用各种专用车床。

7.1.3 卧式车床的主要组成部件

CA6140 型卧式车床的主参数——床身上最大工件回转直径为 400mm，第二主参数——最大工件长度有 750mm、1000mm、1500mm、2000mm 等 4 种。图 7-2 所示为 CA6140 型卧式车床外形。机床各主要组成部件及功用如下。

(1) 主轴箱。主轴箱 1 固定在床身 8 左上部，内装有主轴部件和主变速传动机构。其功用是支承主轴部件，并使主轴及工件以所需转速转向旋转。

(2) 刀架部件。刀架部件由床鞍 2、中滑板 3、转盘 4、方刀架 5 和小滑板 6 组成。刀架部件可通过机动或手动使夹持在方刀架上的刀具做纵向、横向或斜向进给。

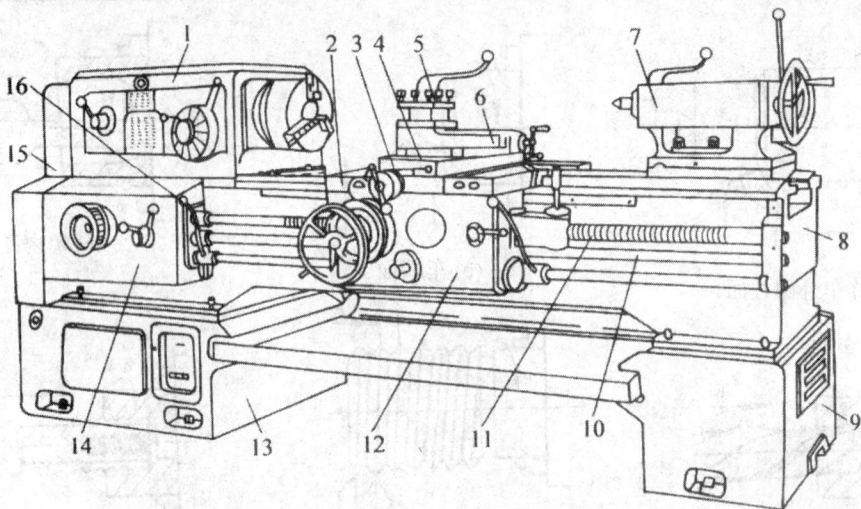

图 7-2　CA6140 型卧式车床外形

1—主轴箱；2—床鞍；3—中滑板；4—转盘；5—方刀架；6—小滑板；7—尾座；8—床身；9—右床腿；10—光杠；11—丝杠；12—溜板箱；13—左床腿；14—进给箱；15—挂轮架；16—操纵手柄

(3) 进给箱。进给箱 14 安装在床身的左前部，内装有进给变速机构，用以改变机动进给的进给量或被加工螺纹的导程。

(4) 溜板箱。溜板箱 12 安装在刀架部件底部。溜板箱通过光杠 10 或丝杠 11 接受来自进给箱的运动，并将运动传给刀架部件，从而使刀架实现纵、横向进给或车螺纹运动。

(5) 尾座。尾座 7 安装于床身导轨上，可根据工件长度调整其纵向位置。尾座上可安装后顶尖以支承长工件，也可安装孔加工刀具进行孔加工。

(6) 床身。床身 8 固定在左、右床腿 13 和 9 上，用以支承其他部件，并使它们保持准确的相对位置。

(7) 其他部件。挂轮架 15 内装有交换齿轮，调整加工不同种类螺纹所需的传动比。操纵手柄 16 用来操作机床主轴的正、反转和停止。

7.2　卧式车床的传动系统

CA6140 型卧式车床传动系统由主运动传动链、车螺纹运动传动链、纵向进给运动传动链、横向进给运动传动链和刀架快速移动传动链组成，其传动系统如图 7-3 所示。

7.2.1　主运动传动链

主运动传动链的首端件是电动机，末端件是主轴，如图 7-3 所示。该传动链使主轴获得 24 级正转转速和 12 级反转转速。

主运动由 7.5kW、1450r/min 的主电动机经 V 带传至主轴箱内的轴 I 而输入主轴箱。轴 I 上装有双向多片摩擦离合器 M_1，以控制主轴的启动、停止和换向。当离合器 M_1 左边的摩擦片压紧工件时，主轴正转；当离合器 M_1 右边的摩擦片压紧工件时，主轴反转；当离合器 M_1 左、右两组摩擦片都不压紧时，主轴停止转动。轴 I 的运动经离合器 M_1 和双联滑移齿轮变速装置传至轴 II，再经三联滑移齿轮变速组传至轴 III，轴 III 的运动可分两条不同路线传给主轴。

当主轴 VI 上的滑移齿轮($z=50$)(离合器 M_2)处于图 7-3 所示位置时(M_2 脱开)，运动经齿轮副 63/50 传给 VI 轴，使主轴获得 6 级高转速。当滑移齿轮($z=50$)处于右位时(M_2 结合)，轴 III 的运动经双联滑移齿轮变速组 20/80 或 50/50 传给轴 IV，再经另一对双联滑移齿轮副 20/80 或 51/50 传给轴 V，后经齿轮副 26/58 和离合器 M_2 传给主轴 VI，使主轴获得 18 级中、低挡转速。

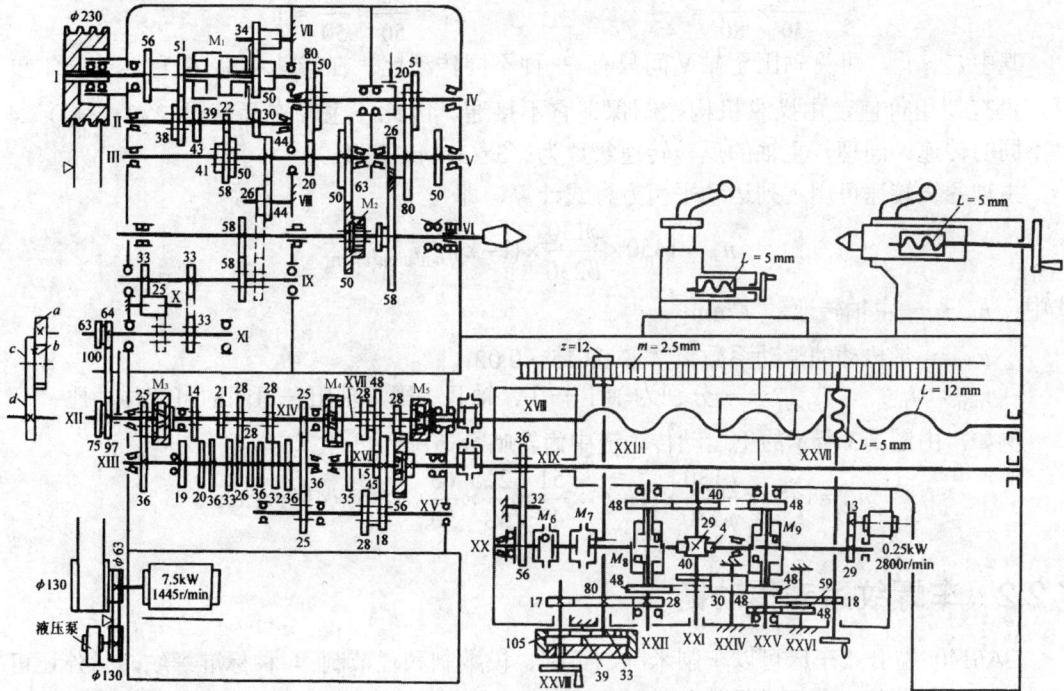

图 7-3　CA6140 型卧式车床传动系统

主运动传动系统的传动路线表达式为

$$
\begin{pmatrix} \text{电动机} \\ 7.5\text{kW} \\ 1450\text{r}/\text{min} \end{pmatrix} - \dfrac{\phi130}{\phi230} - \text{I} - \begin{bmatrix} \vec{M_1} \begin{bmatrix} \dfrac{51}{43} \\ \dfrac{56}{38} \end{bmatrix} \\ (M_1 \text{左合正转}) \\ \vec{M} \dfrac{50}{34} \times \dfrac{34}{30} \\ (M_1 \text{右合反转}) \end{bmatrix} - \text{II} - \begin{bmatrix} \dfrac{22}{58} \\ \dfrac{30}{50} \\ \dfrac{39}{41} \end{bmatrix} - \text{III}
$$

$$—\begin{bmatrix}\begin{bmatrix}\dfrac{20}{80}\\[2mm]\dfrac{50}{50}\end{bmatrix}—\text{IV}—\begin{bmatrix}\dfrac{20}{80}\\[2mm]\dfrac{50}{51}\end{bmatrix}—\text{V}—\dfrac{26}{58}—\vec{M}_2(右移) \\ \vec{M}_2(左移)—\dfrac{63}{50}— \end{bmatrix}—\text{VI}(主轴)$$

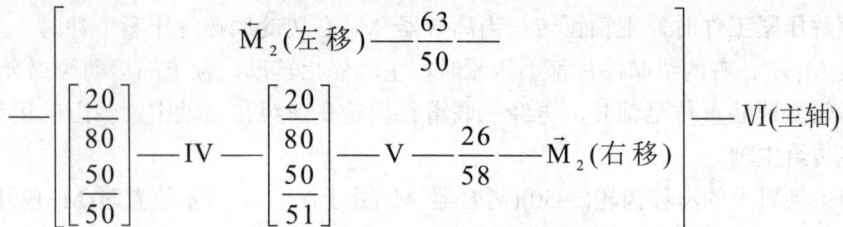

由传动系统图和传动路线表达式，主轴便可得到 2×3×(2×2+1)=30 级转速，但由于轴Ⅲ至轴Ⅴ间的 4 种传动比为

$$i_1=\frac{20}{80}\times\frac{20}{80}=\frac{1}{16} \qquad\qquad i_2=\frac{20}{80}\times\frac{51}{50}\approx\frac{1}{4}$$

$$i_3=\frac{50}{50}\times\frac{20}{80}=\frac{1}{4} \qquad\qquad i_4=\frac{50}{50}\times\frac{51}{50}\approx 1$$

其中 $i_2\approx i_3$，可见轴Ⅲ至轴Ⅴ间只有 3 种不同传动比。在转速中有 6 种转速基本重复，没有使用价值，由操纵机构控制保证它不接通。因此，主轴实际获得 2×3×(3+1)=24 种不同的转速。同理，主轴的反转转速级数为：3×(3+1)=12 级。

主轴各级转速可用下列运动平衡方程式计算，即

$$n_{主}=1450\times\frac{\phi130}{\phi230}\times(1-\varepsilon)i_{\text{I-II}}i_{\text{II-III}}i_{\text{III-VI}}$$

式中：$n_{主}$——主轴转速，r/min；

ε——带传动的滑动系数，常取 0.015～0.02；

$i_{\text{I-II}}$，$i_{\text{II-III}}$、$i_{\text{III-VI}}$——分别为轴Ⅰ—Ⅱ、轴Ⅱ—Ⅲ、轴Ⅲ—Ⅵ间的可变传动比。

例如，由图 7-3 所示的主运动传动链中齿轮啮合情况，可计算出

$$n_{主}=1450\times\frac{\phi130}{\phi230}\times(1-\varepsilon)\times\frac{51}{43}\times\frac{22}{58}\times\frac{63}{50}\text{r/min}\approx450\text{r/min}$$

7.2.2 车螺纹运动传动链

CA6140 型卧式车床可以车削米制、英制、模数制和径节制 4 种标准螺纹，另外还可以加工大导程螺纹、非标准螺纹和较精密螺纹。既可车削右旋螺纹，也可车削左旋螺纹。

车削螺纹时，其传动链的首端件是主轴，末端件是刀架，两者之间必须保持严格的运动关系，即主轴每转一转，刀架准确地纵向移动一个被加工螺纹的导程。

因此，车螺纹运动传动链运动平衡方程式为

$$1_{主轴}\times i_{总}\times L_{丝}=L_{工}$$

式中：$i_{总}$——主轴到丝杠之间全部传动副的总传动比；

$L_{丝}$——机床丝杠的导程，CA6140 型车床 $L_{丝}=12\text{mm}$；

$L_{工}$——被加工螺纹导程，mm，$L_{工}=kP$，其中 k 为被加工螺纹线数，P 为被加工螺纹螺距，mm。

1. 车削米制螺纹

米制螺纹是应用最广泛的一种螺纹，在国家标准中规定了标准螺距值。表 7-1 列出了 CA6140 型车床能车削的常用米制螺纹标准螺距值(螺纹头 $k=1$)。从表 7-1 中可以看出，米

制螺纹标准螺距值的排列成分段等差数列，每列中螺距值又为一公比为 2 的等比数列。

表 7-1　CA6140 型车床车削米制螺纹导程表　　　　　mm

—	1	—	1.25	—	1.5
1.75	2	2.25	2.5	—	3
3.5	4	4.5	5	5.5	6
7	8	9	10	11	12

在 CA6140 型卧式车床车削米制螺纹时，进给箱中的离合器 M_5 接合(接通丝杠)，M_3、M_4 脱开。运动由主轴Ⅵ经齿轮副 58/58，轴Ⅸ—Ⅺ间的换向机构、配换齿轮变速机构$(63/100)×(100/75)$传至轴Ⅺ，进入进给箱后，经齿轮副 25/36 传到轴ⅩⅢ，再经轴ⅩⅢ—ⅩⅣ间的滑移齿轮变速机构传至轴ⅩⅣ；再由齿轮副$(25/36)×(36/25)$传至轴ⅩⅤ，经轴ⅩⅤ—ⅩⅦ间两组双联滑移齿轮变速传至轴ⅩⅦ，通过离合器 M_5，传给丝杠ⅩⅧ，使丝杠旋转。合上溜板箱上的开合螺母，便带动刀架纵向运动。其传动路线表达式为

$$主轴Ⅵ—\frac{58}{58}—Ⅸ—\left[\begin{matrix}\dfrac{33}{33}\\(右旋螺纹)\\\dfrac{33}{25}×\dfrac{25}{33}\\(左旋螺纹)\end{matrix}\right]—Ⅵ—\frac{63}{100}×\frac{100}{75}—Ⅻ—\frac{25}{36}—ⅩⅢ—i_{ⅩⅢ-ⅩⅣ}$$

$$—ⅩⅣ—\frac{25}{36}×\frac{36}{25}—ⅩⅤ—i_{ⅩⅤ-ⅩⅦ}—ⅩⅦ—M_5—ⅩⅧ(丝杠)—刀架$$

传动链中轴Ⅸ—Ⅺ间的换向机构，可在主轴转向不变的情况下改变丝杠的旋转方向，车削右旋螺纹或左旋螺纹。轴ⅩⅢ—ⅩⅣ间和轴ⅩⅤ—ⅩⅦ间的滑移齿轮变速机构，用来改变主轴至丝杠的传动比，以便车削各种不同导程的螺纹。

轴ⅩⅢ—ⅩⅣ间的变速机构是获得各种螺纹导程的基本机构，该变速机构称为基本螺距机构，或简称基本组。可获得 8 种不同的传动比，它们成近似的等差数列，有

$$i_{基1}=\frac{26}{28}=\frac{6.5}{7}\quad i_{基2}=\frac{28}{28}=\frac{7}{7}\quad i_{基3}=\frac{32}{28}=\frac{8}{7}\quad i_{基4}=\frac{36}{28}=\frac{9}{7}$$

$$i_{基5}=\frac{19}{14}=\frac{9.5}{7}\quad i_{基6}=\frac{20}{14}=\frac{10}{7}\quad i_{基7}=\frac{33}{21}=\frac{11}{7}\quad i_{基8}=\frac{36}{21}=\frac{12}{7}$$

轴ⅩⅤ—ⅩⅦ间的两个双联滑移齿轮组成的变速机构用于把由基本组得到的导程值成倍地增大或缩小，故通常称为增倍机构，或简称增倍组。可变换 4 种传动比，其值按倍数排列，有

$$i_{倍1}=\frac{28}{35}×\frac{35}{28}=1\qquad\qquad i_{倍2}=\frac{18}{45}×\frac{35}{28}=\frac{1}{2}$$

$$i_{倍3}=\frac{28}{35}×\frac{15}{48}=\frac{1}{4}\qquad\qquad i_{倍4}=\frac{18}{45}×\frac{15}{48}=\frac{1}{8}$$

车削米制螺纹时的运动平衡方程式为

$$L=kP=1_{主轴}×\frac{58}{58}×\frac{33}{33}×\frac{63}{100}×\frac{100}{75}×\frac{26}{36}×i_{基}×\frac{25}{36}×\frac{36}{25}×i_{倍}×12$$

式中： L ——螺纹导程，mm；

   P ——螺纹螺距，mm；

   k ——螺纹线数；

   $i_{\text{基}}$ ——基本组的传动比；

   $i_{\text{倍}}$ ——增倍组的传动比。

整理后可得

$$L = 7i_{\text{基}}i_{\text{倍}}$$

2. 车模数螺纹

模数螺纹的螺距参数为模数 m，螺距值为 πm，主要用于米制蜗杆中，少数丝杠的螺距也是模数制的，如 Y3150 型滚齿机的垂直进给丝杠为模数螺纹。模数螺纹的模数值已由国家标准规定。

车削模数螺纹时，除将挂轮换为(64/100)×(100/97)外，传动路线与车米制螺纹完全相同。因为两种挂轮组传动比的比值[(64/100)×(100/97)]/[(63/100)×(100/75)]≈π/4，所以改变挂轮组的传动比后，车模数螺纹运动传动链的总传动比为相应车米制螺纹运动传动链总传动比的π/4倍。车削模数螺纹的运动平衡方程式为

$$L_{\text{m}} = k\pi m = 1_{\text{主轴}} \times \frac{58}{58} \times \frac{33}{33} \times \frac{64}{100} \times \frac{100}{97} \times \frac{25}{36} \times i_{\text{基}} \times \frac{25}{36} \times \frac{36}{25} \times i_{\text{倍}} \times 12$$

式中： L_{m} ——模数螺纹导程，mm；

   m ——模数螺纹的模数值，mm；

   k ——螺纹线数。

整理后得

$$L_{\text{m}} = k\pi m = \frac{7\pi}{4} i_{\text{基}} i_{\text{倍}}$$

$$m = \frac{7}{4k} i_{\text{基}} i_{\text{倍}}$$

3. 车英制螺纹

英制螺纹在少数采用英制螺纹的国家应用，我国部分管螺纹也采用英制螺纹。英制螺纹的螺距参数为螺纹每英寸长度上的牙数 a(牙/in)。标准的 a 值也是按分段等差数列规律排列的。英制螺纹的螺距值为 $1/a$(英寸)，折算成米制为 25.4/a(mm)。可见标准英制螺纹螺距值的特点是：分母按分段等差数列排列，且螺距值中含有 25.4 特殊因子。因此，车削英制螺纹传动路线与车米制螺纹传动路线相比，有两处不同：

(1) 基本组中主、从动传动关系应与车米制螺纹时相反，即运动应由轴 ⅩⅣ 传至轴 ⅩⅢ 。这样，基本组的传动比分别为 7/6.5、7/7、7/8、7/9、7/9.5、7/10、7/11 及 7/12，形成了分母成近似等差数列，从而适应英制螺纹螺距的排列规律。

(2) 改变传动链中部分传动副的传动比，以引入 25.4 的因子。车削英制螺纹时，挂轮组采用 63/100×100/75，进给箱中轴 Ⅻ 的滑移齿轮(z=25)右移，使 M_3 结合，轴 ⅩⅤ 上齿轮(z=25)左移，与轴 ⅩⅢ 上的固定齿轮(z=36)啮合。此时，离合器 M_4 脱开， M_5 保持结合。运动由挂轮组传至轴 Ⅻ 后，经离合器 M_3 、轴 ⅩⅣ 及基本组机构传至轴 ⅩⅢ ，传动方向正好与车米制螺纹时相反，其基本组传动比 $i'_{\text{基}}$ 与车米制螺纹时的 $i_{\text{基}}$ 互为倒数，即

$i'_\text{基} = 1/i_\text{基}$ 。然后运动由齿轮副 36/25 传至增倍机构，经 M_5 传至丝杠。车英制螺纹的运动平衡方程式为

$$L_\text{a} = \frac{25.4k}{a} = 1_\text{主轴} \times \frac{58}{58} \times \frac{33}{33} \times \frac{63}{100} \times \frac{100}{75} \times i'_\text{基} \times \frac{36}{25} \times i_\text{倍} \times 12$$

平衡方程式中，$63/100 \times 100/75 \times 36/25 \approx 25.4/21$，包含了 25.4 的因子，$i'_\text{基} = 1/i_\text{基}$，代入上式，整理后得换置公式

$$L_\text{a} = \frac{25.4k}{a} = \frac{4}{7} \times 25.4 \times \frac{i_\text{基}}{i_\text{倍}}$$

$$a = \frac{7k}{4} \times \frac{i_\text{基}}{i_\text{倍}}$$

4. 车径节螺纹

径节螺纹用于英制蜗杆，其螺距参数以径节 DP(牙/in)来表示。标准径节的数列也是分段等差数列。径节螺纹的螺距为

$$P_\text{DP} = \frac{\pi}{\text{DP}}(\text{in}) = \frac{25.4\pi}{\text{DP}}(\text{mm})$$

可见径节螺纹的螺距值与英制螺纹相似，即分母是分段等差数列，且螺距值中含有 25.4 因子，所不同的是径节螺纹的螺距值中还有 π 因子。由此可知，车削径节螺纹时，除挂轮组应与加工模数螺纹时相同外，即 64/100×100/97，其余部分传动路线与车削英制螺纹完全相同。

车径节螺纹时的运动平衡方程式为

$$L_\text{DP} = \frac{25.4k\pi}{\text{DP}} = 1_\text{主轴} \times \frac{58}{58} \times \frac{33}{33} \times \frac{64}{100} \times \frac{100}{97} \times i'_\text{基} \times \frac{36}{25} \times i_\text{倍} \times 12$$

平衡方程式中，$\frac{64}{100} \times \frac{100}{97} \times \frac{36}{25} \approx \frac{25.4\pi}{84}$，$i'_\text{基} = 1/i_\text{基}$，代入整理后得换置公式

$$L_\text{DP} = \frac{25.4k\pi}{\text{DP}} = \frac{25.4\pi}{7} \times \frac{i_\text{倍}}{i_\text{基}}$$

$$\text{DP} = 7k\frac{i_\text{基}}{i_\text{倍}}$$

由上述可见，CA6140 型卧式车床通过两组不同传动比的挂轮、基本组、增倍组以及轴 XII、轴 XV 上两个滑移齿轮($z=25$)的移动(称为移换机构)，能加工出 4 种不同的标准螺纹。表 7-2 列出了加工 4 种螺纹时进给传动链中各机构的工作状态。

表 7-2　CA6140 型车床车制各种螺纹的工作调整

螺纹种类	螺距/mm	挂轮机构	离合器状态	移换机构	基本组传动方向
米制螺纹	P	$\frac{63}{100} \times \frac{100}{75}$	M_5 结合	轴 XII $z25$ 左移	轴 XIII → 轴 XIV
模数螺纹	$P_\text{m} = \pi m$	$\frac{64}{100} \times \frac{100}{97}$	M_3、M_4 脱开	轴 XV $z25$ 右移	

续表

螺纹种类	螺距/mm	挂轮机构	离合器状态	移换机构	基本组传动方向
英制螺纹	$P_a = \dfrac{25.4}{a}$	$\dfrac{63}{100} \times \dfrac{100}{75}$	M_3、M_5 结合	轴 XII $z25$ 右移	轴 XIV → 轴 XIII
径节螺纹	$P_{DP} = \dfrac{25.4\pi}{DP}$	$\dfrac{64}{100} \times \dfrac{100}{97}$	M_4 脱开	轴 XV $z25$ 左移	

5. 车大导程螺纹

当需要车削导程大于正常导程的大导程螺纹时，如大模数蜗杆、多线蜗杆、大导程多线螺纹、油槽等，可通过扩大主轴VI至轴IX之间传动比倍数来进行加工。具体为：将轴IX右端滑移齿轮(z=58)右移，使之与轴VIII上的齿轮(z=26)啮合。此时，主轴VI至轴IX的传动路线表达式为

$$\text{主轴IV}-\frac{58}{26}-\text{V}-\frac{80}{20}-\text{IV}-\begin{bmatrix}\dfrac{50}{50}\\[4pt]\dfrac{80}{20}\end{bmatrix}-\text{III}-\frac{44}{44}-\text{VIII}-\frac{26}{58}-\text{IX}$$

此时，主轴至轴IX间扩大的传动比为

$$i_{\text{扩}1} = \frac{58}{26} \times \frac{80}{20} \times \frac{50}{50} \times \frac{44}{44} \times \frac{26}{58} = 4(\text{次低速段})$$

$$i_{\text{扩}2} = \frac{58}{26} \times \frac{80}{20} \times \frac{80}{20} \times \frac{44}{44} \times \frac{26}{58} = 16(\text{低速段})$$

与车标准螺纹时，主轴VI与轴IX间的传动比 $i = 58/58 = 1$ 相比，传动比分别扩大了 4 倍和 16 倍，即可使被加工螺纹导程扩大 4 倍或 16 倍。通常把上述传动机构称为扩大螺距机构。通过扩大螺距机构和进给箱中的基本螺距机构及增倍机构的配合，使机床可车削导程为 14~192mm 的米制螺纹 24 种，模数为 3.25~48mm 的模数螺纹 28 种，径节为 1~6 牙/in 的径节螺纹 13 种。

必须注意，加工大导程螺纹时，扩大螺距机构的传动比 $i_{\text{扩}}$ 是由主运动传动链中轴V—IV和轴IV—III双联滑移齿轮变速组的位置决定的。选定了主轴转速就确定了上述双联滑移齿轮的啮合关系，从而确定了扩大螺距机构的传动比，也就确定了螺纹导程扩大的倍数。当采用低速段 6 级主轴转速时(10r/min、12.5r/min、16r/min、20r/min、25r/min、32r/min)来车削大导程螺纹时，导程为标准螺纹导程的 16 倍；当采用次低速段 6 级主轴转速(40r/min、50r/min、63r/min、80r/min、100r/min、125r/min)来车削，导程为标准螺纹导程的 4 倍。其余转速均不能使用；否则不但不能扩大螺纹导程，反而使螺纹导程变得不标准。

6. 车非标准螺纹和较精密螺纹

当车削螺纹表中没有的非标准螺距螺纹时，用进给箱内的变速机构无法得到所需要的导程，此时进给箱就不起作用。这时可将离合器 M_3、M_4 和 M_5 全部结合，使轴 XII、轴 XIV、轴 XVII 和丝杠 XVIII 连成一体，通过配换挂轮来获得所要求的螺纹导程。由于主轴至丝杠的传动路线大为缩短，从而减少了传动累积误差，可加工出具有较高精度的螺纹。如要加工更高精度螺纹可采用高精度齿轮作挂轮，并把传动丝杠换成高精度丝杠。

传动链运动平衡方程式为

$$L = 1_{主轴} \times \frac{58}{58} \times \frac{33}{33} \times i_{挂} \times 12$$

式中：$i_{挂}$——挂轮组传动比。

化简后得换置公式为

$$i_{扩} = \frac{a}{b} \times \frac{c}{d} = \frac{L}{12}$$

7.2.3　纵向和横向进给运动

在 CA6140 型车床进行普通车削时，操纵丝杠光杠转换机构，使进给箱内轴XVII右端的滑移齿轮($z=28$)左移，与齿轮($z=56$)相啮合(如图 7-3 所示位置)，此时 M_5 脱开，断开了车螺纹运动传动链，使光杠获得旋转运动，带动刀架做纵、横向进给运动。

在纵向和横向进给运动传动链中，由主轴VI至进给箱内轴XVII 的传动路线，与车削螺纹时的传动路线相同。轴XVII 的运动经 28/56 齿轮副及联轴器传给光杠 XIX，再由光杠通过溜板箱中的传动机构，分别传至齿轮齿条机构或横向进给丝杠XXVII，使刀架做纵向或横向机动进给。

溜板箱内的双向啮合式离合器 M_8 及 M_9 分别用于纵、横向机动进给运动的接通、断开及控制进给方向。使机床可以通过 4 种不同的传动路线来实现机动进给运动，从而获得纵向和横向进给量各 64 种。

纵向机动进给量的大小及相应传动机构的传动比可见表 7-3。横向进给量约为对应纵向进给量的一半。

表 7-3　纵向机动进给量 $f_{纵}$ mm/r

传动路线类型　　$i_{基}$ \ $i_{倍}$	细进给量	正常进给量				较大进给量	加大进给量			
							4	16	4	16
	1/8	1/8	1/4	1/2	1	1	1/2	1/8	1	1/4
26/28	0.028	0.08	0.16	0.33	0.66	1.59	3.16		6.33	
28/28	0.032	0.09	0.18	0.36	0.71	1.47	2.93		5.87	
32/28	0.036	0.10	0.20	0.41	0.81	1.29	2.57		5.14	
36/28	0.039	0.11	0.23	0.46	0.91	1.15	2.28		4.56	
19/14	0.043	0.12	0.24	0.48	0.96	1.09	2.16		4.32	
20/14	0.046	0.13	0.26	0.51	1.02	1.03	2.05		4.11	
33/21	0.050	0.14	0.28	0.56	1.12	0.94	1.87		3.74	
36/21	0.054	0.15	0.30	0.61	1.22	0.86	1.71		3.42	

7.2.4　刀架纵向和横向快速移动

刀架的纵向和横向快速移动由装在溜板箱右侧的快速电动机(0.25kW、2800r/min)驱动，经 13/29 齿轮副传动轴 XX，然后沿机动进给传动路线，传至纵向进给齿轮齿条副或横向进给丝杠，使刀架做纵向或横向快速移动。快速电动机由纵、横向进给运动操纵手柄顶部的点动按钮操纵，使轴 XX 快速旋转，单向超越离合器 M_6 自动脱开与光杠传来的进给运动联系。快速电动机只能正转，不能反转。

$$f_{纵快} = 2800 \times \frac{13}{29} \times \frac{4}{29} \times \frac{40}{30} \times \frac{30}{48} \times \frac{28}{80} \times \pi \times 2.5 \times 12 \times \frac{1}{1000} \, \text{m/min} \approx 4\text{m/min}$$

7.3 卧式车床主要部件结构

各种型号卧式车床的组成部件及主要部件的功能基本相同，但各个部件的具体机构是有所区别的。现就 CA6140 型卧式车床的主要部件结构进行介绍。

主轴变速箱(简称主轴箱)的功用是支承主轴和传动主轴旋转，并使其实现启动、停止、变速、换向等。主轴箱主要由主轴部件、传动机构、开停及制动装置、换向装置、操纵机构和润滑装置等组成。为了便于了解主轴箱内各传动件的传动关系，传动件的结构、形状、装配方式及其支承结构，常采用展开图的形式表示。图 7-4 所示为 CA6140 型卧式车床主轴箱的展开图。它基本上按主轴箱内各传动轴的传动顺序，沿其轴线取剖切面，展开绘制而成(见图 7-5)。展开图中有些有传动关系的轴在展开后被分开了，如轴Ⅲ和轴Ⅳ、轴Ⅳ和轴Ⅴ等，从而使有的齿轮副也被分开了，在读图时应予以注意。下面介绍主轴箱内主要部件的结构、工作原理及调整。

1. 传动机构

主轴箱中的传动机构可将电动机的旋转运动传给主轴，它包括定比传动副和变速机构两部分。定比传动副用于传递运动和动力中进行升速或降速，一般采用齿轮传动副。变速机构通常采用滑移齿轮变速机构。其结构简单、紧凑、传动效率高。当变速齿轮尺寸较大或为斜齿轮时，则采用离合器变速。

1) 卸荷式带轮

主电动机的旋转运动经 V 带传给主轴箱的轴Ⅰ。为了提高轴Ⅰ的运动平稳性，其上的 V 带轮采用卸荷结构。如图 7-4 所示，法兰盘 3 用螺钉固定在箱体 4 上，带轮 1 和花键套筒 2 用螺钉和销钉连成一体，支承在法兰盘内孔的两个深沟球轴承内，通过花键与轴Ⅰ相连接。带轮 1 通过花键套筒将转矩传给轴Ⅰ，带动轴Ⅰ旋转。传动带的拉力经带轮 1、花键套筒 2、深沟球轴承和法兰盘 3 传给箱体 4。轴Ⅰ不受 V 带拉力作用，避免弯曲变形，提高了传动的平稳性。

V 带在使用过程中会伸长，拉力下降，使传递的转矩下降，导致车削时传动带打滑，主轴转速下降，V 带寿命缩短。使用中应调整 V 带的拉力。调整方法是，调整电动机安装的支承螺钉，使带轮的中心距加大。

拆装卸荷式带轮时，应先取下轴Ⅰ右端的拨叉，卸去法兰盘的固定螺钉，可将整套轴Ⅰ组件从主轴箱中取出。拧去轴Ⅰ左端螺母与花键套筒的连接螺钉，卸去该螺母可将花键套筒和带轮取下。

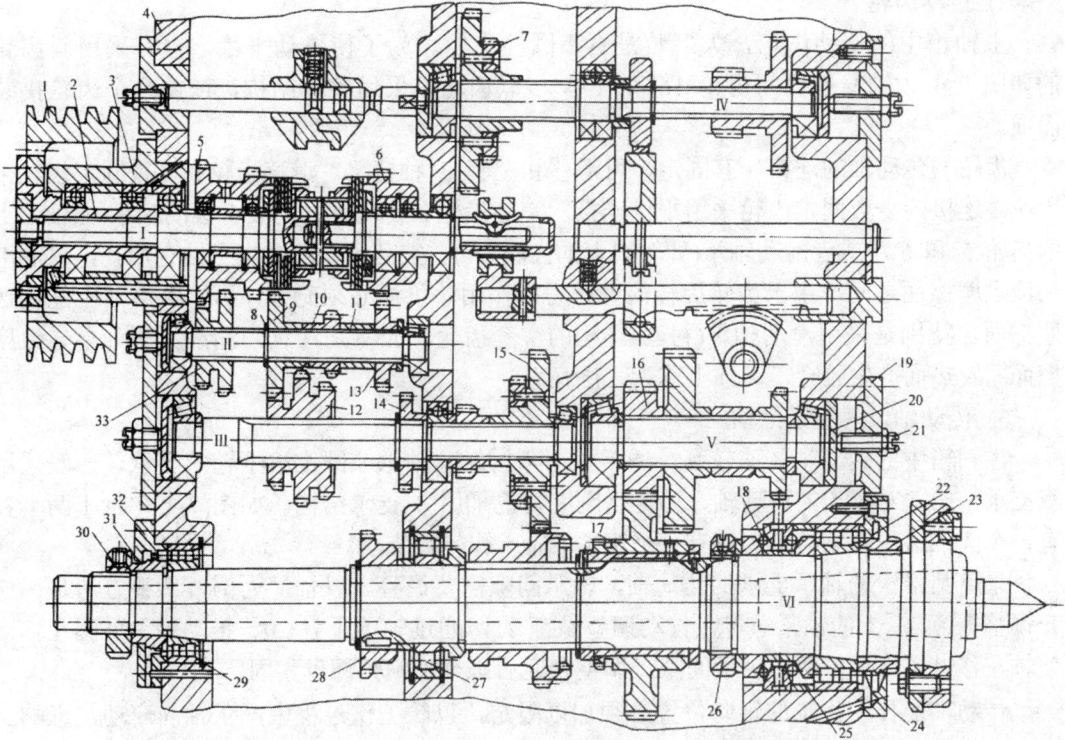

图 7-4　CA6140 型卧式车床主轴变速箱展开图

1—带轮；2—花键套筒；3—法兰盘；4—箱体；5—双联空套齿轮；6—空套齿轮；7、33—双联滑移齿轮；

8—半圆环卡圈；9、10、13、14、28—固定齿轮；11、25—隔套；12—三联滑移齿轮；15—双联固定齿轮；

16、17—斜齿轮；18—双向推力角接触球轴承；19—盖板；20—轴承压盖；21—调整螺钉；

22、29—双列圆柱滚子轴承；23、26、30—螺母；24、32—轴承端盖；27—圆柱滚子轴承；31—套筒

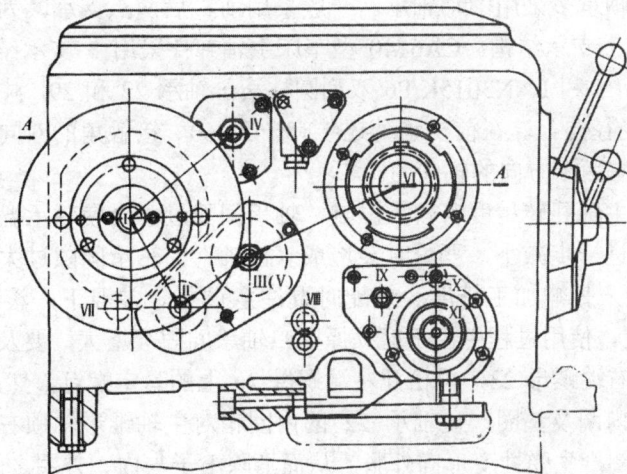

图 7-5　CA6140 型卧式车床主轴箱左视图

2) 传动齿轮

主轴箱中的传动齿轮，大多数是直齿圆柱齿轮。为了使传动平稳，也有采用斜齿轮的如图 7-4 中轴 V—VI 间齿轮 16 和 17。多联齿轮多采用整体结构，或由几个齿轮拼装而成。

齿轮与传动轴的连接，有固定、可滑移和空套 3 种情况。滑移齿轮和多数固定齿轮采用花键连接，少数固定齿轮采用平键连接。空套齿轮和传动轴之间装有滚动轴承(如轴 I 上的齿轮 5 和 6)，或者滑动轴承(如轴 VI 上的齿轮 17)。空套齿轮的轮壳上钻有油孔，供润滑油流进摩擦面之间。由于齿轮旋转的离心力的作用，供油必须充分，否则润滑油不能到达摩擦面。特别是采用滑动轴承(衬套)结构的空套齿轮，应特别注意。润滑不充分会导致摩擦面间发热而产生胶合，习惯上称为"烧瓦"。

3) 传动轴及其支承结构

主轴箱中的传动轴转速较高，通常采用角接触球轴承或圆锥滚子轴承支承。一般采用双支承结构，对较长的传动轴，为提高刚度，也采用 3 支承结构。如图 7-4 中轴 I 两端各有一个圆锥滚子轴承，中间还有一个深沟球轴承作辅助支承。

采用圆锥滚子轴承支承的传动轴，轴承间隙需要调整。以轴 V 为例，调整方法是：松开调整螺钉 21 上的锁紧螺母，拧动调整螺钉 21，通过轴承压盖 20、推动轴承外圈左移，使轴左移以实现调整两端轴承间隙。调整合适后必须把锁紧螺母紧固。

传动轴上传动齿轮的轴向位置必须加以限定，以防工作过程中产生轴向窜动，影响工作。齿轮的轴向固定通常采用弹性挡圈、辅肩、隔套、轴承内圈和半圆环等实现。如轴 V 上 3 个固定齿轮是通过左、右两端顶在轴承内圈上的挡圈及中间隔套而得以轴向固定。

2. 主轴部件

主轴部件主要由主轴、主轴支承及安装在主轴上斜齿轮组成(见图 7-4)。主轴带动工件旋转做主运动，其旋转精度、刚度和抗震性直接影响工件的加工精度和表面粗糙度。因此对主轴及其轴承要求较高。

卧式车床主轴轴承多采用滚动轴承。一般采用前、后两点支承，为了提高刚度和抗震性，有些车床采用 3 支承结构。CA6140 型车床主轴部件采用 3 支承结构，前后支承处分别装有 LNN3021K/P5 和 LNN3015K/P6 双列圆柱滚子轴承 22 和 29，中间支承为圆柱滚子轴承 27，用于承受径向力。在前支承处还装有一个 60° 接触角的双向推力角接触球轴承 18，用以承受左、右两个方向的轴向力。

轴承的间隙对主轴回转精度有较大影响，轴承间隙过小会使轴承温升过高，轴承温升高又会使轴承间隙进一步减小，严重时会造成"抱轴"。轴承间隙过大又会使主轴部件旋转精度和刚度下降，影响加工精度。装配时要注意调整。常温下，滚动轴承的间隙值取 0.01～0.02mm 为宜。使用过程中由于磨损原因，轴承间隙会增大，要及对调整。调整前轴承时，先松开轴承右端螺母 23，再松开左端螺母 26 上的紧定螺钉，然后拧动螺母 26，通过轴承 18 的左右内圈及垫圈，使轴承 22 的内圈相对主轴锥形轴颈右移，在锥面的作用下，薄壁的轴承内圈产生弹性变形向外胀，从而消除滚子与内、外圈之间的间隙(图 7-4)。调整完毕，需锁紧螺母 26 上的锁紧螺钉和锁紧螺母 23。后轴承 29 的间隙用螺母 30 调整。中间轴承 27 的间隙不能调整。双向推力角接触球轴承 18 出厂时间隙已调整好，使用后间隙增大时，可通过磨削内圈隔套的厚度来调整间隙。

卧式车床主轴为空心阶梯轴，内孔供棒料、气动、液压夹具的传动杆通过，以及用来卸下顶尖。主轴前端有精密的莫氏锥孔，供安装顶尖、心轴或车夹具用。主轴前端安装卡盘、拨盘等夹具结合部分有多种结构形式。CA6140 型卧式车床采用短锥法兰式结构(见图 7-6)，主轴 1 以前端短锥面和轴肩端面作为定位面，通过 4 个螺栓将卡盘或拨盘固定在主轴前端，而由安装在轴肩端面的圆柱形端面键 3 传递转矩。安装时先把螺母 6 及螺栓 5 安装在卡盘座 4 上，然后将带螺母的螺栓从主轴轴肩和锁紧盘 2 的孔中穿过去，再将锁紧盘拧过一个角度，使 4 个螺栓进入锁紧盘圆弧槽较窄的部位，把螺母卡住。拧紧螺母 6 和螺钉 7 就可把卡盘紧固在轴端。

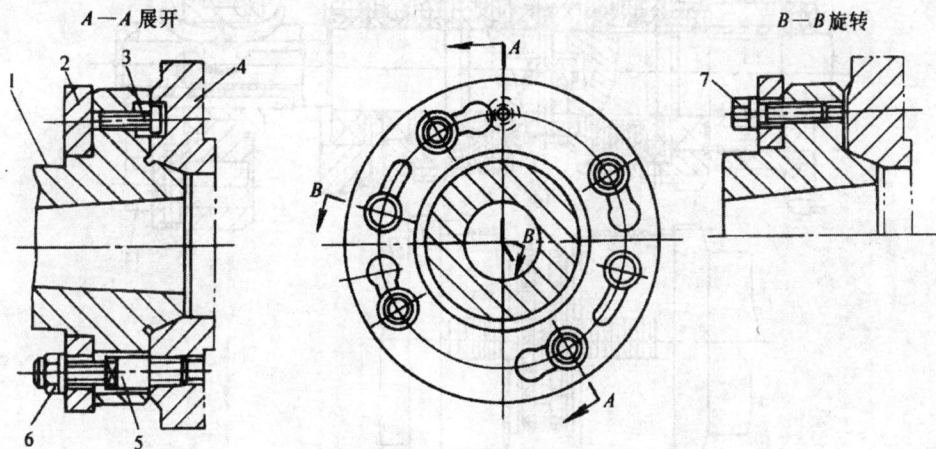

图 7-6　主轴前端结构

1—主轴；2—锁紧盘；3—圆柱形端面键；4—卡盘座；5—螺栓；6—螺母；7—螺钉

3. 主轴的开、停和换向装置

开、停和换向装置用于控制主轴的启动、停止和改变旋转方向。小型卧式车床(如CM6132)电动机功率较小，常直接控制电动机启动、停止和反转，实现主轴启动、停止和换向。中型车床为避免电动机频繁启动和换向，多采用机械式多片摩擦离合器；小型车床采用电磁离合器或液压离合器作为启动、停止和换向装置。

图 7-7 所示为 CA6140 型卧式车床的开停和换向装置。它是机械双向多片摩擦离合器。双向多片摩擦离合器安装在轴Ⅰ上，它采用数量不等、结构相同的两组摩擦离合器组成，左边一组接合时主轴正转，右边一组接合时，主轴反转。两组都不接合时，断开轴Ⅰ与轴Ⅱ的运动联系，使主轴停止。现以左边一组为例介绍其结构。

双联齿轮 1 由两个深沟球轴承支承空套在轴Ⅰ上。花键轴Ⅰ上安装有两组摩擦片，一组为外摩擦片 5，其内孔是光滑圆孔，空套在轴Ⅰ的花键外圆上，其外圆上有 4 个均布的凸爪齿嵌在双联齿轮 1 右端套筒的轴向槽中。另一组为内摩擦片 4，通过花键孔与轴Ⅰ连接，其外径略小于双联齿轮 1 套筒内径。内、外摩擦片相间安装。止推环 2 和 3 形状和内摩擦片相似，厚度却大得多。安装时，先将止推环 3 装入轴Ⅰ花键部分的沉割槽处并转一定角度(半个花键齿距)，使其不能轴向移动；再将止推环 2 套在轴Ⅰ的花键上，并用销钉将两环连接起来组成止推环。止推环相对轴Ⅰ既不能转动也不能移动，用以承受摩擦片压紧时的轴向力。滑套 8 与推杆 16 用销 7 相连接，滑套上装有调整螺母 6 和 9。轴Ⅰ带动内摩擦片旋转，当推杆 16 带动滑套 8 移动至左位，调整螺母 6 将内外摩擦片压紧，从而带动双联齿轮 1 旋转，使主轴正转。当滑套 8 处于中位时，内、外摩擦片分离，断开轴Ⅰ与主轴的运动联系，主轴停止转动。当推杆 16 带动滑套 8 向右移动至右位，其上调整螺母 9 将右边一组离合器的内、外摩擦片压紧，带动齿轮 10 旋转，经轴Ⅶ、Ⅱ、Ⅲ等带动主轴反转。

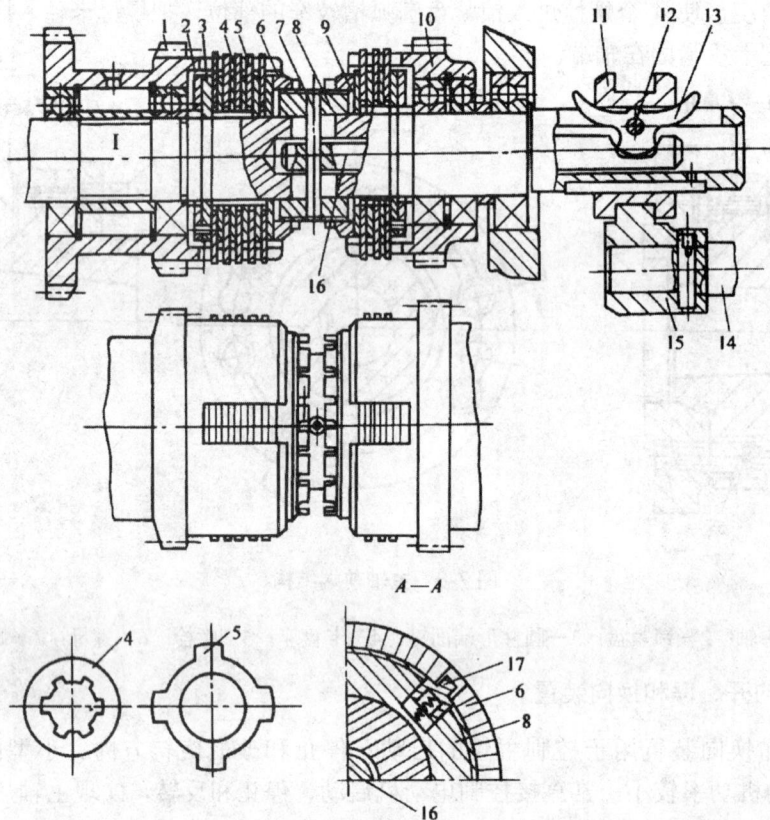

图 7-7　CA6140 型卧式车床开停和换向装置

1—双联齿轮；2，3—止推环；4—内摩擦片；5—外摩擦片；6，9—调整螺母；7—销；8—滑套；10—齿轮；11—滑套；12—销；13—元宝销；14—齿条轴；15—拨叉；16—推杆；17—弹簧销

开、停和换向装置的操纵机构见图 7-8。将操纵手柄 7 向上或向下扳动，通过曲柄 9、拉杆 10、曲柄 11，使轴 12 和扇形齿轮 13 顺时针或逆时针转动，带动齿条轴 14 右移或左移，其上的拨叉 15 带动滑套 4(见图 7-7 中件 11)右移或左移，将元宝销 3 右角或左角压下，元宝销绕销轴顺时针或逆时针摆动，其下端推动拉杆 16 左移或右移，使左边或右边离合器压紧工作，主轴正转或反转。当操纵手柄 7 处于中位时，元宝销的左右两角都不受压，拉杆 16 处于中位，左、右两组离合器均松开，断开主轴与轴Ⅰ的运动联系，主辅停转。

摩擦片间隙大小要合适。间隙过大，压紧力不足，不能传递足够的摩擦力矩，工作时摩擦片间发生相对打滑，主轴转速下降，甚至出现"闷车"现象。摩擦片打滑会使摩擦片急剧磨损，同时引起发热，使主轴箱内温度升高，严重时会使主轴不能正常转动。摩擦片间隙过小，停车(制动)时摩擦片不能完全脱开，会使制动过程延长，摩擦片和制动器都打滑，造成磨损和发热。摩擦片间隙太小还会造成操纵手柄不能转到正确的位置定位，图 7-7 中的滑套 11 和元宝销 13 没有到达可靠的自锁位置，工作中摩擦片会自动松开，会使手柄自己掉落。

摩擦片间隙大小的调整是靠调整螺母 6(或 9)在滑套 8 上的辅向位置来实现的(见图 7-7)。调整时压下弹簧销 17，转动调整螺母，使其移动至适当的位置。间隙调整妥当后，应使弹簧销伸出，卡入螺母的轴向槽中将螺母锁紧，以防工作时螺母自己松脱。

4. 制动装置

制动装置的功用是在车床停车时，克服运动件的惯性，使主轴迅速停止旋转，以缩短辅助时间。直接由电动机控制主轴开停的小型车床，采用能耗制动、反接制动等电动机制动方式进行制动。在大、中型车床上，多采用片式制动器或闸式制动器制动。

CA6140 型卧式车床采用闸式制动器，其结构如图 7-9 所示。它由制动轮 8、制动带 7 和杠杆 4 等组成。制动轮 8 装在轴 9(传动轴Ⅳ)上。制动带为一钢带，其内侧固定有一层摩擦系数较大的铜丝石棉。它的一端通过调节螺钉 5 与主轴箱体 1 连接，另一端固定在杠杆 4 的上端。杠杆 4 可绕轴 3 摆动。当需要制动时，杠杆 4 逆时针摆动，使制动带抱紧制动轮，产生摩擦力矩，传动轴Ⅳ和主轴便迅速停止转动。

制动器和摩擦离合器由同一手柄操纵，相互配合工作(见图 7-8)。当向上或向下扳动操纵手柄 7，齿条轴 14 向右或向左移动，使左边或右边的离合器压紧工件，主轴正转或反转。此时，制动器杠杆 5 下端的钢球处在齿条轴 14 的圆弧形凹槽a 或 c 处，钢带的弹力使制动器放松。当操纵手柄 7 扳至中间位置停车时，双向多片摩擦离合器左、右摩擦片组都松开，主轴与轴Ⅰ脱开运动联系；这时，齿条轴凸部 b 对着杠杆 5 下端的钢球，使杠杆 5 逆时针摆动，制动带抱紧制动轮，使主轴制动。

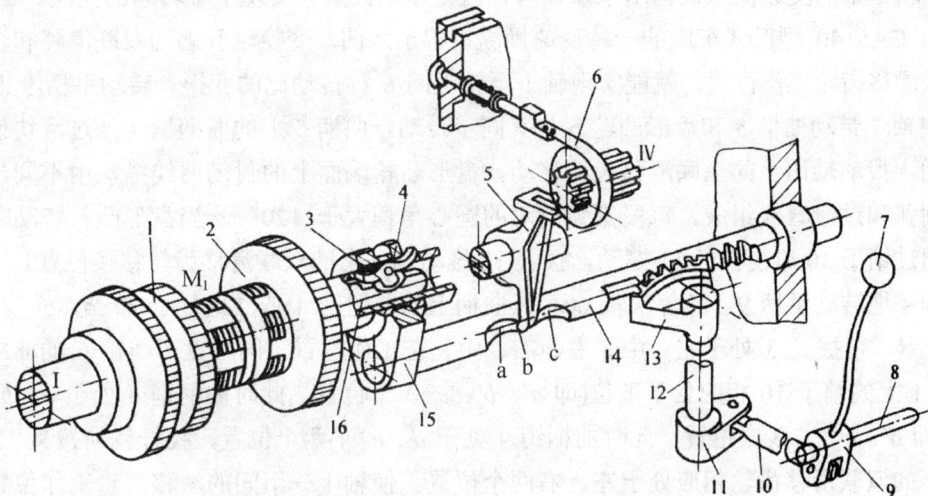

图 7-8　CA6140 型卧式车床主轴开停和换向操纵机构

1—双联滑移齿轮；2—齿轮；3—元宝销；4—滑套；5—杠杆；6—制动带；7—操纵手柄；8—操纵杆；
9，11—曲柄；10，16—拉杆；12—轴；13—扇形齿轮；14—齿条轴；15—拨叉调节制动带对制动轮的抱紧程度，可调整制动力矩的大小。调整时，应先松开锁紧螺母 6(图 7-9)，再拧转调节螺钉 5。制动力矩的大小以停车时主轴能迅速停转(停车后主轴空转 2～3 转即停止)，开车时制动器能完全放松为合适。调妥后，应拧紧锁紧螺母 6。

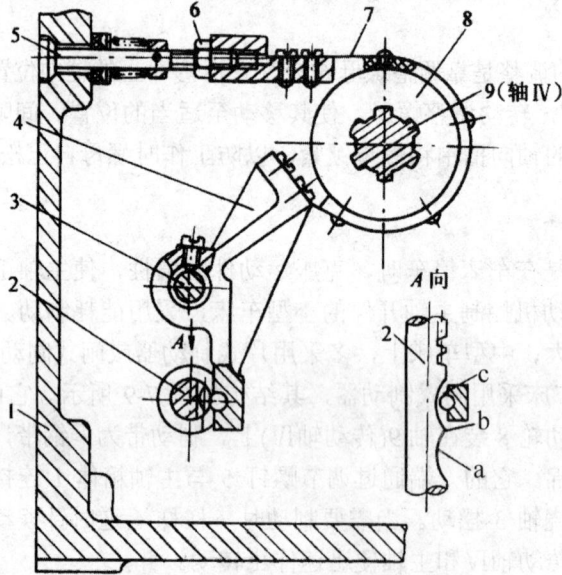

图 7-9　CA6140 型卧式车床的制动器

1—主轴箱体；2—齿条轴；3—杠杆支承轴；4—杠杆；

5—调节螺钉；6—锁紧螺母；7—制动带；8—制动轮；9—传动轴

5. 主轴变速操纵机构

主轴箱中的变速操纵机构用来操纵滑移齿轮移动位置，实现主轴转速的变换。图 7-10 所示为 CA6140 型卧式车床的一种变速操纵机构示意图。变换轴Ⅱ上的双联滑移和轴Ⅲ上的三联滑移齿轮工作位置，就能实现轴Ⅰ至轴Ⅲ间 6 种传动比的变换。转动手柄 9 时，链条 8 使轴 7 带动曲柄 5 和盘形凸轮 6 与其同步转动。曲柄 5 上的曲柄销 4 通过滑块使拨叉 3 移动，拨动轴Ⅲ上的三联滑移齿轮移动。盘形凸轮端面上的封闭曲线槽，由不同半径的两段圆弧和过渡直线组成，每段圆弧所对的圆心角稍大于 120°。当盘形凸轮转动时，曲线槽通过销子 10 迫使杠杆 11 摆动，拨叉 12 推动轴Ⅱ上的双联滑移齿轮移换位置。

顺序地转动手柄 9，且每次转 60°，曲柄上的曲柄销 4 依次地处于 a、b、c、d、e、f 6 个位置，使拨叉 3 处于左、中、右、右、中、左工作位置。同时盘形凸轮 6 的曲线槽与杠杆 11 上的销子 10 相应处于下位(即 a'、b'、c' 3 个位置，此时曲柄销 4 处于 a、b、f)或上位(即 d'、e'、f' 3 个位置，此时曲柄销 4 处于 d、e、f)两个位置，杠杆就使拨叉 12 拨动轴Ⅰ上的双联滑移齿轮相应处于左、右两个位置。使轴Ⅰ—Ⅲ间的滑移齿轮工作位置实现 6 种不同组合，获得 6 种不同的传动比。

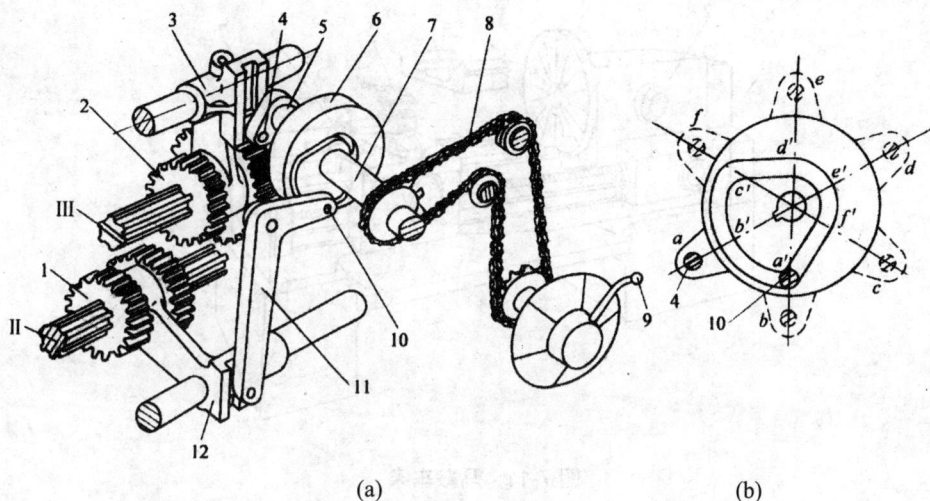

图 7-10 CA6140 型卧式车床主轴变速箱操纵机构示意图

1—双联滑移齿轮；2—三联滑移齿轮；3—拨叉；4—曲柄销；5—曲柄；6—盘形凸轮；
7—轴；8—链条；9—手柄；10—销子；11—杠杆；12—拨叉

7.4 其他车床简介

7.4.1 马鞍车床和落地车床

1. 马鞍车床

马鞍车床是同规格卧式车床的"变型"。它和卧式车床的结构基本相同，唯一区别是它的床身在靠近主轴箱一端有一段可卸导轨(马鞍)，见图 7-11。卸去马鞍后就可使加工工件最大直径增大。例如，CA6240 型马鞍车床是在 CA6140 型卧式车床基础上派生而来的，在马鞍槽内(有效长度为 210mm)加工工件最大直径增大为 630mm。由于马鞍经常装卸，马鞍车床床身导轨的刚度和工作精度均低于卧式车床，因此，它主要用在设备较少的单件、小批量生产的小工厂及修理车间。

2. 落地车床

在大型卧式车床上经常加工短的大直径工件，是不合理的，不但不能充分发挥其长床身和尾座的作用，还会造成床身导轨磨损不均匀，局部磨损严重，增加维修费用。落地车床是专门用来加工大而短的盘、套类零件的。

图 7-12 所示为落地车床的外形。主轴箱 1 和刀架滑座 8 分别安装在地基或落地平板上。花盘 2 用来夹持工件，纵向滑板 3 和 6 可纵向移动，横向滑板 5 和 7 可做横向移动。当转盘 4 调整至一定角度的位置时，可利用滑板 5 或 6 车削锥面。大型工件都没有大直径的螺纹，落地车床主轴与刀架间不设车螺纹运动传动链。滑板 3 和 7 由单独电动机驱动做机动进给运动。有的落地车床，花盘下方开有地坑，以便能加工更大直径的工件。

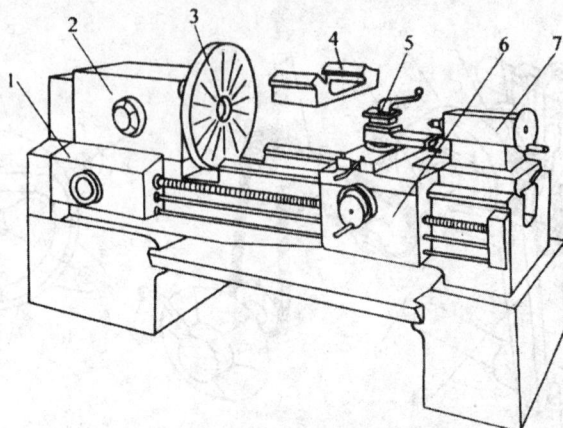

图 7-11　马鞍车床

1—进给箱；2—主轴箱；3—花盘；4—可拆卸式马鞍导轨；

5—刀架；6—溜板箱；7—尾座

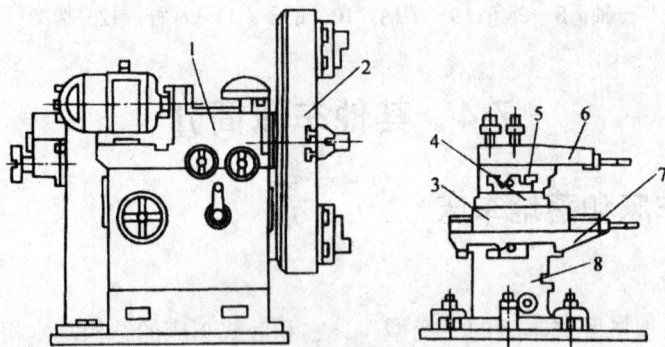

图 7-12　落地车床

1—主轴箱；2—花盘；3、6—纵向滑板；4—转盘；

5、7—横向滑板；8—刀架滑座

7.4.2　回轮车床

卧式车床工艺范围广，灵活性大，但通常是单刀加工，生产效率低。特别是它能安装的刀具少，在加工形状比较复杂的工件时，须用多把刀具顺序地切削加工，要经常装卸刀具，生产效率更低，不能满足成批生产的要求。回轮车床则适合于在成批生产中加工各类盘、套类及台阶轴等复杂零件。

回轮车床(见图 7-13)中没有前刀架，只有一个轴心线与机床主轴平行的回转刀架。回转刀架端面有许多(通常为 12 或 16)个沿圆周均匀分布的轴向刀架安装孔。当刀架安装孔转到最高位置时，其轴心线与机床主轴中心线重合。回转刀架由溜板 5 带动，可沿床身导轨做纵向进给运动，车削内、外圆柱面，钻孔、铰孔、攻螺纹和套螺纹等。回转刀架还可绕自身轴线缓慢旋转，实现横向进给运动，进行车削成形回转面、端面和切断等工作。在横向进给运动过程中，刀尖运动轨迹是圆弧，刀具的前角和后角有些小变化。回轮车床主要用来加工直径较小的工件，毛坯通常为棒料。多刀同时进行切削，生产效率更高。

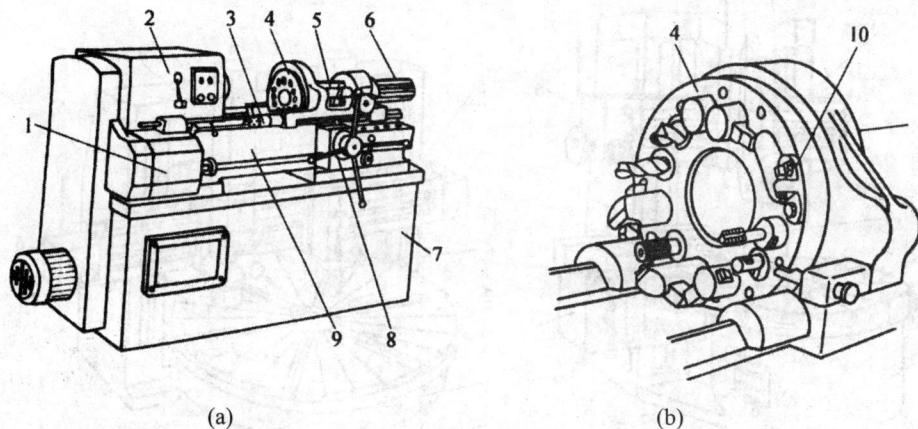

(a)　　　　　　　　　(b)

图 7-13　回轮车床

1—进给箱；2—主轴箱；3—刚性纵向定程机构；4—回转刀架；5—纵向溜板；
6—纵向定程机构；7—底座；8—溜板箱；9—床身；10—横向定程机构

7.4.3　立式车床

立式车床用于加工径向尺寸较大，轴向尺寸相对较小的大型和重型零件。工件装夹于圆工作台上，由垂直布置的主轴带动旋转，做主运动。由于工作台处于水平位置，便于对笨重工件装夹和校正，且工件和工作台的重量由床身导轨支承，大大减轻主轴及其轴承的负荷，有利于保证和保持加工精度。立式车床分单柱立式车床和双柱立式车床两种。最大加工工件直径在 1600mm 以下采用单立柱式，大于 1600mm 采用双立柱式。

单柱立式车床(见图 7-14(a))由底座 1、立柱 3、工作台 2、横梁 5、垂直刀架 4 和侧刀架 7 等组成。箱型立柱和底座连接成机床机架。工作台安装在底座环形导轨上，由安装于底座内的主传动变速系统经主轴带动，绕垂直轴线旋转。横梁可沿立柱上下移动，根据加工工件高度需要，调整、夹紧在立柱导轨的适当位置上。垂直刀架安装在横梁上，由单独电动机经进给箱驱动，沿横梁水平导轨做横向进给运动或调整移动，以及沿刀架滑座导轨做垂直进给运动及调整移动。刀架滑座可左右扳转角度，使刀架做斜向进给运动。垂直刀架上装有五菱柱形的转位刀架，供装夹车刀、钻头等。垂直刀架可用来完成车削内外圆柱面、内外圆锥面、端面及内外沟槽和钻、扩、铰孔等工序加工。侧刀架安装在立柱右边，由单独电动机经进给箱驱动，沿立柱导轨做垂直进给运动或沿自身滑座导轨移动，做横向进给运动，以实现车削外圆柱面、端面及沟槽等加工。

双柱立式车床的结构及运动特点与单柱立式车床相似，不同之处是双柱立式车床具有两个立柱，它们与底座和顶梁连成龙门框架结构，因而具有较高刚度(见图 7-14(b))。另外，横梁上装有两个垂直刀架，其中一个也往往带有转塔刀架，以作孔加工。

现代大型立式车床的导轨，大多采用液压卸荷式导轨或液体静压导轨，使导轨间的摩擦力降低，不仅能减少导轨磨损，延长寿命，还能减少能量消耗。

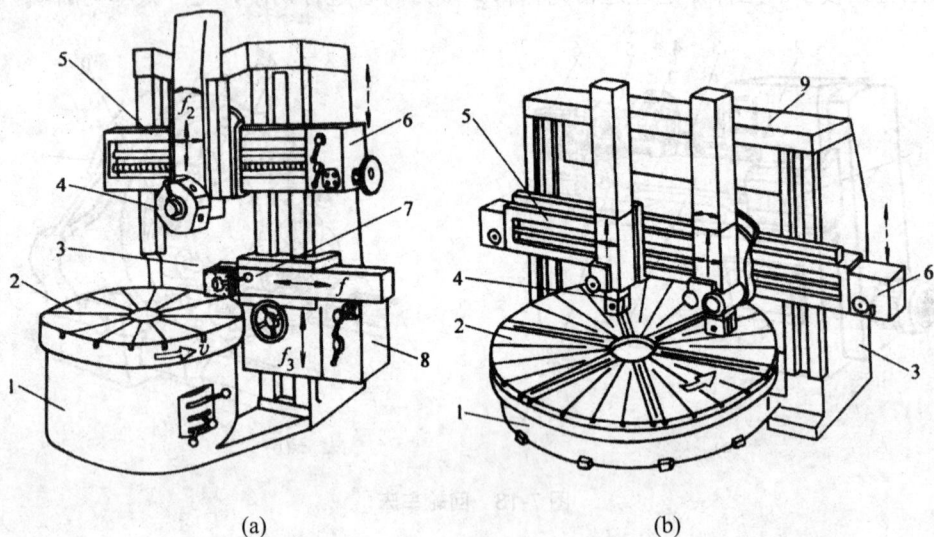

图 7-14　立式车床

1—底座；2—工作台；3—立柱；4—垂直刀架；5—横梁；6—垂直刀架进给箱；
7—侧刀架；8—侧刀架进给箱；9—顶梁

7.4.4　铲齿车床

铲齿车床属于专门化车床，它用于铲削成形铣刀、齿轮滚刀、丝锥等刀具的后刀面(刀齿齿背)，使其获得所需的刀刃形状和所要求的后角。

铲齿车床外形见图 7-15，它由床身 6、主轴箱 2、刀架 3、铲磨电动机 4、溜板箱 7、尾座 5、挂轮箱 1 和 8 等组成。它没有进给箱和光杠，刀架机动纵向进给运动由丝杠传动，速度由挂轮调整。刀架由凸轮推动，沿与主轴成任意角度的方向往复运动，实现径向、轴向或斜向铲齿运动。凸轮由主轴经定比传动副、分度挂轮、运动合成机构和花键传动，保证被铲齿刀具转过一齿，凸轮转动一转，刀架往复运动铲齿一次的运动关系。

盘形铣刀的径向铲齿加工原理如图 7-16 所示。被铲刀具毛坯通过心轴装夹在机床前、后顶尖上，由主轴带动，做匀速旋转运动。铲刀装在刀架上，由凸轮推动沿工件半径方向往复运动。铲齿开始时，工件与凸轮被调整到图示状态。开车后，主轴带动工件转过角度 β_1 时，凸轮 2 转过升程角 α_1，此间凸轮 2 的上升曲线推动从动销 1，使刀架带动铲刀向中心切入，刀刃从工件齿背上切下一层金属，到达齿背延长线上的 E 点；主轴继续旋转，带动工件又转过 β_2、凸轮 2 转过回程角 α_2，弹簧推动刀架退至原位，完成一次铲齿加工。主轴带动工件转一转，铲刀依次对工件各刀齿齿背进行一次铲削加工。由于铲背量较大，往往要多次分层铲削，才能完成对一把刀具的铲齿加工。每次铲削厚度由小刀架调整。凸轮工作曲线形状决定于被铲刀具齿背形状，通常用阿基米德凸轮。凸轮的升程量决定于被铲刀具的铲齿量 h。

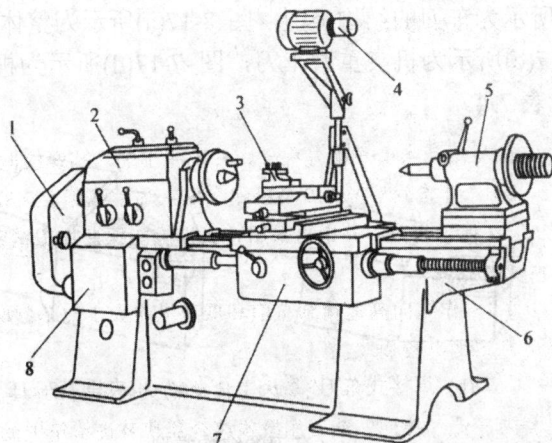

图 7-15　铲齿车床外形

1，8—挂轮箱；2—主轴箱；3—刀架；4—铲磨电动机；5—尾座；6—床身；7—溜板箱

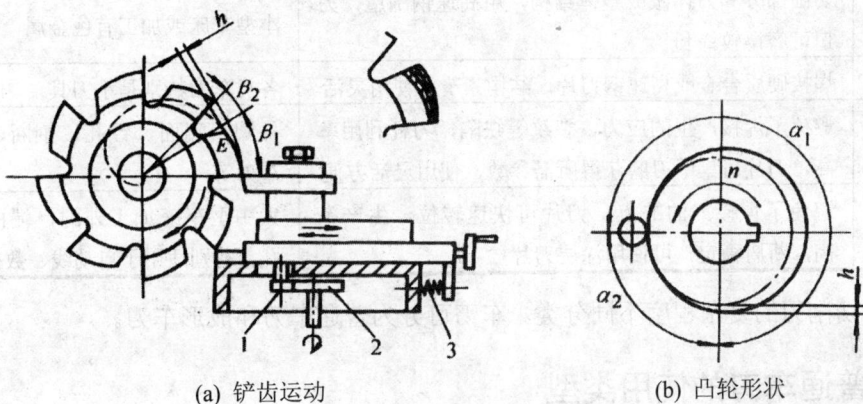

(a) 铲齿运动　　　　　　　　(b) 凸轮形状

图 7-16　铲齿原理

1—从动销；2—凸轮；3—弹簧

7.5　车　刀

7.5.1　车刀的结构类型

车刀在切削过程中对保证零件质量、提高生产率至关重要。掌握车刀的几何角度，合理地刃磨、合理地选择和使用车刀是非常重要的。车刀多用于各种类型的车床上来加工外圆、端面、内孔、切槽及切断、车螺纹等。车刀种类繁多，具体可按以下分类。

(1) 按用途不同分类。车刀可分为外圆车刀、端面车刀、内孔车刀、切断车刀、螺纹车刀等。

(2) 按切削部分的材料不同分类。车刀可分为高速钢车刀、硬质合金车刀、陶瓷车刀等。

(3) 按结构形式不同分类。车刀可分为整体车刀、焊接车刀、机夹重磨车刀和机夹可转位车刀等。图 7-17 所示为车刀的结构类型，图 7-17(a)所示为整体车刀，图 7-17(b)所示为焊接式车刀，图 7-17(c)所示为机夹重磨车刀，图 7-17(d)所示为机夹可转位车刀。这 4 种车刀的特点和用途见表 7-4。

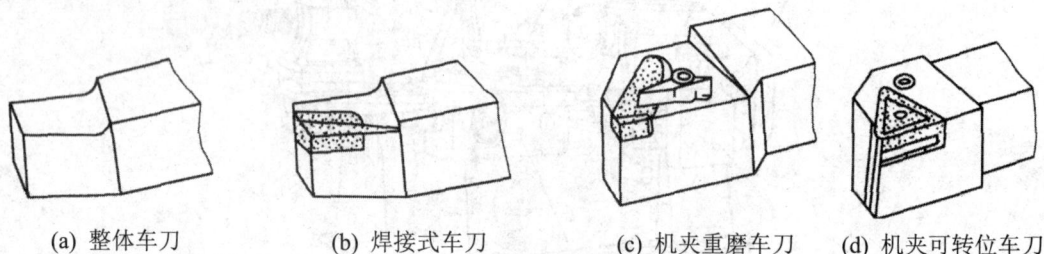

(a) 整体车刀　　　　(b) 焊接式车刀　　　　(c) 机夹重磨车刀　　(d) 机夹可转位车刀

图 7-17　车刀的结构类型

表 7-4　车刀结构类型的特点和用途

名　称	特　点	用　途
整体式	切削部分和刀体做成整体结构，用高速钢制造，刃口可磨得较锋利	小型车床或加工有色金属
焊接式	焊接硬质合金或高速钢刀片，结构紧凑，使用灵活	各类车刀特别是小刀具
机夹式	避免了焊接产生的应力、裂纹等缺陷，刀杆利用率高，刀片可集中刃磨获得所需参数，使用灵活方便	外圆、端面、镗孔、割断、螺纹车刀等
可转位式	避免了焊接刀的缺点，刀片可快速转位，生产率高，断屑稳定，可使用涂层刀片	大中型车床加工外圆、端面、镗孔。特别适用于自动线、数控机床

(4) 按切削刃的复杂程度不同分类。车刀可分为普通车刀和成形车刀。

7.5.2　普通车刀的使用类型

按用途不同，车刀可分为 90° 外圆车刀、45° 弯头车刀、75° 外圆车刀、螺纹车刀、内孔镗刀、成形车刀、车槽及切断刀等，如图 7-18 所示。按车刀的进给方向不同，车刀可分为右车刀和左车刀，右车刀的主切削刃在刀柄左侧，由车床的右侧向左侧纵向进给；左车刀的主切削刃在刀柄右侧，由车床的左侧向右侧纵向进给。

(1) 45° 弯头车刀。图 7-18 所示的车刀 1 为 45° 弯头车刀，它按其刀头的朝向可分为左弯头和右弯头两种。这是一种多用途车刀，既可以车外圆和端面，也可以加工内、外倒角。但切削时背向力 F_p 较大，车削细长轴时，工件容易被顶弯而引起振动，所以常用来车削刚性较好的工件。

(2) 90° 外圆车刀。90° 外圆车刀又叫 90° 偏刀，分左偏刀(见图 7-18 中的车刀 6)、右偏刀(见图 7-18 中的车刀 2)两种，主要车削外圆柱表面和阶梯轴的轴肩端面。由于主偏角($\kappa_r = 90°$)大，切削时背向力 F_p 较小，不易引起工件弯曲和振动，所以多用于车削刚性较差的工件，如细长轴。

(3) 75° 外圆车刀。图 7-18 所示的车刀 4，又称为 75° 外圆车刀。该刀刀头强度高，散热条件好，常用于粗车外圆和端面。75° 外圆车刀通常有两种形式，即右偏直头车刀和左偏直头车刀。

(4) 螺纹车刀。图 7-18 所示的车刀 3 为外螺纹车刀、车刀 9 为内螺纹车刀。螺纹车刀属于成形车刀，其刀头形状与被加工的螺纹牙型相符合。一般来说，螺纹车刀的刀尖角应不大于螺纹牙型角。

(5) 内孔镗刀。内孔镗刀可分为通孔镗刀、不通孔镗刀和内槽车刀(见图 7-18 中的车刀 8)。图 7-18 中的车刀 11 为通孔镗刀，它的主偏角 $\kappa_r = 45° \sim 75°$，副偏角 $\kappa_r' = 20° \sim 45°$；图 7-18 中的车刀 10 为不通孔镗刀，其主偏角 $\kappa_r \geqslant 90°$。

(6) 成形车刀。成形车刀是用来加工回转成形面的车刀，使机床只需做简单运动就可以加工出复杂的成形表面，其主切削刃与回转成形面的轮廓母线完全一致。如图 7-18 所示的车刀 5 即为成形车刀，其形状因切削表面的不同而不同。

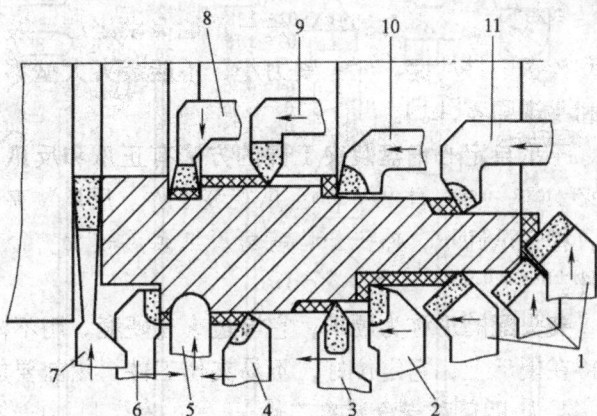

图 7-18　普通车刀的使用类型

1—45° 弯头车刀；2、6—90° 外圆车刀；3—外螺纹车刀；4—75° 外圆车刀；5—成形车刀；
7—车槽切断刀；8—内槽车刀；9—内螺纹车刀；10—90° 不通孔镗刀；11—75° 通孔镗刀

7.5.3　可转位车刀

可转位车刀是使用可转位的硬质合金刀片的机夹刀具。机夹可转位刀具是将压制有合理的几何参数、断屑槽型、装夹孔和具有数个切削刃的多边刀片，用夹紧元件、刀垫以机械夹固方法，将刀片夹紧在刀体上。当刀片的一个刀刃用钝后，只要把夹紧元件松开，将刀片转一个角度，换另一个新刀刃，并重新夹紧就可继续使用。当所有刀刃用钝后，换另一块新刀片即可继续切削，不需要更换刀体。

可转位刀具主要特征是：①具有现成可用的刀刃；②刀具的几何参数对同一型号的每一刀片及每条刀刃都一致；③刀片在刀体上的空间位置相对固定不变；④刀片与刀体采用机械夹固方式连接。

可转位车刀是一种先进刀具，由于其具备不需重磨、可转位和更换刀片等优点，具有先进合理的几何参数和断屑槽(断屑范围大、通用性好)形式，因而可节省大量的磨刀、换刀和对刀的辅助时间。这种刀具特别适合于要求工作稳定、刀具位置准确的自动机床、自动线和加工中心。采用涂层刀具，对数控车削更为有利，现已在生产实际中广泛应用，是刀具的重要发展方向之一。

可转位刀片型号可查 GB 2076—1987《切削刀具用可转位刀片型号规则》，该标准适合于硬质合金、陶瓷可转位刀片。可转位刀片的型号由按一定位置顺序排列的代表一定意义的一组字母和数字代号组成，共有 10 个代号，车削用可转位刀片型号示例如表 7-5 所示。

可转位刀片型号的表示方法如图 7-19 所示。

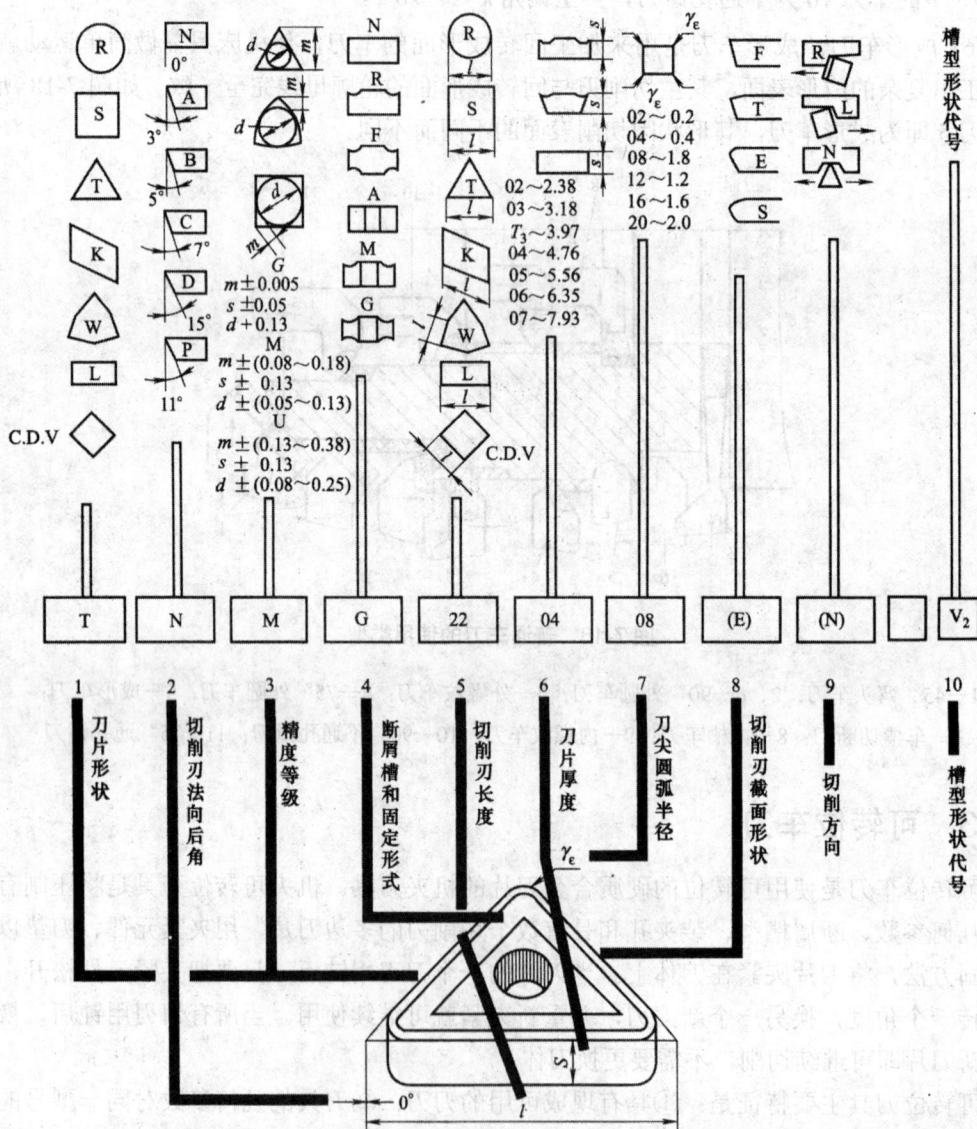

C、D、V 分别代表 80° 菱形、55° 菱形、35° 菱形刀片

图 7-19　可转位刀片型号的表示方法

表 7-5　可转位刀片代号表示特征

代号位数	1	2	3	4	5	6	7	8	9	10
特征	刀片形状	刀片法向后角大小	刀片精度等级	刀片有无断屑槽和固定孔	刀片长度	刀片厚度	刀尖圆弧半径	切削刃形状	切削方向	断屑槽形式及宽度
刀片型号举例	S(正方形)	N ($\alpha_n=0°$)	M(中等)	M(一面有断屑槽,有孔)	15(整数部分为15mm)	06(整数部分为6mm)	12 (1.2mm)	E(倒圆刃)	R(右切)	A 2(开式直槽宽度2mm)

第一位代号：表示刀片形状，用一个英文字母表示，见表 7-6。

表 7-6　刀片形状及代号

代　号	刀片形状	代　号	刀片形状	代　号	刀片形状
H	ε_r 120° 正六边形	O	ε_r 135° 正八边形	P	ε_r 108° 正五边形
S	ε_r 90° 正方形	T	ε_r 60° 正三角形	R	ε_r — 圆形
M	ε_r 80° 菱形	D	ε_r 55° 菱形	E	ε_r 75° 菱形
M	ε_r 86° 菱形	V	ε_r 35° 菱形	W	ε_r 80° 等边不等角六边形
L	ε_r 90° 矩形	F	ε_r 82° 不等边不等角六边形	K	ε_r 55° 平行四边形
A	ε_r 85° 平行四边形	B	ε_r 82° 平行四边形		

第二位代号：表示主切削刃的法向后角。用字母 A、B、C、D、E、F、G、N、P 分别表示主切削刃法向后角为 3°、5°、7°、15°、20°、25°、30°、0°、11°。

第三位代号：表示刀片的尺寸精度。用一个英文字母表示，用字母 A、B、C、H、E、G、J、R、L、M、U 表示 11 个精度等级，M 为中等级，U 为普通级，A~L 为精密级，其中 A 级最精密。

第四位代号：用一个英文字母表示刀片有无断屑槽和中心固定孔。

N：无固定孔，无断屑槽。

R：无固定孔，单面有断屑槽(台)。

F：无固定孔，双面有断屑槽(台)。

A：有圆形固定孔，无断屑槽。

M：有圆形固定孔，单面有断屑槽。

G：有圆形固定孔，双面有断屑槽。

W：单面有 40°～60° 固定沉孔，无断屑槽。

T：单面有 40°～60° 固定沉孔，单面有断屑槽。

Q：双面有 40°～60° 固定沉孔，无断屑槽。

U：双面有 40°～60° 固定沉孔，双面有断屑槽。

B：单面有 70°～90° 固定沉孔，无断屑槽。

H：单面有 70°～90° 固定沉孔，单面有断屑槽。

C：双面有 70°～90° 固定沉孔，无断屑槽。

J：双面有 70°～90° 固定沉孔，双面有断屑槽。

X：其他尺寸和详情需附加说明。

第五位代号：用两位阿拉伯数字表示刀片的边长代号。选取舍去小数值部分的刀片切削刃长度(或刀片理论边长)值作代号。如切削刃长度为 16.5mm，则数字代号为 16。若舍去小数部分后，只剩下一位数字，则必须在数字前面加 "0"，如边长为 9.525mm，则数字代号为 09。

第六位代号：用两位阿拉伯数字表示刀片的厚度代号，刀片厚度以其基本尺寸的整数表示，个位数前加 "0"，例如 3.18mm，代号为 03；当刀片厚度的整数值相同，而小数部分值不同，则小数部分大的刀片的代号为 "T" 代替 "0"，以示区别，如 3.18mm 代号为 "03"、3.97mm 代号为 "T3"。

第七位代号：用两位阿拉伯数字表示刀尖圆角半径(见表 7-7)。如刀片为铣削用刀片，则用两个字母分别表示刀片安装的主偏角大小和刀片修光刃法后角大小，即表示刀尖转角形状或刀具圆角半径的代号。

表 7-7　刀尖圆角半径的代号

刀片	代号	00	00	02	04	06	08	10	12	15	16	20	24	25	30	32	40
(车)刀片	r_ε	圆形刀片	尖角刀片	0.2	0.4		0.8		1.2		1.6	2.0	2.4			3.2	
特殊铣刀片						0.6		1.0		1.5				2.5	3.0		4.0

第八位代号：用一位字母表示刀片切削刃截面形状，字母代号应符合表 7-8 的规定。

表 7-8　切削刃截面形状的代号

代　号	示　意　图	说　明	代　号	示　意　图	说　明
F		尖锐刀刃	T		倒棱刀刃
E		倒圆刀刃	S		既倒棱又倒圆刀刃

第九位代号：用一位字母表示刀片的切削方向，代号应符合表 7-9 的规定。

表 7-9　切削方向的代号

代　号	切削方向	刀片的应用	示　意　图
R	右切	适用于非等边、非对称角、非对称刀尖和非对称断屑槽刀片，只能朝进给方向	
L	左切	适用于非等边、非对称角、非对称刀尖和非对称断屑槽刀片，只能朝进给方向	
N	可用于左切，也可用于右切	适用于有对称刀尖、对称角、对称边和对称断屑槽的刀片	

第十位代号：用一位字母和一位阿拉伯数字表示刀片断屑槽(台)形式和宽度或者用两个字母分别表示断屑槽的形式和加工性质(CF 表示 C 型断屑槽，精加工用；CR 表示 C 型断屑槽，粗加工用；CM 表示 C 型断屑槽，半精加工用)。断屑槽的形式和尺寸是可转位刀片诸多参数中最活跃的因素，见表 7-10。

上述 10 位代号中，任何一个刀片型号都必须用前 7 位表示，后 3 个号位在必要时才使用。不论有无第八、九位两个号位，第十号位都必须用短横线"–"与前面号位隔开，并且其字母代号不得使用第八、九两个号位已经使用过的字母。第八、九两个号位如只使用其中一位，则都写在第八号位上。可转位车刀刀片型号表示规则应用举例如下：

表 7-10　刀片断屑槽形式的代号、特点及适用场合

Y	J	M①	B
K	Z	W	D
C	T	G	

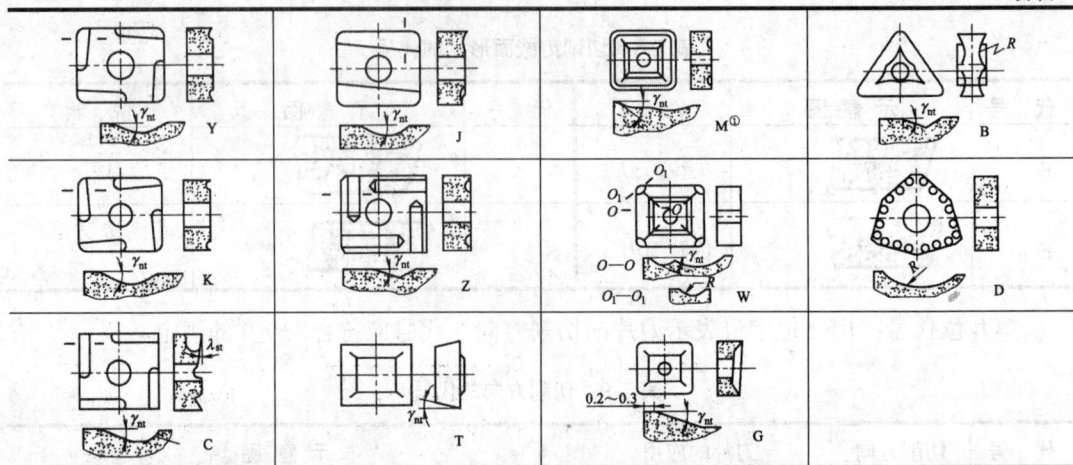

注：①无国际标准。

※　断屑槽形与刀片外形无关。

TNUM16T308ERA4

第一位代号"T"：表示刀片形状为三角形。

第二位代号"N"：表示法向后角为0°。

第三位代号"U"：表示允许偏差等级为U级。

第四位代号"M"：表示单面有断屑槽，有圆形固定孔。

第五位代号"16"：表示切削刃长为16.5mm。

第六位代号"T3"：表示刀片厚度为3.97mm。

第七位代号"08"：表示刀尖圆角半径为0.8mm。

第八位代号"E"：表示刀刃截面形状为倒圆刀刃。

第九位代号"R"：表示切削方向为右边。

第十位代号"A4"：表示断屑槽为A型，槽宽4mm。

7.5.4　车刀几何参数合理选择的综合分析

在生产中，应根据具体加工条件和加工要求，灵活地运用选择原则，合理地选择刀具几何参数。在发挥各个参数有利因素的同时，更应综合考虑它们之间互相配合。大量的先进刀具，都是使刀具各几何参数产生有效的作用，能充分发挥刀具切削性能，保证加工质量、提高切削效率和降低加工成本，从而促进了金属切削技术的发展。

强力切削是适用于粗加工和半精加工的高效率切削方法，一般是在有中等以上刚性和切削功率足够的机床上进行。强力切削的主要特点是：加工时选用较大的切削深度和进给量、较低的切削速度，以达到高的金属切除率和高的刀具耐用度。

由于强力切削选用的切削用量大，故切削力大，易产生振动，不易断屑，并增大表面粗糙度。

强力切削车刀是适应上述加工条件，解决了可能产生的不利因素，并具有合理几何参数的先进车刀。图7-20所示为在中等刚性车床上，加工余量的热轧和锻制的中碳钢用的大切深强力切削车刀，该车刀具有以下特点。

(1) 选择较大前角 γ_o =20°～25°。较大的前角使切削变形减小，并增加了刃口的锋利性，故切削力减小，切削温度降低。

(2) 选择较小后角 α_o =4°～6°，磨制双重后面。较小后角能提高刀具强度。采用双重后面，提高刀具重磨效率。

(3) 选择较大主偏角 κ_r =75°。主偏角 κ_r =75°，可使切削力减小，尤其是减小了径向力，因此不易产生振动。

(4) 选择负刃倾角 λ_s =6°～-4°。负刃倾角是提高刀具强度的重要措施。解决了因大前角、大主偏角而使刀具强度减弱的矛盾。此外，它对改善加工表面质量起良好作用。发生冲击振动时，能保护刀尖。

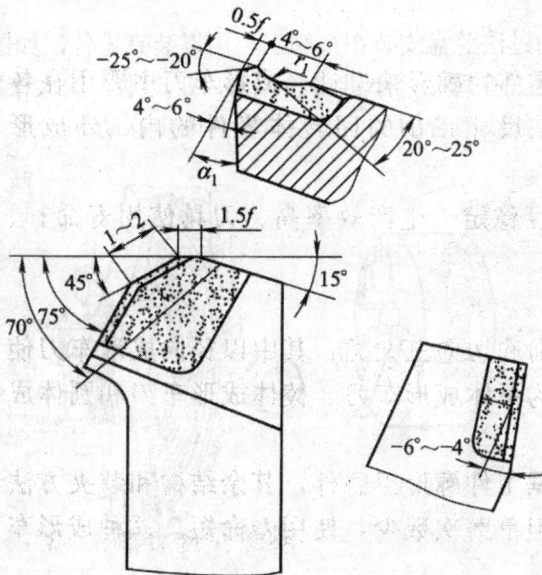

图 7-20　75°大切深强力切削车刀

(5) 选择过渡刃和负倒棱。过渡刃为 $\kappa_{r\varepsilon}$ =45°、b_ε =1～2mm。负倒棱为 γ_{o1} =-25°～-20°。倒棱宽度 b_{r1} =0.5f。利用过渡刃和负倒棱，使切削刃和刀尖的强度提高，并增加散热面积，降低切削温度。

(6) 选择较小副偏角 κ_r' =15°。减小副偏角，能使刀具强度提高，并减小了加工表面粗糙度。

(7) 磨制修光刃 b_ε' =1.5f。在进给量较大时，表面产生的残留面积高度较大，选用修光刀刃是切除残留面积的有效措施，由它解决了大进给引起增大粗糙度的矛盾。

(8) 磨制断屑槽。在前刀面上磨出外斜式直线圆弧形断屑槽，能获得较好的断屑效果。

上述结构的强力切削刀具，通常能在 v =50～60m/min、a_p =15～20mm 和 f =0.25～0.4mm/r 条件下工作，可发挥良好的刀具切削性能。

7.6 工件的安装

装夹工件是指将工件在机床上或夹具中定位和夹紧。在车削加工中，工件必须随同车床主轴旋转，因此，要求工件在车床上装夹时，被加工工件的轴线与车床主轴的轴线必须同轴，并且要将工件夹紧，避免在切削力的作用下工件松动或脱落，造成事故。

根据工件的形状、大小和加工数量不同，在车床上可以采用不同的装夹方法装夹工件。在车床上安装工件所用的附件有三爪自定心卡盘、四爪单动卡盘、顶尖、心轴、中心架、跟刀架、花盘和角铁等。

7.6.1 三爪自定心卡盘装夹工件

三爪自定心卡盘通过法兰盘安装在主轴上，用以装夹零件，如图 7-21 所示。用方头扳手插入三爪自定心卡盘方孔转动，小锥齿轮转动，带动啮合的大锥齿轮转动，大锥齿轮带动与其背面的圆盘平面螺纹啮合的 3 个卡爪沿径向同步移动。

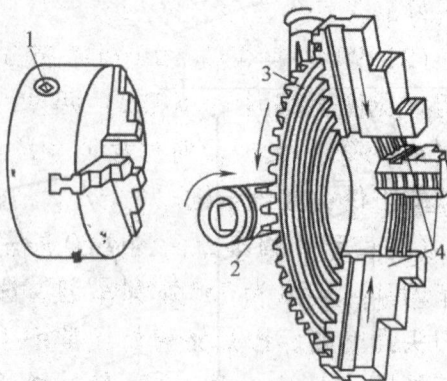

图 7-21 三爪自定心卡盘

1—方孔；2—小锥齿轮；

3—大锥齿轮(背面是平面螺纹与卡爪啮合)；4—卡爪

三爪自定心卡盘的特点是三爪能自动定心，装夹和校正工件简捷，但夹紧力小，不能装夹大型零件和不规则零件。

三爪自定心卡盘装夹工件的方法有正爪和反爪装夹工件，图 7-21 所示为正爪安装工件。反爪装夹时，将三爪卸下，掉头安装就可反爪装夹较大直径工件。

夹头配的爪称为硬爪，它淬过火有硬度。用不淬火的钢材或铜铝做的爪称为软爪，一般焊接在硬爪上，它定位精度高，不易夹伤工件，用前要加工一下，车或磨都可以。

7.6.2 四爪单动卡盘装夹工件

四爪单动卡盘的 4 个卡爪都可独立移动，因为各爪的背面有半瓣内螺纹与螺杆相啮合，螺杆端部有一方孔，当用卡盘扳手转动某一方孔时，就带动相应的螺杆转动，即可使卡爪夹紧或松开，如图 7-22(a)所示。因此，用四爪单动卡盘可安装截面为方形、长方形、椭圆及其他不规则形状的工件，也可车削偏心轴和孔。因此，四爪单动卡盘的夹紧力比三爪自定心卡盘大，也常用于安装较大直径的正常圆形工件。

用四爪单动卡盘装夹工件，因为四爪不同步不能自动定心，需要仔细地找正，以使加工面的轴线对准主轴旋转轴线。用划线盘按工件内外圆表面或预先划出的加工线找正，如图 7-22(b)所示，定位精度在 0.2~0.5mm；用百分表按工件的精加工表面找正，如图 7-22 所示，可达到 0.01~0.02mm 的定位精度。

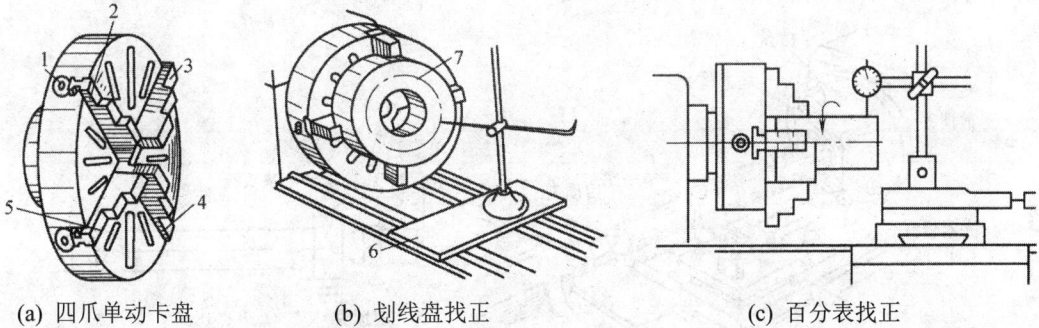

| (a) 四爪单动卡盘 | (b) 划线盘找正 | (c) 百分表找正 |

图 7-22　四爪单动卡盘安装工件时的找正

1~5—方孔；6—划线盘；7—工件

当工件各部位加工余量不均匀，应着重找正余量少的部位；否则容易使工件报废，如图 7-23 所示。

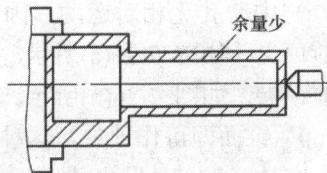

图 7-23　找正余量少的部位

四爪单动卡盘可全部用正爪(见图 7-24(a))或反爪装夹工件，也可用一个或两个反爪，其余仍用正爪装夹工件(见图 7-24(b))。

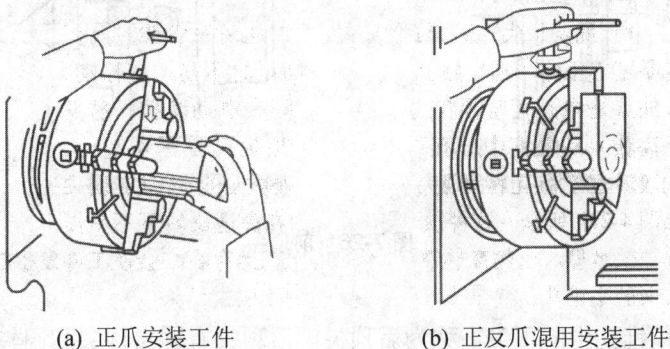

| (a) 正爪安装工件 | (b) 正反爪混用安装工件 |

图 7-24　用四爪单动卡盘安装工件

7.6.3 两顶尖装夹工件

用两顶尖装夹工件时，对于较长或必须经过多次装夹的轴类工件(如车削后还要铣削、磨削和检测)，常用前、后两顶尖装夹。前顶尖装在主轴上，通过卡箍和拨盘带动工件与主轴一起旋转，后顶尖装在尾座上随之旋转，如图 7-25(a)所示。还可以用圆钢料车一个前顶尖，装在卡盘上以代替拨盘，通过鸡心夹头带动工件旋转，如图 7-25(b)所示。两顶尖装夹工件安装精度高，并有很好的重复安装精度(可保证同轴度)。

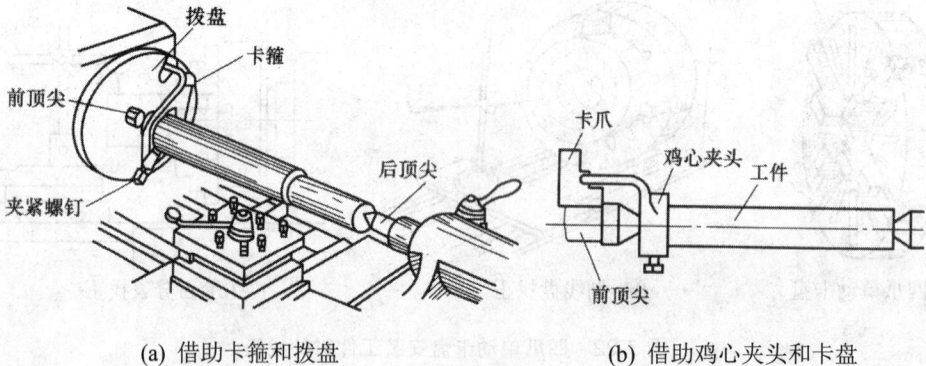

(a) 借助卡箍和拨盘　　　　　　　　　　(b) 借助鸡心夹头和卡盘

图 7-25　用两顶尖装夹轴类工件

顶尖的作用是定中心和承受工件的重量及切削力。顶尖分前顶尖和后顶尖两类。

1) 前顶尖

前顶尖随同工件一起旋转，与中心孔无相对运动，因而不产生摩擦。前顶尖有两种类型：一种是装入主轴锥孔内的前顶尖，如图 7-26(a)所示，这种顶尖装夹牢靠，适宜于批量生产；另一种是夹在卡盘上的前顶尖，如图 7-26(b)所示。它用一般钢材车出一个台阶面与卡爪平面贴平夹紧，一端车出 60° 锥面即可作顶尖。这种顶尖的优点是制造装夹方便，定心准确；缺点是顶尖硬度不够，容易磨损，易发生移位，只适宜于小批量生产。

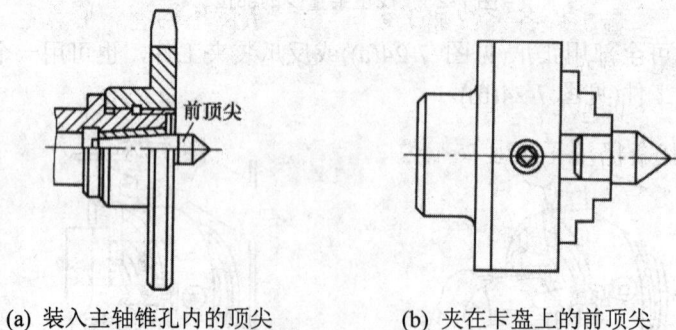

(a) 装入主轴锥孔内的顶尖　　　　　(b) 夹在卡盘上的前顶尖

图 7-26　前顶尖

2) 后顶尖

插入尾座套筒锥孔中的顶尖，称为后顶尖。后顶尖有固定顶尖和回转顶尖两种。

(1) 固定顶尖。固定顶尖也称死顶尖，其优点是定心正确、刚性好、切削时不易产生振动；其缺点是中心孔与顶尖之间是滑动摩擦，易发生高热，易烧坏中心孔或顶尖(见图 7-27(a))，一般适宜于低速精切削。硬质合金钢固定顶尖如图 7-27b 所示。这种顶尖在高速旋转下不易损坏，但摩擦产生的高热情况仍然存在，会使工件发生热变形；还有一种反顶尖，在尖部钻了反向的小锥孔，用于支承细小的工件。

(2) 回转顶尖。回转顶尖也称活顶尖，为了避免顶尖与工件之间的摩擦，一般都采用回转顶尖支顶，如图 7-27(c)所示。其优点是转速高，摩擦小；缺点是定心精度和刚性稍差。

(3) 鸡心夹头、对分夹头。因为两顶尖对工件只起定心和支承作用，必须通过对分夹头(见图 7-28(a))或鸡心夹头(见图 7-28(b))上的拨杆装入拨盘的槽内，由拨盘提供动力来带动工件旋转。用鸡心夹头或对分夹头夹紧工件一端，拨杆伸出端外(见图 7-28(c))。

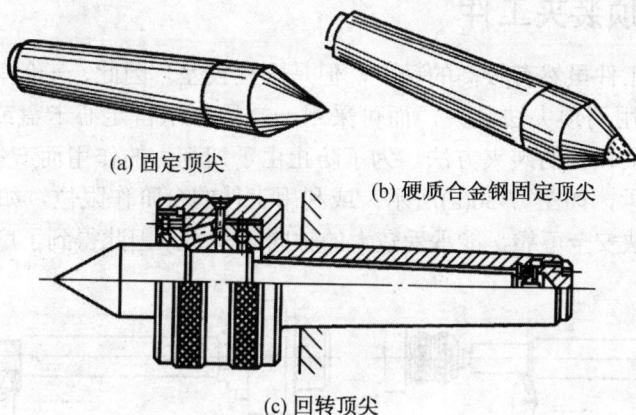

(a) 固定顶尖

(b) 硬质合金钢固定顶尖

(c) 回转顶尖

图 7-27　后顶尖

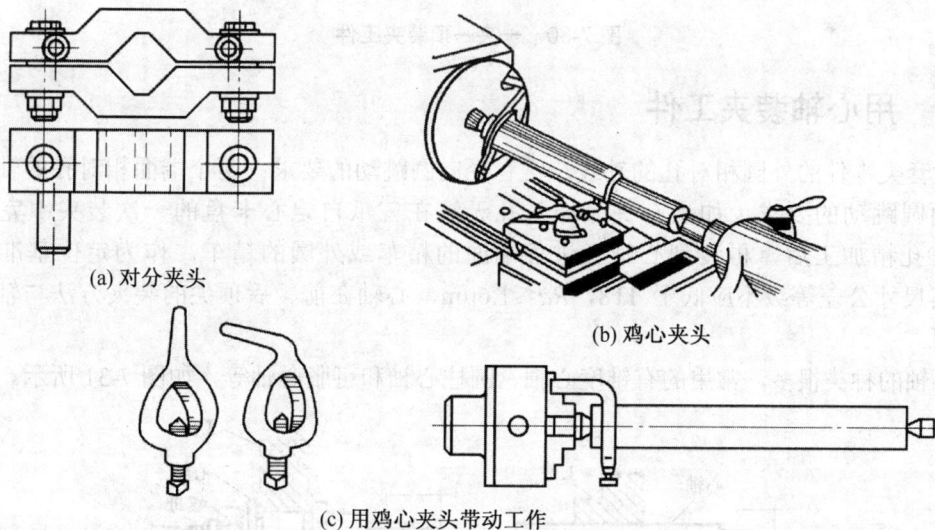

(a) 对分夹头

(b) 鸡心夹头

(c) 用鸡心夹头带动工作

图 7-28　用鸡心夹头或对分夹头带动工件

安装工件的方法：首先在轴的一端安装夹头(见图 7-29)，稍微拧紧夹头的螺钉；另一端的中心孔涂上黄油。但如用活顶尖，就不必涂黄油。对于已加工表面，装夹头时应该垫上一个开缝的小套或包上薄铁皮以免夹伤工件。

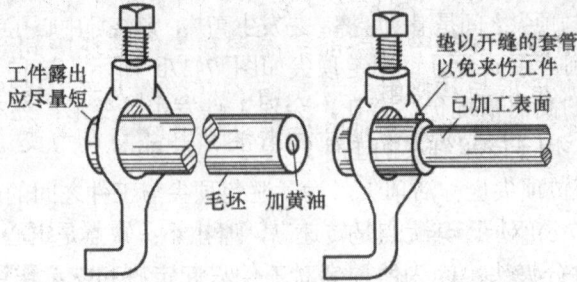

工件露出
应尽量短

垫以开缝的套管
以免夹伤工件

已加工表面

毛坯 加黄油

图 7-29　安装夹头

7.6.4　一夹一顶装夹工件

用两顶尖安装工件虽然有较高的精度，但是刚性较差。因此，一般轴类零件，特别是较重的工件，不宜用两顶尖法装夹，而可采用一端用三爪自定心卡盘或四爪单动卡盘夹住，另一端用后顶尖顶住的装夹方法。为了防止由于切削力的作用而产生轴向位移，需在卡盘内装一限位支承，如图 7-30(a)所示；或利用工件的台阶作限位，如图 7-30(b)所示。这种一夹一顶的方法安全可靠，能承受较大的轴向切削力，因此得到了广泛应用。

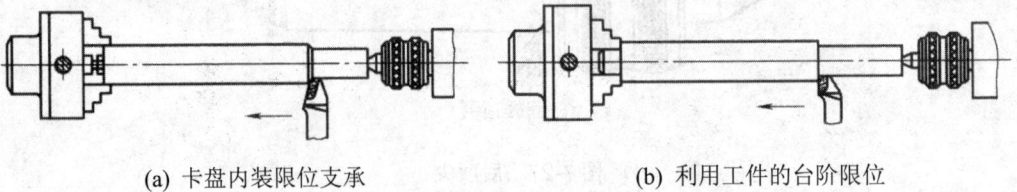

(a) 卡盘内装限位支承　　　　　　　　(b) 利用工件的台阶限位

图 7-30　一夹一顶装夹工件

7.6.5　用心轴装夹工件

盘套类零件的外圆相对孔的轴线，常有径向圆跳动的要求；两个端面相对孔的轴线，有端面圆跳动的要求。如果有关表面与孔无法在三爪自定心卡盘的一次装夹中完成，则需在孔精加工后，再装到心轴上进行端面的精车或外圆的精车。作为定位基准面的孔，其尺寸公差等级不应低于 IT8，$Ra \leqslant 1.6\mu m$，心轴在前、后顶尖的装夹方法与轴类零件相同。

心轴的种类很多，常用的有锥度心轴、圆柱心轴和可胀心轴等，如图 7-31 所示。

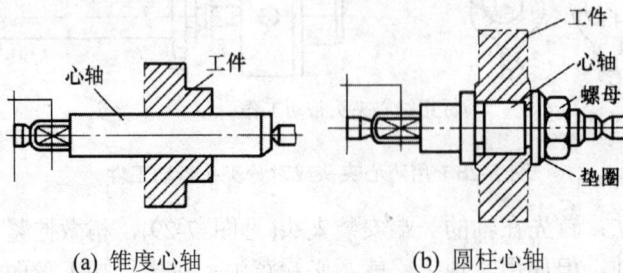

工件

心轴　工件

心轴

螺母

垫圈

(a) 锥度心轴　　　　　　　　　(b) 圆柱心轴

图 7-31　心轴的种类

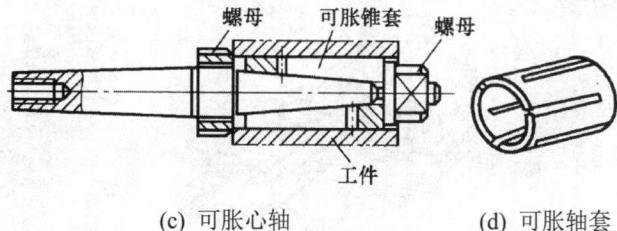

(c) 可胀心轴　　　　　　　　(d) 可胀轴套

图 7-31　心轴的种类(续)

7.6.6　用卡盘、顶尖配合中心架、跟刀架装夹工件

1) 中心架的使用

中心架有 3 个独立移动的支承爪，可径向调节，为防止支承爪与工件接触时损伤工件表面，支承爪常用铸铁、尼龙或铜制成。中心架有以下几种使用方法。

(1) 中心架直接安装在工件中间(见图 7-32(a))。这种装夹方法可提高车削细长轴工件的刚性。安装中心架前，需先在工件毛坯中间车出一段安装中心架支承爪的凹槽，使中心架的支承爪与其接触良好，槽的直径略大于工件图样尺寸，宽度应大于支承爪。车削时，支承爪与工件处应经常加注润滑油，并注意调节支承爪与工件之间的压力，以防拉毛工件及摩擦发热。

对于较长的轴，在其中间车一支承凹槽困难时，可以使用过渡套代替凹槽，使用时要调节过渡套两端各有的 4 个螺钉，以校正过渡套外圆的径向圆跳动，符合要求后才能调节中心架的支承爪。

(2) 一端夹住、一端搭中心架。车削大而长的工件端面、钻中孔或车削长套筒类工件的内螺纹时，可采用如图 7-32(b)所示的一端夹住、一端搭中心架的方法。

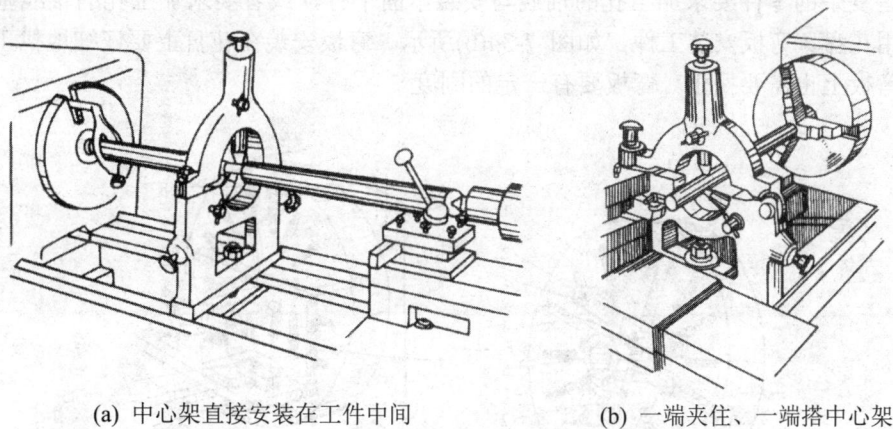

(a) 中心架直接安装在工件中间　　　　　　(b) 一端夹住、一端搭中心架

图 7-32　中心架的使用

注意：搭中心架一端的工件轴线应找正到与车床主轴轴线同轴。

2) 跟刀架的使用

跟刀架有二爪跟刀架和三爪跟刀架两种。跟刀架固定在车床床鞍上，与车刀一起移动，如图 7-33 所示。

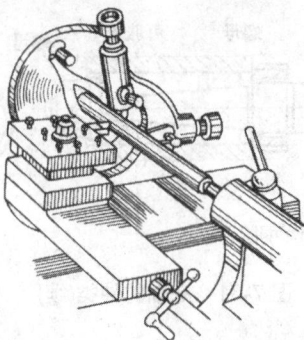

图 7-33 跟刀架的使用

在使用跟刀架车削不允许接刀的细长轴时，要在工件端部先车出一段外圆，再安装跟刀架。支承爪与工件接触的压力要适当；否则车削时跟刀架可能不起作用，或者将工件卡得过紧等。

在使用中心架和跟刀架时，工件的支承部分必须是加工过的外圆表面，并要加机油润滑，工件的转速不能很高，以免工件与支承爪之间摩擦过热而烧坏或磨损支承爪。

7.6.7 用花盘安装工件

花盘是安装在车床主轴上并随之旋转的一个大圆盘，其端面有许多长槽，可穿入螺栓以压紧工件。花盘的端面需平整，且与主轴轴线垂直。

当加工大而扁且形状不规则的零件或刚性较差的工件时，为了保证加工表面与安装平面平行，以及加工回转面轴线与安装平面垂直，可以用螺栓压板把工件直接压在花盘上加工，如图 7-34(a)所示。用花盘安装工件时，需要仔细找正。

有些复杂的零件要求加工孔的轴线与安装平面平行，或者要求加工孔的轴线垂直相交时，可用花盘、弯板安装工件，如图 7-34(b)所示。弯板安装在花盘上要仔细地找正，工件安装在弯板上也需要找正。弯板要有一定的刚度。

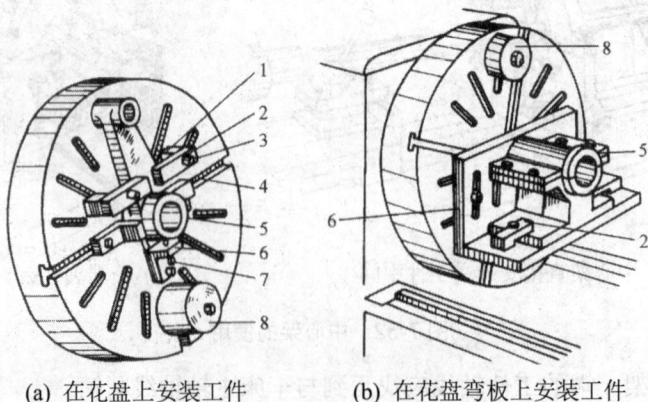

(a) 在花盘上安装工件   (b) 在花盘弯板上安装工件

图 7-34 用花盘安装工件

1—垫铁；2—压板；3—螺钉；4—螺钉槽；5—工件；6—弯板；7—顶丝；8—平衡铁

注意：用花盘或花盘弯板装夹工件时，需加平衡铁进行平衡，以减小旋转时的摆动。同时，机床转速不能太高。

7.6.8 弹簧卡头

以工件外圆为定位基准，采用弹簧卡头装夹，如图 7-35 所示。弹簧套筒在压紧螺母的压力下向中心均匀收缩，使工件获得准确的定位与牢固的夹紧，所以工件也可获得较高的位置精度。

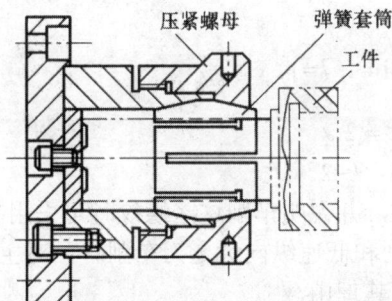

图 7-35 工件用弹簧卡头装夹

小　结

卧式车床适用于加工各种轴类、套筒类和盘类零件上的各种回转表面；卧式车床由主轴箱、刀架部件、进给箱、溜板箱、尾座、床身等主要部件组成。CA6140 型卧式车床传动系统由主运动传动链、车螺纹运动传动链、纵向进给运动传动链、横向进给运动传动链和刀架快速移动传动链组成。可以车削米制、英制、模数制和径节制四种标准螺纹，还可以加工大导程螺纹、非标准螺纹和较精密螺纹。可获得纵向和横向进给量各 64 种，横向进给量约为对应纵向进给量的一半。

卸荷式带轮的作用是减少轴 I 承受的径向力，从而减少轴 I 的弯曲变形，提高轴 I 的运动平稳性。CA6140 型车床主轴部件采用三支承结构，目的是提高主轴部件的刚度和抗震性；机械双向多片摩擦离合器的摩擦片间隙大小要合适，应对摩擦片间隙进行定期调整。按结构形式不同车刀可分为：整体车刀、焊接车刀、机夹重磨车刀和机夹可转位车刀等。车床上安装工件的方法主要有：三爪自定心卡盘装夹工件，四爪单动卡盘装夹工件，两顶尖装夹工件，一夹一顶装夹工件，用心轴装夹工件，用卡盘、顶尖配合中心架、跟刀架装夹工件，用花盘安装工件，用弹簧卡头安装工件。

习题与思考题

7-1 分析 CA6140 型卧式车床主轴正转、反转和停止的工作原理。

7-2 在 CA6140 型卧式车床的主运动、车螺纹运动、纵向和横向进给运动、快速运动等传动链中，哪几条传动链是外联系传动链？哪几条传动链是内联系传动链？为什么？

7-3 在 CA6140 型卧式车床上加工螺纹，判断下列结论是否正确，并说明理由(见图 7-3)。

(1) 车削米制螺纹转换为车削英制螺纹，用同一组挂轮，但要转换传动路线。

(2) 车削模数螺纹转换为车削径节螺纹，用同一组挂轮，但要转换传动路线。

(3) 车削米制螺纹转换为车削模数螺纹，用米制螺纹传动路线，但要改变挂轮。

(4) 车削英制螺纹转换为车削径节螺纹，传动路线不变，但要改变挂轮。

7-4 在 CA6140 型卧式车床上车削下列螺纹(见图 7-3)。

(1) 米制螺纹 $P=3mm$，$k=1$。

(2) 米制螺纹 $P=8mm$，$k=2$。

(3) 英制螺纹 $a = 4\frac{1}{2}$ 牙 / in ，$k=1$。

(4) 模数螺纹 $m = 4mm$，$k = 2$。

(5) 径节螺纹 $DP=10$ 牙/in，$k=2$。

试写出其运动平衡方程式，并说明车削这些螺纹时可采用的主轴转速范围及其理由。

7-5 做纵向高速精细车削和低速纵向大走刀车削时，对主轴转速和进给运动传动链调配有何特殊要求？试分别说明其理由。

7-6 CA6140 型卧式车床主传动链中(见图 7-3)，能否用牙嵌式离合器代替多片摩擦离合器 M_1 实现主轴的开停和换向？能否用摩擦离合器代替进给箱中的离合器 M_3、M_4、M_5？为什么？

7-7 卧式车床刀架纵向直线移动有时用丝杠螺母传动，有时又用齿轮齿条传动？能否只设置其中的一种传动？

7-8 CA6140 型卧式车床的进给传动系统中(见图 7-3)，主轴箱及溜板箱中各有一套换向机构，它们的作用有何不同？能否用主轴箱中的换向机构来变换纵、横向机动进给运动方向？为什么？

7-9 分析 CA6140 型卧式车床的传动系统(见图 7-3)。

(1) 写出车削米制和英制螺纹时的传动路线表达式。

(2) 车床是否具有扩大螺距机构？螺距扩大倍数是多少？

(3) 纵、横向机动进给运动的开停如何实现？进给运动的方向如何变换？

7-10 在需要车床停转，将操纵手柄扳至中间位后，主轴不能很快停转或仍继续旋转不止。试分析其原因，并提出解决措施。

7-11 试分析车床中机动进给链和车螺纹传动链的共同点及区别点。卧式车床中能否用丝杠来代替光杠做机动进给？为什么？

7-12 为什么卧式车床主轴箱的运动输入轴(Ⅰ轴)常采用卸荷式带轮结构？按图 7-4 说明转矩是如何传递到Ⅰ轴的？

7-13 CA6140 型卧式车床主传动链中，能否用双向牙嵌离合器或双向齿轮式离合器代替双向多片离合器，实现主轴的开停及换向？在进给传动链中，能否采用单向多片离合器或电磁离合器代替齿轮式离合器 M_3、M_4、M_5？为什么？

7-14 CA6140 型卧式车床的进给传动系统中，主轴箱和溜板箱中各有一套换向机构，它们的作用有何不同？能否用主轴箱中的换向机构来变换纵、横向机动进给的方向？为什么？

7-15　CA6140 型卧式车床主轴前后轴承的间隙怎样调整(见图 7-4)，作用在主轴上的进给力是怎样传递到箱体上的？

7-16　试分析立式车床、转塔车床及铲齿车床的结构特点和适用范围。

7-17　回轮转塔车床与卧式车床在布局和用途上有哪些区别？回轮转塔车床的生产率是否一定比卧式车床高？为什么？

7-18　车刀按特征分有哪几类？按结构分有哪几类？各有何特点？

7-19　写出下列可转位车刀型号的含义？
CNMG120404EN-F、S45V-PCKNR25-D、CDEPL2009F10N、CNE2020P22T

7-20　在车削加工中，中心架和跟刀架各应用于什么场合？

7-21　在车削加工时，工件的装夹方法有哪几种？

第 8 章　铣床与铣削加工

学习目标：

- 掌握铣床的功用和类型。
- 掌握铣床的传动系统。
- 掌握分度头的用途、结构及传动系统，分度方法。
- 掌握铣刀的类型和用途。
- 掌握铣削用量的选择。
- 掌握铣削加工工件安装方法。
- 了解 X6132 型万能升降台铣床的主要组成部件。
- 了解铣床的主要部件。
- 了解铣削加工精度及加工特点。
- 了解铣削方式。

8.1　铣床概述

8.1.1　铣床的功用

　　铣床是一种用途广泛的机床，它是用铣刀加工各种水平、垂直的平面、沟槽、键槽、T 形槽、燕尾槽、螺纹、螺旋槽，以及齿轮、链轮、花键轴、棘轮等各种成形表面，用锯片铣刀还可进行切断等工作(见图 8-1)。铣床的运动有铣刀的旋转运动和工件的进给运动。一般情况下，铣床具有相互垂直的 3 个方向上的调整移动，同时，其中任何一个方向上的调整移动也可成为进给运动。

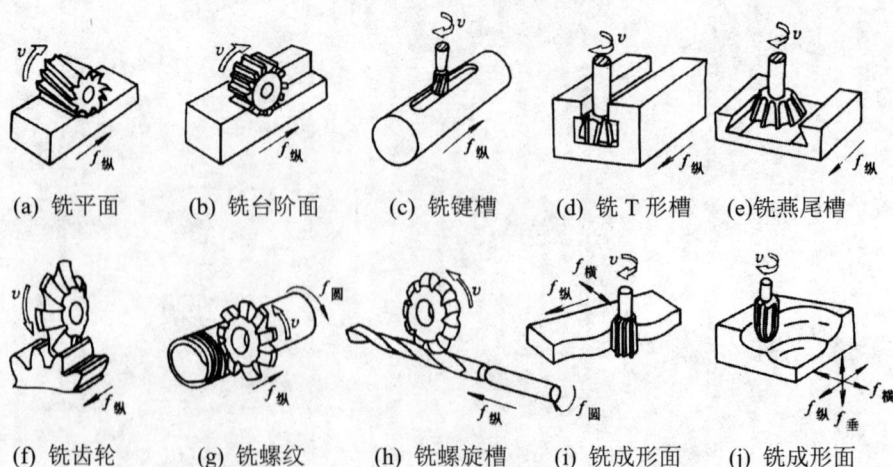

(a) 铣平面　　(b) 铣台阶面　　(c) 铣键槽　　(d) 铣 T 形槽　　(e)铣燕尾槽

(f) 铣齿轮　　(g) 铣螺纹　　(h) 铣螺旋槽　　(i) 铣成形面　　(j) 铣成形面

图 8-1　铣床加工的典型表面

8.1.2 铣床的类型

铣床的类型很多，根据其结构特点与用途，它的主要类型有升降台式铣床、工具铣床、龙门铣床、仿形铣床。此外，还有仪表铣床、专门化铣床(包括键槽铣床、曲轴铣床、凸轮铣床)等。

8.2 X6132 型卧式万能升降台铣床

现以 X6132 型万能升降台铣床为例，介绍这类机床的传动系统、结构特征及性能。

8.2.1 主要组成部件

如图 8-2 所示，X6132 型万能卧式升降台铣床由底座 1、床身 2、悬梁 3、刀杆支架 4、主轴 5、工作台 6、床鞍 7、升降台 8、回转盘 9 等部件组成。床身 2 固定在底座 1 上。床身内装有主轴部件、主变速传动装置及其变速操纵机构。悬梁 3 可在床身顶部的燕尾导轨上沿水平方向调整前后位置。悬梁上的刀杆支架 4 用于支承刀杆，提高刀杆的刚性。升降台 8 可沿床身前侧面的垂直导轨上、下移动，升降台内装有进给运动的变速传动装置、快速传动装置及其操纵机构。

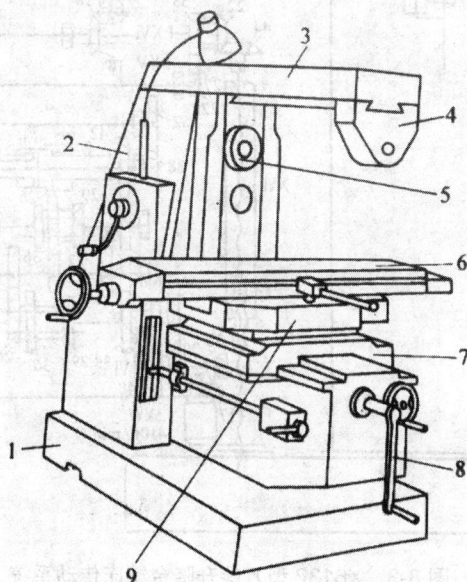

图 8-2 X6132 型万能升降台铣床外形

1—底座；2—床身；3—悬梁；4—刀杆支架；5—主轴；
6—工作台；7—床鞍；8—升降台；9—回转盘

升降台的水平导轨上装有床鞍 7，可沿主轴轴线方向移动(也称横向移动)。床鞍 7 上装有回转盘 9，回转盘上面的燕尾导轨上又装有工作台 6。因此，工作台可沿导轨做垂直于主轴轴线方向移动(也称纵向移动)；同时，工作台通过回转盘可绕垂直轴线在±45°范围内调整角度，以铣削螺旋表面。

8.2.2 机床的传动系统

1. 主运动

图 8-3 所示为 X6132 型万能升降台铣床的传动系统。主运动由主电动机(7.5kW、1450r/min)驱动，经 $\phi150\text{mm}/\phi290\text{mm}$ 带轮传动至轴 II，再由轴 II—III 间和轴 III—IV 间两组三联滑移齿轮变速组，以及轴 IV—V 间双联滑移齿轮变速组，使主轴获得 18 级转速 (30～1500r/min)。主轴的旋转方向由电动机改变正、反转向而得以换向。主轴的制动由安装在轴 II 的电磁制动器 M 进行控制。

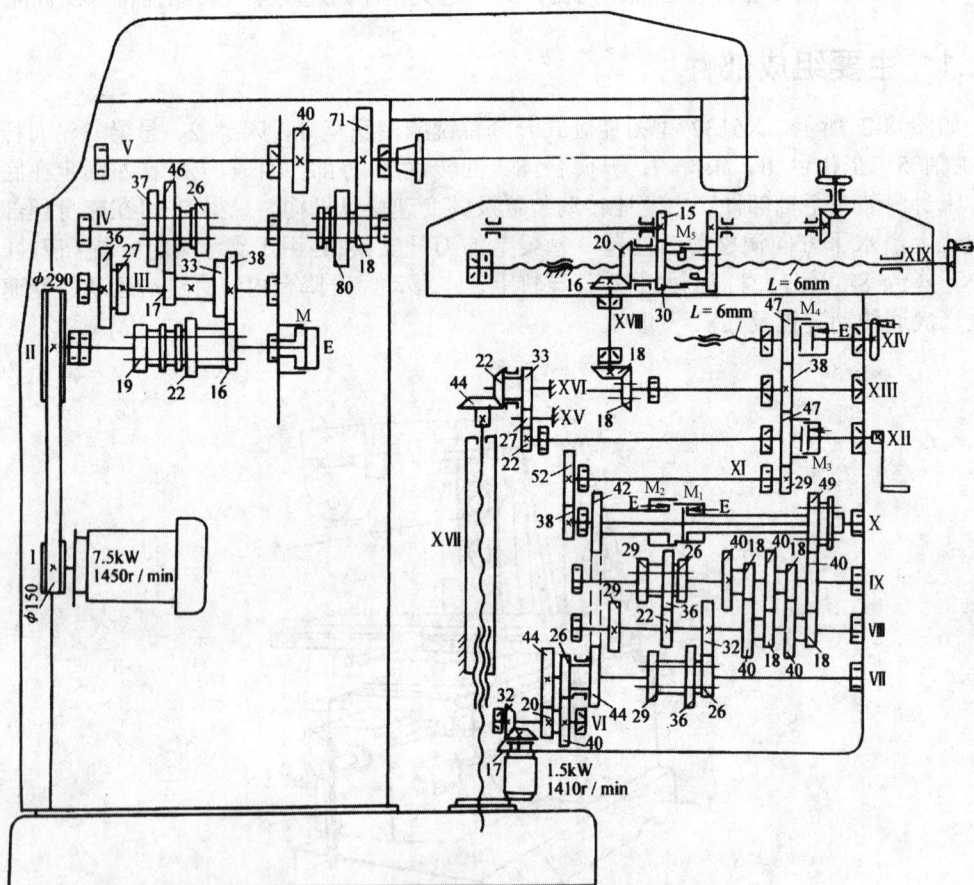

图 8-3 X6132 型万能升降台铣床传动系统

主运动传动路线表达式为

$$
\text{电动机}\begin{pmatrix}7.5\text{kW}\\1450\text{r/min}\end{pmatrix}-\dfrac{\phi150}{\phi290}-\text{II}-\begin{bmatrix}\dfrac{16}{38}\\[4pt]\dfrac{19}{36}\\[4pt]\dfrac{22}{33}\end{bmatrix}-\text{III}-\begin{bmatrix}\dfrac{17}{46}\\[4pt]\dfrac{27}{37}\\[4pt]\dfrac{33}{26}\end{bmatrix}-\text{IV}-\begin{bmatrix}\dfrac{18}{71}\\[4pt]\dfrac{80}{40}\end{bmatrix}-\text{V(主轴)}
$$

2. 进给运动

该机床的工作台可以做纵向、横向和垂向 3 个方向的进给运动及快速移动。进给运动由进给电动机(1.5kW、1410r/min)驱动。电动机的运动经一对圆锥齿轮副 17/32 传至轴Ⅳ，然后根据轴Ⅴ上电磁摩擦离合器 M_1、M_2 的结合情况，分两条路线传动。如轴Ⅴ上离合器 M_1 脱开、M_2 啮合，轴Ⅵ的运动经齿轮副 40/26、44/42 及离合器 M_2 传至轴Ⅹ。这条路线可使工作台做快速移动。如轴Ⅴ上离合器 M_2 脱开，M_1 结合，轴Ⅵ的运动经齿轮副 20/44 传至轴Ⅶ，再经轴Ⅶ—Ⅷ间和轴Ⅷ—Ⅸ间的两组三联滑移齿轮变速组以及轴Ⅷ—Ⅸ间的曲回机构，经离合器 M_1，将运动传至轴Ⅹ。这是一条使工作台做正常进给的传动路线。

轴Ⅷ—Ⅸ间的曲回机构工作原理，可由图 8-4 予以说明。轴Ⅹ上的单联滑移齿轮 $z=49$ 有 3 个啮合位置。当滑移齿轮 $z=49$ 在 a 啮合位置时，轴Ⅸ的运动直接由齿轮副 40/49 传到轴Ⅹ；滑移齿轮在 b 啮合位置时，轴Ⅸ的运动经曲回机构齿轮副 $(18/40) \times (18/40) \times (40/49)$ 传至轴Ⅹ；滑移齿轮在 c 啮合位置时，轴Ⅸ的运动经曲回机构齿轮副 $(18/40) \times (18/40) \times (18/40) \times (18/40) \times (40/49)$ 传至轴Ⅹ。因而，通过轴Ⅹ上单联滑移齿轮 $z=49$ 的 3 种啮合位置，可使曲回机构得到 3 种不同的传动比，即

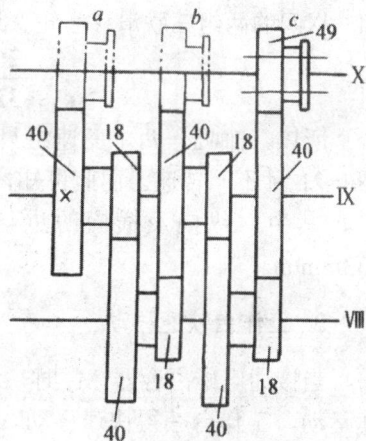

图 8-4 曲回机构原理

$$i_a = \frac{40}{49}$$

$$i_b = \frac{18}{40} \times \frac{18}{40} \times \frac{40}{49}$$

$$i_c = \frac{18}{40} \times \frac{18}{40} \times \frac{18}{40} \times \frac{18}{40} \times \frac{40}{49}$$

轴Ⅹ的运动可经过离合器 M_3、M_4、M_5 及相应的后续传动路线，使工作台分别得到垂直、横向及纵向的移动。进给运动的传动路线表达式为

$$\begin{bmatrix} 电动机 \\ 1.5kW \\ 1410r/min \end{bmatrix} - \frac{17}{32} - Ⅳ -$$

$$\frac{20}{44} - Ⅶ - \begin{bmatrix} \dfrac{26}{32} \\ \dfrac{36}{22} \\ \dfrac{29}{29} \end{bmatrix} - Ⅷ - \begin{bmatrix} \dfrac{22}{36} \\ \dfrac{29}{29} \\ \dfrac{32}{26} \end{bmatrix} - Ⅸ - \begin{bmatrix} \dfrac{40}{49} \\ \dfrac{18}{40} \times \dfrac{18}{40} \times \dfrac{40}{49} \\ \dfrac{18}{40} \times \dfrac{18}{40} \times \dfrac{18}{40} \times \dfrac{18}{40} \times \dfrac{40}{49} \end{bmatrix} - \begin{matrix} M_1 合 \\ (工作进给) \end{matrix} - Ⅹ -$$

$$\frac{40}{26} \times \frac{44}{42} - M_2 合(快速移动) -$$

$$\frac{38}{52} - XI - \frac{29}{47} - \begin{bmatrix} \frac{47}{38} - XIII - \begin{bmatrix} \frac{18}{18} - XVIII - \frac{16}{20} - M_5合 - 纵向丝杠 XIX(纵向进给) \\ \frac{38}{47} - M_4合 - 横向丝杠 XVI(横向进给) \end{bmatrix} \\ M_3合 - XII - \frac{22}{27} - XV - \frac{27}{33} - XVI - \frac{22}{44} - 垂直丝杠 XVII(垂直进给) \end{bmatrix} - 工作台$$

在理论上，铣床在相互垂直 3 个方向上均可获得 3×3×3=27 种不同进给量，但由于轴 VII—IX 间的两组三联滑移齿轮变速组的 3×3=9 种传动比中有 3 种是相等的，即

$$\frac{26}{32} \times \frac{32}{26} = \frac{29}{29} \times \frac{29}{29} = \frac{36}{22} \times \frac{22}{36} = 1$$

所以，轴 VII—两个变速组只有 7 种不同传动比。因而轴 X 上的滑移齿轮 $z=49$ 只有 7×3=21 种不同转速。由此可知，X6132 型铣床的纵、横、垂直 3 个方向的进给量均为 21 级，其中，纵向及横向的进给量范围为 10～1000mm/in，垂直进给量范围为 3.3～333mm/in。

3. 工作台快速移动

当接通电磁离合器 M_2 时，运动便由轴 VI 经(40/26)×(44/42)齿轮副传动而使轴 X 获得快速运动，工作台获得快速移动。纵向及横向快速移动速度为 2300mm/min，垂直方向快速移动速度为 770mm/min。快速移动的方向由进给电动机改变旋转方向实现。

8.2.3 万能升降台铣床的主要部件

1. X6132 型铣床的主轴部件结构

如图 8-5 所示。主轴采用 3 支承结构，以提高其刚性。前支承采用 P5 级精度的圆锥滚子轴承，以承受径向力和向左的轴向力；中间支承采用 P6 级精度的圆锥滚子轴承，以承受径向力和向右的轴向力；后支承采用 P0 级精度的深沟球轴承，只承受径向力。主轴的回转精度，即工作精度，主要由前支承和中间支承来保证，后支承只起辅助支承作用。当主轴的回转精度由于轴承磨损而降低时，须对主轴轴承进行调整。调整时，先移开悬梁并拆下床身盖板，拧松螺母 11 上的锁紧螺钉 3，用专用勾头扳手勾住螺母 11 的轴向槽，然后用一根短铁棒通过主轴前端的端面键 8，扳动主轴做顺时针旋转，使中间支承的内圈向右移动而消除中间支承 4 的间隙；再继续转动主轴，使主轴向左移动，通过主轴前端的台肩推动前轴承内圈一起向左移动，从而消除前支承 6 的间隙。调整好后，必须拧紧锁紧螺钉 3，盖上盖板并恢复悬梁位置。飞轮 9 用螺钉和定位销与主轴上的大齿轮紧固在一起，利用它在高速运转中的惯性，缓和铣削过程中的铣刀齿的断续切入而产生的冲击振动。

主轴是一根空心轴，其前端有 7：24 的精密锥孔，用于安装铣刀刀柄或铣刀刀杆的定心轴柄。前端的端面上装有用螺钉固定的两个矩形端面键 8，以便嵌入铣刀刀柄的缺口中传递转矩。主轴前端的锥孔用于安装刀杆或端铣刀，其空心内孔用于穿过拉杆将刀杆或端铣刀拉紧。安装时先转动拉杆左端的六角头，使拉杆右端螺纹旋入刀具锥柄的螺孔中，然后用锁紧螺母锁紧。刀杆悬伸部分可支承在刀杆支架(见图 8-2 件 4)的滑动轴承内。铣刀安装在刀杆上的轴向位置，可用不同厚度的调整套进行调整。

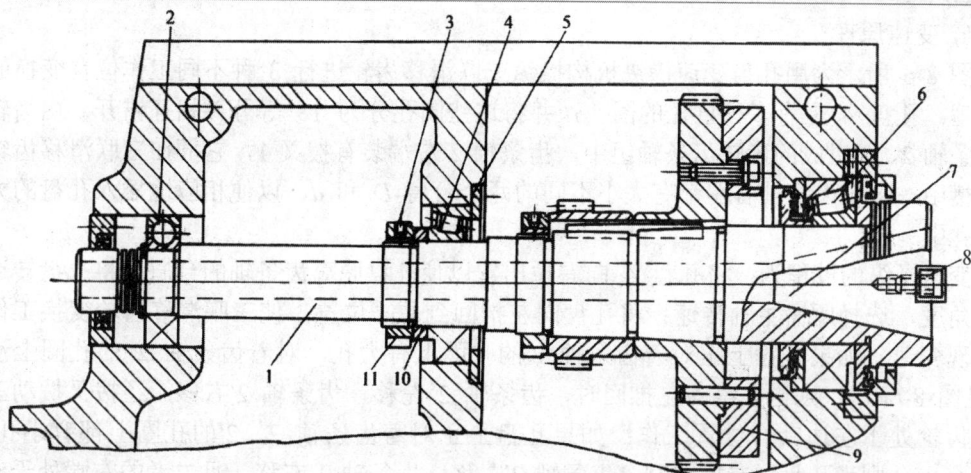

图 8-5　X6132 型万能卧式升降台铣床主轴部件结构

1—主轴；2—后支承；3—锁紧螺钉；4—中间支承；5—轴承盖；6—前支承；

7—主轴前锥孔；8—端面键；9—飞轮；10—隔套；11—螺母

2. 主变速操纵机构

X6132 型铣床的主变速，是由手柄 1、速度盘 10 进行操纵，通过孔盘使齿轮、齿条轴组做相对移动，带动拨叉使滑移变速齿轮改变不同的啮合位置而实现变速的，如图 8-6 和图 8-7所示。

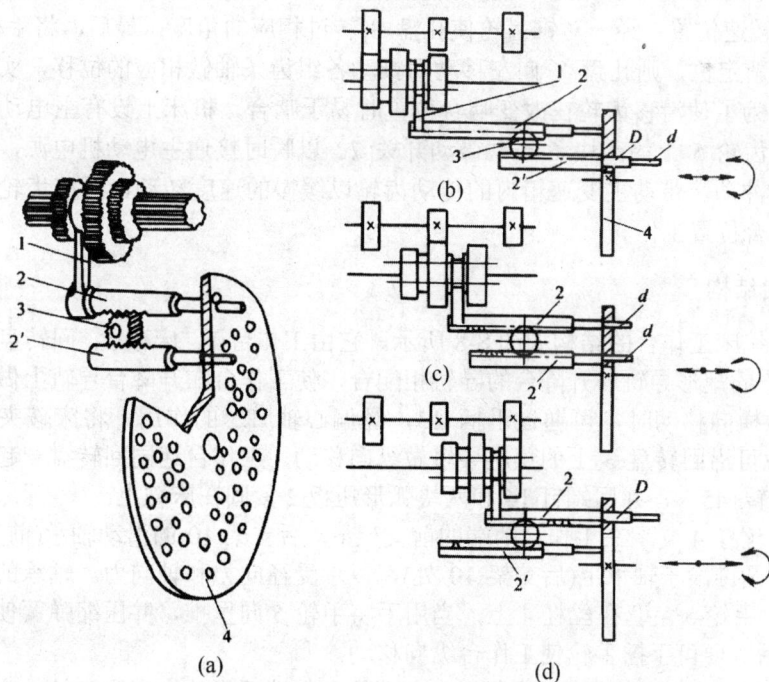

(b)

(c)

(a)

(d)

图 8-6　孔盘变速原理

1—拨叉；2，2′—齿条轴；3—齿轮；4—孔盘

1) 变速原理

图 8-6 所示为用孔盘变速操纵机构操纵三联滑移齿轮进行 3 种不同工作位置变换的工作原理。孔盘 4 上有多种直径的圆孔，并将这些圆孔分为 18 等分并相互错开。由齿轮 3 和齿条轴 2、2′组成的齿轮齿条轴组中，齿条轴 2 左端装有拨叉 1，它插在三联滑移齿轮的拨叉槽中。每一齿条轴右端都有大小不同的两个台肩 D 和 d，以便相应地插入孔盘的大孔和小孔中。

变速操纵的过程为：将孔盘 4 向右拉出，以使孔盘脱离齿条轴的台肩；将孔盘转过一定的角度，选择所需主轴转速；将孔盘向左推回到原来位置，使三联滑移齿轮变换工作位置实现变速。如果孔盘上正对着齿条轴 2′的孔圈上有大孔，对着齿条轴 2 的孔圈上没有孔(见图 8-6(b))，则当孔盘向左推回时，齿条轴 2 左移，齿条轴 2′右移，经拨叉拨动三联滑移齿轮处于左边啮合位置工作；如果孔盘上正对着齿条轴 2、2′的孔圈上都有小孔(见图 8-6(c))，则当孔盘向左推回时，齿条轴 2′左移，齿条轴 2 右移，且二者的右端处于对齐状态，此时三联滑移齿轮从左边啮合位置变为中间啮合位置工作；如果孔盘上对着齿条轴 2 的孔圈上有大孔，对着齿条轴 2′的孔圈上没有孔(图 8-6(d))，则三联滑移齿轮从中间啮合位置上变换为处于右边啮合位置工作。

2) 主变速操纵机构的结构及其操作过程

主变速操纵机构的结构如图 8-7 所示。它是安装在床身立柱左侧面的一个独立部件，由手柄 1 和速度盘 10 进行变速操纵。变速时，将手柄 1 向外拉出，则手柄 1 以销轴 2 为回转中心，脱开定位销 3 在手柄槽中的定位；然后按逆时针方向转动手柄 1 约 250°，经操纵盘 9、平键而使齿轮套筒 4 转动，再经齿轮 5 使齿条轴 11 向右移动，其上的拨叉 12 便拨动孔盘 8 向右移动，使孔盘 8 脱开各组齿条轴，为孔盘 8 的转位做好准备；转动速度盘 10 至所需转速位置，经一对锥齿轮使孔盘 8 转过相应的角度；最后，将手柄 1 推回到原来位置并重新定位，则孔盘 8 向左移动而推动各组齿条轴做相应的位移，实现转速的变换。变速时，为了使滑移齿轮在改变啮合位置时易于啮合，机床上设有主电动机瞬时冲动装置，它利用齿轮 5 上的凸块 6 压动微动开关 7。以瞬时接通主电动机电源，使主电动机实现一次瞬时冲动，带动主变速箱内的传动齿轮以缓慢的速度转动，滑移齿轮即可顺利地移动到另一啮合位置工作。

3. 工作台结构

X6132 型铣床工作台的结构如图 8-8 所示。它由工作台 7、床鞍 1、回转盘 3 这 3 层组成。用床鞍 1 的矩形导轨与升降台的导轨相配合，使工作台在升降台导轨上做横向移动。当工作台不做横向移动时，可通过手柄 13，经偏心轴 12 的作用，将床鞍夹紧在升降台上。工作台 7 可沿回转盘 3 上的燕尾导轨做纵向移动。工作台连同回转盘一起可绕锥齿轮的轴线 XⅧ 回转±45°，并用螺钉 14 和两块弧形压板 2 紧固在床鞍上。

纵向进给丝杠 4 支承在工作台两端的前支架 6、后支架 10 的滑动轴承(前支架 6 处)和推动球轴承、圆锥滚子轴承上(后支架 10 处)，以承受径向力和轴向力。轴承的间隙由螺母 11 进行调整。手轮 5 空套在丝杠 4 上，当用手将手轮 5 向里推，并压缩弹簧使端面齿离合器同 M 接通后，便可手摇手轮使工作台纵向移动。

在回转盘 3 上，左端安装双重螺母，右端装有带端面齿的空套锥齿轮，离合器 M_5 用花键与花键套筒 9 连接，而花键套筒又以滑键 8 与铣有长键槽的丝杠 4 连接，因此，若将端面齿离合器 M_5 向左接通，则来自 XⅦ 轴的运动，经锥齿轮副、M_5、滑键 8 而带动丝杠

4 转动。由于双螺母装在回转盘的左端，它既不能转动又不能移动，所以，当丝杠 4 获得旋转运动后，同时又做轴向移动，从而带动工作台 7 做纵向进给运动。

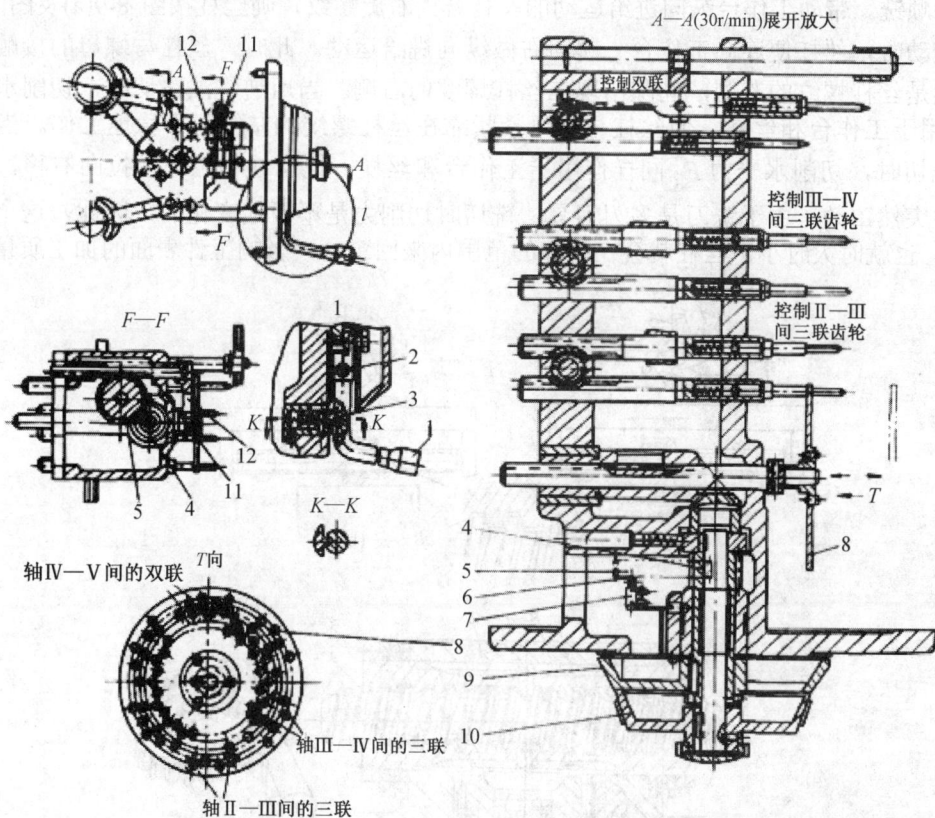

图 8-7　X6132 型铣床主变速操纵机构

1—手柄；2—销轴；3—定位销；4—齿轮套筒；5—齿轮；6—凸块；7—微动开关；

8—孔盘；9—操纵盘；10—速度盘；11—齿条轴；12—拨叉

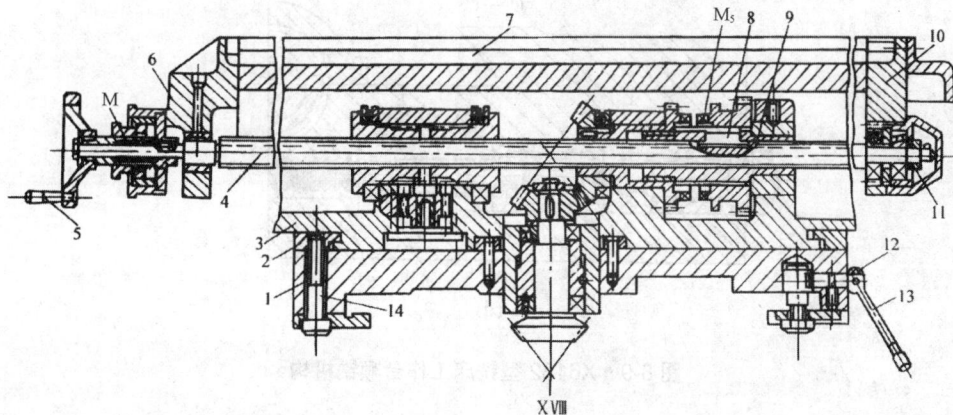

图 8-8　X6132 型铣床工作台结构

1—床鞍；2—压板；3—回转盘；4—纵向进给丝杠；5—手轮；6—前支架；7—工作台；8—滑键；

9—花键套筒；10—后支架；11—螺母；12—偏心轴；13—手柄；14—螺钉

铣床工作时，若切削力 F 的水平分力 F_x 与纵向进给方向相反(见图 8-9(a))，这种铣切方法称为逆铣；若切削力 F 的水平分力 F_x 与纵向进给方向相同(见图 8-9(b))，这种铣切方法称为顺铣。带动工作台纵向进给运动的丝杠若为右旋螺纹，则丝杠按图 8-9(a)及图 8-9(b)方向转动时，丝杠便连同工作台一起向右做纵向进给运动。此时，丝杠与螺母的接触工作面必然是丝杠螺纹的左侧，间隙出现在丝杠螺纹的右侧。当用逆铣法铣切时，切削水平力 F_x 作用于工作台和丝杠，使丝杠与螺母紧紧靠在丝杠螺纹的左侧而平稳地工作。当用顺铣法铣切时，切削水平力 F_x 同样作用于工作台和丝杠，把丝杠和工作台拉向右移，使丝杠产生突然窜动；由于铣刀是多刃刀具，铣切时切削力是不断地变化的，因此，这个水平分力 F_x 也就时大时小，丝杠就会在间隙的范围内来回窜动，影响工件表面的加工质量。

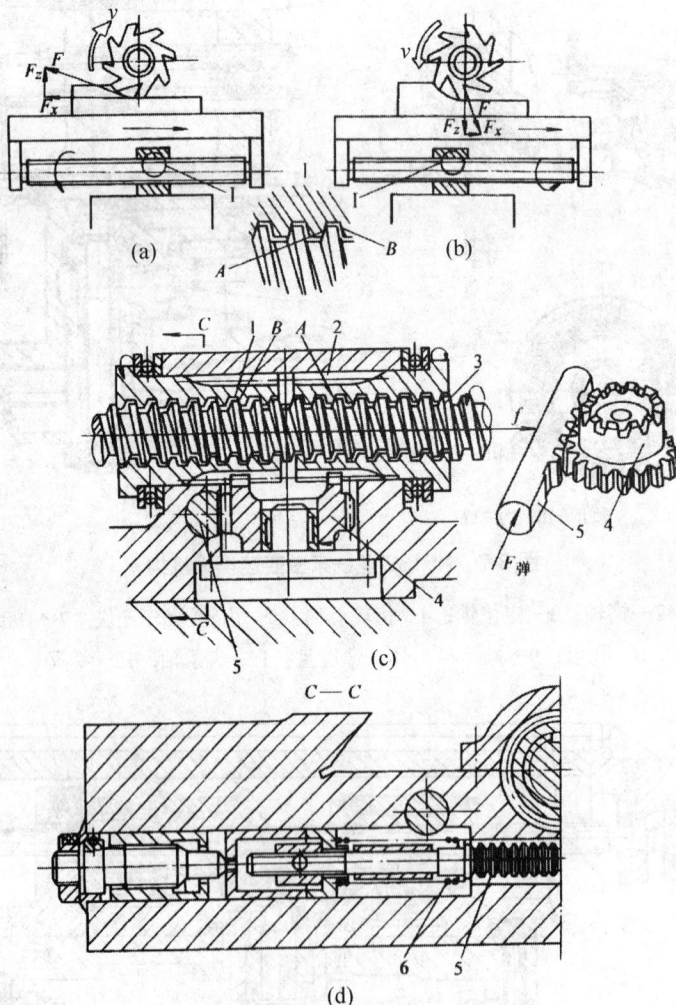

图 8-9 X6132 型铣床工作台顺铣机构

1—左螺母；2—右螺母；3—右旋丝杠；4—冠状齿轮；5—齿条；6—弹簧

为此，X6132 型铣床上设有顺铣机构(见图 8-9(c))。顺铣机构由右旋丝杠 3、左螺母 1、右螺母 2、冠状齿轮 4 及齿条 5 等组成。在弹簧 6 的作用下，齿条 5 向右移动，使冠状齿轮 4 沿图示箭头方向回转，带动螺母 1 和 2 沿相反的方向回转，于是螺母 1 螺纹的左侧与丝杠螺纹的右侧靠紧；螺母 2 的右侧与丝杠螺纹的左侧靠紧。由此可知，顺铣机构可以在顺铣时自动消除丝杠与螺母间的间隙，不会产生轴向窜动的现象，保证了顺铣的加工质量。顺铣机构还可在逆铣铣切时自动松开，以减少丝杠螺母间的磨损。其工作原理为：当逆铣时，右螺母 2 承受丝杠的轴向力，因此，右螺母 2 的螺纹与丝杠螺纹间产生较大的摩擦力，使右螺母 2 有随丝杠一起转动的趋势，这种趋势带动冠状齿轮 4 转动，又有使左螺母 1 与丝杠有反向转动的趋势，因而，使左螺母 1 的螺纹左侧与丝杠的螺纹右侧之间产生间隙，减少丝杠的磨损。

8.3　铣床附件——万能分度头

8.3.1　分度头的用途、结构及传动系统

分度头是铣床的一种常用附件，特别是在单件小批量生产和设备修理车间，广泛用来扩大铣床的工艺范围。分度头安装在铣床工作台上，工件支承在分度头主轴顶尖与尾座顶尖之间或夹持在卡盘上，可完成以下工作。

(1) 使工件绕轴线回转一定的角度，完成等分或不等分的圆周分度工作，如加工六角头、方头、齿轮、花键轴以及等分或不等分刀齿的铰刀等。

(2) 通过配换挂轮，由分度头带动工件连续旋转，并与工作台的纵向进给运动相配合，进行螺旋槽、螺旋齿和阿基米德螺线凸轮的加工等。

(3) 用卡盘夹持工件，使工件轴线相对于铣床工作台倾斜一所需角度，以加工与工件轴线相交成一定角度的平面和沟槽等。

FW125 型万能分度头的结构及其传动系统如图 8-10 所示。分度头主轴 2 安装在鼓形壳体 4 内，壳体 4 两侧的轴颈支承在底座 8 上，并可绕轴线回转，使主轴在水平线以下 6°至水平线以上 95° 范围内调整所需的角度。主轴前端有锥孔，用于安装顶尖 1。其外部的定位锥面，作为三爪自定心卡盘安装时的定位基准之用。转动手柄 K，经传动比为 1：1 的齿轮和 1：40 的蜗杆副，可带动主轴回转到所需的工作位置。手柄 K 在分度时转过的周数，由插销 J 所对应的分度盘 7 上的数目来确定。分度盘在若干不同直径的圆周上分布着不同的孔数，每一圆周上分布的小孔称为孔圈。FW125 型分度头带有 3 块分度盘 7，每一圈孔数分别如下：

第一块：16、24、30、36、41、47、57、59。

第二块：23、25、28、33、39、43、51、61。

第三块：22、27、29、31、37、49、53、63。

插销 J 可在分度手柄 K 的长槽中沿分度盘径向调整位置，使插销能插入不同孔数的孔圈内。

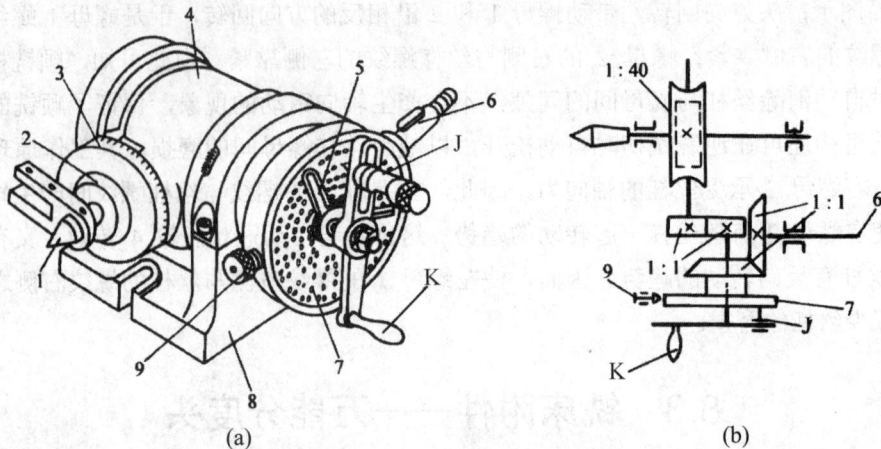

图 8-10　FW125 型分度头

1—顶尖；2—分度头主轴；3—刻度盘；4—壳体；5—分度叉；6—分度头外伸轴；

7—分度盘；8—底座；9—锁紧螺钉；J—插销；K—分度手柄

8.3.2　分度方法

1. 直接分度法

用直接分度法分度时，需松开主轴锁紧机构(图 8-10 中未标出)，脱开蜗杆与蜗轮的啮合，然后用手直接转动分度头主轴，主轴所需转角由刻度盘 3 直接读出。分度完毕后，需通过锁紧机构将主轴锁紧，以免加工时转动。

直接分度法一般用于加工精度要求不高，且分度数较少(如 2、3、4、6 等分)的工件。

2. 简单分度法

分度数目较多时，可用简单分度法分度。分度前应使蜗杆与蜗轮啮合并用锁紧螺钉 9 将分度盘 7 锁紧。选好分度盘的孔圈后，应调整插销 J 对准所选用的孔圈。分度时，手柄每次应转过的转数计算如下：

设工件每次需分度数为 z，则每次分度时主轴应转 $1/z$ 转。由传动系统[图 8-10(b)]的分度手柄 K 每次分度时应转的转数 $n_k(r)$ 为

$$n_k = \frac{1}{z} \times \frac{40}{1} \times \frac{1}{1} = \frac{40}{z}$$

上式可写成以下形式，即

$$n_k = \frac{40}{z} = a + \frac{p}{q} \tag{8-1}$$

式中：n——每次分度时，手柄 K 应转的整数转(当 $z>40$，$a=0$)；

　　　q——所选用孔圈的孔数；

　　　p——插销 J 在 q 个孔的孔圈上应转的孔距数。

例 8-1　在铣床上利用分度头分度加工 $z=35$ 的直齿圆柱齿轮，用简单分度法分度，试选用分度盘孔圈并确定分度手柄 K 每次应转的转数。

解　由 $n_k = \dfrac{40}{z} = a + \dfrac{p}{q}$ 得

$$n_k = \frac{40}{z} = \frac{40}{35} = 1 + \frac{5}{35}$$

因没有 35 孔的孔圈，所以

$$n_k = 1 + \frac{5}{35} = 1 + \frac{1}{7} = 1 + \frac{4}{28} = 1 + \frac{7}{49} = 1 + \frac{9}{63}$$

第二块分度盘有 28 孔的孔圈，第三块则有 49 孔和 63 孔的孔圈，故上列 3 种方案都可用。现选用 28 孔的孔圈，手柄 K 每次应转一整转，再转 4 个孔距。

为保证分度不出错误，应调整分度盘上的分度叉 5 上的夹角，使其内缘在 28 孔的孔圈上包含 4+1=5 个孔(即 4 个孔距)。分度时，拔出插销 J，转动手柄 K 一整转，再转分度叉内的孔距数，然后重新将插销插入孔中定位。最后，顺时针转动分度叉，使其左叉紧靠插销，为下一次分度做好准备。

3. 差动分度法

由于分度盘的孔圈有限，一些分度数如 73、83、113 等不能与 40 约简，选不到合适的孔圈，就不可能用简单分度法进行分度。这时，可采用差动分度法。差动分度法的工作原理如下：

设工件要求的分度数为 z，且 $z>40$，则分度手柄 K 每次应转过 $40/z$ 转，即插销 J 应由 A 点转到 C 点，用 C 点定位[图 8-11(b)]。但因 C 点处没有相应的孔供定位，故不能用简单分度法分度。为了借用分度盘上的孔圈，可以选取 z_0 值来计算手柄 K 的转数。这 z_0 值应与 z 接近，能从分度盘上直接选到相应的孔圈，或能与 40 约简后选到相应的孔圈。z_0 值选定后，则手柄 K 的转数为 $40/z_0$，即插销从 A 点转到 B 点，用 B 点定位。这时，如果分度盘固定不动，则手柄转数产生 $40/z - 40/z_0$ 转的误差。为了补偿这一误差。需在分度头主轴尾端插一根心轴 I，并在轴 I 与轴 II 之间配上 ac/bd 挂轮，使手柄在转 $40/z_0$ 转的同时，通过 ac/bd 挂轮和 1：1 的圆锥齿轮副，使分度盘也相应地转动，以使 B 点的小孔在分度的同时转到 C 点供插销定位并补偿上述误差值。当插销自 A 点转 $40/z$ 转至 C 点时，分度盘应补充转动 $40/z - 40/z_0$ 转，以使孔恰好与插销对准。因此，分度手柄与分度盘之间的运动关系如下。

手柄 K 转 $40/z$ 转——分度盘补转 $40/z - 40/z_0$ 转，则传动链平衡方程式为

$$\frac{40}{z} \times \frac{1}{1} \times \frac{1}{40} \times \frac{ac}{bd} \times \frac{1}{1} = \frac{40}{z} - \frac{40}{z_0}$$

化简后可得挂轮计算公式为

$$\frac{ac}{bd} = \frac{40}{z_0}(z_0 - z) \tag{8-2}$$

式中：z——工件所要求的分度数；

z_0——选定的分度数。

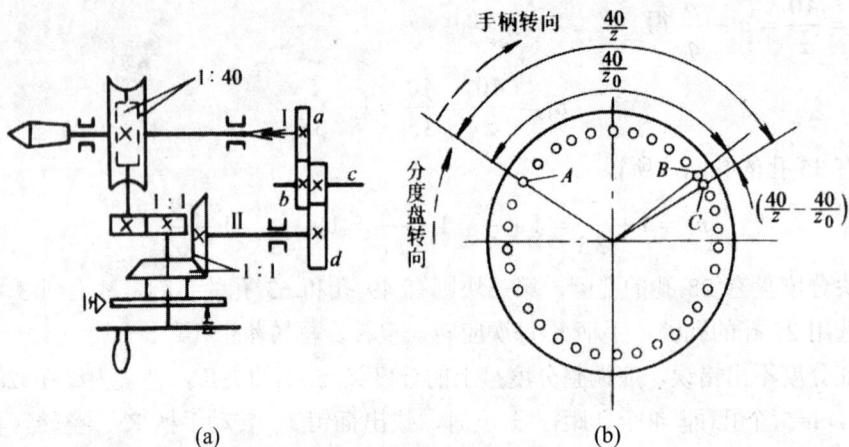

图 8-11　差动分度原理

分度盘应从哪一个方向补转，决定的原则是：当 $z_0 > z$ 时，分度手柄与分度盘的旋转方向应相同；当 $z_0 < z$ 时，分度手柄与分度盘的旋转方向应相反。

FW125 型万能分度头带有模数 $m=1.75$ 的挂轮 15 个，其齿数为 24(两个)、28、32、40、44、48、56、64、72、80、84、86、96、100。

例 8-2　在铣床上利用 FW125 万能分度头加工 $z=103$ 的直齿圆柱齿轮，试确定分度方法并进行分度的调整计算。

解　因 $z=103$ 不能与 40 化简，且选不到孔圈数，故确定用差动分度法进行分度。

(1) 初取 $z_0=102$，则

$$n_k = \frac{40}{z_0} = \frac{40}{102} = \frac{20}{51}$$

即选用第二块分度盘的 51 孔孔圈为依据进行分度，每次分度手柄 K 应转 20 个孔距。

(2) 配换挂轮齿数为

$$\frac{ac}{bd} = \frac{40}{z_0}(z_0 - z) = \frac{40}{102}(102 - 103) = -\frac{20}{51}$$

因为分度头没有 51 齿的挂轮，且 51 又不能与 20 化简，故选取 $z_0=102$ 不适合，需重新选取 z_0 值。

(3) 重新选取 z_0 值。

选取 $z_0=100$，则

$$n_k = \frac{40}{z_0} = \frac{40}{100} = \frac{20}{50}$$

现选用第二块分度盘的 25 孔孔圈为依据进行分度，手柄 K 每次应转 10 个孔距。

(4) 重配挂轮齿数

$$\frac{ac}{bd} = \frac{40}{z_0}(z_0 - z) = \frac{40}{100}(100 - 103) = -\frac{120}{100} = -\frac{6}{5} = -\frac{48}{40}$$

即 $a=48$，$d=40$，$b=c$ 视挂轮结构情况可共用一个齿轮。

因 $z_0 < z$，分度手柄与分度盘的旋转方向应相反，故其传动比为负值。此时，应在挂轮中加一介轮。

4. 铣螺旋槽的调整计算

在万能升降台铣床用万能分度头铣螺旋槽时，应作以下调整工作(见图 8-12)。

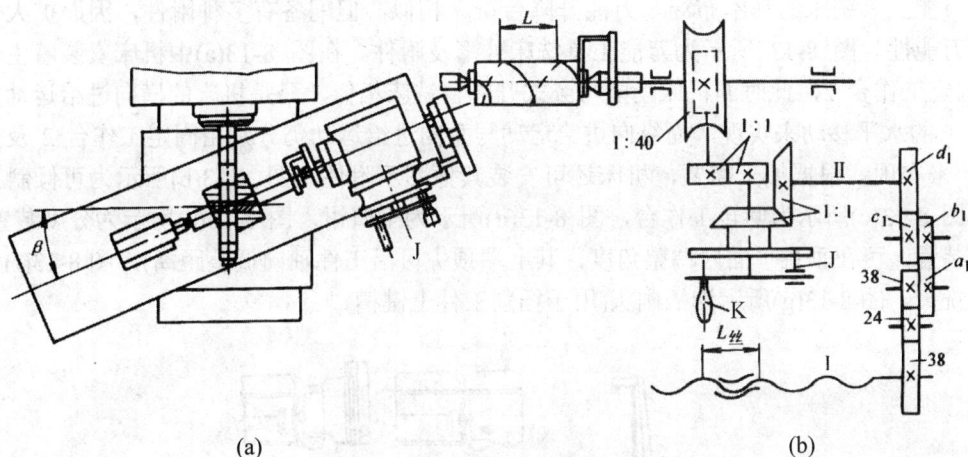

图 8-12　铣螺旋槽的调整计算

(1) 用顶尖将工件支承在分度头主轴与尾座之间，使工作台绕垂直轴线转动工件的螺旋角度，使铣刀旋转平面与工件螺旋槽的方向保持一致，工作台的旋转方向根据螺旋槽的方向决定。

(2) 在工作台纵向进给丝杠与分度头主轴Ⅰ之间，选配一组挂轮，使工作台带动工件纵向进给的同时，将丝杠的运动由挂轮组 $a_1/b_1 \times c_1/d_1$ 传给分度头输入轴Ⅱ，经分度头主轴使工件旋转，以实现工件在纵向移动的同时绕自身轴线做旋转运动。

挂轮组的配换齿轮根据丝杠—工件两端件的运动关系，设工件螺旋槽的导程为 L，铣床纵向丝杠的导程为 $L_丝$。当工作台和工件移动导程 L 距离时，即纵向丝杠转 $L/L_丝$ 时，工件应转一转，铣刀在工件表面切出导程为 L 的螺旋槽。根据图 8-12(b)所示的传动系统，可列出运动平衡方程式为

$$\frac{L}{L_丝} \times \frac{38}{24} \times \frac{24}{38} \times \frac{a_1}{b_1} \times \frac{c_1}{d_1} \times 1 \times 1 \times \frac{1}{40} = 1_{工件}$$

化简，得置换公式为

$$\frac{a_1}{b_1} \times \frac{c_1}{d_1} = \frac{40 L_丝}{L} \tag{8-3}$$

式中：$L_丝$——工作台纵向丝杠导程，mm；
　　　L——工件螺旋槽导程，mm。

(3) 对多条螺旋槽的工件(如麻花钻、螺旋铣刀等)，每加工完一条槽后，应将工件退回原始加工位置，拔出分度盘上的插销，使分度主轴和纵向进给丝杠断开运动联系，通过分度头作周期性分度。

8.4   其他类型铣床简介

8.4.1   万能工具铣床

万能工具铣床的基本布局与万能升降台铣床相似，但配备有多种附件，因而扩大了机床的万能性。图 8-13 所示为万能工具铣床外形及附件。在图 8-13(a)中机床安装着主轴座1、固定工作台 2，此时的机床功能与卧式升降台铣床相似，只是机床的横向进给运动由主轴座 1 的水平移动来实现，而纵向进给运动与垂向进给运动仍分别由固定工作台 2 及升降台 3 来实现。根据加工需要，机床还可安装其他图示附件，图 8-13(b)所示为可倾斜工作台，图 8-13(c)所示为回转工作台，图 8-13(d)所示为平口钳，图 8-13(e)所示为分度装置(利用该装置，可在垂直平面内调整角度，其上端顶尖可沿工件轴向调整距离)，图 8-13(f)所示为立铣头，图 8-13(g)所示为插削头(用于插削工件上键槽)。

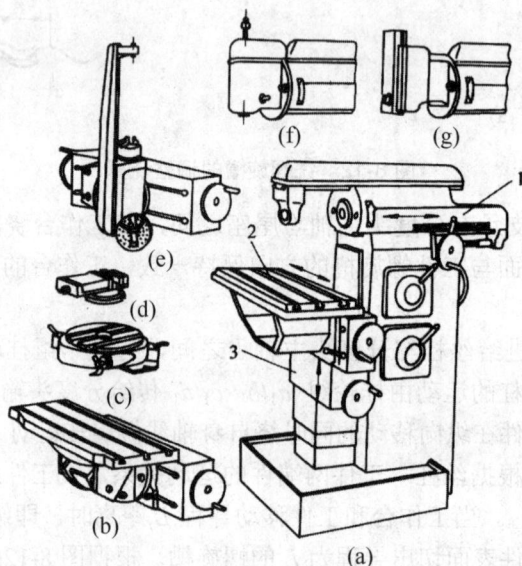

图 8-13   万能工具铣床

1—主轴座；2—固定工作台；3—升降台

由手万能工具铣床具有较强的万能性，故常用于工具车间，加工形状较复杂的各种切削刀具、夹具及模具零件等。

8.4.2   摇臂万能铣床

摇臂万能铣床是用途广泛、具有很大的加工灵活性的中型铣床，主要用于完成立铣、卧铣、镗、钻、磨、插等加工，配上附件还可加工各种螺旋面、沟槽、弧形槽、齿轮、花键等，适合于中、小型企业的设备维修和小批量生产使用。

摇臂万能铣床的外形结构如图 8-14 所示，由底座、床身、升降台、进给箱、工作台、铣头臂及插头部件等组成。机床主轴的旋转运动、工作台的进给运动及插头的插削运动分别由 3 个电动机单独驱动。机床的主轴采用立式铣床的布局方式。做立式铣削加工时，安装在摇臂 7 上的立铣主轴转速较高(65～4760r/min)，特别适合使用小型刀具进行铣削加工。摇臂 7 可沿床身顶部的导轨前、后移动，绕摇臂导轨线 360°旋转和垂直摇臂导轨 45°旋转。由于立铣头可绕摇臂 7 做较大角度的旋转，因而允许加工零件的尺寸大于工作台，并能完成各种斜面的铣削加工。机床做卧式铣削加工时，在立铣头下方安装卧铣加工的特殊附件——直角头，就能转换为卧铣使用，并可在摇臂 7 的前端装上卧铣支架，以增加卧铣时主轴的刚度。

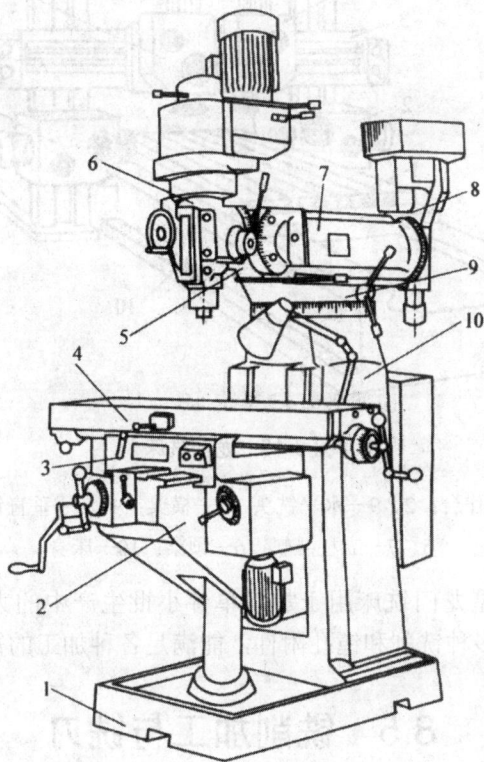

图 8-14 摇臂万能铣床

1—底座；2—升降台；3—床鞍；4—工作台；5—转盘支架；
6—立铣头；7—摇臂；8—插削头；9—回转盘；10—床身

机床做插削加工时，将摇臂 7 在床身上旋转 180°，使插头部件调整至工作台上方，即可进行工件的插削加工。

8.4.3 龙门铣床

龙门铣床是一种大型高效能通用机床，主要用于各类大型工件上的平面、沟槽，借助于附件并可完成斜面、孔等加工。龙门铣床不仅可以进行粗加工及半精加工，也能进行精加工。图 8-15 所示为具有 4 个铣头的中型龙门铣床。加工时，工件固定在工作台 1 上做直线进给运动。横梁 3 上有两个垂直铣头 4 及 8，可在横梁上沿水平方向调整位置。横梁本身可沿立柱导轨 5、7 调整在垂直方向上的位置。立柱上两个水平铣头 2 及 9 则可沿垂直方向调整位置。各铣刀主轴套筒带动的切削运动，均由铣头主轴套筒带动铣刀沿轴向移动来实现。龙门铣床可以用几个铣头同时加工工件的几个平面，从而提高机床的生产效率。

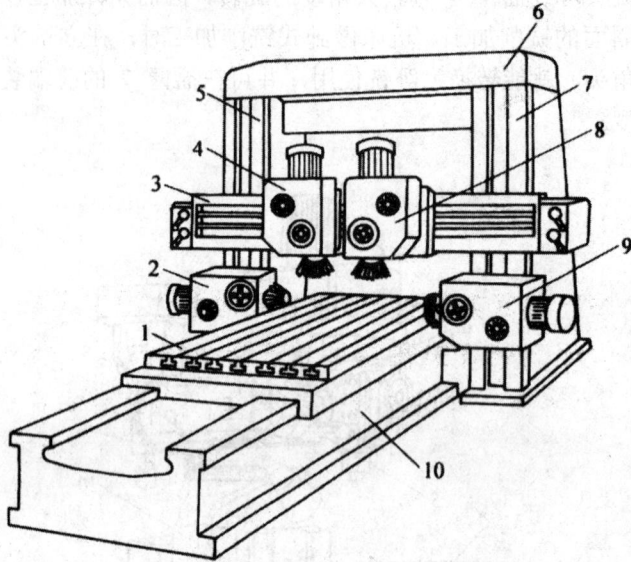

图 8-15　龙门铣床

1—工作台；2、9—水平铣头；3—横梁；4、8—垂直铣头；

5、7—立柱导轨；6—顶梁；10—床身

大型、重型及超重型龙门铣床用于加工单件小批生产中的大型及重型零件，它仅有 1～2 个铣头，但配备有多种铣削和镗孔附件，能满足各种加工的需要。

8.5　铣削加工与铣刀

8.5.1　铣削加工精度及加工特点

(1) 加工精度。铣削加工可以加工多种型面，主要用于零件的精加工和半精加工，其精度一般在 IT8～IT11 之间，表面粗糙度在 Ra 12.5～0.4μm 之间。

(2) 生产率高。铣削加工时铣刀连续旋转，并且采用较高的切削速度，因此铣削加工生产率较高。

(3) 断续切削。铣削加工时铣刀的每个刀齿都在进行断续切削，尤其是端铣，铣削力呈周期性变化，加工过程中会产生较大振动。当振动的频率与机床固有频率相同或成倍数时，振动最为严重。此外，高速铣削时，刀齿还要经受周期性的冷、热冲击，容易出现裂纹和崩刃，使刀具寿命下降。

(4) 多刀多刃切削。铣刀刀齿多，切削刃的总长度大，有利于提高刀具耐用度和生产率。但也存在以下两方面的问题：一是刀齿容易出现径向圆跳动，这将造成刀齿负荷不等、磨损不均匀，影响已加工表面质量；二是刀齿的容屑空间必须足够，否则会损坏刀齿。

(5) 铣削方式不同。根据不同的加工要求，为提高刀具寿命和生产率，可选用不同的铣削方式，如逆铣、顺铣或对称铣、不对称铣。

8.5.2　铣刀的类型和用途

铣刀是一种多刃刀具，它的每一个刀齿都相当于一把车刀或刨刀固定的回转刀体的旋转表面或端面上。铣削加工中常用的铣刀及用途见表 8-1。

表 8-1　常用铣刀及其用途和标记示例

铣刀名称	图　例		标记示例	主要用途
三面刃铣刀	交错齿		例如，外径 D=80mm、厚度 L=8 mm、Ⅰ型精密级直齿三面刃铣刀： 　铣刀 80×8、Ⅰ型精 GB/T 6119.1—1996	铣台阶、沟槽
	镶齿			
键槽铣刀	直柄		铣刀名称　直径公差　铣刀国标号 例如，直径 D、e8 公差的键槽铣刀： 键槽铣刀 D10-e8 GB/T 1112.3 —1997	铣键槽
	锥柄			
套式面铣刀	整体式		外径　铣刀国标号 例如，外径 D=100mm 的套式面铣刀： 铣刀 100 GB/T 1114.1—1998	铣平面、大沟槽
	镶齿			
锯片铣刀			外径×厚度　铣刀国标号 例如，厚度 L=3 mm 的粗齿锯片铣刀： 铣刀 100×3 粗 GB/T1120—1996	铣窄槽、切断工件

铣刀名称	图　例	标记示例	主要用途
T 形槽铣刀		T 形槽基本尺寸　铣刀国标号 例如，T 形槽基本尺寸为 18 mm、直柄 T 形槽铣刀： 铣刀 18 GB/T6124.1—1996	铣 T 形槽
燕尾槽铣刀		铣刀外径×角度　铣刀国标号 例如，外径 D=16mm、角度 θ=50°的燕尾槽铣刀（Ⅰ型）： 铣刀 16×50°　Ⅰ GB/T6338—1986	铣燕尾槽
角度铣刀	单角	外径×角度　铣刀国标号 例：外径 D=63mm、角度 θ=30°的对称双角铣刀： 铣刀 63×30° GB/T6128.3—1996	卧式和万能铣床上铣角度槽
	对称双角		
	不对称双角		
成形铣刀	凸半圆	半径　铣刀国标号 例如，外径 R=8mm 的凸半圆铣刀： 铣刀 R8　GB/T 1124.2—1996	铣凹面弧槽
	凹半圆		铣凸面弧槽

1. 铣刀按其用途分类

(1) 加工平面用铣刀。加工平面主要有端铣刀和圆柱铣刀；加工较小的平面也可以用立铣刀和三面刃铣刀。

(2) 加工沟槽用铣刀。加工直角沟槽的有立铣刀、三面刃铣刀、键槽铣刀和锯片铣刀等；加工特殊沟槽的有 T 形槽铣刀、燕尾槽铣刀和角度槽铣刀。

(3) 加工特形面用铣刀。根据特形面的形状而专门设计的成形铣刀，又称特形铣刀，如凸圆弧面铣刀和凹圆弧面铣刀。

2. 铣刀按切削部分的材料分类

(1) 高速钢铣刀。应用广泛，尤其适宜于制造形状复杂的铣刀。

(2) 硬质合金铣刀。可用于高速切削或加工硬度超过 40HRC 的硬材料，多作端铣刀。

3. 铣刀按刀齿的构造分类

(1) 尖齿铣刀。大多数铣刀采用该结构。

(2) 铲齿铣刀。适用于切削廓形复杂的铣刀，如成形铣刀。

8.5.3　铣削用量的选择

铣削用量包括铣削速度 v_c、进给量 f 和背吃刀量 a_p。在保证被加工工件能获得所要求加工精度和表面粗糙度的情况下，根据铣床、刀具、夹具的刚度和使用条件，适宜地选定铣削速度、进给量和背吃刀量。

1. 铣削用量

(1) 铣削速度 v_c。铣削中，旋转的铣刀刀齿是圆周运动，如果把这圆周运动换算成直线运动数值，铣削速度就等于铣刀刀齿的切削刃在每分钟所走过的路程，它的单位为 m/min，用式(8-4)计算，即

$$v_c = \pi d n / 1000 \tag{8-4}$$

式中：v_c——铣削速度，m/min；

　　　d——铣刀直径，mm；

　　　n——铣床主轴(铣刀)每分钟转数，r/min。

(2) 进给量 f。进给量有 3 种表示方法。

① 每齿进给量 f_z。它是铣刀转过一个刀齿时，被加工工件所移动的距离(以 mm 计算)，它的大小关系到切屑厚度 a。

② 每转进给量 f_r。它是当铣刀转过一整转时，被加工工件对铣刀所移动的距离。每转进给量用 mm/r 来计算，它等于每齿进给量乘以铣刀齿数 z，即

$$f_r = f_z z \tag{8-5}$$

③ 进给速度(也叫每分钟进给量) f_v。它表示被加工工件在一分钟内移动的总距离。在铣床进给箱左下端变速转盘上标注出的进给量，指的就是进给速度(每分钟进给量)，用式(8-6)进行换算，即

$$f_v = f_z z n = f_r n \tag{8-6}$$

式中：n——铣刀转速，r/min。

计算出的每分钟进给量如不能在铣床变速范围内查得，则应取较小的一挡。

(3) 铣削深度 a_p。它指平行于铣刀轴线测量的切削层尺寸，又称为背吃力量。

(4) 铣削宽度 a_e。它又叫铣刀侧吃刀量或铣刀侧吃刀深度，指垂直于铣刀轴线测量的切削层尺寸。

几种铣削加工中的背吃刀量和侧吃刀量如图 8-16 所示。

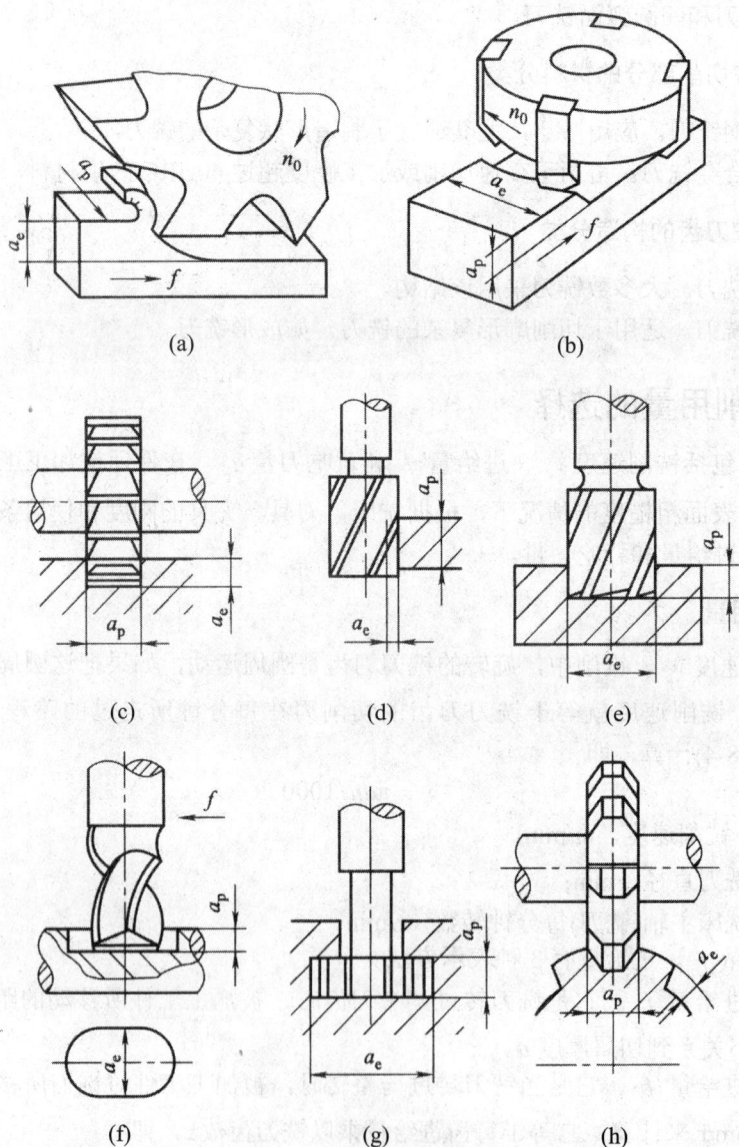

图 8-16 几种铣削加工中的背吃刀量和侧吃刀量

2. 铣削用量选择顺序

铣削工作中，采用大的 v_c、f 和 a_p 都可以提高生产效率，但盲目地加大铣削用量会增加铣刀的磨损。因此，必须综合考虑，找出最佳选择。

当铣刀磨损和寿命一定时，如果增加切削用量中的一个，必须减少其余的两个。在粗铣中为了提高生产效率，应先选择大的 a_p 和 f，再选择适当的 v_c。

(1) 背吃刀量 a_p 的选择。当铣床、铣刀、夹具刚度允许及铣床动力足够的情况下，背吃刀量越大越好。

在普通铣削中，粗加工钢件，背吃刀量一般可选用 3～5mm，加工铸铁件可达 5～8mm。

当铣削表面有氧化铁表层、铸造硬层或带有其他杂质表皮时，背吃刀量要大于杂质层深度，防止铣刀在硬质表面摩擦而加快了铣刀的磨损。

根据加工表面质量要求确定铣削背吃刀量，如表 8-2 所示。

表 8-2　铣削吃刀量的选择

加工要求的粗糙度	铣削背吃刀量
$Ra \geqslant 12.5\mu m$	一般可通过一次铣削达到所加工的要求，但当工艺系统刚性较差或加工余量太大时，可分两次或多次铣削。第一次铣削吃刀量尽可能大些，以便使刀尖避开工件表面硬皮。粗铣铸钢、铸铁时，a_p 取 5～7mm；粗铣不带硬皮的钢料时，a_p 取 3～5mm；龙门铣床铣钢料，a_p 为 12 mm；铣铸铁 a_p 取 14～16mm
$Ra \leqslant 6.3\mu m$	可分粗铣、半精铣两次加工，粗铣加工后留 0.5～1mm 给半精铣
$Ra \leqslant 3.2\mu m$	可分粗铣、半精铣、精铣 3 次加工。精铣 $a_p = 0.5mm$，半精铣 $a_p = 1.5～2mm$

(2) 进给量 f 的选择。选择进给量时应考虑到铣刀刀齿的强度、铣刀杆的刚度、铣床夹具和工件系统的刚性、对工件表面粗糙度和精度的要求等方面情况的限制。粗铣时，在刚度允许的情况下可取较大的每齿进给量，以取得较大的铣削效率。用硬质合金铣刀加工时，进给量的提高主要受到刀齿强度的限制。当加工表面的粗糙度要求较小时，进给量的大小由粗糙度要求确定；精铣时根据对工件表面粗糙度的要求可选得小些。

(3) 铣削速度 v_c 的选择。铣削速度确定后，换算铣床主轴每分钟转数时用式(8-7)表示，即

$$n = 1000v_c / \pi d \tag{8-7}$$

铣削速度的选择比较复杂，可从下列几个因素去考虑。

① 铣刀的切削性能。铣刀材料的高温切削强度和铣刀在一次铣削中的时间长短都和铣削时产生的热量有关。铣削中当温度升高到一定程度以后，刀刃就开始退火，耐受切削阻力的性能就迅速降低，使刀刃变钝，失去切削能力。所以选择铣削速度，首先要考虑铣刀的耐热性能。

② 工件的硬度、材料强度和可铣削性。因为工件越硬，强度越大，铣削就越困难，铣削过程中发热也越大，所以工件硬度高时，铣削速度就应取得小些。材料的可铣削性，就是在铣削过程中所受到阻力的大小，在选择铣削速度时同样不可忽视。

③ 工件表面的质量要求。铣削时铣床总有些振动现象，铣削速度越高，进给量越大，产生振动就越大。铣削表面质量要求不高的工件时，铣削速度可选择得略高，但必须考虑铣床动力和刀具强度，如果铣床动力不足，会产生突然停车(俗称"闷车")，而损坏

刀齿。

④ 铣削宽度、铣削深度及铣刀寿命。这些方面对铣削速度选择也有很大关系，在选择时必须加以注意。

8.5.4　铣削方式

圆柱铣刀的铣削方式可分为周铣和端铣。

1. 周铣和端铣

(1) 周铣。周铣是指利用分布在铣刀圆柱面上的切削刃来形成平面(或表面)的铣削方法，如图 8-17(a)所示。

(2) 端铣。端铣是指利用分布在铣刀端面上的端面切削刃来形成平面的铣削方法，如图 8-17(b)所示。

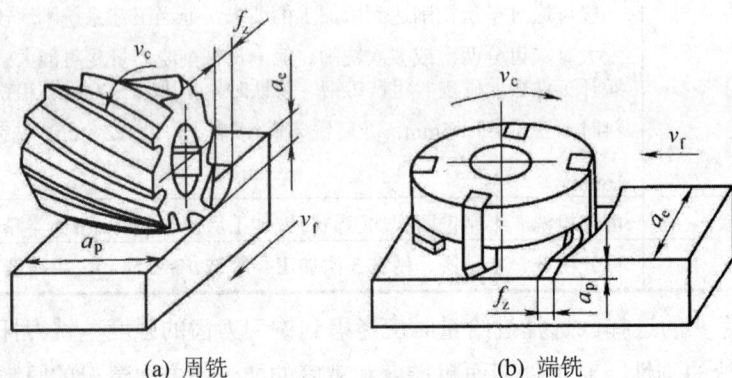

(a) 周铣　　　　　　　(b) 端铣

图 8-17　周铣和端铣

(3) 端铣和周铣的特点。

① 端铣的生产率高于周铣。周铣时，同时工作的刀齿数与加工余量有关，一般仅 1～2 个，端铣时同时工作的刀齿数与被加工表面的宽度有关，而与加工余量无关，在精铣时，有较多的刀齿同时工作。因此，端铣的切削过程比周铣时平稳，有利于提高加工质量。

端铣刀具直接安装在铣床的主轴端部，悬伸长度较小，刀具系统的刚度较好，而圆柱铣刀安装在细长的刀轴上，刀具系统的刚度远不如端铣刀。同时，端铣刀可方便地镶装硬质合金刀片，所以，端铣时可以采用高速铣削，可以采用大的铣削用量，切削速度可达 150m/min。

周铣用的圆柱铣刀多采用高速钢制造。使铣削用量受到很大的限制。切削速度小于 30m/min。

② 端铣的加工质量比周铣好。端铣时可利用副切削刃对已加工表面进行修光，只要选取合适的副偏角，可以减小表面粗糙度；而周铣时只有圆周刃切削，已加工表面实际上由许多圆弧组成，使得表面粗糙度较大。

③ 周铣的适应性比端铣好。周铣可用多种铣刀铣削平面、沟槽、齿形、成形面等，适应性较强；而端铣只能加工平面。比较可知，端铣主要用于大平面的铣削，周铣多用于

小平面、各种沟槽和成形面的铣削。

2. 周铣的铣削方式——顺铣和逆铣

(1) 逆铣。铣刀接触工件时的切削速度方向和工件的进给方向相反的铣削方式叫逆铣，如图 8-18(a)所示。

逆铣加工特点如下：

① 逆铣时，由于刀刃不是从工件的外表面切入，故铣削表面有硬皮的工件，对刀刃损坏的影响较小，但此时每个刀齿的切削厚度是从零增大到最大值，由于刀齿的刃口总有一定的圆弧，所以刀齿不能立刻切入工件，而是在工件刀表面滑动一段距离才能切入工件，由于刀齿滑行时对工件表面的挤压和摩擦作用，使工件表面的硬化现象严重，影响加工表面的质量，刀刃也易磨损。

② 逆铣时，水平分力与工件进给方向相反，不会拉动工作台，丝杠与螺母、轴承之间总是保持紧密接触而不会松动，但逆铣时会产生向上的垂直分力，使工件有上抬的趋势，因此，必须使工件装夹牢固，而且垂直分力在切削过程中是变化的，易产生振动，影响工件表面粗糙度。

③ 逆铣时消耗在进给方向上的功率较大。

(2) 顺铣。铣刀接触工件时的切削速度方向和工件的进给方向相同的铣削方式叫顺铣，如图 8-18(b)所示。

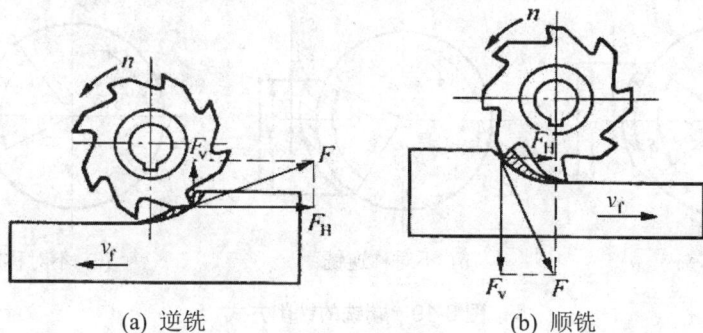

(a) 逆铣　　　　　　　　　　(b) 顺铣

图 8-18　逆铣和顺铣

顺铣加工特点如下：

① 每个刀齿的切削厚度是从最大减小到零，易于切入工件，而且切出时对已加工面的挤压摩擦也小，刀刃磨损较慢，加工表面质量较高，刀具的寿命也长。

但刀齿切入工件时的冲击力较大，尤其工件待加工表面是有杂质的毛坯或者有硬皮时更加显著。

② 顺铣时，铣刀对工件的作用力在垂直方向的分力始终向下，有利于工件的夹紧和铣削的顺利进行。

铣刀对工件的水平分力与进给方向相同，一般情况是主运动的速度大于进给速度，因此，水平分力有使丝杠与螺母的传动工作面分离的趋势，当铣刀切到材料的硬点或因切削厚度变化等原因，引起水平分力增大，超过工作台进给摩擦阻力时，铣刀会带动工作台窜动，引起进给量突然增加。这种现象不但损坏加工表面，严重时还会使刀齿折断、刀杆弯曲或使工件与夹具移位，甚至损坏机床。

③ 顺铣时消耗在进给运动方向上的功率较小。

综上所述，加工时，若铣削用量较小，工件表面没有硬皮，铣床有顺铣机构，采用顺铣比较有利。但一般情况下，由于很多铣床没有顺铣机构，还是采用逆铣法为适宜。

3. 端铣的铣削方式——对称铣削和不对称铣削

铣削加工时，根据铣刀与工件相对位置的不同，端铣分为对称铣和不对称铣两种，如图 8-19 所示。

(1) 对称铣。铣刀轴线位于铣削弧长的对称中心位置，顺铣部分等于逆铣部分，称为对称逆铣。铣刀每个刀齿切入和切离工件时切削厚度相等。采用这种铣削方式时，由于直径大于铣削宽度，刀齿切入和切出工件时的切削厚度均大于零。这样可以避免下一个刀齿在前一个刀齿切过的冷硬层上切削，有利于提高刀具的耐用度。一般端铣床多采用这种方式，尤其适用于铣削淬硬钢。

(2) 不对称逆铣。当铣刀轴线偏置于铣削弧长的对称中心一侧，且逆铣部分大于顺铣部分的铣削方式，称为不对称逆铣。切入时切削厚度小于切出时切削厚度，不对称逆铣切削平稳，切入时切削厚度小，减小了冲击。这种铣削方式使刀具耐用度和加工表面质量得到提高。刀具耐用度比对称铣可提高 1 倍以上。

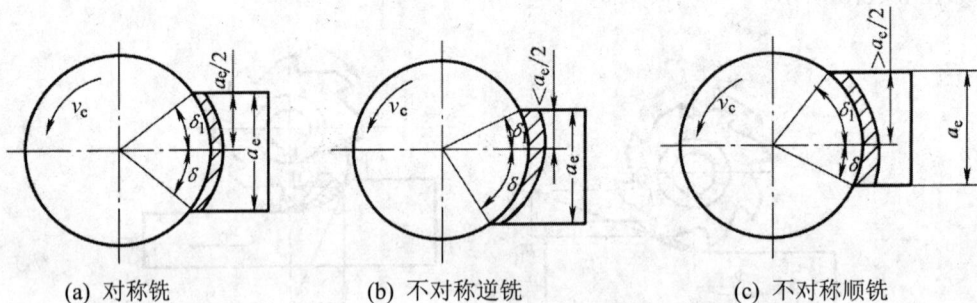

(a) 对称铣   (b) 不对称逆铣   (c) 不对称顺铣

图 8-19　端铣的铣削方式

(3) 不对称顺铣。当铣刀轴线偏置于铣削弧长的对称中心一侧，且顺铣部分大于逆铣部分的铣削方式，称为不对称顺铣。切入时切削厚度大于切出时切削厚度。这种切削方式可减少逆铣时刀齿在工件表面上的滑行、挤压，有利于提高刀具的耐用度。如果偏置距离选取合适，刀具耐用度可比对称铣提高 2 倍。一般很少采用不对称顺铣。

8.5.5　工件安装

1. 在铣床工作台上用螺栓、压板装夹

尺寸较大或形状特殊的工件通常采用螺栓、压板装夹，如图 8-20、图 8-21 所示。螺栓要尽量靠近工件；压板垫块的高度应保证压板不发生倾斜；压板在工件上的夹压点应尽量靠近加工部位；所用压板的数目不少于两块。

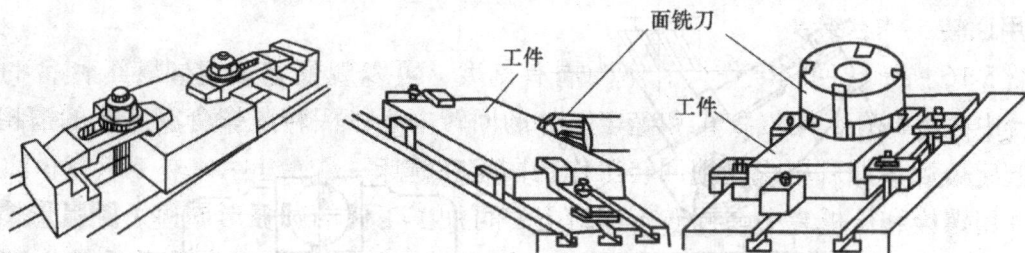

图 8-20　端铣的铣削方式

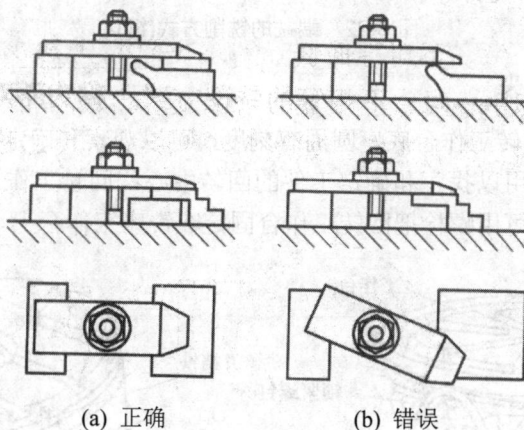

| (a) 正确 | (b) 错误 |

图 8-21　用压板装夹工件

2. 用机用平口钳装夹

　　机用平口钳装夹适用于外形尺寸不大的工件。装夹工件时，工件的被加工面需高出钳口，否则要用平行垫铁垫高工件；工件放置的位置要适当，一般置于钳口中间；用机用平口钳装夹工件可铣削平面、平行面、垂直面和斜面。其加工示意如图 8-22(a)、图 8-22(b) 所示；加工斜面时，还可以使用可倾平口钳装夹工件，如图 8-22(c)所示。机用平口钳可用于装夹矩形工件，也可以装夹圆柱形工件，是铣床常用的通用夹具。

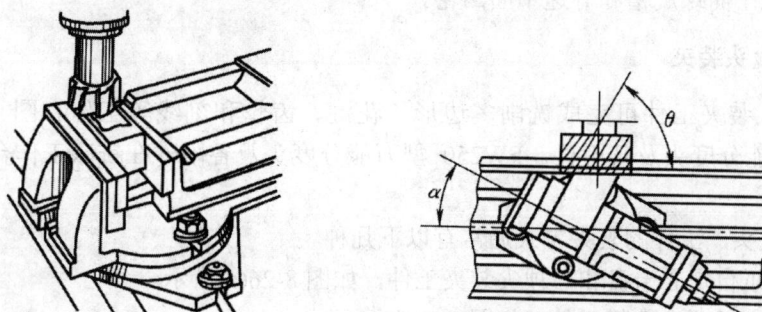

(a) 用机用平口钳装夹铣削平面、平行面与垂直面　　(b) 用机用平口钳装夹铣削斜面

图 8-22　端铣的铣削方式

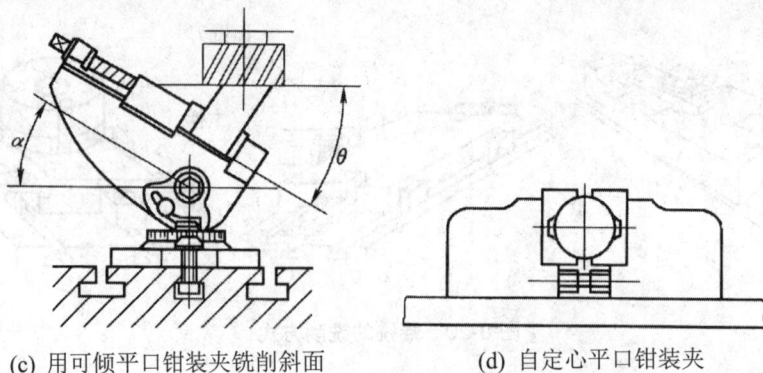

(c) 用可倾平口钳装夹铣削斜面　　　　(d) 自定心平口钳装夹

图 8-22　端铣的铣削方式(续)

3. 用回转工作台装夹

如图 8-23 所示，回转工作台底座圆周有刻度，可以观察和确定回转工作台的位置；回转工作台中央有一孔，用以找正和确定工件的回转中心；回转工作台底座上的槽相对于铣床的 T 形槽定位后，即可用螺栓把回转工作台固定在铣床工作台上。

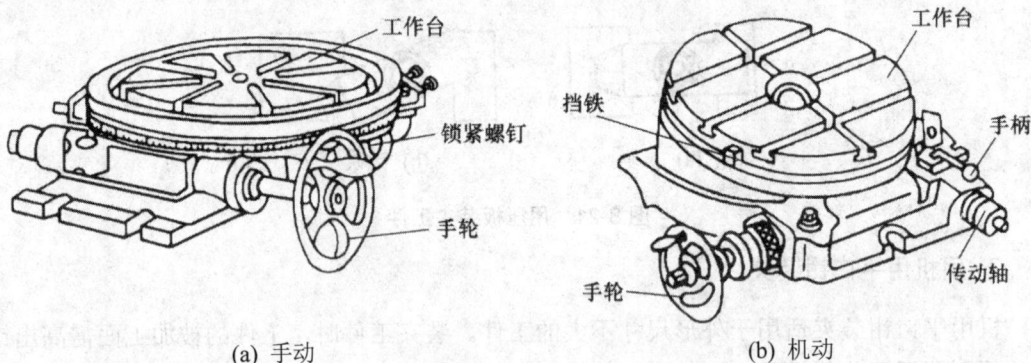

(a) 手动　　　　　　　　　　(b) 机动

图 8-23　回转工作台

工件用螺栓和压板装夹在回转工作台上，可加工工件的圆弧形周边、圆弧形槽、多边形及沿周边有分度要求的槽和孔等；当回转工作台运动与铣床纵向进给移动按一定比例联动时，可加工平面螺旋槽和等速平面凸轮。

4. 用分度头装夹

用分度头装夹工件可完成铣削多边形、花键、齿轮和刻线等工作。图 8-24 所示为 FW250 型万能分度头及其附件。FW250 型万能分度头及各附件在铣床工作台上的放置如图 8-25 所示。

利用分度头，工件的装夹方式通常有以下几种。

(1) 用三爪自定心卡盘和后顶尖装夹工件，如图 8-26(a)所示。

(2) 用前、后顶尖夹紧工件，如图 8-26(b)所示。

(3) 工件套装在心轴上用螺母压紧，然后同心轴一起被顶持在分度头和后顶尖之间，如图 8-26(c)所示。

(4) 工件套装在心轴上,心轴装夹在分度头的主轴锥孔内,并可按需要使主轴倾斜一定角度,如图 8-26(d)所示。

(5) 工件直接装夹在三爪自定心卡盘上,并可使主轴倾斜一定角度,如图 8-26(e)所示。

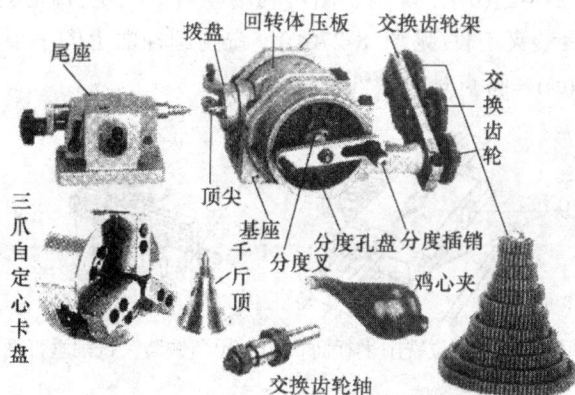

图 8-24 FW250 型万能分度头及其附件

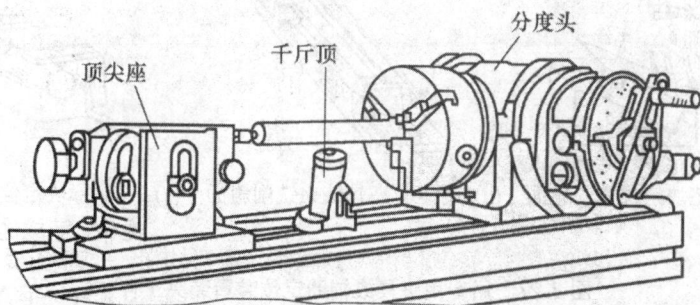

图 8-25 FW250 型万能分度头及各附件

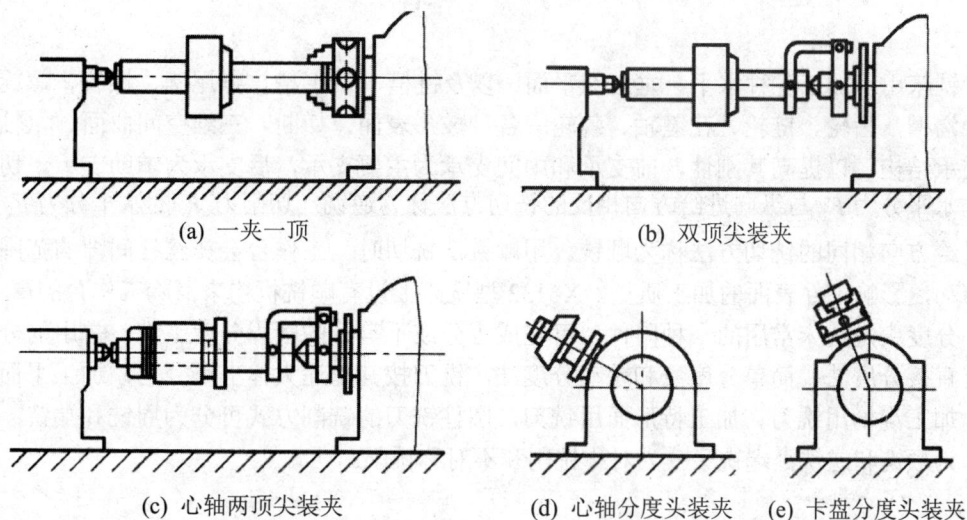

(a) 一夹一顶

(b) 双顶尖装夹

(c) 心轴两顶尖装夹

(d) 心轴分度头装夹

(e) 卡盘分度头装夹

图 8-26 FW250 型万能分度头及各附件

5. 用专用夹具或辅助定位装置装夹

在连接面数量较多的工件和批量生产中，常采用辅助定位装置或专用夹具装夹工件。如铣削平行面可利用工作台的 T 形槽直槽安装定位块(见图 8-27(a))；铣削垂直面常利用角铁(弯板)装夹工件(见图 8-27(b))；铣削斜面可利用倾斜垫块定位(见图 8-27(c))；批量生产中铣削斜面用专用夹具装夹工件(见图 8-27(d))；铣削圆柱面上的小平面或键槽时，可使用 V 形块定位(见图 8-27(e))，特点是对中性好等。

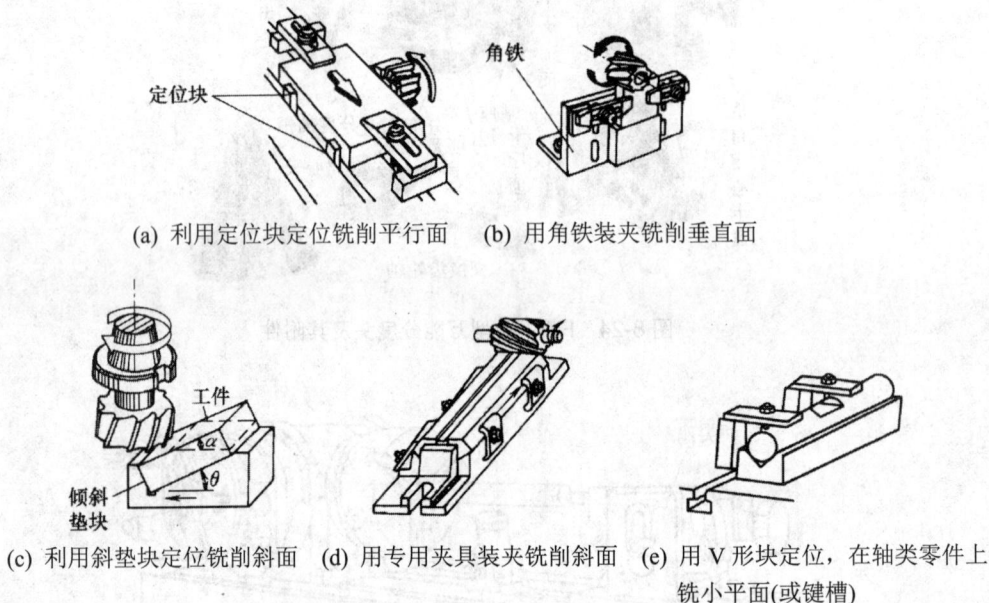

(a) 利用定位块定位铣削平行面　　　(b) 用角铁装夹铣削垂直面

(c) 利用斜垫块定位铣削斜面　(d) 用专用夹具装夹铣削斜面　(e) 用 V 形块定位，在轴类零件上铣小平面(或键槽)

图 8-27　用专用夹具或辅助定位装置装夹工件

小　结

铣床用于加工各种水平、垂直的平面，以及键槽、T 形槽、燕尾槽、螺纹、螺旋槽等各种沟槽，齿轮、链轮、花键轴、棘轮等各种成形表面，切断，三维空间曲面。主轴采用三支承结构，以提高其刚性，前支承和中间支承为主要支承，后支承为辅助支承。切削力 F 的水平分力 F_x 与纵向进给方向相反的铣切方法称为逆铣；切削力 F 的水平分力 F_x 与纵向进给方向相同的铣切方法称为顺铣。用顺铣法铣切时，工作台会在丝杠间隙的范围内来回窜动，影响工件表面的加工质量，X6132 型铣床上设有顺铣机构来消除工作台的窜动。

分度头是铣床常用的一种附件，可完成等分或不等分的圆周分度工作。常用的分度方法有直接分度法、简单分度法和差动分度法。铣刀按其用途大体上可分为：加工平面用铣刀、加工沟槽用铣刀、加工特形面用铣刀。圆柱铣刀的铣削方式可分为周铣和端铣；周铣又分为顺铣和逆铣；端铣又分为对称铣削和不对称铣削。

习题与思考题

8-1　铣削加工的内容主要有哪些？与车削相比，铣削过程有哪些特点？

8-2　铣刀直径为 120mm，刀齿数为 14，铣削速度为 0.5m/s，每齿进给量为 0.05mm，则每分钟进给量为多少？

8-3　为什么普通车床的主运动和进给运动只用一台电动机，而 X6132 型铣床则采用两台电动机分别驱动？

8-4　X6132 型铣床的进给运动传动链中设置有两组三联滑移齿轮变速组和一组曲回机构变速，而曲回机构又可获得 3 种不同的传动比，问：为什么工作台只有 21 种有效的进给量？

8-5　试就图 8-7 所示说明孔盘变速机构工作原理，并将此种变速方法与 CA6140 型车床的 6 级变速机构进行比较。

8-6　说明 X6132 型铣床是如何用一台电动机既能实现工作台 3 个相互垂直方向的进给运动，又能实现快速调整移动的。

8-7　为何 X6132 型铣床要设置顺铣机构？顺铣机构的主要作用是什么？

8-8　万能分度头的作用是什么？

8-9　在 X6132 型卧式升降台铣床上利用 FW125 万能分度头，加工直齿圆柱齿轮时应采用哪一种分度方法进行分度？如何配置分度头的挂轮？

(1)$z=56$；(2)$z=36$；(3)$z=87$；(4)$z=109$

8-10　利用分度头铣螺旋槽时，机床要做哪些调整工作？

8-11　卧式铣床和立式铣床在工艺和结构布局上各有什么特点？

8-12　铣刀有哪些特点？

8-13　铣刀的主要几何角度有哪些？

8-14　铣平面时为什么面铣比周铣优越？

8-15　试比较圆柱铣削时顺铣和逆铣的主要优、缺点。

8-16　简述铣削加工时，轴类工件的装夹方式及其各自的特点。

8-17　对称铣和不对称铣各有哪些切削特点？分别适用于什么场合？

第9章　磨床与磨削加工

学习目标：

- 掌握磨床的功用和类型。
- 掌握 M1432A 型万能外圆磨床的工艺范围。
- 掌握磨床的典型加工方法及运动。
- 掌握磨削加工特点。
- 掌握磨削加工的相对运动和磨削速度。
- 掌握外圆磨削方法。
- 掌握砂轮的结构，砂轮的组成要素。
- 了解万能外圆磨床的主要组成部件。
- 了解磨床的主要部件结构。
- 了解砂轮的形状、尺寸和标志。
- 了解砂轮的平衡。
- 了解砂轮的修整。

9.1　磨削加工概述

用磨料和磨具(砂轮、砂带、油石等)对工件表面进行切削加工的机床统称为磨床。磨床加工材料使用范围广泛，但主要用于磨削淬硬钢和各种难加工材料。磨床可用于磨削加工内外圆柱面和圆锥面，平面，螺旋面，花键、齿轮、导轨、刀具及各种成形面等，磨削加工的应用范围非常广泛，如图 9-1 所示。

磨床的主运动为磨具的高速旋转运动，进给运动取决于加工工件表面的形状及所采用的磨削方法，可以由工件或砂轮完成，也可以由两者共同完成。

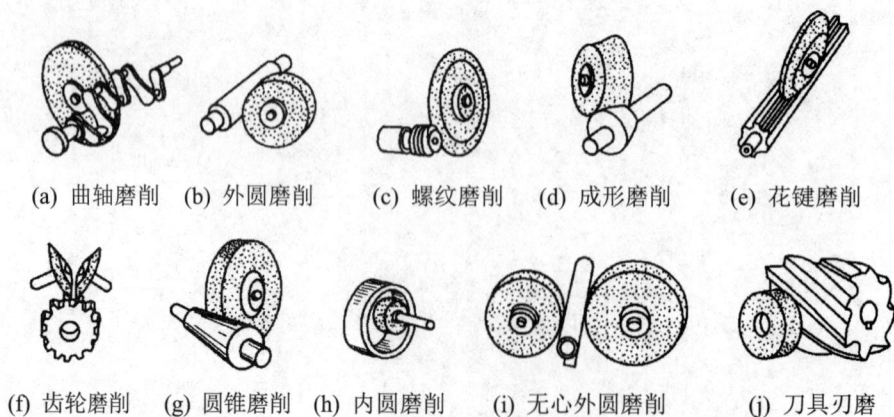

(a) 曲轴磨削　(b) 外圆磨削　(c) 螺纹磨削　(d) 成形磨削　(e) 花键磨削

(f) 齿轮磨削　(g) 圆锥磨削　(h) 内圆磨削　(i) 无心外圆磨削　(j) 刀具刃磨

图 9-1　磨削加工的应用范围

(k) 导轨磨削　　(l) 平面磨削　　(m) 平面磨削

图 9-1　磨削加工的应用范围(续)

　　磨床易获得较高的加工精度和较小的表面粗糙度。例如，在一般条件下，普通精度级磨床的加工精度可以达 IT5～IT6 级，表面粗糙度为 $Ra0.32～1.25\mu m$；高精度外圆磨床精密磨削时圆度可达 $Ra0.1\mu m$，表面粗糙度为 $Ra0.01\mu m$。

　　磨床是为满足精加工和硬表面加工的需要而发展起来的。近年来，由于科学技术的发展，精密铸造和精密锻造等毛坯加工工艺水平的提高，可以将毛坯用磨床直接加工成成品。此外，强力磨削、高速磨削和宽砂轮磨削等方法又进一步提高了磨削效率。因此磨床已由原来的仅用于精加工工序，逐步应用于效率较高的粗加工，扩大了使用范围，使其在金属切削机床中所占比例不断上升，目前已占机床总数的 30%～40%。

　　磨床的品种很多，约占全部金属切削机床的 1/3，以适应不同加工的需求。磨床的主要类型有外圆磨床、内圆磨床、坐标磨床、平面及端面磨床、工具磨床、刀具刃磨机床、导轨磨床和各种专门化磨床(如曲轴磨床、凸轮轴磨床、轧辊磨床等)，还有砂带磨床、珩磨机、抛光机、研磨机、超精加工机、超精研抛机床、各种轴承磨床和专用磨床。近年来数控磨床发展较快，品种也越来越多，在此基础上还产生了各种磨削功能复合化的磨削中心，同时，适应高速磨削、超高速磨削、缓进给强力磨削、高效深切磨削的磨床品种也在不断增多。

9.2　M1432A 型万能外圆磨床

9.2.1　工艺范围

　　M1432A 型机床是普通精度级万能外圆磨床，主要用于磨削圆柱形、圆锥形或其他回转体的外表面和内孔，也能磨削阶梯轴的轴肩和端平面。M1432A 型万能外圆磨床有较高的通用性，但机床刚度较差，砂轮电动机的功率较小，自动化程度不高，生产效率较低，适用于轴、套等零件的中、小批量生产及辅助生产，常见于工具车间或机修车间。

9.2.2　主要组成部件

　　M1432A 型万能外圆磨床的外形如图 9-2 所示，它由下列主要部件组成。

　　(1) 床身。床身 1 是磨床的基础支承件。床身顶面前部的纵向导轨上装有工作台 3，工作台台面上装有工件头架 2 和尾座 6。床身顶面后部的横向导轨上装有砂轮架 5。

　　(2) 工件头架。工件头架 2 是装有工件主轴并驱动工件旋转的箱体部件，由头架电动机驱动，经变速机构使工件产生不同速度的旋转运动。头架可绕其垂直轴线在水平面内逆时针方向旋转 90°，以磨削锥度大的短锥体。

(3) 工作台。工作台 3 由上、下两层组成，上工作台可绕下工作台的心轴在水平面内回转一定的角度(±10°)，用于磨削锥度较小的长锥面。上工作台台面上装有头架 2 和尾座 6，与工作台一起沿床身导轨做纵向往复运动。

(4) 砂轮架。砂轮架 5 用于支承并传动高速旋转的砂轮主轴。砂轮架安装在滑鞍上，当需要磨削短锥面时，整个砂轮架可在滑鞍上转动一定角度(±30°)，并可沿后床身导轨横向移动，实现横向进给。

(5) 内圆磨具。内圆磨具 4 用于支承磨削内孔用的砂轮主轴，安装在砂轮架 5 上。内圆磨具的主轴由单独电动机驱动。

(6) 尾座。尾座 6 的顶尖与工件头架 2 的前顶尖一起支承工件。

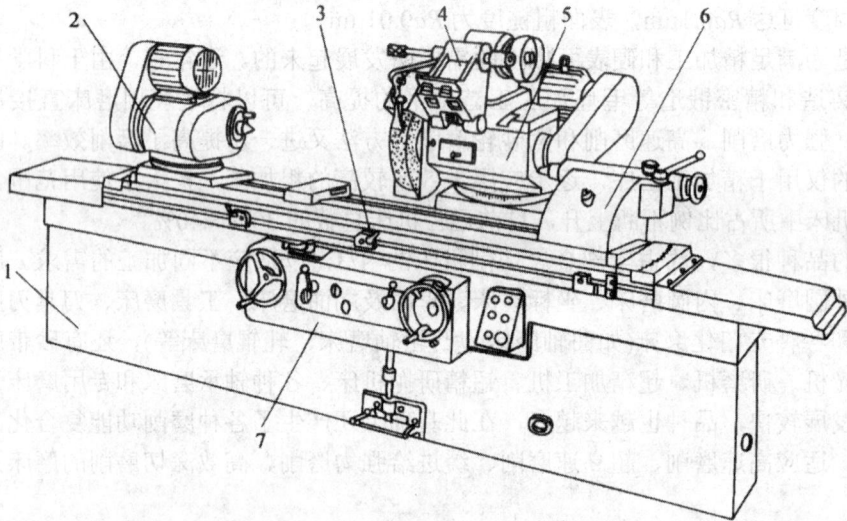

图 9-2　M1432A 型万能外圆磨床外形

1—床身；2—工件头架；3—工作台；4—内圆磨具；5—砂轮架；6—尾座；7—液压控制箱

9.2.3　机床的典型加工方法及机床的运动

机床的典型加工方法如图 9-3 所示。

磨削外圆柱面(图 9-3(a))所需运动有以下几种。

1. 主运动

(1) 磨外圆砂轮的旋转运动 $n_砂$。

(2) 磨内孔砂轮的旋转运动 $n_内$。

主运动由外圆磨削电动机和内圆磨削电动机分别带动，并设有互锁装置。

2. 进给运动

(1) 纵向进给运动 $f_纵$。为工作台带动工件的纵向运动。

(2) 周向进给运动 $f_周$。也称圆周进给运动，为工件的旋转运动。

(3) 横向进给运动 $f_横$。纵向往复磨削时，为砂轮架在工作台两端的间歇进刀运动，是周期性切入运动；切入磨削时，是连续进给运动。

　　磨削小锥度圆锥面(图 9-3(b))，所需运动与磨削外圆柱面相似，不同的是上工作台应绕下工作台心轴旋转一定的角度，以形成所需的圆锥面。

　　磨削锥度较大的短锥面(图 9-3(c))，也称切入磨削法，加工时将砂轮架在水平面内调整至一定角度，砂轮作连续横向进给运动，无需工件的纵向进给。

　　磨削内圆锥面(图 9-3(d))，将工件夹持在头架的卡盘上，并将头架在水平面内调整至一定角度。将内圆磨具转至工作位置，其砂轮作高速旋转运动 $n_内$，其他运动与磨削外圆柱面时类似。

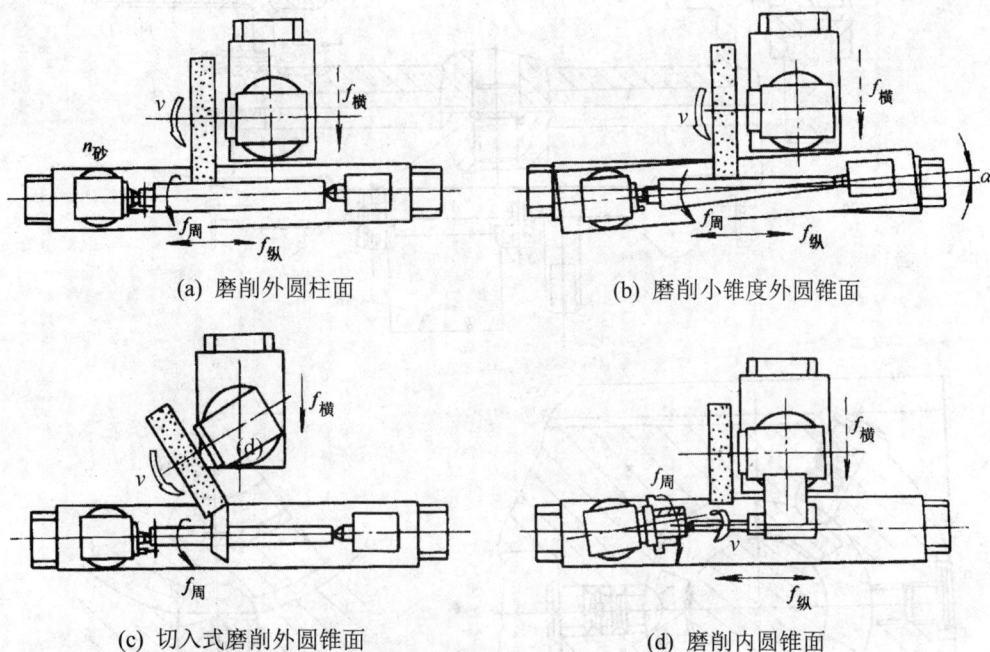

(a) 磨削外圆柱面　　　　　　　　　　　(b) 磨削小锥度外圆锥面

(c) 切入式磨削外圆锥面　　　　　　　　(d) 磨削内圆锥面

图 9-3　外圆磨床加工示意图

9.2.4　机床的主要部件结构

1. 砂轮架

　　砂轮架是装有砂轮主轴并使其旋转的部件，由主轴、主轴轴承和传动件组成。磨床工作时，由主轴带动砂轮直接参加表面形成运动，故砂轮架的工作性能直接影响加工质量和生产率。砂轮主轴及其支承部分是砂轮架部件中的关键部件，应具有较高的回转精度、刚度、抗震性及耐磨性。

　　砂轮主轴的径向支承采用短三瓦动压滑动轴承 3 和 7 进行支承，如图 9-4 所示。每个滑动轴承由 3 块包角约 60°的扇形轴瓦 19 组成，3 块轴瓦均布在轴颈周围，且轴瓦上的支承凹孔与轴瓦沿圆周方向的中心有一约 5°30′的夹角，亦即支承凹孔中心在周向偏离轴瓦对称中心。

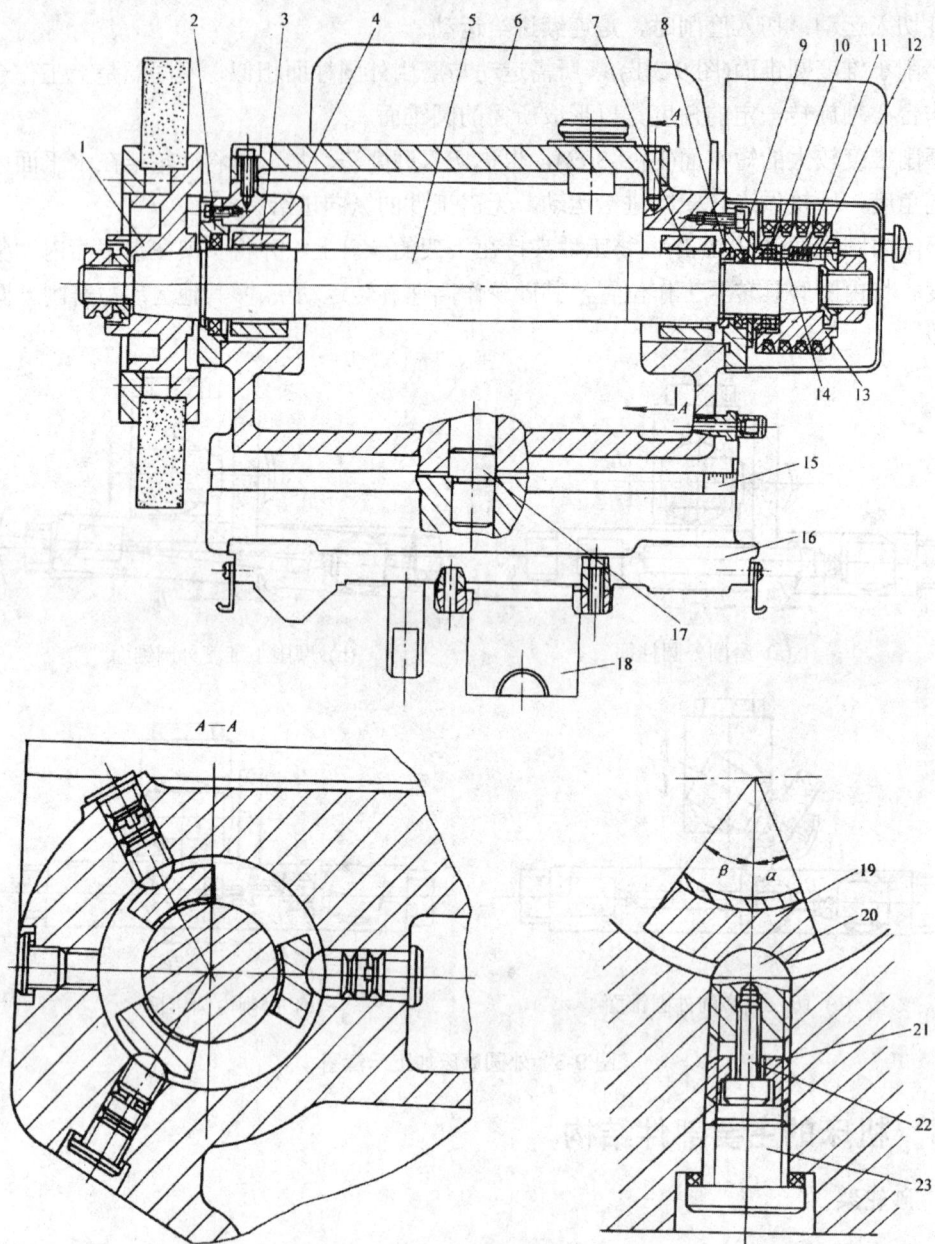

图 9-4 M1432A 型万能外圆磨床砂轮架结构

1—压盘；2，9—轴承盖；3，7—滑动轴承；4—机壳；5—砂轮主轴；6—主电动机；8—止推环；

10—推力球轴承；11—弹簧；12—调节螺钉；13—带轮；14—销子；15—刻度盘；16—滑鞍；

17—定位销；18—半螺母；19—扇形轴瓦；20—球头螺钉；21—螺套；22—锁紧螺钉；23—封口螺钉

　　由于采用球头支承，所以轴瓦可以在球头螺钉 20 上自由摆动，有利于高速旋转时主轴和轴瓦间形成油楔，并依靠油楔的节流作用产生静压效果，形成油膜压力。轴颈周围均布着 3 个独立的压力油楔，产生 3 个独立的压力油膜区，使轴颈悬浮在 3 个压力油膜区之中，不与轴瓦直接接触，减少了主轴与轴承配合面间的磨损，并使主轴保持较高的回转精度。当由于磨削载荷的作用，砂轮主轴偏向某一块轴瓦时，这块轴瓦的油楔变小，油膜压力升高；而对应的另一方向的轴瓦油楔则变大，油膜压力减小。这样，油膜压力的变化，会使砂轮主轴自动恢复到原平衡位置，即 3 块轴瓦的中心位置。

由此可见，轴承的刚度较高。主轴与轴承间的径向间隙可通过球头螺钉 20 来调整。调整时，先依次卸下封口螺钉 23、锁紧螺钉 22 和螺套 21，然后旋转球头螺钉 20 至适当位置，使主轴与轴承的间隙保持在 0.01～0.02mm 之间。调整完毕，依次装好螺套 21、锁紧螺钉 22 和封口螺钉 23，以保证支承刚度。一般情况下只调整位于主轴下部的那块轴瓦即可，如果调整一块轴瓦后仍不能满足要求，则需对其余两块轴瓦也进行调整，直至满足旋转精度的要求，调整方法同上。但应注意的是，3 块轴瓦同时调整时，应在轴瓦上做好相应的标记，保证在调整后装配时轴瓦保持原来的位置。砂轮主轴的润滑采用油浸式润滑，通常用 2 号主轴油，主轴两端由橡胶油封进行密封。

砂轮主轴的轴向定位装置设置在主轴的后端，磨削端面时向右的轴向力由主轴后轴肩与止推环 8 承受，带轮 13 内的 6 根推力弹簧 11 顶在推力球轴承 10 上，推力球轴承 10 则贴在砂轮架主轴右端轴承盖 9 上，由弹簧的作用控制主轴的轴向窜动，使其保持在精度要求之内。由于弹簧力不大，所以只能承受较小的向左的轴向力。建议只用砂轮的左端面磨削工件的台阶端面。

砂轮主轴的前端锥体用于通过压盘 1 安装砂轮，末端锥体用于安装 V 带轮 13，用靠轴端的螺母进行锁紧。装在砂轮主轴上的零件如带轮、砂轮压紧盘、砂轮等都应仔细平衡，4 根三角带的长度也应一致，否则易引起砂轮主轴的振动，直接影响磨削表面的粗糙度。

砂轮架壳体用 T 形螺钉(图 9-4 中没有表示出来)紧固在滑鞍 16 上，并可绕滑鞍上的定心定位销 17 在±30°范围内调整位置。磨削时，滑鞍 16 带动砂轮架沿滚动导轨做横向进给运动。

砂轮主轴部件因长期使用，主轴与轴瓦的配合间隙增大，主轴部件的刚度降低，使砂轮工作平稳性下降。此时，应仔细检查主轴和轴瓦的磨损情况。如主轴和轴瓦因磨损而产生失效，可根据具体情况采用合理的修理工艺进行修复；如不能修复，则应更换主轴和轴瓦。

2. 内磨主轴部件

图 9-5 是内磨主轴部件的装配图。

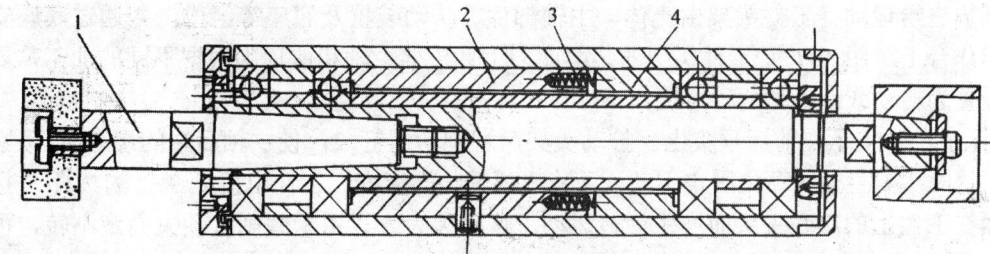

图 9-5　M1432A 型万能外圆磨床内圆磨具

1—接杆；2、4—套筒；3—弹簧

内磨主轴部件也称内圆磨具，安装在支架孔中，图 9-6 表示了内圆磨具的工作位置。

不进行内圆磨削时，内圆磨具翻向上方，如图 9-2 所示位置。磨削内孔的砂轮直径较小，为保证砂轮有足够的磨削线速度，要求内磨主轴应具有很高的转速(本机床为 10000r/min 和 15000r/min)。因此，内磨主轴轴承应具有足够的刚度和寿命。

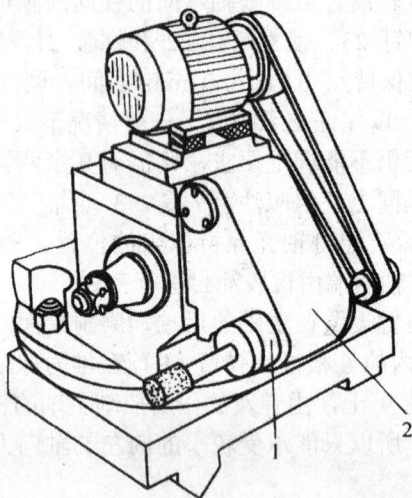

图 9-6　M1432A 型万能外圆磨床内圆磨具支架

M1432A 型万能外圆磨床的内磨主轴采用平带传动，以提高运动的平稳性，主轴前、后轴承共采用 4 个 7000 型 P5 级精度的角接触球轴承，由均布在套筒 2 内的 8 根弹簧 3 对前、后轴承施加预紧力，预紧力的大小可由主轴后端的螺母来调节。弹簧力经套筒 4 将后轴承外圈向右推紧，又通过滚子、内圈、主轴后螺母及主轴，使前端轴承内圈也向右拉紧。当主轴受热伸长或轴承磨损后，弹簧力能自动进行补偿，并保持稳定的预紧力，以保证轴承的刚度和寿命。轴承用锂基润滑脂润滑。

当被磨削内孔的深度改变时，可更换接杆 1。

接杆刚度较差，是内磨主轴部件中的薄弱环节。

3. 工件头架

工件头架用于安装卡盘夹持工件，或安装顶尖与尾座顶尖配合以支承工件，并使工件做圆周进给运动。工件头架由壳体、主轴部件、传动装置及底座等组成，并通过底座安装在工作台上。图 9-7 是工件头架的装配图。工件头架主轴和前顶尖根据不同的加工需要，可设置为转动或不转动两种情况。

(1) 工件支承在前后顶尖上。拧动头架后端制动螺钉 2，使主轴后端的螺套 1 顶紧主轴，这时头架主轴和顶尖固定不动，又称"死顶尖"磨削。工件由拨盘 9 上的拨杆 7 拨动夹紧在工件上的鸡心夹头而产生旋转运动。这种装夹方式由于磨削时顶尖固定不转，可避免因顶尖的旋转误差而影响磨削精度，有助于提高主轴部件的刚度。

(2) 用三爪自定心卡盘或四爪单动卡盘夹持工件。将卡盘插入头架主轴莫氏 4 号锥孔内，并用拉杆 20 拉紧。拨盘 9 的运动经拨销 21 传至卡盘，带动工件旋转，这时，头架主轴也随着一起旋转。

(3) 机床自磨主轴顶尖。这时拨盘 9 通过拨块 19 带动头架主轴旋转，依靠机床自身修磨顶尖，以提高工件的定位精度。

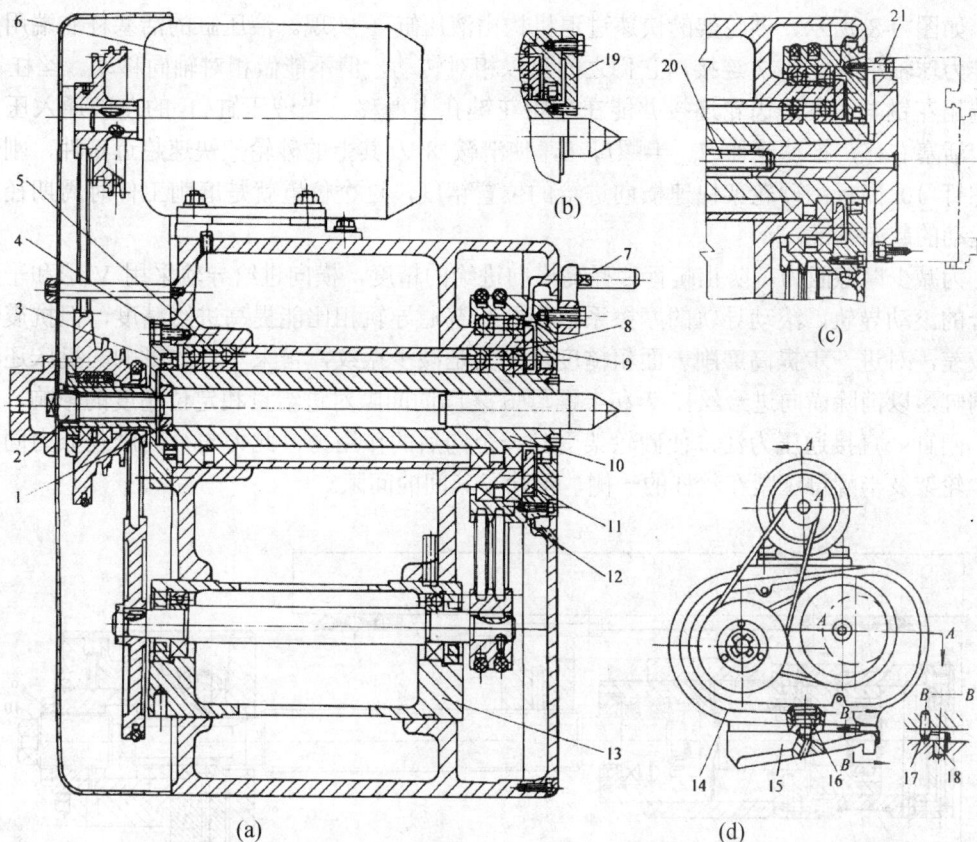

图 9-7　M1432A 万能外圆磨床头架

1—螺套；2—制动螺钉；3—后轴承盖；4、5—隔套；6—电动机；7—拨杆；8—轴承；9—拨盘；
10—主轴；11—前轴承盖；12—带轮；13—偏心套；14—壳体；15—底座；
16—销轴；17、18—定位销；19—拨块；20—拉杆；21—拨销

　　工件头架主轴直接支承工件或安装顶尖与尾座顶尖一起支承工件，实现工件的圆周进给运动，因此，主轴及其轴承应具有较高的旋转精度、刚度和抗震性。M1432A 型磨床头架主轴轴承采用两对"面对面"排列的 7012/P5 角接触球轴承 8 进行支承，并通过仔细修磨主轴前端台阶宽度和隔套 4、5 等的厚度，对轴承进行预紧。头架主轴由 V 带轮带动旋转，运动更平稳。V 带轮采用卸荷式结构，以减少主轴的弯曲变形。更换带轮及调整带的张紧力，可通过移动电动机座及转动偏心套 13 进行。

　　工件头架的体壳 14 可绕底座 15 上的销轴 16 回转 0~90° 的角度(逆时针)，以利于大锥度短锥体的磨削。体壳底座上分别装有定位销 17 和 18，当两销紧靠时，头架处于"0"位，此时，主轴轴线与工作台的定位侧面定位面平行。

4. 横向进给机构

　　横向进给机构是用来改变砂轮与工件的横向相对位置，控制磨削工件尺寸的一个主要

部件。砂轮架横向进给机构能实现手动横向进给运动、液动横向周期自动进给运动和砂轮架快速进退运动。

如图 9-8 所示，砂轮架的快速进退机构由液压缸 1 实现。液压缸的活塞杆右端用角接触推力球轴承与丝杠 7 连接，它们之间可以相对转动，但不能做相对轴向移动。丝杠 7 的右端用花键与 z=88 齿轮连接并能在齿轮花键孔中滑移。当液压缸 1 的左腔通入压力油时，活塞右移，推动丝杠 7、半螺母 6，使滑鞍 8 及其上的砂轮架快速趋近工件，刚性定位螺钉 10 能提高砂轮架快速横向进给的位置精度，这个位置就是磨削工件时周期径向切入运动的起始基准。

为减少摩擦阻力，防止爬行和提高横向进给的精度，横向进给导轨采用 V 形和平面型组合的滚动导轨。滚动导轨的摩擦系数小，与普通导轨相比能提高进给精度，但抗震性往往较差，对进一步提高磨削表面粗糙度，尤其是减少振纹，带来不良的影响。机床还设置了闸缸，以消除横向进给丝杠 7 和半螺母 6 之间的间隙对进给量和定位精度的影响。工作时，闸缸一直接通压力油，使砂轮架受到一个向后的作用力，此力与径向磨削分力同向，将砂轮架及半螺母压紧在丝杠的一侧，消除了其间的间隙。

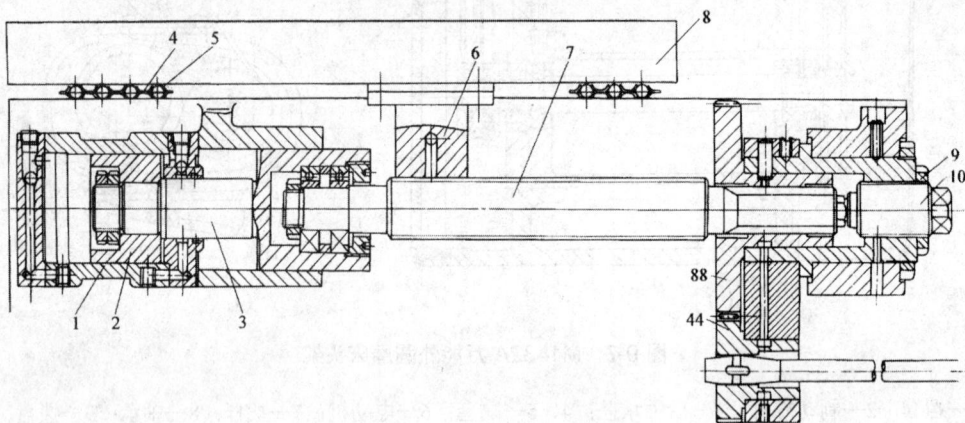

图 9-8 M1432A 型万能外圆磨床横向快速进退机构

1—液压缸；2—活塞；3—活塞杆；4，5—滚动导轨；6—半螺母；7—丝杠；
8—滑鞍；9—螺母；10—定位螺钉

9.3 磨削加工特点与外圆磨削加工方法

9.3.1 磨削加工特点

1. 可获得高的精度和小的表面粗糙度

砂轮上磨粒小而多，经过修整后砂轮表面得到锋利、等高的微刃，磨床的横向进给量很小，每个微刃只切削极薄的一条微条切屑，半钝的磨粒还有抛光作用，而磨削速度又很高，因此磨削尺寸精度能达到 IT7～IT5，表面粗糙度能达 $Ra0.8～0.1\mu m$。

2. 磨削温度高、容易烧伤工件

由于磨削速度很高，且磨粒一般均为负前角，因此磨削时切屑变形很大，摩擦很严重，产生大量磨削热，磨削温度中心的瞬时温度可达 800～1000℃。磨屑在空气中氧化成火花飞出。为了避免工件热变形和表面被烧伤，必须使用充足的切削液，以降低工件表面的温度，并冲走磨屑和脱落的碎磨粒。切削液一般使用以冷却作用为主的水溶液。

3. 可磨削各种硬度的工件材料

砂轮磨粒硬度高，耐热性好，不但可磨削一般硬度的材料，还可磨削各种硬度很高的材料，如淬火钢、硬质合金、玻璃、陶瓷、石头等。

4. 砂轮具有自锐性

在磨削过程中，砂轮的磨粒逐渐变钝，作用在磨粒上的切削抗力就会增大，由于磨粒较脆，致使磨钝的磨粒破碎并脱落，露出新的锋利磨粒继续切削，这就是砂轮的自锐性。它能使砂轮保持良好的切削性能。

5. 径向切削力很大

由于磨削时同时工作的磨粒很多，而磨粒又是负前角切削，所以径向切削力很大，一般为主切削力的 1.5～3 倍。因此，磨削时要用中心支架支承，以提高工件的刚性，减小因变形引起的加工误差。

9.3.2 磨削加工的相对运动和磨削速度

1. 磨削加工的相对运动

在磨削加工中，为了切除工件表面多余的金属，必须使工件和刀具做相对运动。图 9-9 所示为外圆、内圆和平面磨削运动。磨削运动分为主运动和进给运动两种。

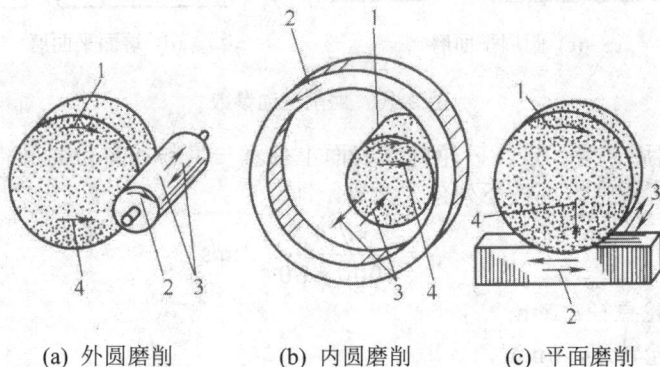

(a) 外圆磨削   (b) 内圆磨削   (c) 平面磨削

图 9-9 磨削的运动

1—砂轮的旋转运动；2—工件的进给运动；3—工件的纵向(内、外圆)进给运动；4—吃刀运动

1) 主运动

磨削加工主运动一般为一个，如图 9-9 中的运动 1，即砂轮的旋转运动为主运动，其

运动速度较高，消耗的切削功率较大。

2) 进给运动

不同磨削方式的进给运动不完全相同，图9-9中的运动2、3、4均为进给运动。

(1) 外圆磨削(见图 9-9(a))的进给运动为工件的圆周进给运动、工件的纵向进给运动和砂轮的横向进给运动(吃刀运动)。

(2) 内圆磨削(见图9-9(b))的进给运动与外圆磨削相同。

(3) 平面磨削(见图 9-9(c))的进给运动为工件的纵向(往复)进给运动、砂轮或工件的横向进给运动和砂轮的垂直进给运动(吃刀运动)。

2. 磨削运动的基本参数

与磨削运动有关的参数如图9-10所示。

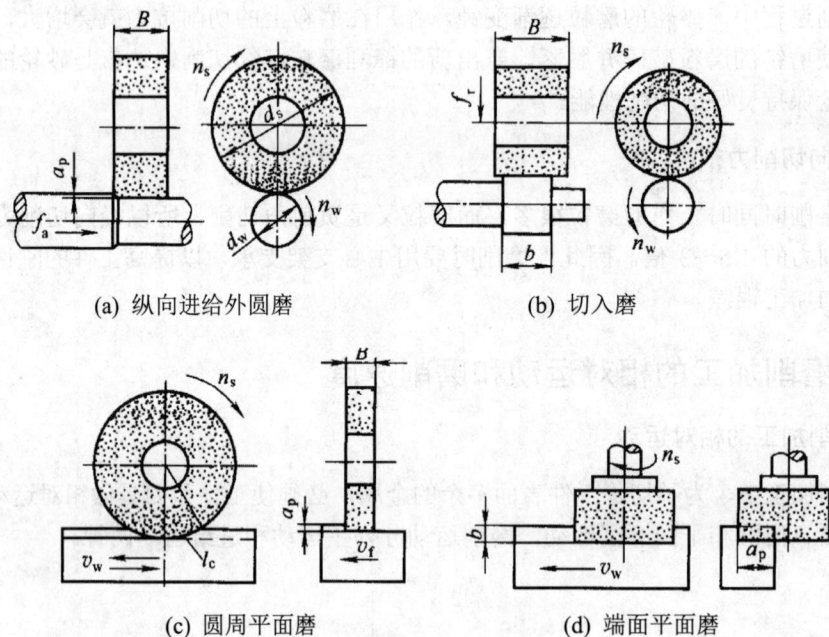

(a) 纵向进给外圆磨　　　　　　　　(b) 切入磨

(c) 圆周平面磨　　　　　　　　(d) 端面平面磨

图 9-10　磨削运动参数

(1) 砂轮的圆周速度。它指砂轮外圆表面上任意一磨粒在单位时间内所经过的路程，用 v_s 表示。砂轮圆周速度可按下列公式计算，即

$$v_s = \frac{\pi d_s n_s}{1000 \times 60} \quad \text{m/s}$$

式中：d_s——砂轮直径，mm；

　　　n_s——砂轮转速，r/min。

(2) 工件圆周速度 v_w。工件被磨削表面上任意一点在单位时间内所经过的路程称为工件圆周速度，用 v_w 表示，因其量值比砂轮圆周速度小得多，故单位为 m/min。工件圆周速度可按下式计算，即

$$v_w = \frac{\pi d_w n_w}{1000} \quad \text{m/min}$$

式中：d_w ——工件直径，mm；

　　　　n_w ——工件转速，r/min。

(3) 纵向进给量 f_a。工件每转一周对砂轮在纵向移动的距离称为纵向进给量，用 f_a 表示，单位为 mm/r。如图 9-11 所示。纵向进给量受砂轮宽度 B 的约束，不同材料磨削纵向进给量如下。

　　　　粗磨钢件　　$f_a = (0.3 \sim 0.7)B$

　　　　粗磨铸件　　$f_a = (0.7 \sim 0.8)B$

　　　　精磨　　　　$f_a = (0.1 \sim 0.3)B$

式中：B——砂轮宽度，mm。

内、外圆磨削进给速度 v_f 与纵向进给量 f_a 有如下关系，即

$$v_f = \frac{f_a n_w}{1000} \quad \text{m/min}$$

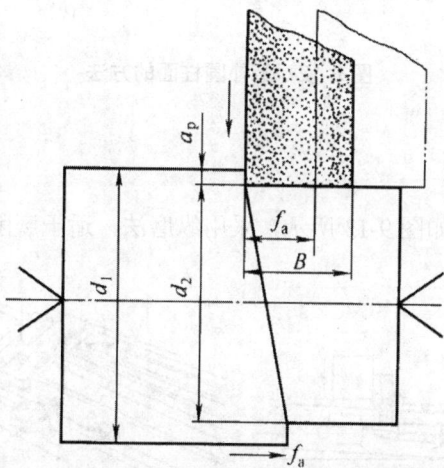

图 9-11　纵向进给量和吃刀深度

(4) 横向进给量 a_p (或径向进给量 f_r)。它指在工作台每次行程终了时，砂轮横向移动的距离，又称为吃刀深度，用 a_p 表示。横向进给量可按下式计算，即

$$a_p = \frac{d_1 - d_2}{2} \quad \text{mm}$$

式中：d_1、d_2——工件待加工表面、已加工表面直径，mm。

9.3.3　外圆磨削方法

1. 磨外圆柱面

磨外圆柱面有纵磨法和横磨法两种方法。图 9-12(a)所示为纵磨法，迎着纵向进给方向的前部分砂轮宽度上的磨粒担负切削作用，而后部分磨粒担负修光作用，因此，加工表面粗糙度小，只是磨削效率低。另外，纵磨时横向进给量很小，磨削力小，散热条件好，磨削温度低，因此，磨削精度高。纵磨法是常用的方法，特别适用于精磨及磨削较长的

工件。

图 9-12(b)所示为横磨法，又称为切入磨法。工件没有纵向进给运动，砂轮的宽度比需要磨削的表面宽一些，以很慢的进给磨掉全部加工余量。由于砂轮宽度方向上磨粒的切削能力能充分发挥，因此，磨削效率高。但因为没有纵向进给运动，砂轮由于修整不好或磨损不均匀所产生的形状误差会反映到工件上，并且砂轮与工件的接触长度大，磨削力大，磨削温度高。因此，磨削精度比纵磨法低。横磨法一般适用于磨削刚性较好，磨削长度短，或者两侧都有台阶的轴颈，如曲轴的曲拐颈等。

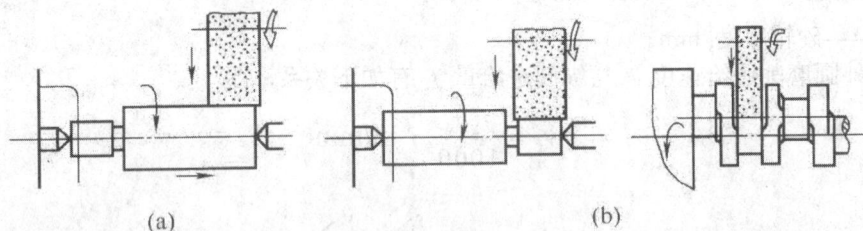

(a)　　　　　　　(b)

图 9-12　磨外圆柱面的方法

2. 磨圆锥面

磨外圆锥面有 3 种方法。

(1) 扳转磨床工作台。如图 9-13 所示，采用纵磨法，适于磨削锥度小而锥体长的工件。

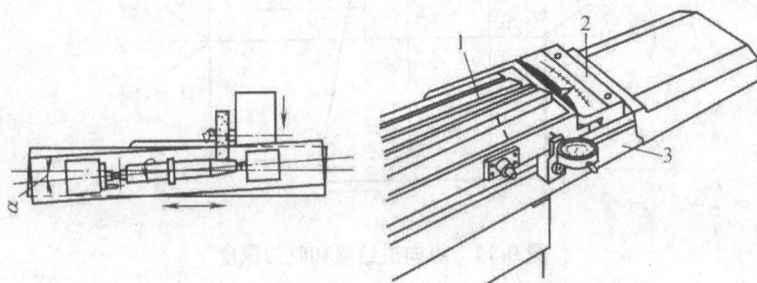

图 9-13　扳转磨床工作台磨削外圆锥面

1—上工作台；2—刻度尺；3—下工作台

(2) 扳转磨床头架。如图 9-14 所示，此时工件用卡盘安装，采用纵磨法，适于磨削锥度大而锥体短的工件。

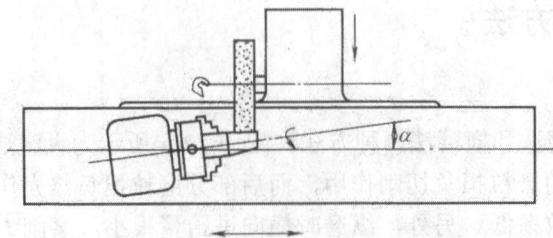

图 9-14　扳转磨床头架磨削外圆锥面

(3) 扳转磨床砂轮架。如图 9-15 所示，适于磨削长工件上的锥度大而锥体短的表面。

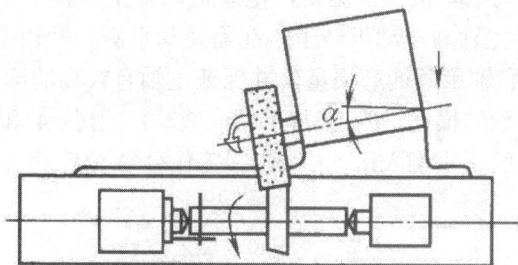

图 9-15　扳转磨床砂轮架磨削外圆锥面

9.4　其他磨床简介

9.4.1　平面磨床

平面磨床主要用于磨削各种平面，特别是淬硬表面，磨削方法如图 9-9 所示。根据砂轮的工作面不同，平面磨床可分为周边磨削和端面磨削两类。前者砂轮主轴水平布置(即卧轴)，后者砂轮主轴竖直布置(即立轴)。周边磨削精度较高，可得到较光整的加工表面和较高的尺寸精度，但生产率较低；端面磨削砂轮直径大，常能磨削工件全宽，因为是面接触，效率比较高，但冷却困难，切屑不易排除，加工精度较周边磨削差，一般用于粗磨。根据工作台形状的不同，平面磨床又可分为矩形工作台和圆形工作台两类。前者可方便地磨削各种零件，工艺范围较宽，但工作台需做往复进给运动，较易产生振动；后者适宜加工小型零件的大直径环形面，如磨削轴承套圈的端面等，工作台连续旋转，无往复运动产生的冲击，且生产率较高。

据此，平面磨床可分为以下 4 类：①卧轴矩台平面磨床(见图 9-16(a))；②立轴矩台平面磨床(见图 9-16(b))；③立轴圆台平面磨床(见图 9-16(c))；④卧轴圆台平面磨床(见图 9-16(d))。

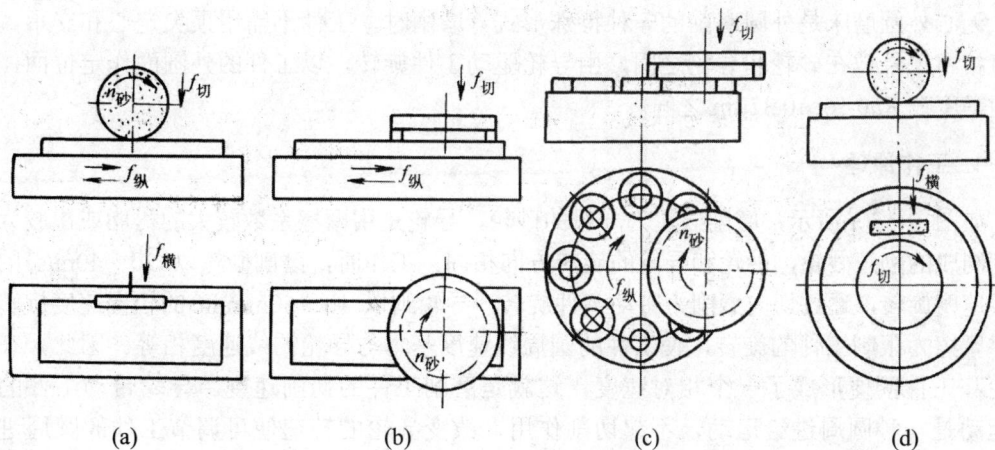

<table>
<tr><td>(a)</td><td>(b)</td><td>(c)</td><td>(d)</td></tr>
</table>

图 9-16　平面磨床加工示意图

平面磨床中，目前应用较多的是卧轴矩台平面磨床，见图 9-17。卧轴矩台平面磨床的砂轮主轴通常采用内装式电动机直接驱动，电动机轴就是砂轮主轴，电动机的定子装在砂轮架 3 的壳体内。砂轮主轴与电动机转子一起需经动平衡。砂轮主轴常采用静压滑动轴承进行支承，以降低主轴和轴承间的磨损量，并保证主轴有较高的回转精度。砂轮架 3 可沿滑鞍 4 的燕尾导轨做间歇的横向进给运动(手动或液动)。滑鞍 4 和砂轮架 3 一起，可沿立柱 5 的垂直导轨做间歇的垂直切入运动(手动)。工作台 2 沿床身 1 的导轨做纵向往复运动(手动或液动)。

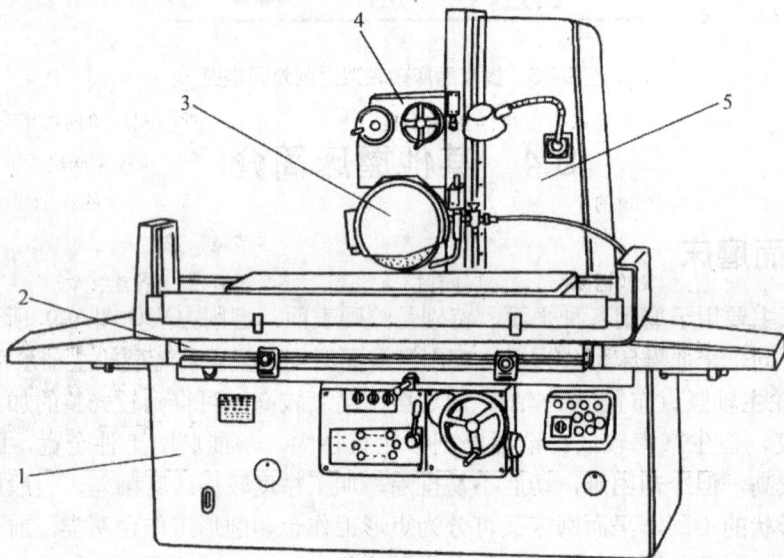

图 9-17　卧轴矩台平面磨床

1—床身；2—工作台；3—砂轮架；4—滑鞍；5—立柱

9.4.2　无心磨床

无心外圆磨床是外圆磨削的一种特殊形式。磨削时，工件不需用顶尖定心和支承，而是直接将工件放在砂轮和导轮之间，由导轮驱动工件旋转，以工件的外圆面作定位面，表面粗糙度在 $Ra0.16\sim0.32\mu m$ 之间。

1. 工作原理

如图 9-18(a)所示，磨削砂轮为一般的砂轮，导轮是用摩擦系数较大的树脂或橡胶为粘结剂制成的刚玉砂轮，砂轮和导轮的旋转方向相同。工作时，磨削砂轮以 20～40m/s 的圆周线速度旋转，通过切向磨削力带动工件旋转；导轮则以 10～50m/min 的较慢速度旋转，依靠摩擦力限制工件的旋转，使工件的圆周线速度基本与导轮的线速度相等。因此，在磨削轮和工件间便形成了一个相对速度，这就是磨削工件的切削速度。导轮带动工件的旋转运动是一种圆周进给运动，不起切削作用，改变导轮的转速便可调节工件的圆周进给速度。

为了加快成圆过程并提高工件圆度，工件的中心必须高于磨削砂轮和导轮的中心连线

(见图 9-18(b)、(d))，这样使工件与磨削砂轮和导轮间的接触点不可能对称，工件上某些凸起在多次转动中才能逐渐磨圆。工件中心高出磨削砂轮和导轮连心线的距离不能太大，一般为被磨削工件直径的 0.15～0.25 倍。若工件中心过高，导轮对工件的向上垂直分力可能会引起工件的跳动，影响加工表面的质量。

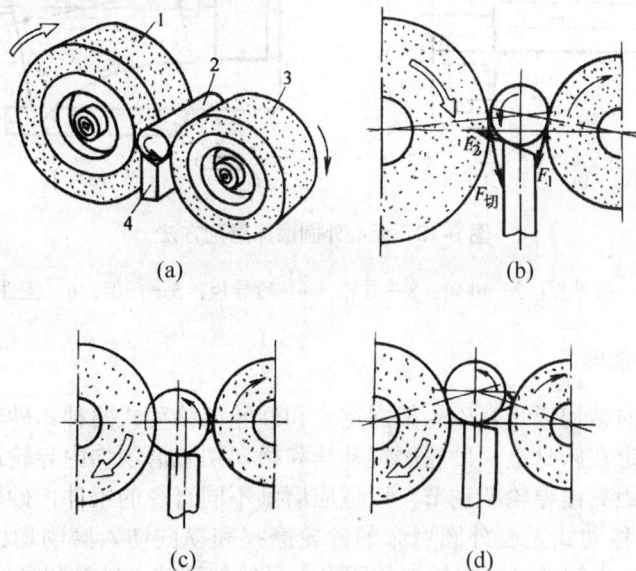

(a)　　　　　　　　　　　(b)

(c)　　　　　　　　　　　(d)

图 9-18　无心外圆磨床磨削原理

1—砂轮；2—托板；3—导轮；4—工件

2. 磨削方式

无心外圆磨床有两种磨削方式：贯穿磨削法(纵磨法)和切入磨削法(横磨法)，如图 9-19 所示。用贯穿磨削法[图 9-19(b)]磨削工件时，将工件从机床前面放到托架 5 上，推入磨削区。由于导轮在垂直平面内倾斜 α 角，导轮 3 与工件 6 接触处的线速度 v 可分解为水平分速度 v_1 和垂直分速度 v_2，其中 v_1 使工件做纵向进给运动，v_2 使工件做圆周进给运动。因此，当工件被推入磨削区后，工件既做旋转运动，同时又轴向向前移动，从机床另一端送出去。这时，另一工件相继进入磨削区，实现连续加工。

为保证导轮与工件间的接触线为直线形状，导轮的形状应修整成回转双曲面形。这种方法适用于磨削细长圆柱形工件、无中心孔的短轴和套类工件等。切入磨削法(见图 9-19(a))磨削工件时，将工件放入托板与导轮之间，一端紧靠定程挡块，所以工件一面旋转，一面同导轮一起向磨削砂轮边缘缓慢地横向进给(有些无心磨床由砂轮架移动实现横向进给)，直至磨出所要求的尺寸。取下工件的位置与装工件位置为同一位置。由于工件不需做纵向进给，所以导轮的轴心线仅倾斜很小的角度(约 30′)，对工件产生的轴向力不大，使工件靠往挡块，得到可靠的轴向定位。这在磨削圆锥面、成形面时尤为重要。切入磨削法适用于磨削带轴肩或凸台的工件以及圆锥体、球体或其他回转体工件，但磨削的长度应不大于磨削砂轮的宽度。无心磨削若配备自动装卸料机构，能实现全自动循环。

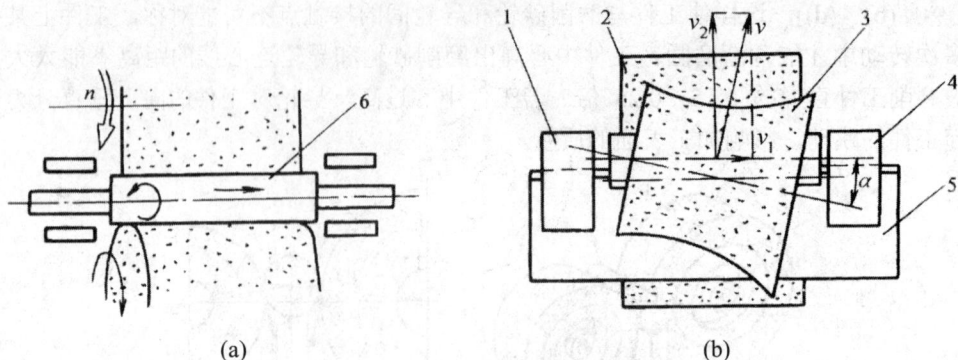

(a)   (b)

图 9-19　无心外圆磨床磨削方法

1—前导板；2—砂轮；3—导轮；4—后导板；5—托架；6—工件

3. 结构与主要部件

　　无心外圆磨床的结构形式有砂轮架固定式和砂轮架移动式两种。砂轮架固定式无心外圆磨床其砂轮架固定在床身上，砂轮磨损补偿和横向切入磨削均由导轮连同托架移动来实现。导轮与托架的距离由导轮架调节，以适应磨削不同直径的工件，砂轮和导轮一般为悬伸式结构。砂轮架移动式无心外圆磨床的砂轮磨损和横向切入磨削均由砂轮架移动来实现，托架固定在床身中间，导轮与托架的距离由导轮架调节，砂轮和导轮为双支承结构。

　　图 9-20 所示为一种砂轮架固定式无心外圆磨床的外形。磨轮架 3 固定在床身 1 的左边，其上装有砂轮主轴部件，砂轮主轴的转速一般不能改变，由装在床身内的电机经带轮驱动。

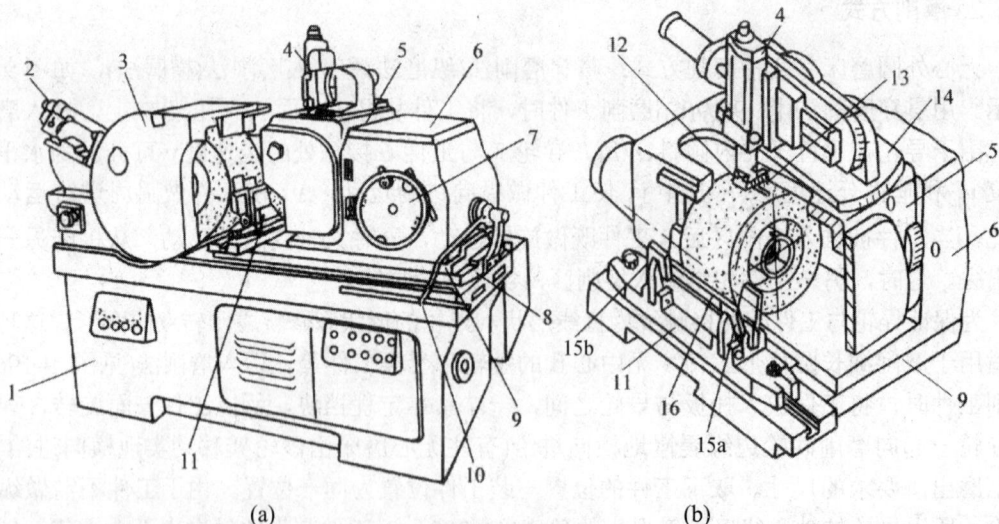

(a)   (b)

图 9-20　无心外圆磨床

1—床身；2—磨轮修正器；3—磨轮架；4—导轮修正器；5—转动体；6—座架；7—手轮；8—回转底座；
9—拖板；10—手柄；11—工件座架；12—移动直尺；13—金刚石；14—砂轮修正器底座；
15—导板；16—托板

导轮架装在床身的右边拖板 9 上，由转动体 5 和座架 6 两部分组成。转动体可在垂直平面内相对座架旋转，使导轮主轴可根据加工需要相对水平线转动一定角度。导轮可作有级或无级变速，由座架内的传动装置实现。在砂轮架左上方及导轮架转动体的上面，分别装有磨轮修正器 2 的导轮修正器 4，能根据加工需要将砂轮和导轮修整成圆柱形、圆锥形或其他回转成形面。在拖板的左端装有工件座架 11，其上装着支承工件用的托板 16 和使工件保持正确进给方向的导板 15。用快速进给手柄 10 或微量进给手轮 7，可使导轮沿拖板上的导轨移动(此时拖板被锁紧在回转底座 8 上)，以调整导轮和托板间的相对位置；或者使导轮架、工件座架同拖板一起，沿回转底座上的导轨移动(此时导轮架被锁紧在拖板上)，实现横向进给运动。回转底座可在水平面内扳转角度，以便磨削锥度不大的圆锥面。

9.4.3　内圆磨床

内圆磨床主要用于加工工件的圆柱孔、圆锥孔或其他特殊形状的内表面及孔端面。内圆磨削一般分为两种：一种是工件和砂轮均回转；另一种是工件不回转，砂轮做行星式运动。前者用于一般孔加工；后者用于大型工件孔加工。内圆磨床的砂轮主轴悬伸很长，并进行着高速旋转，需要高转速电动机驱动和高寿命的主轴轴承支承。内圆磨床加工时孔径的测量比较困难，粗磨、半精磨和精磨一般采用自动测量仪测量。

内圆磨床的主要类型有普通内圆磨床、无心内圆磨床、行星内圆磨床和专门用途的内圆磨床。按自动化程度分，有普通型、半自动型和全自动型 3 类。

普通内圆磨床是生产中应用最广的一种内圆磨床。图 9-21 所示为普通内圆磨床的磨削加工示意图。加工时工件用卡盘等装夹在机床的头架主轴上，由主轴带动实现工件旋转的圆周进给运动。根据工件形状和尺寸的不同，可采用纵磨法(见图 9-21(a))或切入磨削法(见图 9-21(b))磨削内孔，也可在工件一次装夹中完成磨削内孔和端面(见图 9-21(c)、(d))，以保证孔和端面的垂直度并提高了生产率。

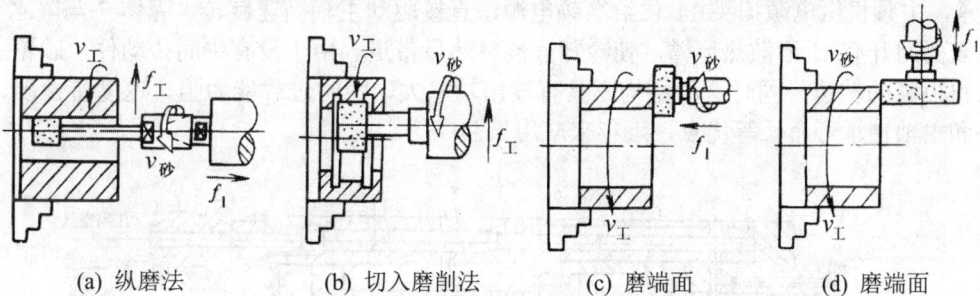

| (a) 纵磨法 | (b) 切入磨削法 | (c) 磨端面 | (d) 磨端面 |

图 9-21　内圆磨床的磨削方式

图 9-22 所示为普通内圆磨床常见的两种布局。图 9-22(a)中的工件头架安装在工作台上，随工作台一起实现纵向往复进给运动。砂轮架安装在床身的滑鞍上，能沿滑鞍导轨做周期横向进给运动(液动或手动)。图 9-22(b)中的工件头架安装在床身上，砂轮架则安装在工作台上，可实现纵向进给运动和横向进给运动。两种磨床的工件头架都可绕其垂直轴线转动一定的角度，以便磨削锥孔。

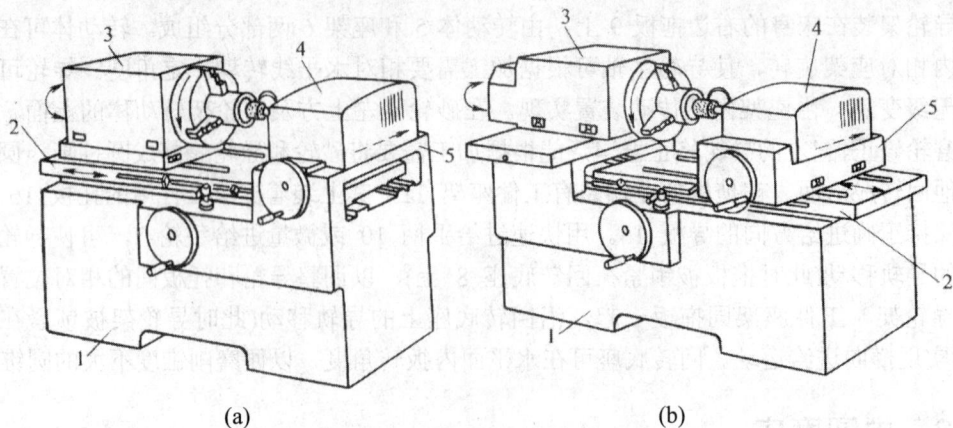

(a)　　　　　　　　　　　(b)

图 9-22　普通内圆磨床

1—床身；2—工作台；3—头架；4—砂轮架；5—滑鞍

　　普通内圆磨床的加工精度为：对最大磨削孔径为 $\phi 50mm/\phi 200mm$ 的机床，如试件的孔径为机床最大磨削孔径的一半，磨削孔深为机床最大磨削深度的一半时，精磨后能达到的圆柱度不大于 0.005mm，表面粗糙度 $Ra0.32\sim0.63\mu m$。普通内圆磨床的自动化程度不高，磨削尺寸通常靠人工测量加以控制，故仅适用于单件和小批量生产。

　　内圆磨床的砂轮主轴组件(内圆磨具)是内圆磨床中的关键部分。由于砂轮的外径受被加工孔径的限制，为达到砂轮有利的磨削线速度，砂轮主轴的转速必须很高。目前常用的内圆磨床砂轮主轴的转速为 10000～20000r/min，由普通电动机经传动带传动。这种结构比较简单，维护方便，成本低，应用广泛。但是在磨削直径小于 $\phi 10mm$ 的小孔时，要求砂轮主轴转速高达 80000～120000r/min 或更高，上述带传动显然不能实现。图 9-23 所示为常用内连式中频(或高频)电动机直接驱动砂轮主轴的内圆磨具。电动机的定子 4 固定在壳体 7 内，转子 5 安装在主轴 2 上，主轴 2 由径向空气径向轴承 3 和 8、轴向空气推力轴承 1 和 9 支承，中频机组电源插头 11 供给高频电源，直接驱动主轴高速旋转。壳体 7 与隔水套 6 配合表面间开有 U 形散热环槽，使冷却液能将热量带走。由于没有中间传动件，砂轮主轴可获得很高的转速，同时这种结构还具有输出功率大、短时过载能力强、速度特性硬、振动小和主轴轴承寿命长等优点，近年来应用日益广泛。

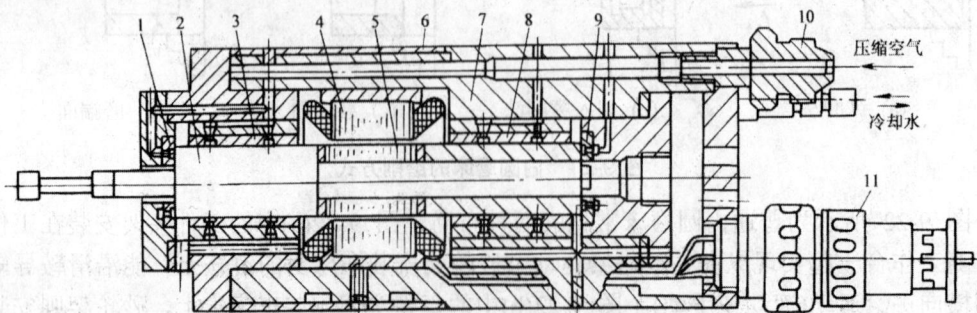

图 9-23　内连式中频电动机驱动的内圆磨具

1、9—推力轴承；2—主轴；3、8—径向轴承；4—定子；5—转子；6—隔水套；

7—壳体；10—接头；11—插头

内圆磨具也可采用空气涡轮或油涡轮驱动，即利用压缩空气或压力油推动叶轮，带动主轴高速旋转。用空气涡轮传动并以空气静压轴承作支承的内圆磨具，目前转速可达到400000r/min。但这种传动方式输出功率小，机械特性软，只适用于磨削直径非常小的孔。

9.4.4　导轨磨床

导轨磨床是一种大型精密磨床，是机床制造业中的关键设备之一，用以磨削不同形状的导轨面及平面。特别是在机床的修理中，导轨磨床是实现导轨"以磨代刮"的主要设备之一，能降低劳动强度，缩短修理周期。导轨磨床可采用端面磨削、周边磨削和成形磨削等磨削方式，其中周边磨削可达到较高的磨削精度。根据导轨磨床的结构特点，可分为单臂式和龙门式两大类，其中单臂式又分为落地型(工作台固定型)和工作台移动型，龙门式分为横梁固定型和横梁移动型。

1. 单臂式工作台移动型导轨磨床

单臂式工作台移动型导轨磨床的外形如图 9-24 所示，它由横梁 3、端面磨削砂轮架4、立柱 5、周边磨削砂轮架 2 及工作台 7 等组成。工作台做往复直线运动。横梁 3 可回转180°，也可沿立柱上下移动，以便磨削不同高度的工件。横梁上安装有端面磨削砂轮架和周边磨削砂轮架，分别由单独的电动机驱动，可以手动调节磨削位置，还能沿横梁做横向进给运动。工作时当砂轮架调定位置后，横梁锁紧在立柱和辅助支架 1 上，使支架、横梁和立柱形成龙门式框架，有利于提高横梁的刚度。但工件的长度受工作台行程的限制，只适用于中、小型机床基础件和其他工件的加工。

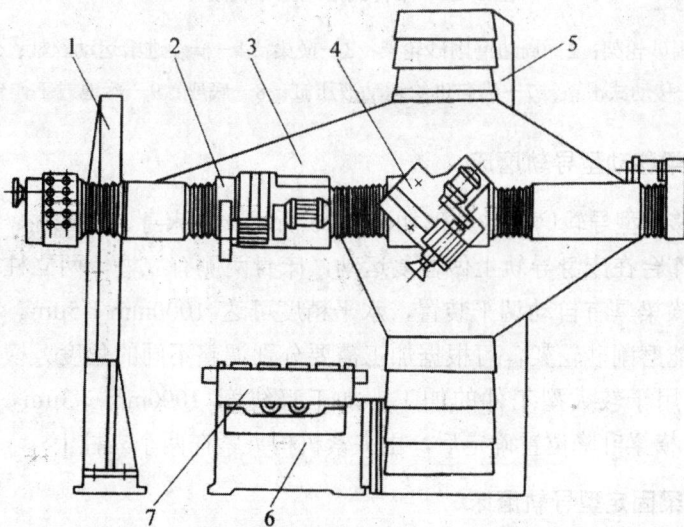

图 9-24　单臂式工作台移动型导轨磨床

1—辅助支架；2—周边磨削砂轮架；3—横梁；4—砂轮架；

5—立柱；6—底座；7—工作台

2. 单臂式落地型导轨磨床

单臂式落地型导轨磨床的外形如图 9-25 所示，它由固定在基础上的工作台 9、底座 8、移动式滑鞍 6、横梁 3、端面磨削砂轮架 1 及周边磨削砂轮架 2 等部件组成。与工作台移动型相比，落地式磨床的工作台与基础固定连接，工件在加工中不做进给运动，可将工作台安装在低于立柱基础平面的地坑中，适用于重型工件的加工，也适用于纵向行程较长情况的加工。但工作台与立柱无固定连接，横梁在工作中处于悬臂状态，因而刚度较差，加工精度较低。

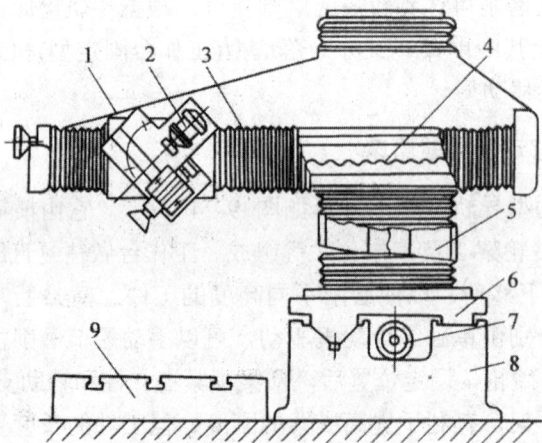

图 9-25 单臂式落地型导轨磨床

1—端面磨削砂轮架；2—周边磨削砂轮架；3—横梁；4—横梁进给运动丝杠；5—立柱；
6—移动式滑鞍；7—纵向进给运动液压缸；8—底座；9—落地式工作台

3. 龙门式横梁移动型导轨磨床

龙门式横梁移动型导轨磨床的外形如图 9-26 所示，由床身、双立柱、横梁组成框架结构，刚性好。工作台在床身导轨上做往复运动，床身两侧有立柱，两立柱由顶梁连接形成龙门框架结构。横梁具有自动调平装置，水平精度可达 1000mm：5μm。横梁上装有周边磨削砂轮架和万能磨削砂轮架，可根据加工需要分别调整不同的角度。横梁可沿立柱直导轨调整移动，适用于较大型工件的加工，加工直线度 1000mm：3μm，表面粗糙度(周磨)$Ra \leqslant 0.63\mu m$。横梁升降位置确定后，由夹紧机构夹紧在两个立柱上。

4. 龙门式横梁固定型导轨磨床

龙门式横梁固定型导轨磨床也由床身、双立柱、横梁组成了框架结构，刚度高，适用于较大型工件的加工，但由于横梁不能垂直移动，所加工工件的高度不宜过高。

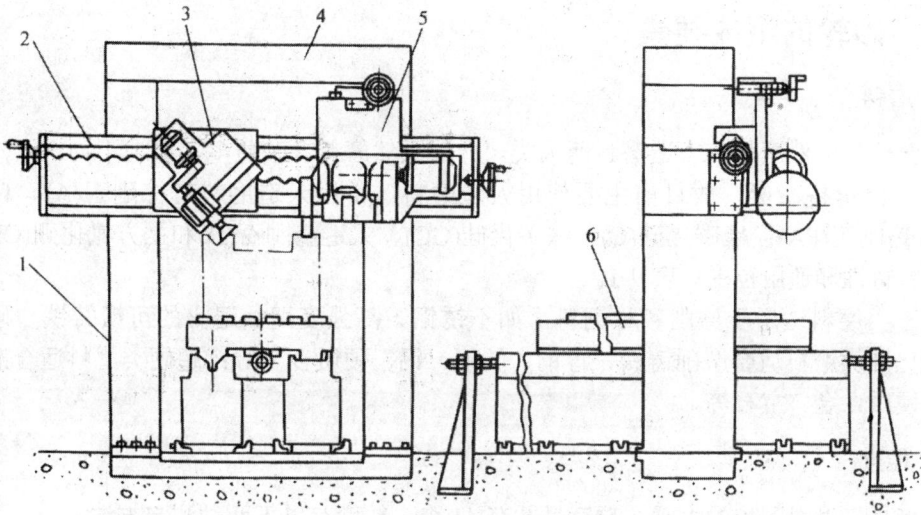

图 9-26　龙门式横梁移动型导轨磨床

1—立柱；2—横梁；3—端面磨削砂轮架；4—顶梁；5—周边磨削砂轮架；6—工作台

9.5　砂轮的特性及其选用

9.5.1　砂轮的结构

砂轮是磨削加工中最常用的旋转式磨具。它是由结合剂将磨料颗粒粘结而成的多孔体。

砂轮的制造比较复杂，由磨料加结合剂经压制与焙烧而制成。以陶瓷结合剂砂轮为例，将磨料、结合剂以适当的比例混料成形后，再经过干燥、烧结、整形、静平衡、硬度测定及最高工作线速度测量等程序而制成。在高温烧结过程中，结合剂与磨粒表面相互浸溶形成多孔网状玻璃组织，磨粒依靠结合剂粘结在一起，在磨削时起直接的切削作用，把一层极薄的金属层从工件上切下来，如图 9-27 所示。组成砂轮的三要素有磨粒、结合剂和气孔。

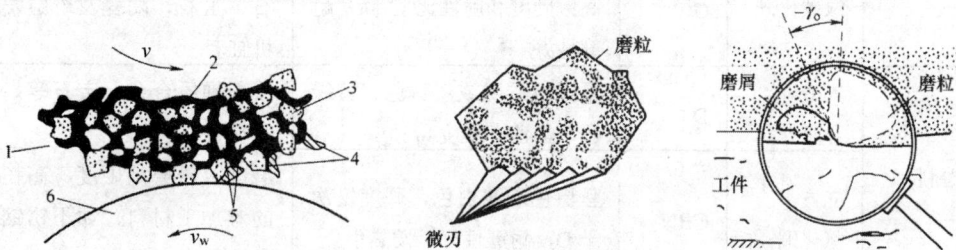

图 9-27　砂轮的结构

1—砂轮；2—结合剂；3—磨粒；4—磨屑；5—气孔；6—工件

9.5.2 砂轮的组成要素

1. 磨料

磨料分为天然磨料和人造磨料两大类。一般天然磨料含杂质多，质地不均。天然金刚石虽好，但价格昂贵，故目前主要使用人造磨料。常用人造磨料有棕刚玉(A)、白刚玉(WA)、铬刚玉(PA)；黑碳化硅(C)、绿碳化硅(GC)、人造金刚石(D)和立方氮化硼(CBN)，常用磨料特性和适用范围见表9-1。

刚玉类磨料适用于磨削各种钢料，如不锈钢、高强度钢、退火的可锻铸铁、硬青铜等；碳化硅类磨料适合磨削铸铁、青铜、软铜、铝、硬质合金等；超硬类磨料适合磨削高速钢、硬质合金、宝石等。

2. 粒度

粒度是指磨料颗粒的大小。粒度号共有41个。粒度有以下两种测定方法。

1) 机械筛分法

对于颗粒尺寸大于 50μm 的磨粒，用筛选法来区分的较大颗粒(制砂轮用)，以每英寸(1in=25.4mm)筛网长度上筛孔的数目表示，如46号粒度表示磨粒刚好能通过46格/in 的筛网。

表 9-1 常用磨料特性和适用范围

系 列	名 称	代 号	特 性	适用范围
氧化物系：主要成分为氧化铝	棕刚玉	A	呈棕褐色；硬度高，韧性大，价格便宜	碳钢、合金钢、可锻铸铁等
	白刚玉	WA	呈白色；比 A 硬度高，脆性大，价格高，自锐性强，磨损大，不适合粗磨	精磨淬火钢、高碳钢、高速钢及薄壁零件，刃磨及研磨刀具
碳化物系：主要成分为碳化硅	黑碳化硅	C	呈黑色，有光泽；可磨削抗强度低、脆性高的金属；硬度可比 WA 高，性脆而锋利，导热性和抗导电性好	脆性材料，如铸铁、铝及非金属材料
	绿碳化硅	GC	呈绿色，半透明晶体，纯度高；硬度和脆性比 C 高，耐磨性好	磨硬质合金、光学玻璃、宝石、玉石、陶瓷及珩磨发动机缸套
高硬磨料	人造金刚石	D	呈无色透明或淡黄色、黄绿色、黑色，硬度高	磨削硬质合金、宝石等高硬度材料
	立方氮化硼	CBN	呈黑色或淡白色，硬度仅次于 D，耐磨性好，发热小	磨削或研磨高硬度、高韧性的难加工材料，如不锈钢、高碳钢等

2) 显微镜分析法

对于用显微镜测量来区分的微细磨粒(称微粉，供研磨用)，以其最大尺寸(单位为μm)

前加 W 来表示。

普通磨料粒度的选择原则如下：

(1) 加工精度要求高时，选用较细粒度。因粒度细，同时参加切削的磨粒数多，工件表面上残留的切痕较小，表面质量就较高。

(2) 当磨具和工件接触面积较大，或磨削深度较大时，应选用粗粒度磨具。因为粗粒度磨具和工件间的摩擦小，发热也较小。

(3) 粗磨时粒度应比精磨时粗，可提高生产效率。

(4) 切断和磨沟槽工序，应选用粗粒度、组织疏松、硬度较高的砂轮。

(5) 磨削软金属或韧性金属时，砂轮表面易被切屑堵塞，所以应选用粗粒度的砂轮；磨削硬度高的材料，应选较细粒度砂轮。

(6) 成形磨削时，为了较好地保持砂轮形状，宜选用较细粒度。

(7) 高速磨削时，为了提高磨削效率，粒度要比普通磨削时偏细 1～2 个粒度号。因粒度细，单位工作面积上的磨粒增多，每颗磨粒受力相应减小，不易钝化。

常用砂轮粒度号及其适用范围见表 9-2。

3. 硬度

砂轮的硬度是指磨具表面的磨粒在切削力的作用下，从结合剂中脱落的难易程度。磨粒易脱落，则磨具的硬度低；反之，则硬度高。应注意，不要把砂轮的硬度与磨粒自身的硬度混同起来。

砂轮的硬度对磨削生产率和磨削表面质量都有很大的影响。如果砂轮太硬，磨粒磨钝后仍不能脱落，磨削效率很低，工作表面很粗糙并可能烧伤；如果砂轮太软，磨粒还未磨钝已从砂轮上脱落，砂轮损耗大，形状不易保持，影响工件质量。砂轮的硬度合适，磨粒磨钝后因磨削力增大而自行脱落，使新的锋利的磨粒露出，砂轮具有自锐性，则磨削效率高，工件表面质量好，砂轮的损耗也小。

表 9-2　常用砂轮粒度号及其适用范围

类　别		粒 度 号	适 用 范 围
磨粒	粗粒	8、10、12、14、16、20、22、24	荒磨
	中粒	30、36、40、46	一般磨削，加工表面粗糙度 Ra 可达 0.8μm
	细粒	54、60、40、46	半精磨、精磨和成形磨削，加工表面粗糙度 Ra 可达 0.8～0.1μm
	微粒	120、150、180、220、240	精磨、精密磨、超精磨、成形磨、刀具刃磨、珩磨
微粉		W60、W50、W40、W28、W20、W14、W10、W7 W5、W3.5、W2.5、W1.5、W1.0、W0.5	精磨、精密磨、超精磨、珩磨、螺纹磨、超精密磨、镜面磨、精研、加工表面粗糙度 Ra 可达 0.05～0.1μm

影响磨具硬度的主要因素是结合剂的数量，结合剂的数量多，磨具的硬度就高；另外，在磨具制造过程中，成形密度、烧成温度和时间都会影响磨具硬度。磨具硬度分级见表 9-3，分为 7 大级。

表 9-3　磨具硬度分级(GB/T 2484—2006)

代号	D	E	F	G	H	J	K	L	M	N	P	Q	R	S	T	Y
等级	超软			软			中软		中		中硬			硬		超硬
小级	超软			1	2	3	1	2	1	2	1	2	3	1	2	超硬
选择	磨未淬硬钢选用 L～N，磨淬火合金钢选用 H～K，高表面质量磨削时选用 K～L，刃磨硬质合金刀具选用 H～L															

砂轮硬度选择的最基本原则为：保证磨具在磨削过程中有适当的自锐性，避免磨具过大的磨损，保证磨削时不产生过高的磨削温度。

(1) 当工件硬度较高时，磨具的硬度应较低；反之，应选用硬度较高的磨具。

(2) 一般粗磨时选较硬的砂轮。内圆磨削时，砂轮与工件接触面积比外圆磨削时大，易使工件发热，应选较软砂轮；但当内圆直径小时砂轮速度较低，故应选较硬砂轮。但工件硬度较低而韧性又大时，由于切屑容易堵塞砂轮，所以应选用粒度较粗而硬度较低的砂轮。

(3) 成形磨时，为保持砂轮形状，应选较硬的砂轮。

(4) 磨削不连续表面时，因受冲击作用，磨粒易脱落，可选较硬的砂轮。

(5) 当工件导热性差、易烧伤时(如高速钢刀具、轴承、薄壁零件等)，应选较软砂轮。

(6) 当砂轮与工件接触面积大时，应选软一些的砂轮，如用砂轮端面磨平面应比外圆磨砂轮软些。

(7) 精磨时，表面质量要求高，应选软砂轮；低粗糙度磨削往往选用超软砂轮。

4. 组织

组织表示砂轮中磨料、结合剂和气孔间的体积比例，用磨粒在砂轮中占有的体积百分率(即磨粒率)表示。砂轮共 15 个组织号，见表 9-4。组织号从小到大，磨料率由大到小，气孔率由小到大。砂轮组织号大，组织松，砂轮不易被磨屑堵塞，切削液和空气能带入磨削区域，可降低磨削区域的温度，减少工件因发热而引起的变形和烧伤，也可以提高磨削效率，但组织号大，不易保持砂轮的轮廓形状，会降低成形磨削的精度，磨出的表面也较粗糙。现在还研制出更大气孔的砂轮，以便于磨大面积或薄壁零件，以及软而韧(如银钨合金)或硬而脆(如硬质合金)等材料。

表 9-4　砂轮的组织号

组织号	0	1	2	3	4	5	6	7	8	9	10	11	12	13	14
磨粒率/%	62	60	58	56	54	52	50	48	46	44	42	40	38	36	34
疏松程度	紧密				中等			疏松					大气孔		
适用范围	重负荷、成形、精密磨削，间断自由磨削或加工硬脆材料				外圆、内圆、无心磨及工具磨、淬火钢工件及刀具刃磨等			粗磨及磨削韧性大、硬度低的工件，适合磨削薄壁、细长工件，砂轮与工件接触面大的情况及平面磨削等					有色金属及塑料橡胶等非金属及热敏性大的合金		

5. 结合剂

把磨粒固结成磨具的材料称为结合剂。结合剂的性能决定了砂轮的强度、耐冲击性、耐腐蚀性和耐热性。此外，它对磨削温度、磨削表面质量也有一定的影响。

常用结合剂的种类、代号、性能与适用范围见表 9-5。

表 9-5　常用结合剂的种类、代号、性能与适用范围

结合剂	代　号	性　　能	用　　途
陶瓷	V	耐热性好、耐腐蚀性好、气孔率大、易保持轮廓、弹性差	应用广泛，适用于 $v<35m/s$ 的各种成形磨削、磨齿轮、磨螺纹等
树脂	B	强度高、弹性大、耐冲击、坚固性和耐热性差、气孔率小	适用于 $v>50m/s$ 的高速磨削，可制成薄片砂轮，用于磨槽、切割等
橡胶	R	强度和弹性更高、气孔率小、耐热性差、磨粒易脱落	适用于无心磨的砂轮和导轮、开槽和切割的薄片砂轮、抛光砂轮等
金属	M	韧性和成形性好、强度大，但自锐性差	可制造各种金刚石磨具

6. 磨具的最高工作速度

磨削过程中，砂轮高速旋转时要承受很大的离心力，而离心力大小与砂轮圆周速度的平方成正比增加。工作时，如磨具的工作速度过高，砂轮就会爆裂而发生严重事故。因此，为保证砂轮安全，磨具应规定最高工作速度。规定的最高工作速度比砂轮破裂时的速度要低得多。安全使用的最高工作速度一般标注在砂轮上或写在说明书中，供选择使用。磨具的最高工作速度见表 9-6。

表 9-6　磨具的最高工作速度(摘自 GB 2494—2003)

磨具类别	形状代号	最高工作速度/(m/s)				
		陶瓷结合剂	树脂结合剂	橡胶结合剂	菱苦土结合剂	增强树脂结合剂
平形砂轮	1	35	40	35	—	—
镜面磨砂轮	1	—	25	—	—	—
柔性抛光砂轮	1	—	—	20	—	—
磨螺纹砂轮	1	50	50	—	—	—
重负荷修磨砂轮	1	—	50~80	—	—	—
筒形砂轮	2	25	30	—	—	—
单斜边砂轮	3	35	40	—	—	—
双余斜边砂轮	4	35	40	—	—	—
单面凹砂轮	5	35	40	35	—	—
杯形砂轮	6	30	35	—	—	—
双面凹 1 号砂轮	7	35	40	35	—	—
双面凹 2 号砂轮	8	30	30	—	—	—

磨具类别	形状代号	最高工作速度/(m/s)				
		陶瓷结合剂	树脂结合剂	橡胶结合剂	菱苦土结合剂	增强树脂结合剂
碗形砂轮	11	30	35	—	—	—
碟形砂轮	12a、12b	30	35	—	—	—
单面凹带锥砂轮	23	35	40	—	—	—
双面凹带锥砂轮	26	35	40	—	—	—
螺栓坚固平形砂轮	36	—	35	—	—	—
单面凸砂轮	38	35	—	—	—	—
薄片砂轮	41	35	50	50		60～80
菱苦土砂轮	1、2、2a、2b、2c、2d、6、6a	—	—	—	20～30	—
蜗杆砂轮	PMC	35～40	—	—	—	—

9.5.3 砂轮的形状、尺寸和标志

为了适应在不同类型的磨床上磨削各种形状和尺寸工件的需要，砂轮有许多种形状和尺寸。砂轮的形状和尺寸是按照磨床的类型、磨削加工方法及工件的形状和尺寸来确定的。常用砂轮的形状、代号及主要用途见表 9-7。

砂轮的标志印在砂轮端面上。其顺序是：形状、尺寸、磨料、粒度号、硬度、组织号、结合剂、最高工作速度。例如，1-300×50×75-A60L5V-35，其中各代号含义如下：

1 表示形状代号(1 代表平面砂轮)；300 表示外径 D；50 表示厚度 r；75 表示孔径 H；A 表示磨料(棕刚玉)；60 表示粒度号；L 表示硬度(中软 2)；5 表示组织号(中等)；V 表示结合剂(陶瓷)；35 表示最高工作速度(m/s)。

表 9-7　常用砂轮的形状、代号及主要用途(摘自 GB/T 2484—2006)

代　号	名　称	断面形状	形状尺寸标记	主要用途
1	平面砂轮		1-D×T×H	磨外圆、内孔、平面及刃磨刀具
2	筒形砂轮		2-D×T-W	端磨平面

续表

代 号	名 称	断面形状	形状尺寸标记	主要用途
4	双斜边砂轮		$4\text{-}D\times T/U\times H$	磨齿轮及螺纹
6	杯形砂轮		$6\text{-}D\times T\times H\text{-}W$, E	端磨平面，刃磨刀具后刀面
11	碗形砂轮		$11\text{-}D/J\times T\times H\text{-}W$, E, K	端磨平面，刃磨刀具后刀面
12a	碟形 1 号砂轮		$12a\text{-}D/J\times T/U\times H\text{-}W$, E, K	刃磨刀具前刀面
41	平形切割砂轮		$41\text{-}D\times T\times H$	切断及磨槽

9.5.4　砂轮的平衡

砂轮的不平衡是由于砂轮重心与回转轴线不重合而引起的，不平衡的砂轮高速旋转时，将产生迫使砂轮偏离轴心的离心力，引起机床的振动，使被加工工件表面产生多角形振痕或者烧伤，严重的甚至会造成砂轮碎裂。一般直径大于 125mm 的砂轮都需要进行平衡。

砂轮的平衡方法通常有 3 种，即静平衡、动平衡和自动平衡。动平衡要用动平衡仪进行，自动平衡要用砂轮自动平衡装置进行，这里只介绍砂轮静平衡。静平衡的指标是使砂轮在水平导轨上的任何位置都能保持静止状态。

1. 静平衡的工具

砂轮的静平衡由人工利用静平衡工具进行，为一般工厂所常用。

(1) 静平衡架。如图 9-28 所示的静平衡架为圆轴式，由支架 1 和两根直径相同并且互相平行的光滑轴 2 组成；两轴是静平衡的导轨，使用时必使其处于水平位置，并在同一水平面上。

(2) 平衡心轴。图 9-29 所示为平衡心轴，平衡心轴两端的轴颈 1 与轴颈 5 的实际尺寸差值应不大于 0.01mm。使用时，将砂轮装在砂轮法兰盘上，再将法兰盘套在心轴上，与心轴锥度紧密配合后旋紧螺母 2，然后将平衡心轴放到平衡架的光滑轴上进行平衡。

(3) 平衡块。平衡块装在砂轮法兰盘环形槽内，使重量不平衡的砂轮达到平衡。锥形平衡块(见图 9-30(a))用于小尺寸砂轮，螺钉 1 可把平衡块 2 固定在法兰盘 3 的燕尾形槽内；扇形平衡块(见图 9-30(b))用于尺寸较大砂轮的平衡，螺钉 1 被拧紧后，其端部迫使钢珠 4 向外胀开，平衡块 2 被固定在法兰盘 3 的环形槽内。

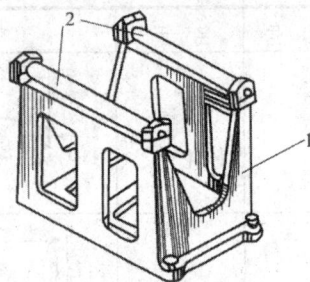

图 9-28 静平衡架

1—支架；2—光滑轴

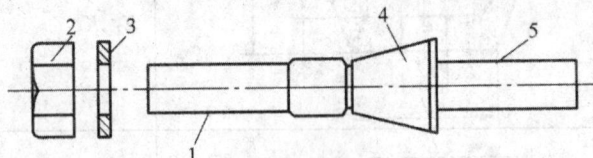

图 9-29 平衡心轴

1、5—轴颈(实际尺寸一致)；2—螺母；3—垫圈；4—锥体

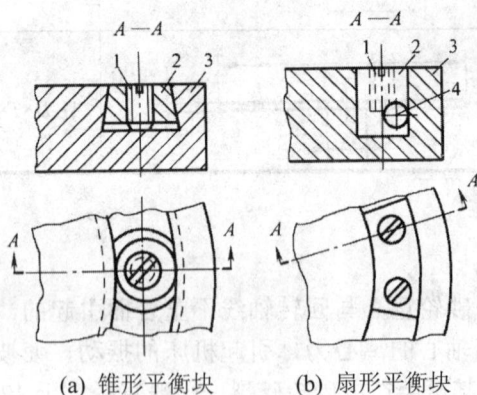

(a) 锥形平衡块　　(b) 扇形平衡块

图 9-30 平衡块

1—螺钉；2—平衡块；3—法兰盘；4—钢珠

2. 静平衡的方法

砂轮静平衡方法有重心平衡法和三点平衡法等，对于直径在 250mm 以上的砂轮采用三点平衡法，下面介绍砂轮静态平衡的三点平衡法原理。

三点平衡法是快速静平衡砂轮的有效方法。其原理如图 9-31 所示，点 O 为砂轮的假设中心，因为其重心不在中心点 O 上，设砂轮重心在点 F 上，OF 在垂直中心线 AB 上。当点 C 上加平衡块 m_C 时，此时砂轮不平衡的重心必处于 CF 之间的点 H 上，且离点 O 距离为 b。再在 OB 的两侧点 E 和点 D 上分别加上平衡块 m_E 和 m_D，这样就可把砂轮看成是有 3 个平衡块分别在 H、E、D 3 点上，只要 3 个平衡块的质心能与中心点 O 重合，砂轮就达到平衡。由此可保持点 H 不变，即 m_C 不动，而移动 m_E 和 m_D，使 m_E 和 m_D 的合成质心落在 AB 线的点 G 上，设 $OG=c$，砂轮质量为 M，若 $(M+m_C)b=(m_E+m_D)c$，砂轮即达到平衡。这就是"三点平衡法"原理，把平衡砂轮的问题归结为移动平衡块 m_E 和 m_D，使 m_E 和 m_D 的合成质心位于点 G 上，经过这样的平衡，砂轮可在任何方向都保持其静态的平衡。

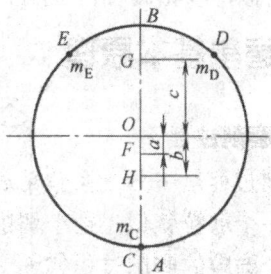

图 9-31　砂轮三点平衡法原理

9.3.5　砂轮的修整

砂轮寿命通常用 s 来表示。砂轮的磨损限度可以根据工件表面出现振痕、烧伤、粗糙度变大、加工精度下降等现象来确定。砂轮磨损的主要判断数据是砂轮的径向磨损量。

减少磨削力，降低磨粒磨削点温度和砂轮接触区的温度都可以提高砂轮寿命；工件直径的增大、工件速度的减小、轴向和径向进给量的减小均可提高砂轮寿命。

钝化了的砂轮，失去了切削性能，必须适时进行修整，砂轮修整的目的是清除已经磨损的砂轮表层，恢复砂轮的切削性能及正确的几何形状，以减少表面粗糙度值和提高砂轮寿命。

修整砂轮常用的工具有大颗粒金刚石笔(见图 9-32(a))、多粒细碎金刚石笔(见图 9-32(b))和金刚石滚轮(见图 9-32(c))。多粒细碎金刚石笔修整效率较高，金刚石滚轮修整效率更高，适用于修整成形砂轮。

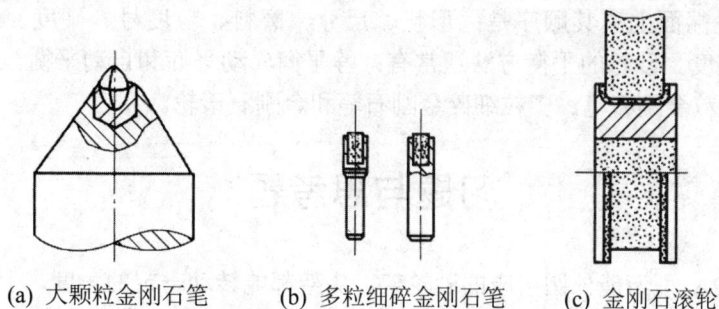

(a) 大颗粒金刚石笔　　　(b) 多粒细碎金刚石笔　　　(c) 金刚石滚轮

图 9-32　修整砂轮用的工具

大颗粒金刚石笔修整砂轮时，每次修整深度为 $2\sim20\mu m$，轴向进给速度为 $20\sim60mm/min$，一般砂轮单边总修整量为 $0.1\sim0.2mm$。

金刚石笔车削修整法应用最广泛，修整时当磨粒碰到金刚石坚硬的尖角，就会破碎或整个脱落，在砂轮表面产生新的微刃。如图 9-33 所示，用金刚石笔修整砂轮外圆，与车削圆相似，砂轮旋转，金刚石笔切入一定深度后做纵向进给。

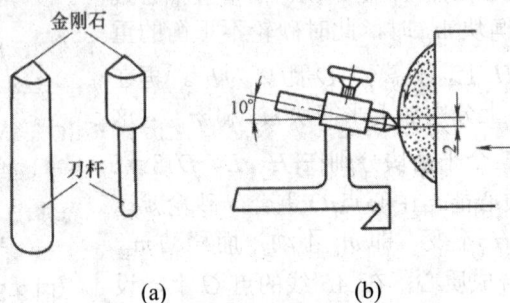

图 9-33　用金刚石笔修整砂轮外圆

小　结

磨床主要用于磨削淬硬钢和各种难加工材料，磨削加工内外圆柱面和圆锥面，平面，螺旋面，花键、齿轮、导轨、刀具及各种成形面等。M1432A 型机床主要组成部件有床身、工件头架、工作台、内圆磨具、砂轮架、尾座等。主轴与轴瓦的配合间隙增大时，可通过球头螺钉来调整配合间隙。如主轴和轴瓦因磨损而产生失效，可根据具体情况进行修复或更换。

磨削加工的特点：可获得高的精度和小的表面粗糙度，磨削温度高、容易烧伤工件，可磨削各种硬度的工件材料，砂轮具有自锐性，径向切削力很大。磨外圆柱面有纵磨法和横磨法两种方法。纵磨法，加工表面粗糙度小，磨削效率低，横向进给量很小，磨削力小，散热条件好，磨削温度低，磨削精度高，特别适用于精磨以及磨削较长的工件。横磨法，磨削效率高，磨削力大，磨削温度高，磨削精度比纵磨法低，适用于磨削刚性较好、长度短或者两侧都有台阶的轴颈(如曲轴的曲拐颈等)。

砂轮的组成要素为：磨料、粒度、硬度、组织、结合剂、磨具的最高工作速度。砂轮的标志印在砂轮端面上。其顺序是：形状、尺寸、磨料、粒度号、硬度、组织号、结合剂、最高工作速度。砂轮的平衡方法通常有：静平衡、动平衡和自动平衡。修整砂轮常用的工具有：大颗粒金刚石笔、多粒细碎金刚石笔和金刚石滚轮。

习题与思考题

9-1　M1432A 型万能外圆磨床的砂轮架、头架都能转动一定的角度，上工作台又能相对下工作台扳动一定的角度。试说明它们的用途。

9-2　M1432A 型万能外圆磨床的尾座顶尖依靠弹簧力来顶紧工件，这样的结构有什么好处？

9-3　说明 M1432A 型万能外圆磨床的砂轮架主轴轴承的工作原理及其调整方法。

9-4　M1432A 型万能外圆磨床的头架和内圆磨具的滚动轴承是如何实现预紧的？

9-5 在 M1432A 型万能外圆磨床上磨削外圆时，问：

(1) 如用两顶尖支承工件进行磨削，为什么工件头架的主轴不转动？工件是怎样获得旋转运动的？

(2) 如工件头架和尾座的锥孔中心在垂直平面内不等高，磨削的工件将产生什么误差？如何解决？如二者在水平平面内不同轴，磨削的工件又将产生什么误差？如何解决？

9-6 在万能外圆磨床上磨削圆锥面有哪几种方法？各适合于何种情况？机床应如何调整？

9-7 说明无心磨床磨削工件的原理及无心磨床的特点和应用。

9-8 内圆磨床砂轮主轴的转速为什么要很高？通常用什么传动方式实现这种高转速？

9-9 磨削为什么能够达到较高的精度和较小的表面粗糙度？试述磨削加工过程和其他金属切削过程相比有哪些特点。

9-10 什么是砂轮的自锐性？

9-11 试分析卧轴矩台平面磨床和立轴圆台平面磨床在磨削方法、加工质量、生产率等方面有何不同。

9-12 砂轮的特性有哪些？砂轮的硬度是否就是磨料的硬度？如何选择砂轮？砂轮磨损后，如何进行修整？

9-13 砂轮常用的磨料有哪些类型？各类磨料各有何特点？

9-14 试述砂轮的静态平衡调整方法。

9-15 砂轮有哪些修整方法？说说各种修整方法的原理和特点。

第 10 章　齿轮加工与齿轮加工机床

学习目标：

- 掌握齿轮的加工方法。
- 掌握滚齿工作原理。
- 掌握 Y3150E 型滚齿机的传动系统分析。
- 掌握插齿机的运动，插齿刀。
- 了解齿轮加工机床的种类。
- 了解插齿机的工作原理。
- 了解剃齿加工原理、珩齿加工原理和磨齿加工原理。

10.1　齿轮加工概述

齿轮加工机床是用来加工各种齿轮轮齿表面的机床。由于齿轮传动准确可靠、效率高，在高速重载下的齿轮传动装置体积较小。所以，齿轮是现代机械传动的重要组成部分之一，齿轮加工机床是机械制造业中一种重要的加工设备。

10.1.1　齿轮加工机床的种类

齿轮加工机床的种类很多，一般可以分为圆柱齿轮加工机床和锥齿轮加工机床两大类。圆柱齿轮加工机床主要有滚齿机、插齿机等；锥齿轮加工机床有加工直齿锥齿轮的刨齿机、铣齿机、拉齿机和加工弧齿锥齿轮的铣齿机。此外，还有加工齿长方向为摆线或渐开线外摆线锥齿轮的铣齿机。

用于精加工齿轮轮齿表面的机床有研齿机、珩齿机、剃齿机和磨齿机等。

10.1.2　齿轮的加工方法

按形成齿轮齿廓(齿形)曲线的原理，齿轮轮齿表面的加工方法可分为成形法和展成法两种。

1. 成形法

用成形法加工齿轮轮齿表面，要求所采用的成形刀具的切削刃形状与被加工齿轮齿槽的截面轮廓形状一致。在铣床上用单齿成形铣刀铣削齿轮如图 10-1 所示。一般情况下，当齿轮模数 $m \leqslant 10\text{mm}$ 时，可采用模数盘形铣刀加工(见图 10-1(a))；当模数 $m > 10\text{mm}$ 时，则采用模数指形铣刀进行加工(见图 10-1(b))。用成形法加工，每加工完一个齿槽后，须用分度装置使工件做分度运动，再顺序加工出下一个齿槽，直至全部轮齿表面加工完毕。这种加工方法的优点是机床结构较简单，也可以在通用机床(如升降台铣床、刨床、插床等)上用分度装置来进行加工。缺点是对同一模数的齿轮只要齿数不同，齿廓形状就不同，而要加工出准确的齿形,就需配备很多相应的成形刀具。在实际生产中,为了减少成形刀具的数量,工具制造厂通常所供应的齿轮铣刀的品种只有 8 把或 15 把(见表 10-1),每一把齿轮铣刀可用来加工一定齿数范围的齿轮,其切削刃的形状是按该范围内最小齿数的齿轮齿形制造的。因此,在加工其他齿数的齿轮时,均存在不同程度的齿形误差。而且,加工过程中要对工件逐齿进行分度,生产效率也较低。所以用单齿廓成形刀具加工齿轮的方法,通常多用于修配行业加工精度要求不高的齿轮,或用于重型机器制造业中加工大型齿轮。

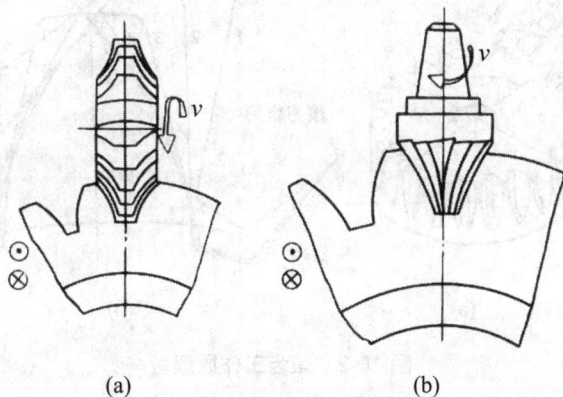

(a)　　　　　　　　　　　(b)

图 10-1　成形法加工齿轮

用多齿廓成形刀具(如齿轮拉刀或推刀)加工齿轮时,一个工作循环可同时加工出齿轮全部的齿槽,生产效率很高,但刀具制造复杂,所用机床结构特殊,仅用于大批大量生产中。

表 10-1　模数铣刀的刀号及加工齿数范围

刀号	1	2	3	4	5	6	7	8
加工齿数范围	12~13	14~16	17~20	21~25	26~34	35~54	55~134	134 以上

2. 展成法

用展成法加工齿轮轮齿表面,是利用齿轮的啮合原理,将一对相啮合的齿轮副(齿条—齿轮、齿轮—齿轮)中的一个做成刀具,另一个转化为工件,并强制刀具和工件做严格的啮合传动,在啮合运动过程中由刀具齿廓的包络线形成工件的轮廓曲线。

展成法加工齿轮所用刀具的切削刃相当于齿条或齿轮的齿廓形状,与被加工齿轮的齿数无关。因此,只需用一把刀具就可以加工同一模数不同齿数的齿轮,并且加工精度和生产效率比较高。所以,这种加工方法在齿轮加工中应用最广泛。

10.1.3　滚齿工作原理

滚齿机用展成法加工齿轮齿廓的过程,相当于一对螺旋齿轮相互啮合运动的过程(见图 10-2)。将这对螺旋齿轮副的一个齿轮作为齿轮滚刀,齿轮滚刀具有很大的螺旋角(螺旋升角很小)、齿数很少(常用的齿数为 1,即单头滚刀)、轮齿很长(在圆柱面上绕了多周)。因此，它的外貌已不像通常所见到的螺旋齿轮，而是变成了蜗杆形状。如将这个蜗杆形的螺旋齿轮开槽铲背形成刀刃，就成了齿轮滚刀(见图 10-2(a))。因此，齿轮滚刀实质上就是一个特殊的螺旋齿圆柱齿轮。工件渐开线齿廓是由滚刀在旋转中依次对工件切削的若干切削刃的切削线包络而成(见图 10-2(b))。

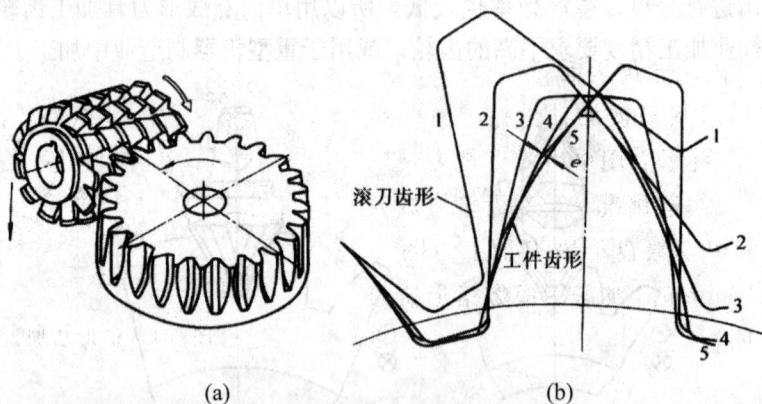

图 10-2　滚齿工作原理

1. 齿轮滚刀

齿轮滚刀是应用最广泛的一种齿轮刀具，它可切削模数范围较大的直齿轮和斜齿轮，被切齿轮的齿距累积误差较小，生产效率较高，但加工精度低于插齿刀。

1) 齿轮滚刀的分类

(1) 按基本蜗杆分类。齿轮滚刀的两侧刀刃是前面与侧齿表面的交线，它应当分布在蜗杆的螺旋表面，这个蜗杆称为滚刀的基本蜗杆，基本蜗杆有 3 种形式。

① 渐开线蜗杆。渐开线蜗杆的螺纹齿侧面是渐开螺旋面，在与基圆柱相切的任意平面和渐开线螺旋面的交线是一条直线，其端剖面是渐开线。渐开线蜗杆的轴向剖面与渐开螺旋面的交线是曲线。用这种基本蜗杆制造的滚刀，没有齿形设计误差，切削的齿轮精度高。但制造滚刀困难。

② 阿基米德蜗杆。阿基米德螺纹齿侧面是阿基米德螺旋面。通过蜗杆轴线剖面与阿基米德螺旋面的交线是直线。其他剖面是曲线，其端剖面是阿基米德螺旋线。用这种基本蜗杆制成的滚刀，制造与检验滚刀齿形均比渐开线蜗杆简单和方便。但有微量的齿形设计误差。不过这种误差是在允许的范围之内的。为此，生产中大多数精加工滚刀的基本蜗杆均用阿基米德蜗杆代替渐开线蜗杆。

③ 法向直廓蜗杆。法向直廓蜗杆法剖面内的齿形是直线，端剖面为延长渐开线。用这种基本蜗杆代替渐开线基本蜗杆作滚刀，其齿形设计误差较大，故一般作为大模数、多头或粗加工滚刀用。

(2) 按精度等级分类。按 GB/T 6084—2001《齿轮滚刀通用技术条件》(等效 ISO 4468:1982)齿轮滚刀通用技术条件，规定的 AA、A、B、C 级 4 种精度的滚刀。

一般情况下，AA 级齿轮滚刀可加工 6～7 级齿轮，常用于不能用剃齿、磨齿加工的 7 级齿轮；A 级可加工 7～8 级齿轮精度齿轮，也可作为剃齿前滚刀或磨削滚刀用；B 级可加工 8～9 级齿轮，C 级可加工 9～10 级齿轮。

滚刀类型可分为齿轮滚刀、剃齿前滚刀和圆弧齿轮滚刀。

(3) 按结构分类。齿轮滚刀可分为整体套装式和镶齿式两种结构形式。模数较小的一般制成整体套装式；大模数齿轮滚刀，为了节省刀具材料，同时由于高速钢大件锻造困难，碳化物分布不均匀，从而影响刀具耐用度，因此制成镶齿式，如图 10-3 所示。整体式容易制造，一般模数 $m_n = 0.1 \sim 10\text{mm}$。$m_n \geqslant 10\text{mm}$ 滚刀采用镶片式。刀片为硬质合金或高速钢，刀体为碳素结构钢。

2) 滚刀参数的选择

(1) 几何尺寸和几何角度标准齿轮滚刀可直接查阅机械设计手册选用。

(2) 滚刀头数精加工时选用单头滚刀，以保证加工质量；粗加工时选用多头滚刀，以提高生产率。但加工精度头数应与被加工齿数互为质数，以免产生大小齿。

(3) 螺旋线方向滚切斜齿轮时，最好用右旋蜗杆，左旋滚刀滚切时左旋齿轮，尤其是螺旋角 $\beta > 25°$ 时则更应如此，以免减少刀架扳动角度，消除分齿蜗轮副间隙，提高加工质量。

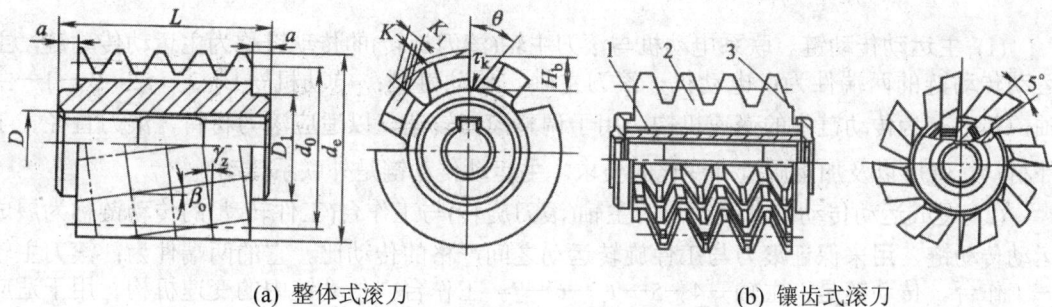

(a) 整体式滚刀　　　　　　　　(b) 镶齿式滚刀

图 10-3　齿轮滚刀结构

1—盖子；2—滚刀；3—套筒

2. 加工直齿圆柱齿轮所需的运动和传动原理

在滚齿机上加工直齿圆柱齿轮的轮齿表面时，为形成渐开线齿廓和切出全齿宽上的齿形，必须具有以下运动(见图 10-2)。

1) 主运动

主运动是滚刀的旋转运动。滚刀的旋转速度 $n_刀$ (r/min)可根据合理的切削速度 v(m/min)和滚刀的直径 $D_刀$ (mm)来确定，即

$$n_刀 = \frac{1000v}{\pi D_刀}$$

2) 展成运动

展成运动就是滚刀相对于工件所做的啮合对滚运动。滚齿加工过程中，齿轮滚刀和工件之间必须准确地保持一对啮合齿轮的传动比关系。设滚刀头数为 k，工件齿数为 z，则滚刀每转一转时，工件应转过 k 个齿，即工件应转过 k/z 转。

3) 垂直进给运动

垂直进给运动为滚刀沿工件轴线方向进行的连续的进给运动，从而能在工件上切出整

个齿宽上的齿形。垂直进给量 f 的单位是 mm/r，即工件每转一转，滚刀沿工件轴线方向进给的距离。

加工直齿圆柱齿轮的传动原理如图 10-4 所示。

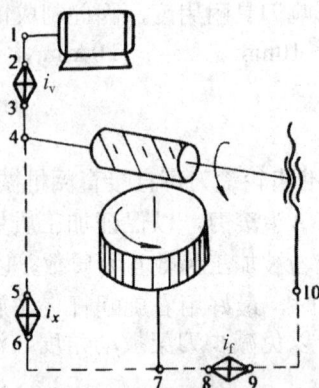

图 10-4　加工直齿圆柱齿轮的传动原理

(1) 主运动传动链。联系电动机与滚刀主轴(滚刀旋转)的传动链称为主运动传动链，主运动传动链的两端件为：电动机—滚刀主轴。传动链是：电动机—1—2—i_v—3—4—主轴，其中 i_v 为传动链中的变速机构，用于调整滚刀转速，以适应滚刀材料、滚刀直径、工件材料、硬度以及加工质量等变化的要求。主运动传动链是外联系传动链。

(2) 展成运动传动链。联系滚刀主轴(滚刀旋转)与工作台(工件转动)的传动链称为展成运动传动链，用来保证滚刀与工件旋转运动之间严格的传动比。它的两端件为：滚刀主轴—工作台。传动链是：主轴—4—5—i_x—6—7—工作台，传动链中的变速机构 i_x 用于适应滚刀头数 k 与工件齿数的变化。展成运动传动链是内联系传动链。

(3) 垂直进给运动传动链。该传动链是联系工作台(工件转动)与滚刀刀架(滚刀垂直移动)的传动链。它的两端件为：工作台—滚刀刀架。传动链为：工作台—7—8—i_f—9—10—丝杠—刀架，传动链中的变速机构 i_f 用于调整垂直进给量的大小和进给运动方向，垂直进给运动传动链是外联系传动链。

3. 加工螺旋齿圆柱齿轮所需的运动和传动原理

螺旋齿圆柱齿轮的轮齿，工件在分度圆柱上的螺旋线导程只可用下式计算(见图 10-5)，即

$$P_z = \frac{\pi D}{\tan \beta} = \frac{\pi m_t z}{\tan \beta} = \frac{\pi m_n z}{\tan \beta \cos \beta} = \frac{\pi m_n z}{\sin \beta}$$

式中： D ——齿轮分度圆直径；

β ——螺旋角；

m_t ——端面模数；

m_n ——法向模数。

图 10-6 所示为加工螺旋齿圆柱齿轮的传动原理，与加工直齿圆柱齿轮传动原理(见图 10-4)相比较，主运动传动链、展成运动传动链和垂直进给运动传动链是相同的。但为了形成螺旋齿圆柱齿轮的螺旋线，增加了一条联系滚刀刀架与工作台(工件旋转)的附加运

动传动链。传动链的两端件为：滚刀刀架—工作台；传动链是：滚刀刀架—12—13—i_y—14—15—合成机构—6—7—i_x—8—9—工作台(工件的附加运动)，用来保证滚刀刀架沿工件轴线方向移动一个工件的螺旋导程 P_z 时，工件附加运动一转，形成螺旋线。传动链中的变速机构 i_y 用来实现工件螺旋导程 P_z 和螺旋线方向的变化，附加运动传动链属于内联系传动链。

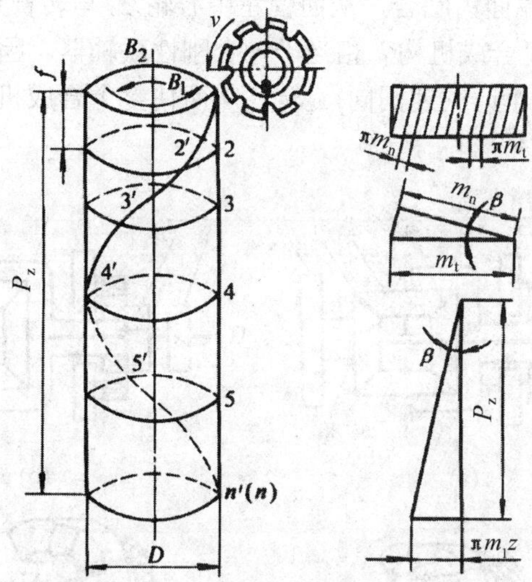

图 10-5　加工螺旋齿圆柱齿轮的附加运动

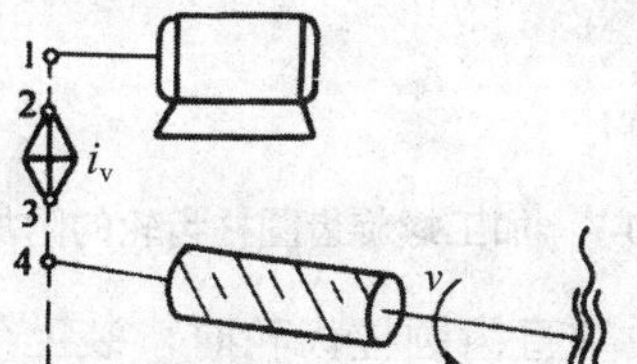

图 10-6　加工螺旋齿圆柱齿轮的传动原理

4. 运动合成机构

滚齿机加工螺旋齿圆柱齿轮、大质数直齿圆柱齿轮时，都需要通过运动合成机构将展成运动中工件的旋转运动和工件的附加运动合成后传给工作台，使工件获得合成运动。

如图 10-7(a)所示，Y3150E 型滚齿机的运动合成机构，由模数 $m=3$、齿数 $z=30$、螺旋角 $\beta=0°$ 的 4 个弧齿锥齿轮组成，合成机构中的右中心轮 z_1 与齿轮 z_c 连接在一起，空套在轴Ⅸ上，展成运动由齿轮 z_c 输入；左中心轮 z_4 与轴Ⅸ固定连接，运动由轴Ⅸ输出；两行星轮 z_{2a} 和 z_{2b} 空套在轴上并能绕自身轴线旋转，也可以随合成机构的转臂 H 做行星运动。此运动合成机构备有两个离合器 M_1 和 M_2，装上不同的离合器，可以实现合成机构的不同作用。

加工直齿圆柱齿轮时，装上牙嵌式离合器 M_1(见图 10-7(b))，它与轴Ⅸ用键连接，并用它的端面齿与转臂 H 的端面齿啮合，从而使左中心轮 z_4 与转臂H、行星轮 z_{2a}、z_{2b}、右中心轮 z_1 连成一体，这样"合成机构"相当于一个刚性联轴器。因此，当展成运动由齿轮 z_c 输入时，使右中心轮 z_1 同步(同速同向)旋转，从而使整个合成机构随右中心轮一起同步旋转。此时，合成机构的传动比 $i_合 = 1$。

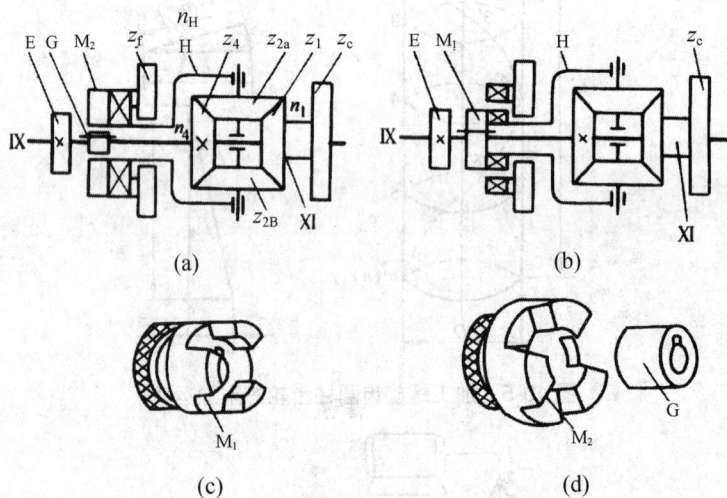

图 10-7　加工螺旋齿圆柱齿轮的附加运动

加工螺旋齿圆柱齿轮和大质数直齿圆柱齿轮时，装上牙嵌式离合器 M_2(见图 10-7(a))，它空套在套筒 G 上，并用它的端面齿同时与转臂 H 端面齿及齿轮 z_f 的端面齿啮合，使齿轮 z_f 与转臂H连在一起，此时合成机构就成了一个周转轮系。

设图 10-7(a)中，右中心轮 z_1 输入转速为 n_1，左中心轮 z_4 输出转速为 n_4，转臂H的转速为 n_H。根据机械原理中周转轮系的传动原理，可得出运动合成机构传动比的计算公式为

$$i_{1-4}^H = \frac{n_4 - n_H}{n_1 - n_H} = (-1)\frac{z_1}{z_{2a}} \times \frac{z_{2a}}{z_4}$$

上式中的(-1)，由锥齿轮传动的旋转方向确定。将锥齿轮齿数 $z_1 = z_{2a} = z_4 = 30$ 代入上式，得

$$i_{1-4}^H = \frac{n_4 - n_H}{n_1 - n_H} = -1 \tag{10-1}$$

将式(10-1)展开得

$$n_4 = 2n_H - n_1 \tag{10-2}$$

在展成运动传动链中，来自滚刀主轴的运动由齿轮 z_c 经合成机构传至轴Ⅸ。若 $n_H = 0$，则合成机构传动比 $i_{合1} = n_4/n_1 = -1$。在附加运动传动链中，运动由齿轮 z_f(M_2) 带动转臂H，再经合成机构传至轴Ⅸ，设 $n_1 = 0$，则

$$i_{合2} = n_4 / n_H = 2$$

5. 滚刀的安装角

加工的齿轮要形成正确的齿形，应使滚刀与工件处于正确的啮合位置。加工前，必须调整滚刀的安装角，使滚刀在切削点的螺旋线方向与工件的齿槽方向严格保持一致。滚刀的安装角，就是指滚刀轴线与工件端面的夹角。

加工直齿圆柱齿轮时，滚刀与工件端面的相对位置如图 10-8 所示，滚刀的安装角δ等于滚刀的螺旋升角γ。滚刀的安装角的调整方向取决于滚刀的螺旋线方向：当用右旋滚刀加工直齿圆柱齿轮时，顺时针方向调整滚刀的安装角(见图 10-8(a))；当用左旋滚刀加工时，则逆时针方向调整安装角(见图 10-8(b))。

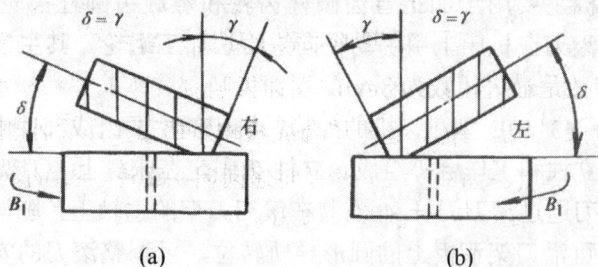

图 10-8 加工直齿圆柱齿轮时滚刀的安装角

加工螺旋齿圆柱齿轮时，滚刀轴线的相对位置如图 10-9 所示，滚刀的安装角δ与工件的螺旋角和滚刀的螺旋升角γ有关，滚刀的安装角δ为

$$\delta = \beta \pm \gamma$$

式中，滚刀与工件的螺旋线方向相同时取"–"号，方向相反时取"+"号。

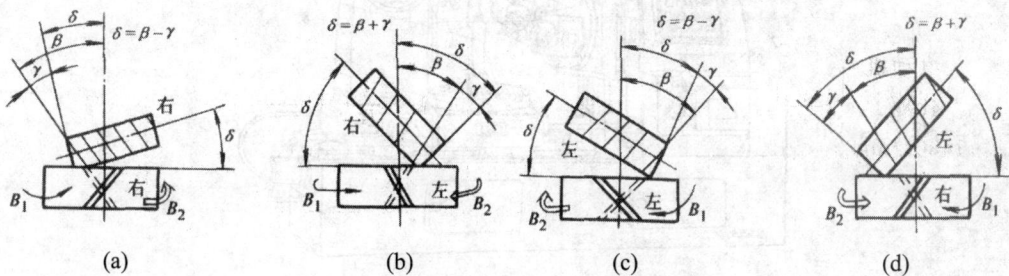

图 10-9 加工螺旋齿圆柱齿轮时滚刀的安装角

加工螺旋齿圆柱齿轮时，应尽量采用与工件螺旋线方向相同的滚刀，使滚刀的安装角较小，有利于提高机床的运动平稳性和工件的加工精度。

滚刀安装角的调整方向取决于工件的螺旋线方向：加工右旋螺旋齿圆柱齿轮时，逆时针方向调整滚刀的安装角(见图 10-9(a)、(d))；加工左旋螺旋齿圆柱齿轮时，顺时针方向调整滚刀的安装角(见图 10-9(c)、(b))。

6. 滚齿加工时运动方向的确定

一般情况下，滚刀的旋转方向应按图 10-8 和图 10-9 所示的方向转动，与滚刀的螺旋线方向无关。当滚刀按图示方向旋转时，滚刀的垂直进给方向一般是从上向下的，此时工件的展成运动方向取决于滚刀的螺旋方向，如图 10-8 和图 10-9 的 B_1 运动方向所示；工件的附加运动方向只取决于工件的螺旋方向，如图 10-9 的 B_2 运动方向所示。

滚齿前，应按图 10-8 或图 10-9 检查机床各运动方向是否正确，如发现运动方向相反，只需在相应的传动链挂轮中装上(或拿去)一惰轮即可。

10.2 滚齿机与滚齿加工

10.2.1 Y3150E 型滚齿机主要组成部件和技术规格

Y3150E 型滚齿机主要用于加工直齿圆柱齿轮和螺旋齿圆柱齿轮，也可以加工花键轴，还可以采用蜗轮滚刀在机床上用手动径向进给法加工蜗轮。其主参数是最大工件直径为 500mm，第二主参数是最大模数为 8mm。

图 10-10 所示为 Y3150E 型滚齿机的外形，机床的主要组成部件由床身、立柱、刀架溜板、滚刀刀架、后立柱和工作台等组成。立柱 2 固定在床身上，刀架溜板 3 可沿立柱上的导轨垂直移动。滚刀通过滚刀刀杆 4 安装在滚刀刀架的主轴上，随同主轴一起旋转。滚刀刀架带动滚刀一起可沿刀架溜板上的圆形导轨转位，以调整滚刀的安装角度。工件安装在工作台的工件心轴 7 上，随同工作台一起旋转。后立柱可随工作台一起沿床身的水平导轨移动，以适应加工不同直径的工件及加工蜗轮时做手动径向进给运动。后立柱上的后支架 6 可通过轴套或顶尖支承工件心轴的上端，以增强滚切工件时的工作平衡性。

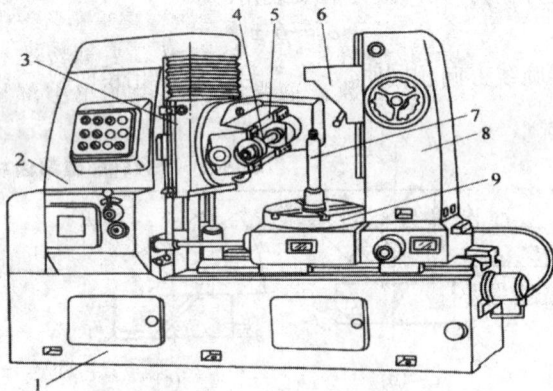

图 10-10 Y3150E 型滚齿机外形

1—床身；2—立柱；3—刀具溜板；4—滚刀刀杆；5—滚刀架；6—后支架；

7—工件心轴；8—后立柱；9—工作台

10.2.2 机床传动系统分析

Y3150E 型滚齿机的传动系统如图 10-11 所示。

机床的传动系统的传动路线表达式为

$$\begin{bmatrix} \text{电动机} \\ 4\text{kW} \\ 1430\text{r}/\min \end{bmatrix} - \frac{\phi115}{\phi165} - \text{I} - \frac{21}{42} - \text{II} - \begin{bmatrix} \dfrac{27}{43} \\ \dfrac{31}{39} \\ \dfrac{35}{35} \end{bmatrix} - \text{III} - \frac{A}{B} - \text{IV}$$

$$- \frac{28}{28} - \text{V} - \frac{28}{28} - \text{VI} - \frac{28}{28} - \text{VII} - \frac{20}{80} - \text{滚刀主轴 VIII}$$

$$- \frac{42}{56} - \boxed{\begin{array}{c}\text{合}\\\text{成}\\\text{机}\\\text{构}\end{array}} - \text{IX} - \begin{bmatrix} \dfrac{E}{F} \\ \dfrac{E}{\text{惰轮}} \times \dfrac{\text{惰轮}}{F} \end{bmatrix} - \text{XII} - \frac{a \times c}{b \times d} - \text{XIII} - \frac{1}{72} - \text{工作台}$$

$$- \frac{2}{25} - \text{XIV} - \begin{bmatrix} \dfrac{39}{39} - \text{XV} - \dfrac{a_1}{b_1} \\ \dfrac{a_1}{b_1} \end{bmatrix} - \text{XVI} - \frac{23}{69} - \text{XVII} - \begin{bmatrix} \dfrac{30}{54} \\ \dfrac{39}{45} \\ \dfrac{49}{35} \end{bmatrix} - \text{XVIII} - M_3 -$$

$$- \frac{36}{72} - \text{XXI} - \frac{c_2}{d_2} - \begin{bmatrix} \dfrac{\text{惰轮}}{b_2} \times \dfrac{a_2}{\text{惰轮}} \\ \dfrac{a_2}{b_2} \end{bmatrix} - \text{XX} - \frac{2}{25} -$$

$$\begin{bmatrix} \text{快速电动机} \\ 1.1\text{kW} \\ 1410\text{r}/\min \end{bmatrix} - \frac{13}{26} -$$

$$- \frac{2}{25} - \text{刀架轴向进给丝杠 XIX}$$

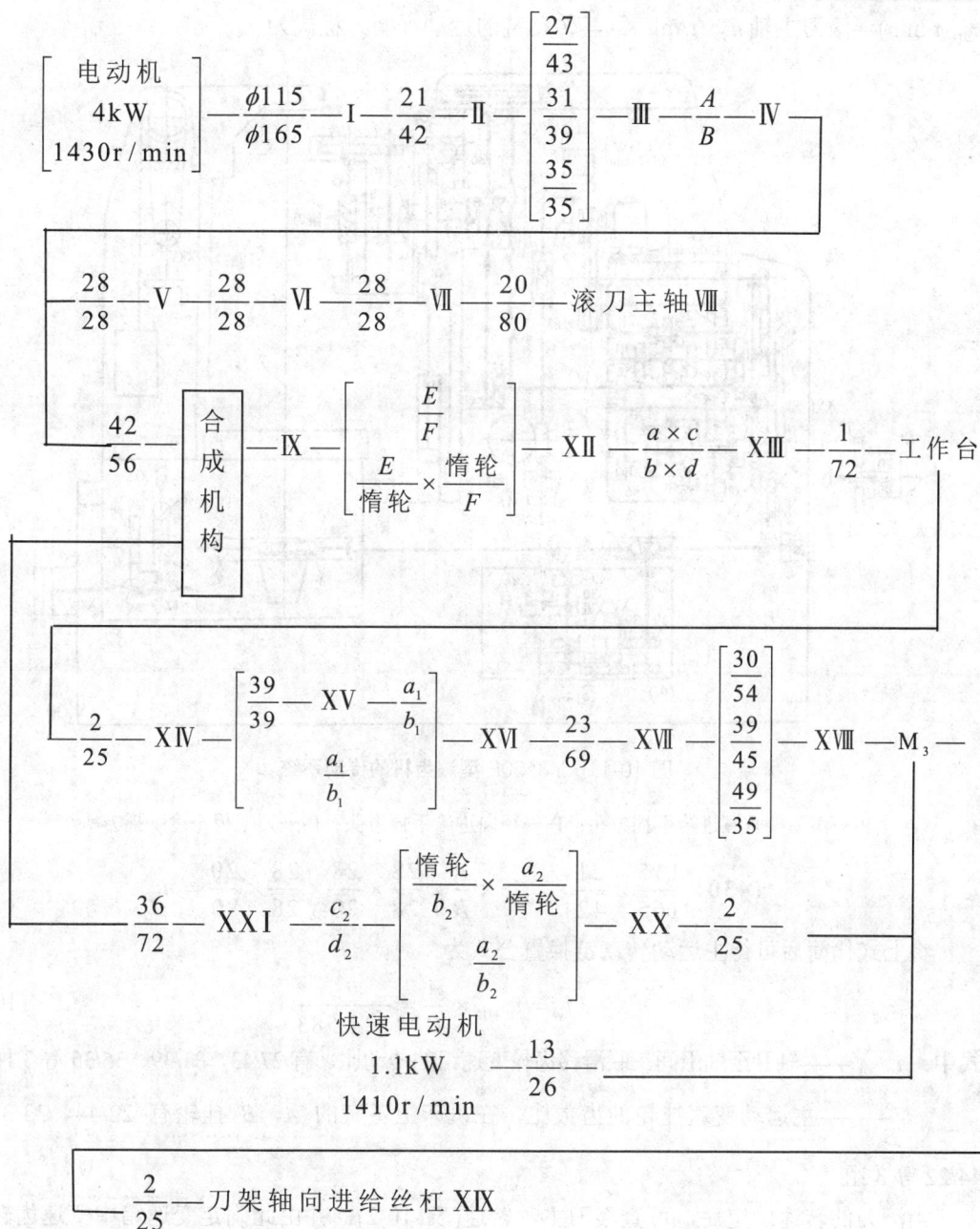

下面分别介绍加工直齿、螺旋齿圆柱齿轮时各传动链的调整计算。

1. 加工直齿圆柱齿轮的调整计算

由加工直齿圆柱齿轮的传动原理(见图 10-4)，即可从图 10-11 中找出所需的 3 条传动链：主运动传动链、展成运动传动链和垂直进给运动传动链。各传动链的调整计算方法如下。

1) 主运动传动链

主运动传动链的两端件为：电动机—滚刀主轴。两端件运动关系为：电动机

$n_{电}$ (r/min)—滚刀主轴 $n_{刀}$ (r/min)。其传动链的运动平衡方程式为

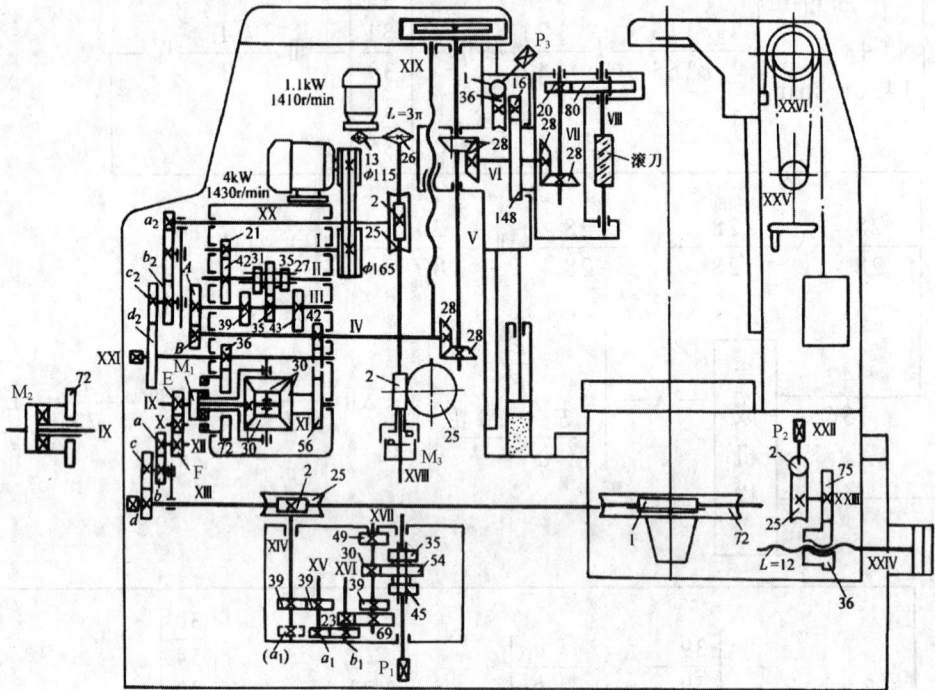

图 10-11 Y3150E 型滚齿机的传动系统

P_1—滚刀架垂直进给手摇方头；P_2—径向进给手摇方头；P_3—刀架扳角度手摇方头

$$1430 \times \frac{115}{165} \times \frac{21}{42} \times i_{II-III} \times \frac{A}{B} \times \frac{28}{28} \times \frac{28}{28} \times \frac{28}{28} \times \frac{20}{80} = n_{刀}$$

将上式化简后可得主运动传动链换置公式为

$$i_v = i_{II-III} \times \frac{A}{B} = \frac{n_{刀}}{124.583} \tag{10-3}$$

式中：i_{II-III}——轴 II 至轴 III 间三联滑移齿轮变速组的传动比，有 27/43、31/39、35/35 等 3 种；

$\dfrac{A}{B}$——主运动变速挂轮的齿数比，在机床上备有的 A、B 挂轮有 22/44、33/33、

44/22 等 3 组。

当滚刀的转速确定后，可查滚刀主轴转速(表 10-2)，并由此确定变速箱中变速齿轮的啮合位置和挂轮的齿数。通常在机床说明书中都提供了置换齿轮滚刀主轴转速的挂轮表，可直接选用。

表 10-2 Y3150E 型滚齿机主轴转速挂轮配换表

A/B	22/44			33/33			44/22		
i_{II-III}	27/43	31/39	35/35	27/43	31/39	35/35	27/43	31/39	35/35
$n_{刀}$ /(r/min)	40	50	63	80	100	125	160	200	250

2) 展成运动传动链

展成运动传动链的两端件是：滚刀主轴(滚刀旋转)—工作台(工件旋转)。两端件运动关系为：滚刀主轴转 1(r)—工件转 k/z(r)。其传动链运动平衡方程式为

$$1 \times \frac{80}{20} \times \frac{28}{28} \times \frac{28}{28} \times \frac{28}{28} \times \frac{42}{56} \times i_{合} \times \frac{E}{F} \times \frac{a \times c}{b \times d} \times \frac{1}{72} = \frac{k}{z} \qquad (10\text{-}4)$$

式中：$i_{合}$——通过合成机构的传动比，加工直齿圆柱齿轮时 $i_{合} = 1$。

将 $i_{合} = 1$ 代入式(10-4)并化简，可得展成运动传动链的置换公式为

$$i_x = \frac{E}{F} \times \frac{a \times c}{b \times d} = \frac{24k}{z} \qquad (10\text{-}5)$$

从式(10-5)可以看出，当展成运动挂轮传动比 i_x 的分子和分母相差倍数过大时，对选取挂轮齿数及安装挂轮都不大方便，就会出现相啮合的小齿轮与大齿轮相差悬殊，导致挂轮结构庞大。所以，E/F 挂轮(结构性挂轮)是用于调整展成运动挂轮比，使挂轮比的分子和分母相差的倍数不致过大。E/F 挂轮的选取应根据 k/z 值来进行。

当　$5 \leqslant k/z \leqslant 20$ 时，$\dfrac{E}{F} = \dfrac{48}{24}$；$\dfrac{a \times c}{b \times d} = \dfrac{12k}{z}$

$21 \leqslant k/z \leqslant 142$ 时，$\dfrac{E}{F} = \dfrac{36}{36}$；$\dfrac{a \times c}{b \times d} = \dfrac{24k}{z}$

$143 \leqslant k/z$ 时，$\dfrac{E}{F} = \dfrac{24}{48}$；$\dfrac{a \times c}{b \times d} = \dfrac{48k}{z}$

3) 垂直进给运动传动链

垂直进给运动传动链的两端件是：工作台(工件旋转)—滚刀刀架(滚刀垂直移动)。两端件运动关系为：工件转 1(r)—刀架垂直进给 $f_{垂}$ (mm)。其传动链的运动平衡方程式为

$$1 \times \frac{72}{1} \times \frac{2}{25} \times \frac{39}{39} \times \frac{a_1}{b_1} \times \frac{23}{69} \times i_{进} \times \frac{2}{25} \times 3\pi = f_{垂}$$

上式化简后可得垂直进给运动传动链的置换公式为

$$i_f = \frac{a_1}{b_1} i_{进} = \frac{f_{垂}}{0.4608\pi} \qquad (10\text{-}6)$$

式中：a_1 / b_1——垂直进给挂轮；

$\quad i_{进}$——轴 XVII 至轴 XVIII 之间三联滑移齿轮传动比，分别为 49/35、30/54、39/45；

$\quad f_{垂}$——垂直进给量，mm/r。

根据工件材料、加工精度、表面粗糙度等要求及滚削方式(顺滚或逆滚)等条件选定，当垂直进给量选定之后，可从表 10-3 中查得 a_1 / b_1 挂轮及 $i_{进}$ 的啮合齿轮传动比。

表 10-3　Y3150E 型滚齿机垂直进给挂轮配换表

a_1 / b_1	26/52			32/46			46/32					
$i_{进}$	30/54	39/45	49/35	30/54	39/45	49/35	30/54	39/45	49/35	30/54	39/45	49/35
$f_{垂}$ /(mm/r)	0.4	0.63	1	0.56	0.87	1.41	1.16	1.8	2.9	1.6	2.5	4

2. 加工螺旋齿圆柱齿轮的调整计算

(1) 主运动传动链。加工螺旋齿圆柱齿轮时，机床主运动传动链的调整计算与加工直

齿圆柱齿轮时完全相同。

(2) 展成运动传动链。加工螺旋齿圆柱齿轮的展成运动的传动路线和运动平衡方程式与加工直齿圆柱齿轮相同。但此时在运动合成机构中换上离合器 M_2，其传动比为 $i_{合1} = -1$，因此，代入运动平衡方程式后得展成运动传动链的置换公式为

$$i_x = \frac{E}{F} \times \frac{a \times c}{b \times d} = -\frac{24k}{z} \qquad (10\text{-}7)$$

式中的负号说明展成运动传动链中合成机构的输入轴XI和输出轴 IX 的转向相反。因此，在调整展成运动挂轮时，应按机床说明书规定配加惰轮以修正工件旋向。

(3) 垂直进给运动传动链。加工螺旋齿圆柱齿轮时，垂直进给运动传动链的调整计算与加工直齿圆柱齿轮时完全相同。

(4) 附加运动传动链。附加运动传动链的两端件是：滚刀刀架—工作台(工件)。两端件运动关系为：滚刀刀架带动滚刀沿工件轴向垂直移动一个工件螺旋导程 P_z ——工件附加转动±1r。其传动链运动平衡方程式为

$$\frac{P_z}{3\pi} \times \frac{25}{2} \times \frac{2}{25} \times \frac{a_2 \times c_2}{b_2 \times d_2} \times \frac{36}{72} \times i_{合2} \times \frac{E}{F} \times \frac{a \times c}{b \times d} \times \frac{1}{72} = \pm 1$$

式中： P_z ——$(\pi m_n z)/\sin \beta$ ；

$(a/b) \times (c/d)$ ——$(F/E) \times (24k/z)$；

$i_{合2} = 2$；

m_n ——被加工齿轮的法向模数，mm；

β ——被加工齿轮的螺旋角，rad。

代入上式得

$$i_y = \frac{a_2 \times c_2}{b_2 \times d_2} = \pm \frac{9 \sin \beta}{m_n k} \qquad (10\text{-}8)$$

式中：k 为滚刀头数。"±"表示附加运动与工件旋转运动的方向是否一致，安装挂轮时，应按机床说明书的要求使用惰轮。

3. 滚刀刀架快速移动的传动路线

为了调整刀架位置，在加工过程中实现滚刀快速接近工件或快速退回，以及在加工螺旋齿圆柱齿轮前，启动快速电机，检查附加运动的方向是否正确，在机床的传动路线中，设有快速移动传动链。

刀架快速运动传动链的两端件是：快速电机—刀架，快速电机的运动经 13/26 的链轮副、2/25 的蜗杆副传给刀架垂直进给丝杠轴XIX，以实现刀架的快速移动。刀架快速移动的方向由控制快速电动机的旋转方向来实现。

在启动快速电动机之前，应按机床说明书的规定，将控制轴XVIII上的三联滑移齿轮的操纵手柄扳至"快速移动"位置上，使轴XVIII上的三联滑移齿轮处于空挡位置，从而脱开轴XVII与轴XVIII间的传动联系(见图 10-11)，然后才能起动快速电机，为了保证机床操作安全，机床上设有电气互锁装置，在手柄处于正确的工作位置时(即三联滑移齿轮脱开后)，方能启动快速电机。

在加工螺旋齿圆柱齿轮时，当第一刀粗加工完毕后，要将刀架快速退回至起始位置，以便进行后续的加工。为了使滚刀按原螺旋线轨迹退出，避免加工过程中出现"乱扣"现

象，在整个加工过程中绝对不允许中途脱开展成运动传动链和附加运动传动链的挂轮或离合器 M_3，否则工件将出现"乱扣"，并有可能使机床或刀具损坏。

10.3　插齿机与插齿加工

插齿是一种常用的圆柱齿轮加工方法，它适用于加工内、外啮合的圆柱齿轮的轮齿表面，尤其适用于加工滚齿无法加工的内齿轮和多联齿轮。但插齿不能用于蜗轮的加工。

10.3.1　插齿机的工作原理

插齿机采用展成法进行齿轮的加工。插齿刀和工件相当于一对相互啮合的圆柱齿轮。插齿刀实质上是一个端面磨有前角，齿顶和齿侧磨有后角的特殊齿轮(见图 10-12(a))，其模数和压力角与被加工齿轮相同。插齿时，插齿刀沿工件做轴向直线往复运动。刀刃在空阀形成一产形齿轮，在产形齿轮与工件齿坯做无间隙啮合运动(展成运动)的过程中，在齿坯上逐渐切出齿廓。在加工过程中，插齿刀每往复移动一次，仅切出工件齿槽的一小部分，工件的齿廓曲线是在插齿刀刀刃多次连续切削过程中，由刀刃各瞬时位置的包络线形成的(见图 10-12(b))。

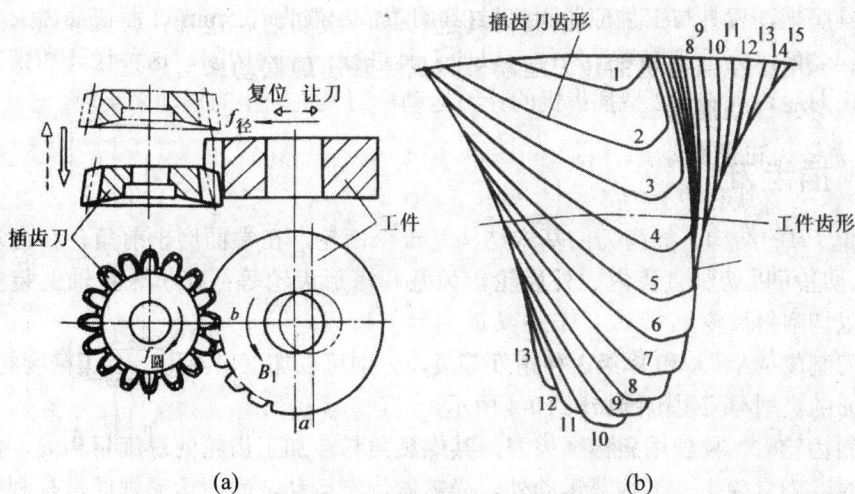

(a)　　　　　　　　　(b)

图 10-12　插齿机工作原理

10.3.2　插齿机的运动

加工直齿圆柱齿轮时，插齿机应具有以下运动(见图 10-12(a))。

(1) 主运动。插齿机的主运动是插齿刀沿工件轴向做的直线往复运动(也称刀具主轴的垂直往复运动)。刀具垂直向下运动时为工作行程，向上运动时为空行程。

如已确定插齿刀的切削速度 v(m/min)及行程长度 L(mm)，则刀具主轴冲程数(即插齿刀每分钟的往复行程数)$n_刀$ 可用下式计算，即

$$n_刀 = 1000\, v\, / \, 2L$$

(2) 展成运动。加工过程中，为了切出工件的渐开线齿廓，插齿刀与工件齿坯应保持一对圆柱齿轮的啮合运动关系，即在插齿刀转过一个齿($1/z_刀$转)时，工件也应准确地转过一个齿($1/z_工$转)，其中$z_刀$、$z_工$分别为插齿刀和工件的齿数。

(3) 圆周进给运动。圆周进给运动是指插齿刀绕自身轴线的旋转运动。插齿刀的旋转速度直接影响插齿刀的切削负荷、被加工齿轮的表面质量、机床的生产效率和插齿刀的使用寿命。圆周进给量以插齿刀每次往返行程在圆周上转过的圆弧长度$f_圆$(mm)来表示，其单位为"mm/往复行程"。显然，降低圆周进给量将会增加形成工件齿廓的刀刃切削次数，有利于提高齿廓曲线的精度。

(4) 径向切入运动。如图 10-12(a)所示，径向切入运动就是指工件向插齿刀的轴心平行移动，插齿刀逐渐径向切入工件的运动。插齿加工从工件外圆上的 a 点切入，在插齿刀和工件完成展成运动的同时，工件相当于对刀具做径向进给运动；当刀具切入工件全齿深 b 点后，停止径向切入运动。工件旋转一整转后，即可加工出全部完整的齿廓。根据工件的材质、模数、精度等条件，也可采用两次或多次径向切入加工方法，即刀具对工件的径向切入将全齿深分为两次或多次来完成，每次径向切入后，工件都需转过一整转。

径向切入量的大小，用插齿刀每次往复行程中工件或刀具径向切入的距离来表示，其单位为"mm/往复行程"。

(5) 让刀运动。插齿刀向上做回程直线运动时，为了避免已加工好的工件齿面被擦伤和减少刀具磨损，刀具与工件应脱离接触(其间隙值一般为 0.5mm)，而在插齿刀向下开始做工作行程之前，应迅速恢复至原位，以便刀具进行下一次切削，这种让开和恢复原位的运动称为让刀运动。Y5132 型插齿机的让刀运动由刀具主轴座的摆动来实现。

10.3.3　插齿刀

(1) 插齿刀的结构。插齿刀的基本结构是一个齿轮，在端面磨出前角，在齿顶和齿侧磨出后角。它可以切制直齿内、外齿轮，齿条和塔形齿轮等；在机床主轴上装置螺旋导轨，也可以切削斜齿轮。

插齿刀制成 AA、A 和 B 级 3 种精度等级，分别可以加工出 6、7、8 级精度的齿轮。

插齿刀的类型与应用范围如表 10-4 所示。

插制斜齿轮时，要使用斜齿插齿刀，其螺旋角与被加工齿轮的螺旋角相同，但旋向相反。插齿时，刀具除上、下往复运动外，尚需做旋转运动，而此运动则通常是利用机床上的螺旋导轨来完成的。

(2) 插齿刀结构要素。碗形直齿插齿刀的结构要素参见图 10-13 和表 10-4。其主要参数为模数、齿数、分度圆直径 d_0、前端面离原始截面距 $b_卜$、有刀齿部分厚度 B_1 和实际厚度 B 等。插齿刀安装在插齿机主轴上，装卡部分有内、外支承面及内孔。两支承面与内孔有较高的垂直度要求。一般孔与支承面需经过研磨，内孔的精度和孔与齿形的同轴度要求较高。插齿刀安装在插齿机主轴上，要求校正插齿刀前面的端面圆跳动和外径的径向圆跳动，一般不大于 0.02mm。

图 10-13(b)是不重磨镶片插齿刀的部件分解图，其主要结构由支承环、圆形镶嵌刀片和压紧环三大件组成。刀片几何形状是一个薄的周边开齿的圆锥体横截段。未装配时，单个瓦飞刀片是扁平的。装配后，由于支承环和压紧环与刀片相接触的面具有锥度，刀片被

压紧时产生锥度，因而得到正前角。

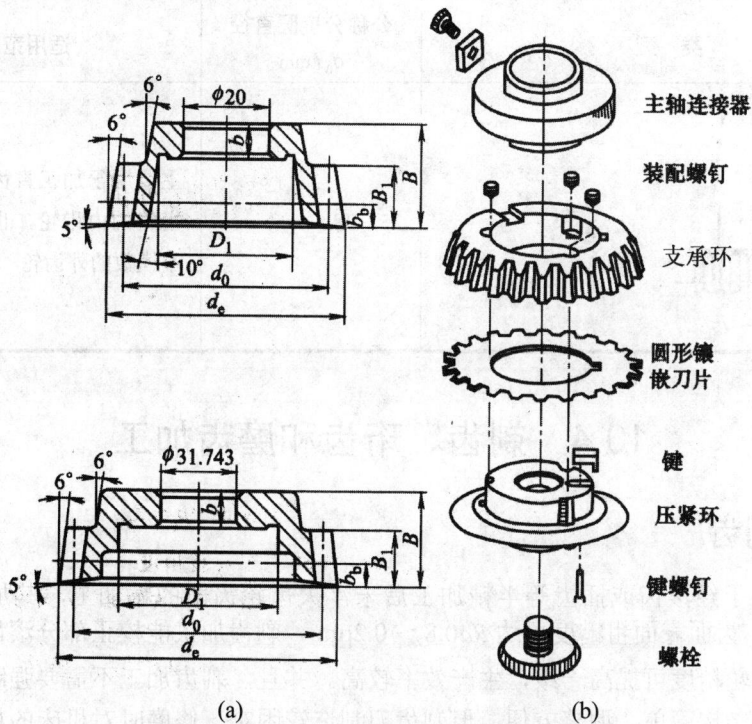

图 10-13　碗形直齿插齿刀的结构要素

表 10-4　插齿刀的类型及适用范围

类　型	公称分度圆直径 d_0 / mm	适用范围
盘形插齿刀	40 、 48 、 63 、 75、100、125、160、200	主要用于加工直齿和斜齿圆柱齿轮的外齿轮，也可用于加工大直径的内齿轮及齿条
碗形插齿刀	48、50、63、100	主要用于加工多联齿轮和带凸肩的齿轮，也可用于盘形插齿刀的加工范围
筒形插齿刀	50、60	主要用于加工内齿轮和模数较小的外齿轮

续表

类　型	公称分度圆直径 d_0/mm	适用范围
锥柄插齿刀	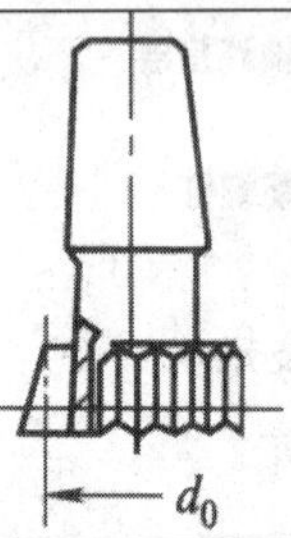 25、38	主要用于加工直齿和斜齿圆柱齿轮的内齿轮，也可用于加工小模数的外齿轮

10.4　剃齿、珩齿和磨齿加工

10.4.1　剃齿

剃齿适用于经滚齿或插齿等半精加工后未淬火齿轮齿面的精加工，其加工精度可达 IT6～IT7 级，齿面表面粗糙度可达 $Ra0.8\sim0.2\mu m$。剃齿加工能校正部分滚齿插齿预加工齿轮误差，齿轮精度可提高一级，生产效率较高。并且，剃齿加工不需要强制的传动链，因而，机床的结构简单，调整方便，但剃齿刀制造较困难，修磨时对机床的精度有一定的要求，剃出的齿形容易形成中凹，且不利于加工某些多联齿轮。剃齿机按机床的布局形式分为立式和卧式两大类。

1. 剃齿原理

剃削加工圆柱齿轮轮齿表面的原理相当于一对相互啮合、轴线交叉角为 δ 的螺旋圆柱齿轮传动。在剃齿刀齿面沿渐开线方向上开有许多小槽形成切削刃，当以剃齿刀为主动件带动被加工齿轮旋转，并做轴向移动时，在齿宽方向存在相对滑动(两轴交角 δ 越大，相对滑动速度越大)。于是，在剃齿刀与工件在做无侧隙的啮合处就产生相对滑动速度。与此同时，在剃齿刀与工件接触应力的作用下，纵向移动就相当于进给运动。于是就从工件齿面上剃掉一层薄薄的金属层，实现剃齿刀对工件的切削，如图 10-14 所示。剃削过程实质上是相当于一对齿轮啮合时的挤压和相对滑移的复合过程，因而它不需要用传动链来保持剃齿刀与工件的传动关系。为了实现齿轮两个齿面的加工，剃齿刀需作正、反向两个方向的旋转运动。

剃齿安装如图 10-15 所示。剃齿时，经过预加工的工件装在心轴上，顶在机床工作台上的两顶尖间，可以自由转动。剃齿刀装在机床的主轴上，在机床的带动下与工件做无侧隙的交错轴斜齿轮传动，带动工件旋转。

2. 剃齿刀

由于剃齿在原理上属于一对交错轴斜齿轮啮合传动过程，所以剃齿刀实质上是一个高精度的交错轴斜齿轮，沿齿面齿高方向上开有很多容屑槽形成切削刃，利用剃齿刀沿齿向开出的锯齿刀槽沿工件齿向切去一层很薄的金属，在工件的齿面方向因剃齿刀无刃槽，虽有相对滑动，但不起切削作用，如图 10-16 所示。

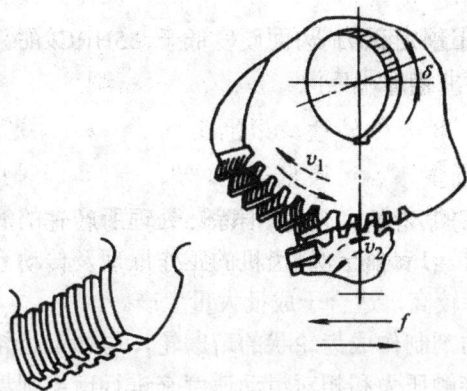

图 10-14　剃齿加工工作原理

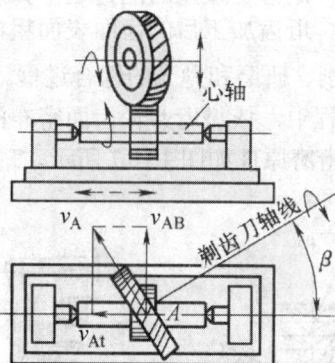

图 10-15　剃齿安装

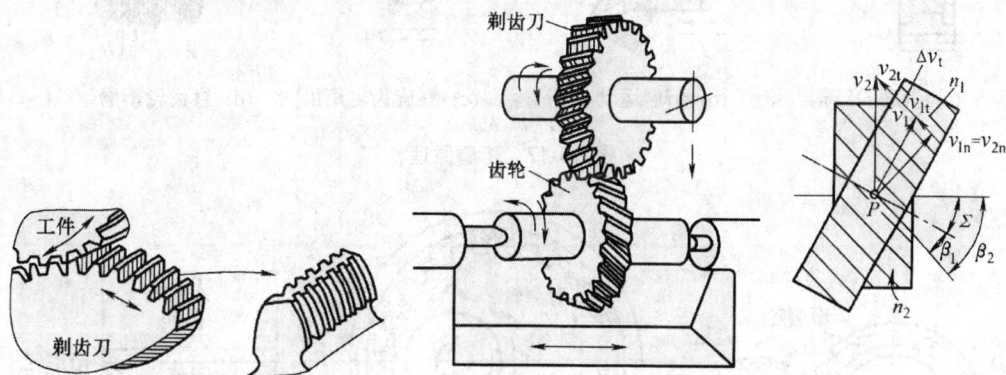

图 10-16　剃齿刀及工作原理

　　根据啮合原理，剃齿刀和被加工齿轮在齿长法向的速度分量相等。在齿长方向上，剃齿刀的速度是 v_{1t}，被加工齿轮的速度分量是 v_{2t}，二者的速度差为 Δv_t。这一速度差使剃齿刀与被加工齿轮沿齿长方向产生相对滑动。在背向力的作用下，依靠刀齿和工件齿面之间的相对滑动，从工件齿面上切除极薄的切屑(厚度可小至 0.005～0.01mm)。进行剃齿切削的必要条件是剃齿刀与齿轮的齿面之间有相对滑移。相对滑移的速度就是剃齿的切削速度。

剃齿刀通常用高速钢制造，可剃制齿面硬度低于 35HRC 的齿轮。剃齿加工在汽车、拖拉机及金属切削机床等行业中应用广泛。

10.4.2　珩齿

珩齿是一种齿轮精加工的方法，它可以消除热处理所产生的氧化皮，降低齿面的表面粗糙度，去除毛刺及压痕等。珩齿机与剃齿机的工作原理及传动系统基本相似，但珩齿机的主轴转速较高，其生产率较高，适合于成批大量生产。

珩齿是利用磨料与粘结剂制作成齿轮状的珩磨轮，与加工齿轮在正、反转啮合传动的过程中，借啮合时齿面的接触压力和相对滑动速度来进行珩磨削加工。由于磨料与粘结剂制作的珩轮，磨料在珩齿时起切削刃的作用，但粘结剂具有较大的弹性，因而不能强行从轮齿表面切除误差部分的金属，故修正误差的能力远不如剃齿加工，主要用于减少被加工齿轮的表面粗糙度和除去毛刺。珩齿加工后的齿面表面粗糙度可达到 $Ra0.1\sim0.2\mu m$。珩磨的切削过程实质上是低速磨削、研磨和抛光的综合过程。

在珩磨轮与工件啮合的过程中，依靠珩磨轮齿面密布的磨粒，以一定的压力和相对滑动速度对工件表面进行切削。珩磨原理如图 10-17 所示。珩磨方法如图 10-18 所示。

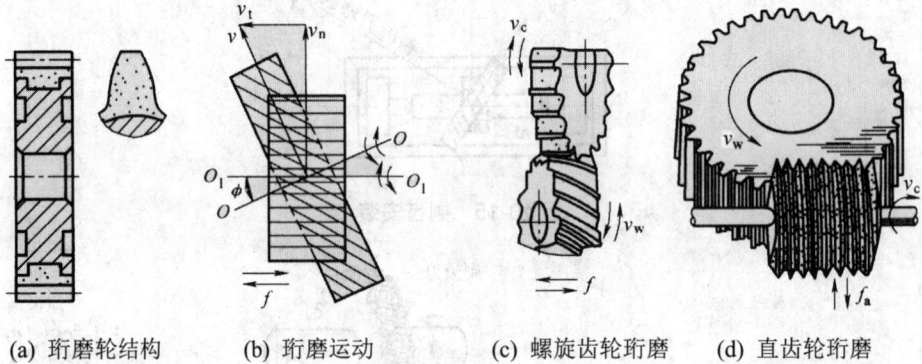

(a) 珩磨轮结构　　(b) 珩磨运动　　(c) 螺旋齿轮珩磨　　(d) 直齿轮珩磨

图 10-17　珩磨原理

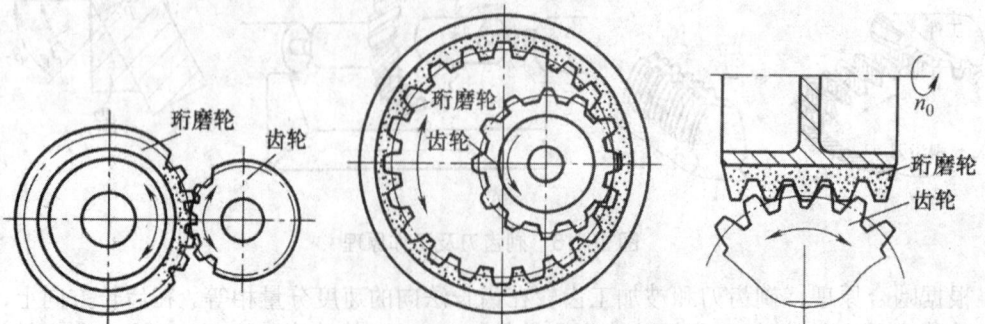

图 10-18　珩磨原理

珩齿余量一般不超过 0.025mm，切削速度为 1.5m/s 左右，工件的轴向进给量为 0.3mm/r。

珩齿修正误差的能力较差，珩前的齿槽预加工应尽可能采用滚齿，因为滚齿的运动精度高于插齿；珩齿生产率高，一般为磨齿和研齿的 10～20 倍，刀具寿命也很高，珩磨轮每修正一次，可加工齿轮 60～80 件；珩磨轮比剃齿刀形状简单；珩磨轮主要用来减小齿轮热处理后齿面的表面粗糙度值，一般 Ra 可从 1.6μm 减小到 0.4μm 以下。珩齿一般用于大批大量生产 IT6～IT8 级精度淬火齿轮的加工。

珩磨的方式有定隙珩削法和定压珩削法两种。采用定隙珩削法时，珩轮与工件齿轮间保持预定的啮合间隙，工件具有可控制的制动力矩，使两者间形成较大的接触应力，减少正、反向换向时的冲击，以提高珩削的效率。定压珩削法，在整个珩削过程中，珩磨轮与工件之间保持在预定压力下的无间隙啮合，其接触压力一般为 100～200N(根据工件的直径和模数来确定)。通常情况下宜采用定压珩削法。

珩轮的转速应根据工件的材料、硬度、珩轮的直径及耐用度、工件与珩轮的轴交角、生产批量、加工质量等条件来选取。当采用定压珩削法时可选用中等转速；若选用带阻尼器的定隙珩削法，应适当降低珩轮的转速，以防因超载而损坏电动机。

珩磨加工除了能在珩齿机上进行外，也可用剃齿机或在经改装的铣床和车床上进行。

10.4.3　磨齿

磨齿加工常用于淬硬齿面的精加工，有时也用来直接在齿轮毛坯上磨出轮齿表面。磨齿加工能修正齿轮轮齿在上道工序中产生的各项误差，加工精度一般可达 IT4～IT6 级以上，因而加工精度较高，是加工高精度齿轮、齿轮刀具的重要设备。但生产率低、加工成本较高。

齿轮磨齿机按工作原理通常分为成形砂轮法齿轮磨齿机和展成法齿轮磨齿机两大类。

1. 成形法磨齿

成形法磨齿所用的成形砂轮通常按齿廓曲线放大若干倍后的样板，经缩放机构控制砂轮修正器进行修整，使砂轮与工件具有相同的齿廓曲线。图 10-19(a)所示为用于磨削外啮合齿轮的砂轮截面形状，图 10-19(b)所示为用于磨削内啮合齿轮的砂轮截面形状。

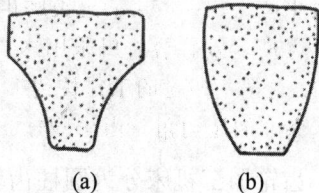

(a)　　　　(b)

图 10-19　成形法磨齿的砂轮截面形状

成形法齿轮磨齿机磨削齿轮时，砂轮做高速旋转，同时沿工件轴线的平行方向做往复直线运动，以磨削出整个齿宽。砂轮每往复运动一个行程后，工件与砂轮脱开接触进行分齿运动，为了避免砂轮磨损及工件分度误差过于集中地反映在相邻的轮齿上，通常采用每次分度转过几个轮齿，使误差分布较均匀，以提高加工精度，成形法磨齿加工精度主要取决于砂轮截面形状的精度和分度精度。

2. 展成法磨齿

展成法磨齿采用强制啮合方式，可对表面硬度很高的齿轮进行加工，误差修正能力强。但生产率较低，机床结构复杂，调整困难，加工成本高。

展成法齿轮磨齿机的工作原理如图 10-20 所示。图 10-20(a)是使用蜗杆形砂轮的齿轮磨齿机，其工作原理及加工过程与滚齿机基本相同。蜗杆形砂轮与工件做展成运动。这种齿轮磨齿机可用于加工直齿圆柱齿轮和螺旋齿圆柱齿轮，生产效率较高(在各类磨齿机中是最高的)，对于模数较小的齿轮也可直接从齿坯上磨出齿轮轮齿。但修正砂轮需较大的金刚石，修正机构比较复杂，难以达到较高的精度。通常加工精度为 IT5～IT6 级。最高可达 IT4 级。这种磨齿机适用于中、小模数齿轮的成批和大量生产。

图 10-20(b)所示的磨削加工方法，是用锥面砂轮的侧面来代替齿条的一个齿廓的两侧面。磨齿加工时，砂轮除按切削速度做旋转主运动外，还应沿工件齿线方向做直线运动，以便磨削出整个齿宽。展成运动是由工件的旋转和沿齿条方向的直线移动来实现的。每加工完一个齿后，工件需进行分度运动。

图 10-20(c)是用两个碟形砂轮的端面(实际宽度约为 0.5mm 的工作棱边构成环形平面)来代替齿条的两个齿侧面，展成运动是由工件的旋转并沿齿条方向做直线运动来实现，这如同齿轮在齿条上滚动一样。为了磨削出整个齿宽。工件需做纵向直线运动。每磨完一个齿后，工件要进行分度运动。

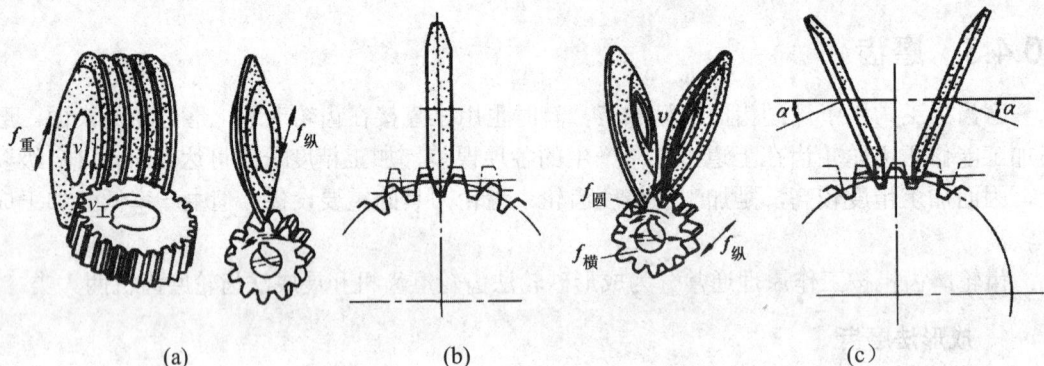

图 10-20 展成法磨齿机的工作原理

小 结

齿轮加工机床分为圆柱齿轮加工机床和锥齿轮加工机床两大类。圆柱齿轮加工机床主要有滚齿机、插齿机等；锥齿轮加工机床有刨齿机、铣齿机、拉齿机等。精加工齿轮的机床有研齿机、珩齿机、剃齿机和磨齿机等。按形成齿廓曲线的原理齿轮的加工方法可分为成形法和展成法两种。展成法利用齿轮的啮合原理加工齿轮，加工精度和生产效率比较高，应用最广。齿轮滚刀按基本蜗杆分类分为：渐开线蜗杆、阿基米德蜗杆、法向直廓蜗杆。

加工直齿圆柱齿轮时，滚刀的安装角 δ 等于滚刀的螺旋升角 γ，滚刀的安装角的调整方向取决于滚刀的螺旋线方向；加工螺旋齿圆柱齿轮时，滚刀的安装角 δ 为：$\delta = \beta \pm \gamma$，$\beta$ 为工件的螺旋角。Y3150E 型滚齿机用于加工直齿圆柱齿轮，螺旋齿圆柱齿轮，花键轴，用手动径向进给法加工蜗轮。插齿适用于加工内、外啮合的圆柱齿轮的轮齿表面，多联齿轮。剃齿适用于未淬火齿轮齿面的精加工，齿轮精度可提高一级，生产效率较高。珩齿是一种可以消除热处理所产生的氧化皮，降低齿面的表面粗糙度，去除毛刺及压痕的齿轮精加工方法，与剃齿的工作原理基本相似，其生产率较高，适合于成批大量生产。磨齿主要用于淬硬齿面的精加工，能修正齿轮轮齿的各项误差，加工精度较高，但生产率低、加工成本较高。

习题与思考题

10-1　按齿轮加工原理，加工圆柱齿轮有哪几种加工方法？它们各有何特点？

10-2　铣削模数 $m=3\text{mm}$ 的直齿圆柱齿轮，齿数 $z_1=26$，$z_2=30$，应选用何种刀号的盘形齿轮铣刀?在相同的切削条件下，哪个齿轮的加工精度高？为什么？

10-3　何谓齿轮滚刀的基本蜗杆？齿轮滚刀与基本蜗杆有何相同与不同之处？

10-4　Y3150E 型滚齿机共有哪几条运动传动链？各传动链的两端件及其运动关系应如何计算？ 哪些是内联系传动链？哪些是外联系传动链？

10-5　在 Y3150E 型滚齿机上加工直齿圆柱齿轮和斜齿圆柱齿轮时，试分别说明：①各需要什么运动？②需要配换哪些配换齿轮？

10-6　在 Y3150E 型滚齿机上不采用附加运动传动链，能加工齿数大于 100 的质数直齿和螺旋齿圆柱齿轮吗？怎样对机床的各传动链进行调整计算？

10-7　在 Y3150E 型滚齿机上用同一组附加挂轮，加工一对啮合传动的螺旋齿圆柱齿轮。问：如配换附加运动挂轮齿数时，存在较大的传动误差，则这一对挂轮是否能用？为什么？

10-8　Y3150E 型滚齿机的刀架轴向进给丝杠 XIX 轴采用什么螺纹？为什么？

10-9　在 Y3150E 型滚齿机上用模数为 2mm、螺旋升角为 $2°51'$ 的单头右旋滚刀加工圆柱齿轮，机床上备有下列分齿、差动挂轮：20、20、21、23、24、25、25、30、33、34、35、37、40、41、43、45、47、48、50、53、54、55、57、58、59、60、61、62、65、67、70、71、73、75、79、80、83、85、89、90、92、95、97、98、100。(1)若要求加工模数 $m=2\text{mm}$、齿数 $z=36$ 的直齿圆柱齿轮，求分齿挂轮的齿数和滚刀安装角的大小和方向；(2)若要求加工法向模数 $m_n=2\text{mm}$、齿数 $z=35$、螺旋角 $\beta=16°$ 的右旋螺旋齿圆柱齿轮，求分齿挂轮、差动挂轮的齿数及滚刀安装角的大小和方向。

10-10　在其他条件不变的情况下，而只改变下列某一条件，哪些传动链的换向机构应变向？

(1) 由滚切右旋螺旋齿圆柱齿轮改变为滚切左旋螺旋齿圆柱齿轮。

(2) 由逆铣滚齿改为顺铣滚齿(改变轴向进给方向)。

(3) 由使用右旋滚刀改变为使用左旋滚刀。

(4) 由滚切直齿圆柱齿轮改变为滚切螺旋齿圆柱齿轮。

10-11　在 Y3150E 型滚齿机上加工 $z=58$、$m_n=3\text{mm}$、$\beta=16°28'$ 的右旋螺旋齿圆柱齿轮。切削用量为：$v=22\text{m/min}$，$f=0.63\text{mm/r}$，滚刀尺寸参数为：直径为

ϕ90mm、$\gamma = 3°32'$、$m_n = 3$mm，$k = 1$，右旋滚刀。试对机床各运动传动链进行调整计算，并确定滚刀的旋转方向。展成运动和附加运动的旋向、滚刀刀架扳转角度的方向及大小。

10-12 试分析用插齿刀插削直齿圆柱齿轮时所需要的成形方法，并说明机床所需的运动。

10-13 插齿刀有哪些结构类型？

10-14 剃齿、珩齿、磨齿各有何特点？适用于什么场合？

第 11 章　其他机床及加工方法

学习目标:

- 掌握钻床的用途和钻床刀具。
- 掌握钻削加工工件的装夹。
- 掌握镗床的用途和常用镗刀。
- 掌握刨床的用途和常用刨刀。
- 掌握刨削工件的安装。
- 掌握拉床的用途和拉刀结构。
- 了解钻床的分类。
- 了解镗床的分类和镗床的运动。
- 了解刨床的分类和刨床的运动。
- 了解拉床的分类。

11.1　钻床与钻削加工

钻床是一种用途广泛的孔加工机床。钻床主要是用钻头钻削加工精度要求不高、尺寸较小的孔,此外,还可以完成扩孔、铰孔、锪孔、攻螺纹和锪端面等工作。在钻床上加工时,工件不动,刀具做旋转主运动,同时沿轴向移动,完成进给运动。钻床的加工范围如图 11-1 所示。

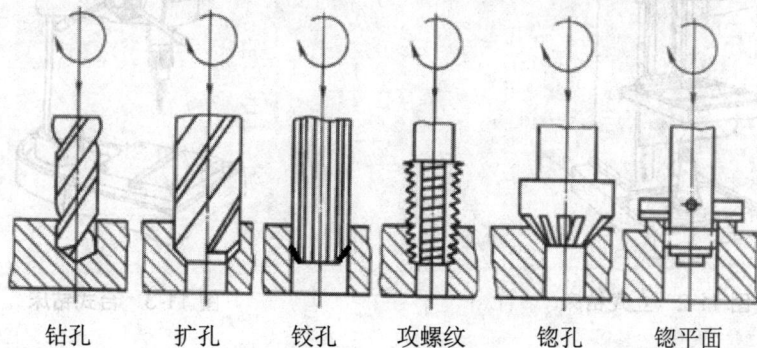

| 钻孔 | 扩孔 | 铰孔 | 攻螺纹 | 锪孔 | 锪平面 |

图 11-1　钻床的加工范围

钻床主参数是最大钻孔直径。

钻床可分为立式钻床、台式钻床、摇臂钻床等。

11.1.1　立式钻床

立式钻床的外形见图 11-2,它主要由变速箱、进给箱、主轴、工作台和底座等组成。

变速箱 4 和进给箱 3 内装有变速机构和操纵机构，通过同一电动机驱动，可使主轴 2 获得旋转主运动和轴向进给运动。主轴 2 通过主轴套筒安装在进给箱 3 上，并与工作台 1 的台面垂直，加工时，进给箱 3 固定不动，由主轴随主轴套筒在进给箱中做直线移动实现进给运动。利用进给箱 3 右侧的操纵手柄，可以使主轴实现手动快速升降、手动进给运动和接通、断开机动进给运动。进给操纵机构具有定程切削装置，可使刀具钻孔至预定深度时，自动停止机动进给运动，或攻螺纹至预定深度时，自动反转退出。工作台和进给箱都装在立柱 5 的垂直导轨上，可上下调整位置，以适应不同高度工件的加工。

由于立式钻床的主轴在水平的位置是固定不动的，只能通过移动工件来对准孔中心和主轴，因而操作不便、生产率不高，常用于单件、小批量生产中加工中、小型工件。

11.1.2　台式钻床

图 11-3 是台式钻床的外形，它的布局形式与立式钻床相似，但结构比较简单，它实际上是一种小型的立式钻床，又简称为台钻。台钻的最大钻孔直径一般在 15mm 以下，最小可以加工直径为十分之几毫米的孔，主要用于电器、仪表工业以及一般机器制造业的钳工、装配工作中。由于台钻加工的孔径较小，且主轴转速较高，为保持运动的平稳，常采用交流异步电动机经塔轮机构变速，并用带传动。主轴的轴向进给运动多采用手动，但有些较大的台钻也采用机动进给，驱动形式有机械的、液压的等。

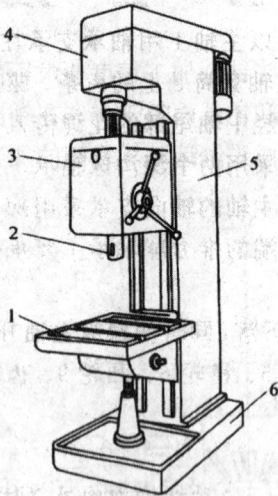

图 11-2　立式钻床　　　　　　　　图 11-3　台式钻床

1—工作台；2—主轴；3—进给箱；4—变速箱；
5—立柱；6—底座

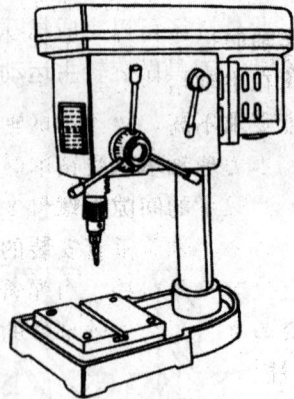

11.1.3　摇臂钻床

在大、中型工件上钻孔，希望工件不动，而主轴可以很方便地任意调整位置，这就要采用摇臂钻床。

图 11-4 所示为 Z3040 型摇臂钻床的外形，它由底座、立柱、摇臂、主轴箱等组成。

底座 1 上装有立柱，也可安装工作台 8 或直接安装工件和夹具。立柱为双层，内立柱 2 固定在底座上，外立柱 3 由滚动轴承支承，并带着摇臂 5 绕内立柱转动。摇臂可沿外立柱轴向移动(垂直升降)，以适应对不同高度工件进行加工的需要。而主轴箱 6 可以沿摇臂的导轨做水平移动，这样，可以调整主轴 7 的位置。摇臂钻床广泛地用于大、中型零件的加工。摇臂钻床具有下列运动：主轴的旋转主运动、主轴的轴向进给运动、主轴箱沿摇臂的水平移动、摇臂的升降运动及回转运动等，其中，前两个运动为表面成形运动，后 3 个运动为辅助运动。

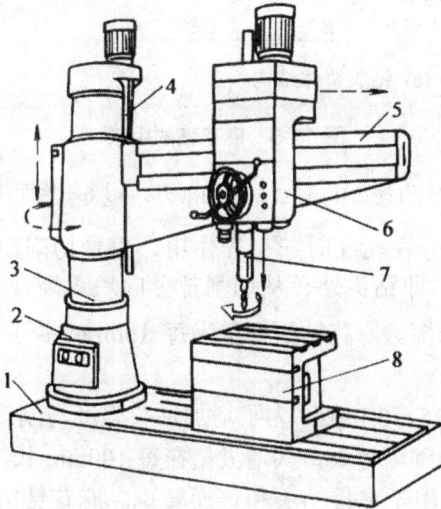

图 11-4　Z3040 摇臂钻床的外形

1—底座；2—内立柱；3—外立柱；4—升降丝杠；
5—摇臂；6—主轴箱；7—主轴；8—工作台

11.1.4　钻床刀具

1. 麻花钻

麻花钻是应用最广泛的孔加工刀具，一般用于在实体材料上加工精度较低的孔(孔公差大于 IT10)，或用于加工较高精度孔的预制孔。有时也用于扩孔。

1) 麻花钻的结构

标准麻花钻由工作部分、颈部及柄部组成，如图 11-5(a)所示。其切削部分如图 11-5(b)所示。

(1) 工作部分。工作部分是钻头的主要组成部分。该部分可分为切削部分和导向部分。

① 切削部分。如图 11-5(b)所示：切削部分有：两个前面(螺旋槽面，用于排屑和导入切削液)；两个主后刀面(即钻头上的两个刃瓣，为圆锥表面或其他表面)；两个副后刀面(刃带)。前、后刀面相交形成主切削刃；两后刀面在钻心处相交形成的切削刃为横刃，两条主切削刃通过横刃相连；前刀面与副后刀面(刃带)相交的棱边为副切削刃。标准麻花钻的两条主切削刃是两条直线，横刃近似为一条短直线，副切削刃是两条螺旋线。切削部分共有

一尖、三刃(主切削刃、副切削刃和横刃)参与切削工作。

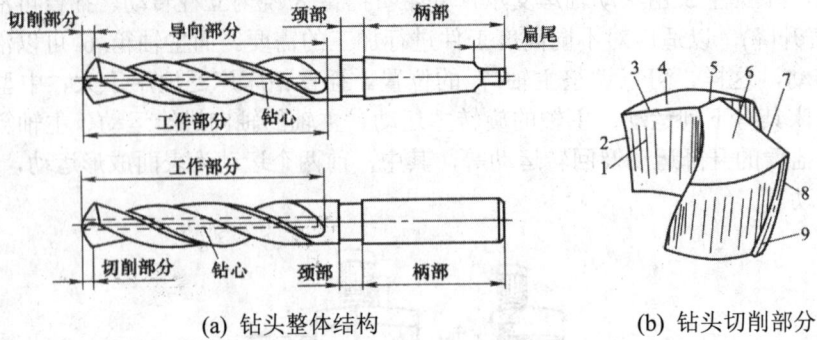

(a) 钻头整体结构   (b) 钻头切削部分

图 11-5　麻花钻的组成

1—前面；2、8—副切削刃(棱边)；3、7—主切削刃；4、6—后面；5—横刃；9—副后面

② 导向部分。导向部分在钻孔时起引导作用，也是切削部分的后备部分。导向部分外径沿长度方向磨出倒锥，即钻头外径从切削部分向后逐渐减小，以形成副偏角 κ_r'，从而减少钻头棱边与孔壁的摩擦。麻花钻倒锥量为每 100mm 长度减少 0.03～0.12mm，大直径钻头取较大值。

麻花钻钻心直径取 $(0.125～0.15)d$。为了增加钻头强度与刚度，将钻心做成正锥体，即从切削部分向后，钻心直径逐渐增大，其增大量在每 100mm 长度上为 1.4～2.0mm。

(2) 柄部和颈部。柄部用于夹持钻头和传递转矩。麻花钻的柄部有莫氏圆锥柄及圆柱柄两种。磨削锥柄钻头的柄部时须留出砂轮的退刀槽，故锥柄钻头的工作部分与柄部之间制有凹槽——颈部。颈部为工作部分和柄部的过渡连接部分，通常用于砂轮退刀和打刻标记。小直径钻头用圆柱柄，12mm 以上的做成莫氏锥柄。锥柄端部做成扁尾，以供使用斜铁将钻头从钻套中击出。

2) 麻花钻的几何角度

(1) 螺旋角 ω。螺旋角 ω 是钻头刃带棱边螺旋线展开成直线后与钻头轴线之间的夹角。如图 11-6 所示，在主切削刃上半径不同的点的螺旋角不相等，钻头外缘处的螺旋角最大，越靠近中心，其螺旋角越小。螺旋角不仅影响排屑，而且影响切削刃强度。

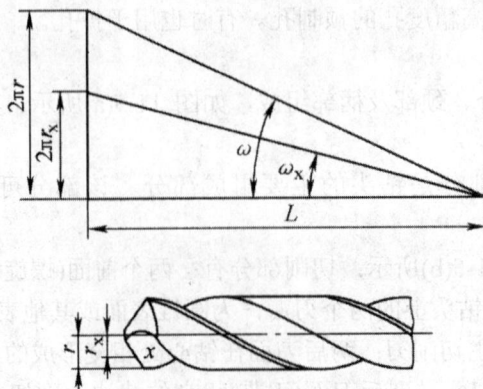

图 11-6　麻花钻的螺旋角

(2) 顶角 2ϕ。麻花钻顶角 2ϕ 是两主切削刃在正交平面 $P_c\text{-}P_c$ 中投影得到的夹角，如图 11-7 所示。顶角 2ϕ 的大小影响钻头尖端强度和进给力。顶角越小，主切削刃越长，单位切削刃上负荷便越轻，进给力越小，定心作用也越好；但若顶角过小，则钻头强度减弱，钻头易折断。标准麻花钻的顶角一般为 $2\phi=118°$。

(3) 主偏角 κ_r。主偏角 κ_r 是在基面内测量的主切削刃在其上的投影与进给方向间的夹角。由于主切削刃上各点的基面不同，所以主偏角也就不同。

(4) 前角 γ_o。如图 11-7 所示，主切削刃上选定点 X 的前角，是在正交平面 $P_{ox}\text{-}P_{ox}$ 中测量的前刀面(螺旋面)与基面的夹角。麻花钻主切削刃上各点的前角随直径大小而变化，钻头外缘处的前角最大，一般为 $30°$；靠近横刃处的前角最小，约为 $-30°$。

(5) 后角 α_f。如图 11-8 所示，麻花钻主切削刃上任意点 Y 的后角是在以钻头轴线为中心的圆柱剖面上定义的后刀面与切削平面的夹角。之所以不像前角一样在正交平面内测量，原因是主切削刃上的各点都在绕轴线做圆周运动(忽略进给运动时)，而过该选定点圆柱面的切平面内的后角最能反映钻头的后刀面与工件加工表面间的摩擦情况，而且便于测量。

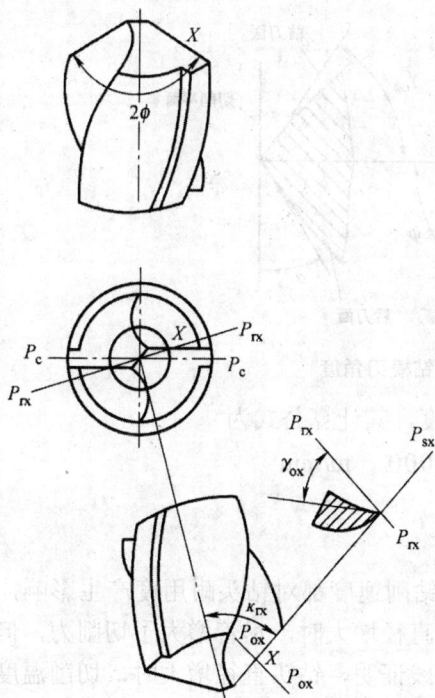

图 11-7 麻花钻的几何角度

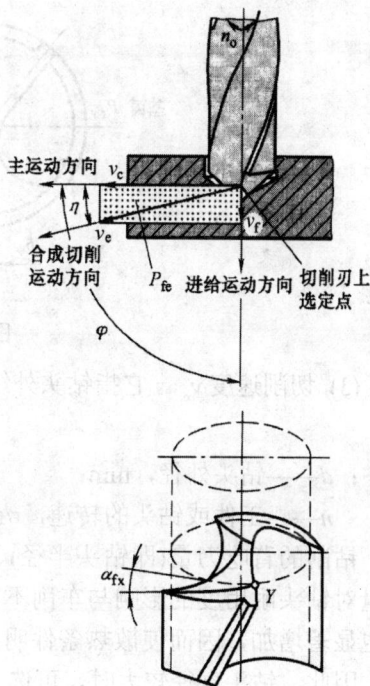

图 11-8 麻花钻的后角

(6) 横刃角度。如图 11-9 所示，横刃是两个主后刀面的交线，其长度为 b_ψ。

在垂直于钻头轴线的端平面内，横刃与主切削刃的投影线间的夹角称为横刃斜角，标准麻花钻的横刃斜角 $\psi=50°\sim55°$。当后角磨得偏大时横刃斜角减小，横刃长度增加。$\gamma_{o\psi}$ 是横刃前角，从横刃上任一点的正交平面可以看出，横刃前角 $\gamma_{o\psi}$ 均为负值，标准麻花钻的 $\gamma_{o\psi}=-54°\sim-60°$，横刃后角 $\alpha_{o\psi}=30°\sim36°$。

3) 钻削用量

钻削用量包括吃刀深度 a_p、进给量 f、切削速度 v_c 三要素。

(1) 吃刀深度 a_p。即为钻削时的钻头半径，即 $a_p = d/2$，单位为 mm。

(2) 进给量 f。钻削的进给量有以下 3 种表示方式。

① 每齿进给量 f_z。它指钻头每转一个刀齿，钻头与工件间的相对轴向位移量，单位为 mm/z。

② 每转进给量 f_r。它指钻头或工件每转一转，它们之间的轴向位移量，单位为 mm/r。

③ 进给速度 f_v。它是在单位时间内钻头相对于工件的轴向位移量，单位为 mm/min 或 mm/s。

以上 3 种进给量的关系为

$$f_v = nf_r = znf_z \tag{11-1}$$

式中：n——钻头或工件转速，r/min；

z——钻头齿数，即切削刃数，对于麻花钻，$z=2$。

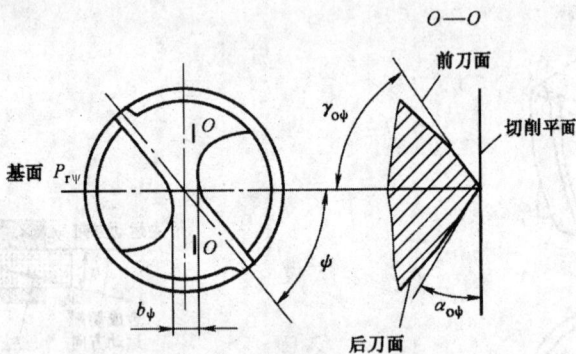

图 11-9　麻花钻横刃角度

(3) 切削速度 v_c。它指钻头外缘处的线速度，其计算公式为

$$v_c = \pi dn / 1000 \quad \text{m/min} \tag{11-2}$$

式中：d——钻头外径，mm；

n——工件或钻头的转速，r/min。

钻削的背吃刀量(即钻头半径)、进给量及钻削速度都对钻头耐用度产生影响，但背吃刀量对钻头耐用度的影响与车削不同。当钻头直径增大时，尽管增大了切削力，但钻头体积也显著增加，因而使散热条件明显改善。实践证明，钻头直径增大时，切削温度有所下降。因此，钻头直径较大时，可选取较高的切削速度。

一般情况下，钻削速度可参考表 11-1 选取。

表 11-1　普通高速钢钻头钻削速度参考值

工件材料	低碳钢	中、高碳钢	合金钢	铸铁	铝合金	铜合金
钻削速度/(m/min)	25~30	20~25	15~20	20~25	40~70	20~40

目前有不少高性能材料制作的钻头，其切削速度宜取更高值，可由有关资料查取。

2. 群钻

这是标准高速钢麻花钻切削部分的改进。群钻是我国工人群众发明出来的一套能适应加工各种材料的先进钻头，该钻型针对普通麻花钻存在的问题，并根据具体加工条件与工艺要求，对麻花钻进行综合性修磨而成。它比标准麻花钻钻孔效率高，加工质量好，使用寿命长。加工不同工件材料，群钻切削部分的结构有所不同，其中以加工钢材的基本型群钻的结构最为典型，应用也最广泛。基本型群钻切削部分结构如图 11-10 所示。其结构及几何参数有以下特点。

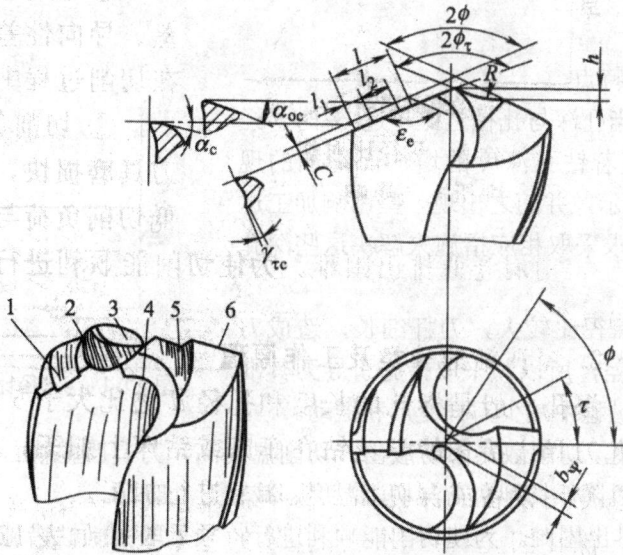

图 11-10 群钻结构与几何参数

1—分屑槽；2—月牙槽；3—横刃；4—内直刃；5—圆弧刃；6—外直刃

(1) 切削刃形成三尖七刃。该钻型将每个主切削刃磨成 3 段，即外直刃、圆弧刃和内直刃，两边则共有七刃(含横刃)。这种分段刃形结构使钻头各部位的几何参数可分别控制并趋于合理。与普通麻花钻相比，群钻外直刃前角增加较小(外直刃已经具有较大前角)；圆弧刃前角均增大 10°；内直刃处平均增大 25°；横刃处增大 4°～6°。所以，群钻的平均前角获得显著增加，从而使群钻刃口锋利，切削性能好。

除原钻尖外，圆弧刃与外直刃的交点又形成了新的钻尖，故群钻具有"三尖"。这种三尖结构显著增强了钻头的定心、导向性能。

(2) 横刃变低、变窄、变尖，比原来锋利。

由于磨出月牙槽(圆弧刃)后面，使已磨窄的横刃进一步变尖。这种低、窄、尖的横刃使轴向抗力显著降低，并增强了定心性能。钻孔阻力下降 35%～50%；新形成的内直刃上副前角大为减少，使转矩下降 10%～30%，钻削省力。

(3) 采用分屑结构。主切削刃的分段结构使切屑分段变窄。钻头直径较大时，可在一侧外直刃再磨出分屑槽，或在两侧磨出交错槽，充分改善切屑的卷曲、折断、排出效果，且有利于切削液的流入。因此，群钻钻削顺畅，摩擦力小，而且切削液较易进入切削区，冷却润滑效果较好，故钻削温度较低，钻削条件的改善减轻了钻头磨损，群钻耐用度比普通麻花钻提高 2～3 倍。

(4) 由于钻削力下降，且分屑、排屑效果好，可采用比普通麻花钻高近 3 倍的进给量，从而使钻削效率显著提高。

(5) 由于群钻的定心、导向性能好，且工件孔壁受刀具及切屑的摩擦下降，因而使钻削孔的尺寸精度、形状位置精度及表面质量都有所提高。

如上所述，基本型群钻的结构特点是：三尖七刃锐当先，月牙弧消分两边，外刃再开分屑槽，横刃磨低窄又尖。

3. 深孔钻

1) 深孔钻削的特点

在孔加工中，当孔深与孔径之比超过 5 时，经常出现切削扭矩随着钻孔深度的增加而增加的现象，如图 11-11 所示，并随之出现一些影响加工过程的问题。因而要求采取相应措施来解决这些深孔加工的特殊问题。

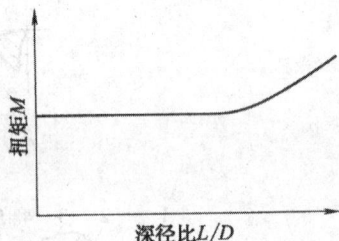

图 11-11　深径比对切削扭矩的影响

(1) 由于孔的深径比较大，刀杆细长，造成刀具刚性差、导向性差，所以须采取措施引导刀具准确切入，并在切削过程中减少刀杆变形和振动。

(2) 切削负荷大，切削散热不易散出，切削温度高，刀具磨损快，因此必须采取有效的冷却润滑措施，以降低切削负荷与切削温度，减轻刀具磨损。

(3) 切屑卷曲排出困难。为使切削能顺利进行，须采取强制性措施，使切屑及时折断并排出孔外。

2) 深孔钻的种类及工作原理

深孔一般是指孔的长度 L 和孔径 d 之比大于 5 的孔。对于 $L/d=5～20$ 的普通深孔，可用深孔刀具或接长的麻花钻在车床或钻床上加工；$L/d=20～100$ 的特殊深孔，则需用深孔刀具在专用设备或深孔加工机床上进行加工。

深孔加工特点及对深孔钻的基本要求如表 11-2 所示。

表 11-2　深孔加工特点及对深孔钻的基本要求

特点及要求		说　明
特点	切削情况不易观测	刀具在深孔内切削，无法直接观察切削情况。只能以听声音、看切屑和测油压等进行切削情况判断
	切削热不易传散	钻头在近似封闭的状态下工作，散热困难，钻头磨损严重
	排屑困难	切屑多而排屑通道长，如不采取必要措施，随时可能由于切屑堵塞而导致钻头损坏
	刚性差，易偏斜和振动	由于孔的深度与直径之比较大，钻杆细长，刚性差，工作易偏斜及产生振动，孔的加工精度和表面质量难以保证

特点及要求		说　明
基本要求	排屑通畅	首先要求良好的分屑、卷屑和断屑，同时还要采用一定压力的切削液将切屑强制排出
	充分冷却、润滑	切削液应具有良好的冷却、润滑、防腐和流动性，黏度不宜过高，以利加快切削液流动和冲洗切屑。流速一般为 9～12m/s(或小于切削速度的 5～8 倍)
	良好的导向	在深孔钻的结构上要考虑良好的导向；钻削时应采取工件回转、钻头做直线进给的运动，以利于保证钻头钻孔时不致偏斜

(1) 枪钻。

枪钻由最早用于钻枪孔而得名，多用于加工直径较小(1～35mm)、深径比较大(100～250)的深孔。枪钻结构如图 11-12(a)所示，由钻头、钻杆、钻柄 3 部分组成。整个枪钻内部制有前后相通的孔，钻头部分由高速钢或硬质合金制成。其切削部仅在钻头轴线的一侧制有切削刃，无横刃。钻尖相对钻头轴线偏移一定距离，将切削刃分成外刃和内刃。余偏角分别为 ϕ_{r1}、ϕ_{r2}。此外，切削刃的前面偏离钻头中心一个距离 H。

如图 11-12(b)所示，高压切削液(一般压力为 3.5～10MPa)从钻柄后部注入，经过钻杆内腔由钻头前面的口喷向切削区。切削液对切削区实现冷却润滑作用，同时以高的压力将切屑经钻头外部的 V 形槽强制排出。

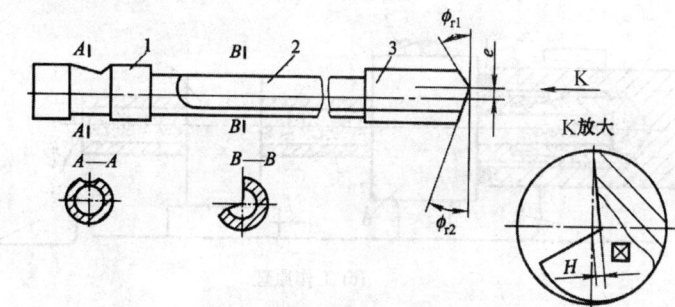

(a) 结构

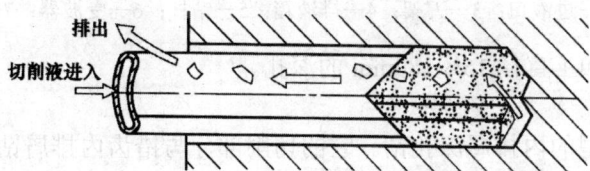

(b) 工作原理

图 11-12　枪钻结构及工作原理

1—钻柄；2—钻杆；3—钻头

由于枪钻的外刃偏角 ϕ_{r1} 略大于内刃偏角 ϕ_{r2}，因此使外刃所受径向力略大于内刃的径向力。这样使钻头的支承面始终紧贴于孔壁，从而保证了钻削时具有良好的导向性，并可防止孔径扩大。此外，由于钻头前面及切削刃不通过中心，避免了切削速度为零的不利情况，并在孔底形成一直径为 $2H$ 的芯柱，此芯柱在切削过程中具有阻抗径向振动的作用。在切削力的作用下，小芯柱达到一定长度后会自行折断。

(2) 错齿内排屑深孔钻。

图 11-13 所示为错齿内排屑深孔钻的结构及工作原理。该钻头的切削部分呈交错齿排列，其后部的矩形螺纹与中空的钻杆连接。工作时，压力切削液从钻杆外圆与工件孔壁之间的间隙流入，经冷却润滑切削区后挟带着切屑从钻杆内孔排出。错齿内排屑深孔钻的结构也具有无横刃、钻尖偏离中心、内外刃偏角不相同等的特点。另外，由于采用错齿结构，中心与外缘刀齿可根据切削条件选用不同的刀具材料，以满足切削时对刀片强度及耐磨性的不同要求，且可选择不同槽型的可转位刀片及几何角度，因地制宜地改善切削条件，并保证可靠的分屑与断屑。由于是内排屑结构，因此可将钻杆外径设计得较大一些，以增加刚性。钻孔时可选用较大的进给量，从而提高生产效率。

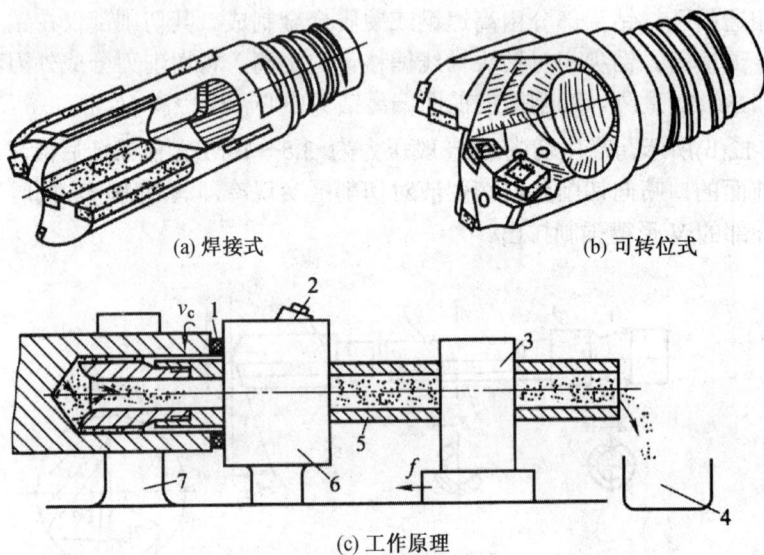

(a) 焊接式　　　　　　　　　(b) 可转位式

(c) 工作原理

图 11-13　错齿内排屑深孔钻

1—钻头；2—进液口；3—刀架；4—排液箱；5—钻杆；6—受波器；7—中心架

此种钻头适用于加工直径 15～180mm 的深孔。

(3) 喷吸钻。

喷吸钻是一种新型的内排屑深孔钻。它的切削部分与错齿内排屑钻头基本相同。喷吸钻的钻杆由内钻管及外钻管组成，两钻管之间留有环形空隙。

喷吸钻的工作原理如图 11-14 所示。它利用流体的喷吸效应进行排屑。压力切削液由进液口流入连接装置后分两路流动，其中 2/3 经过内外管的间隙并通过钻头的小孔喷向切削区，对切削部分和导向部分进行冷却、润滑并冲刷切屑。另外，1/3 切削液则通过内钻管上月牙形的喷嘴高速向后喷出，因此在喷嘴附近形成低压区，从而对切削区形成较强的吸力，将喷入切削区的切削液连同切屑吸向内钻管的后部并排回集屑液箱。这种喷吸效应有效地改善了排屑条件。

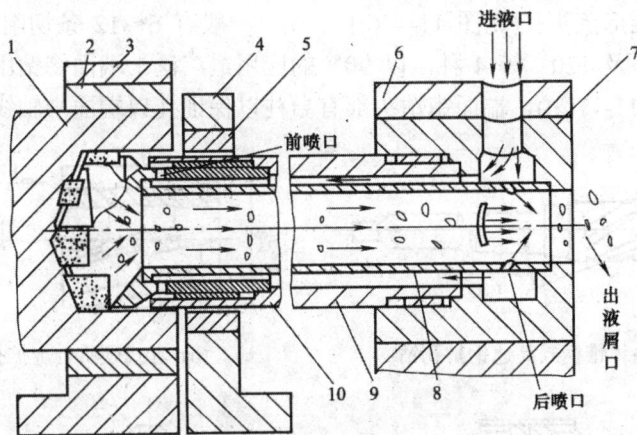

图 11-14 喷吸钻工作原理

1—工件；2—夹爪；3—中心架；4—引导架；5—导向套；6—支持座；
7—连接套；8—内管；9—外管；10—钻头

4. 扩孔钻

使用麻花钻或专用的扩孔钻将原来钻过的孔或铸锻出的孔进一步扩大，称为扩孔，如图 11-15 所示。扩孔可作为孔的最后加工，也常用作铰孔或磨孔前的预加工，属于半精加工，广泛应用在精度较高或生产批量较大的场合。扩孔的加工精度可达 IT10～IT9，表面粗糙度为 $Ra6.3 \sim 3.2\mu m$。

用麻花钻扩孔时，底孔直径为加工孔径的 0.5～0.7 倍；用扩孔钻扩孔时，底孔直径为加工孔径的 0.9 倍。

专用的扩孔钻一般有 3～4 条切削刃，故导向性好，

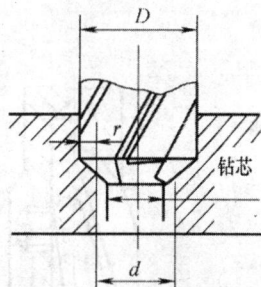

图 11-15 扩孔

不易偏斜，切削较平稳；切削刃不必自外圆延续到中心，没有横刃，轴向切削力小；由于 a_p 小、切屑窄、易排除，排屑槽可做得较小、较浅，增加刀具刚度；扩孔工作条件较好，因此进给量可比钻孔大 1.5～2 倍，生产率高；除了铸铁和青铜材料外，对其他材料的工件扩孔都要使用切削液，其中以乳化液应用最多。

随着加工孔的直径增大，高速钢扩孔钻有整体直柄式、整体锥柄式和套式 3 种。硬质合金扩孔钻除了有直柄、锥柄、套式(刀片焊接或镶在刀体上)外，对于大直径的扩孔钻常采用机夹可转位形式。图 11-16 所示为扩孔钻的几种类型。

5. 锪钻

锪钻用于在已加工孔上锪各种沉头孔和孔端面的凸台平面。锪钻大多用高速钢制造，只有加工端面凸台的大直径端面锪钻用硬质合金制造，采用装配式结构。

圆柱形埋头锪钻用于锪圆柱形沉头孔(见图 11-17(a))，锪钻端面切削刃起主切削刃作用，外圆切削刃作为副切削刃起修光作用。前端导柱与已有孔间隙配合，起定心作用；锥

面锪钻用于锪圆锥形沉头孔(见图 11-17(b)、(c)),一般有 6~12 条切削刃。锪钻顶角 2ϕ 有 60°、75°、90° 及 120° 等 4 种,以 90° 的应用最广泛。端面锪钻用于锪与孔轴线垂直的孔口端面(见图 11-17(d)),端面锪钻头部有导柱以保证孔口端面与轴线垂直。

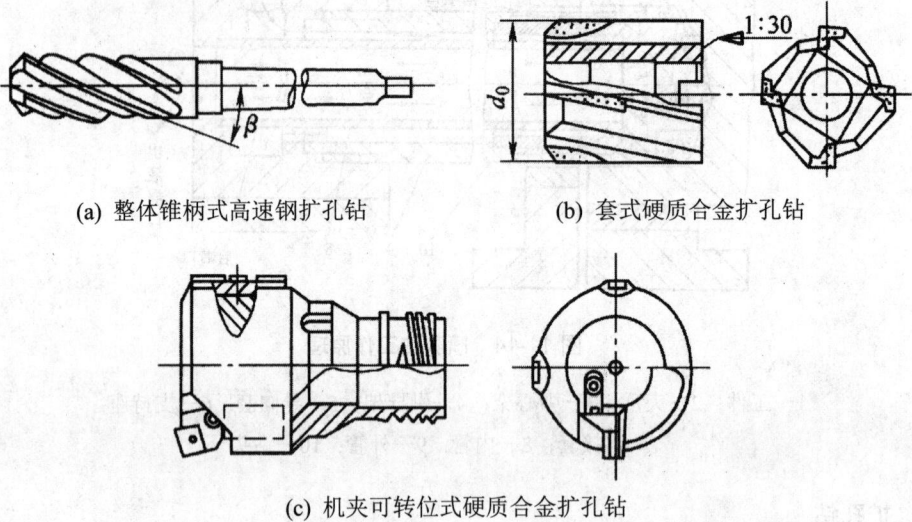

(a) 整体锥柄式高速钢扩孔钻   (b) 套式硬质合金扩孔钻

(c) 机夹可转位式硬质合金扩孔钻

图 11-16 扩孔钻

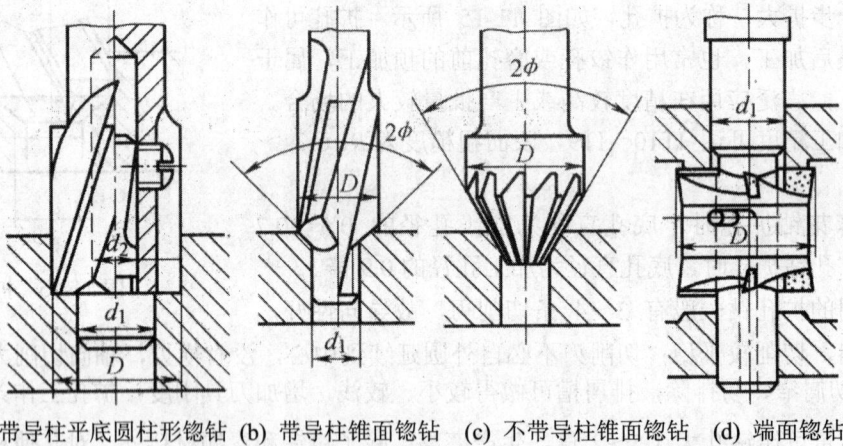

(a) 带导柱平底圆柱形锪钻 (b) 带导柱锥面锪钻 (c) 不带导柱锥面锪钻 (d) 端面锪钻

图 11-17 锪钻的类型

6. 铰刀

铰刀是对预制孔进行半精加工或精加工的一种多刃刀具。铰削加工操作方便,生产率高,能获得较高的加工精度和表面质量。加工精度可达 IT6~IT8,表面粗糙度为 $Ra1.6 \sim 0.4\mu m$。一般用于孔的终加工,也可用于精细孔的初加工。

铰刀按结构分有整体式(锥柄和直柄)和套装式;根据使用方法分为手用和机用两大类,如图 11-18 所示。

机用铰刀工作部分较短,用于在机床上铰孔,常用高速钢制造,有锥柄和直柄两种形式(多为锥柄式),铰削直径范围为 10~80mm,可以安装在钻床、车床、铣床、镗床上铰孔；手用铰刀工作部分较长，齿数较多，常为整体式结构，直柄方头，锥角 2ϕ 较小，导向作用好，结构简单，手工操作，使用方便，铰削直径范围为 $1\sim50mm$。

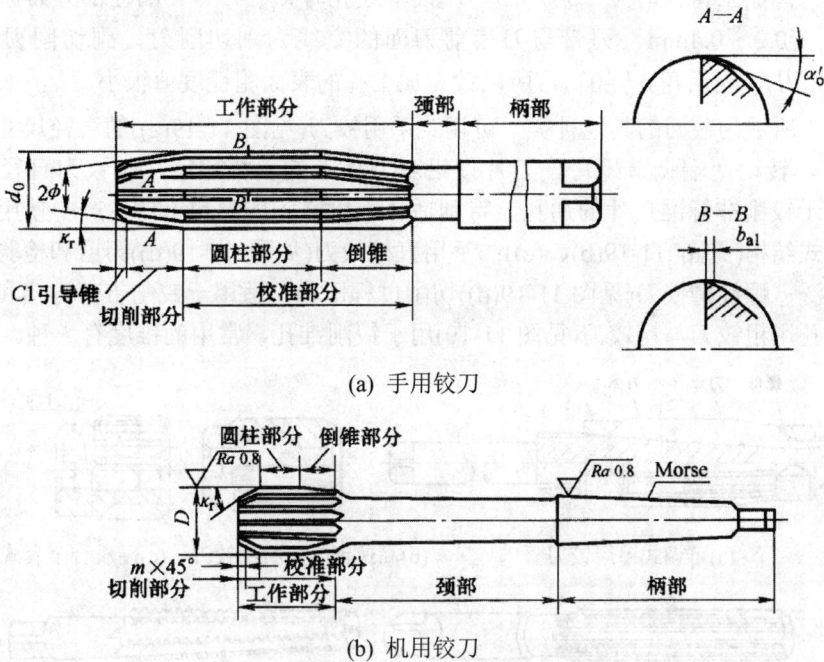

(a) 手用铰刀

(b) 机用铰刀

图 11-18 整体式圆柱铰刀

铰刀由工作部分、颈部及柄部 3 部分组成，各部分作用如下。

1) 工作部分

它由引导部分、切削部分和校准部分组成。

(1) 引导部分。引导部分是在工作部分前端呈 45°倒角的引导锥，其作用是便于铰刀容易进入孔中，也参与切削。

(2) 切削部分。切削部分担负主要的切削工作。切削部分切削锥的锥角 2ϕ 较小，一般为 3°～15°，起主要切削作用。引导锥起引入预制孔的作用，手用铰刀取较小的 2ϕ(通常 $\phi=1$°～3°)值，目的是减轻劳动强度，减小进给力及改善切入时的导向性；机用铰刀可以选用较大的 ϕ 角，原因是工作时的导向由机床和夹具来保证，还可以减小切削刃长度和机动时间。

(3) 校准部分。校准部分也称修光部分，由圆柱部分与倒锥组成，起引导铰刀、修光孔壁并作备磨之用；后部具有很小的倒锥，以减少与孔壁之间的摩擦和防止铰削后孔径扩大。

2) 颈部

颈部是为加工切削刃时，便于退刀而设计的，此处注有铰刀的规格。

3) 柄部

柄部供夹持用。

为了测量方便，铰刀刀齿相对于铰刀中心对称分布。手用铰刀如图 11-18(a)所示，有 6～12 个齿，每个刀齿相当于一把有修光刃的车刀；机用铰刀刀齿在圆周上均匀分布，手用铰刀刀齿在圆周上采用不等距分布以减少铰孔时的周期性切削载荷引起的振动；切削槽浅，刀芯粗壮，因此铰刀的刚度和导向性比扩孔钻好；加工钢件时，切削部分刀齿的主偏角 $\kappa_r = 15°$；加工铸铁时 $\kappa_r = 3° \sim 5°$，铰不通孔时 $\kappa_r = 45°$。圆柱部分刀齿有刃带，刃带宽度 $b_{a1} = 0.2 \sim 0.4\text{mm}$，刃带与刀齿前刀面的交线为副切削刃，副切削刃的副偏角 $\kappa_r' = 0°$（修光刃），副后角 $\alpha_o' = 0°$，所以铰刀加工孔的表面粗糙度值很小。

图 11-19 所示为铰刀的其他种类。可调式手用铰刀(见图 11-19(a))的直径尺寸可在一定范围内调节，转动两端调节螺母，刀片便沿着刀体上的斜槽移动，使铰刀直径扩大或缩小。它适用于铰削非标准尺寸的通孔，特别适合于机修、装配和单件生产中使用；大直径铰刀做成套式结构(见图 11-19(b)、(c))；手用直槽铰刀(见图 11-19(d))刃磨和检验方便，生产中应用广泛；螺旋槽铰刀(见图 11-19(d))切削过程平稳，适用于铰削带有键槽和缺口的通孔工件；锥孔用粗铰刀与精铰刀(见图 11-19)用于铰削锥孔，常用的锥度有 5 种。

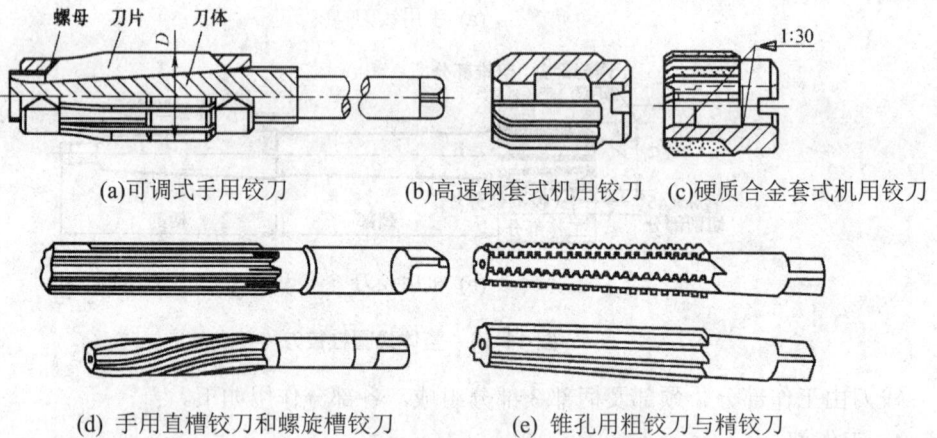

(a)可调式手用铰刀 (b)高速钢套式机用铰刀 (c)硬质合金套式机用铰刀

(d) 手用直槽铰刀和螺旋槽铰刀 (e) 锥孔用粗铰刀与精铰刀

图 11-19　铰刀的种类

7. 孔加工复合刀具

孔加工复合刀具是由两把以上的同类型单个孔加工刀具复合后，同时或按先后顺序完成不同工序(或工步)的刀具，在组合机床或自动线上应用广泛。

1) 孔加工复合刀具的类型

(1) 同类刀具复合的孔加工复合刀具，如图 11-20 所示。

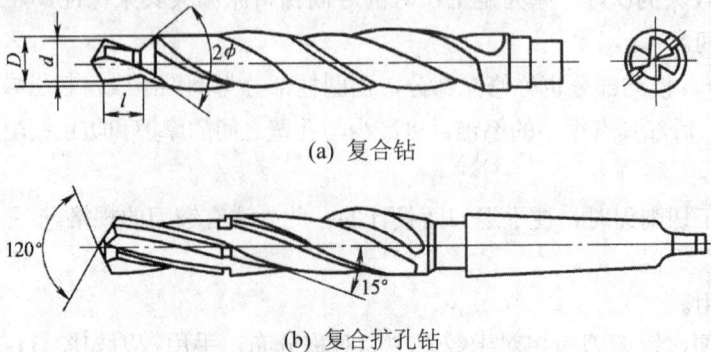

(a) 复合钻

(b) 复合扩孔钻

图 11-20　同类刀具复合的孔加工复合刀具

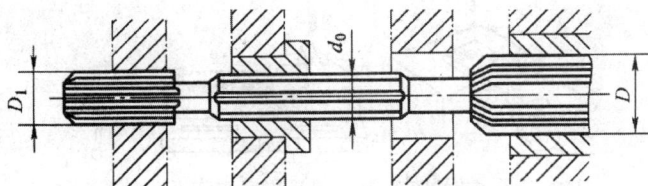

(c) 复合铰刀(d_0 为导向部分)

图 11-20   同类刀具复合的孔加工复合刀具(续)

(2) 不同类刀具复合的孔加工复合刀具，类型很多，图 11-21 所示是其中两种。

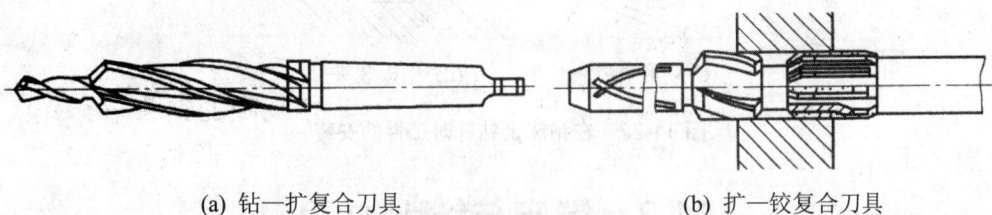

(a) 钻—扩复合刀具   (b) 扩—铰复合刀具

图 11-21   不同类刀具复合的孔加工复合刀具

2) 孔加工复合刀具的特点

(1) 工序集中，从而减少了机床的台数或工位数，减少换刀时间，生产率很高。对于自动生产线可以减少投资，降低加工成本。

(2) 减少了工件的安装次数，降低工件的定位误差，提高了加工精度；同时或顺次加工保证了各加工表面之间位置精度；有利于提高工件的加工质量。

(3) 孔加工复合刀具的结构较复杂，在制造、刃磨及使用过程中都可能出现一些特殊问题。设计时必须考虑：当各单个刀具的直径、切削时间等切削条件悬殊时，应选用不同的刀具材料；根据工件加工质量要求以及刀具的强度、刚度和刃磨工艺等因素，确定适宜的刀具结构形式；根据工艺系统刚性等条件，合理设计导向装置等。

使用孔加工复合刀具时，还应注意几点特殊要求：如由于最小直径刀具的强度最弱，故应按最小直径刀具确定进给量；由于最大直径刀具的切削速度最高，磨损最快，故应按最大直径刀具确定刀具耐用度。总之，使用孔加工复合刀具时，须按各单个刀具所进行的加工工艺不同，兼顾其不同特点。

11.1.5   工件的装夹

工件钻孔时，应保证所钻孔的中心线与钻床工作台面垂直。因此，应根据孔径的大小、工件的形状选择合适的装夹方法。常用的装夹方法如图 11-22 所示，一般钻削直径小于 8mm 时，可用手握牢工件进行钻孔；小型工件或薄板工件可以用手台虎钳装夹，如图 11-22(a)所示。

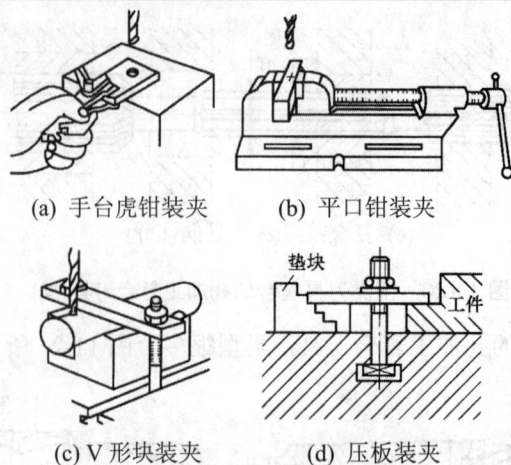

(a) 手台虎钳装夹　　　(b) 平口钳装夹

(c) V 形块装夹　　　(d) 压板装夹

图 11-22　在钻床上钻孔时工件的安装

11.2　镗床与镗削加工

镗床是一种用途广泛的孔加工机床。镗床主要是用镗刀镗削大、中型工件上铸出的或已钻出的孔，特别适用于加工分布在不同位置上、孔距精度和相互位置精度要求都很高的孔系。镗床除可以镗孔外，还可以进行钻孔、扩孔、铰孔、铣削等加工。镗床主要可分为卧式镗床、坐标镗床、金刚镗床等。

11.2.1　卧式镗床

卧式镗床是应用最广泛的一种镗床类机床，其工艺范围非常广泛。卧式镗床不仅可以镗孔，也可以钻孔、扩孔、铰孔，还可以安装铣刀铣平面、成形面及各种形状的沟槽，还可以利用平旋盘安装车刀车削端面、短的外圆柱面、内外环形槽及内外螺纹等。工件可在一次安装中完成大部分的加工工序。卧式镗床主要适宜于加工大、中型的形状复杂的工件，特别对各种箱体、床身、机壳、机架等的加工最合适。其典型加工方法如图 11-23 所示。

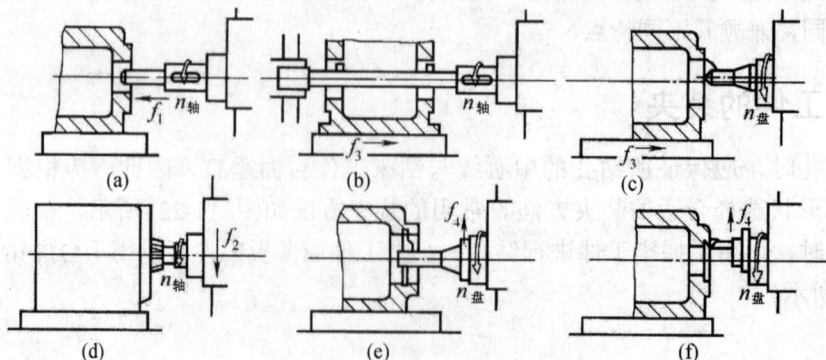

图 11-23　卧式镗床的典型加工方法

卧式镗床的主参数是镗轴直径。

卧式镗床如图 11-24 所示，由底座 10、主轴箱 8、前立柱 7、带后支架 1 的后立柱 2、下滑座 11、上滑座 12 和工作台 3 等部件组成。主轴箱 8 可沿前立柱 7 的导轨上下移动。在主轴箱中，装有主轴部件、主运动和进给运动变速机构及操纵机构。根据加工情况不同，刀具可以装在镗杆 4 上或平旋盘 5 上。加工时，镗杆 4 旋转完成主运动，并可沿轴向移动完成进给运动；平旋盘只能做旋转主运动。装在后立柱 2 上的后支架 1，用于支承悬伸长度较大的镗杆的悬伸端，以增加刚性。后支架可沿后立柱上的导轨与主轴箱同步升降，以保持其上的支承孔与镗轴在同一轴线上。后立柱可沿底座 10 的导轨左右移动，以适应镗杆不同长度的需要。工件安装在工作台 3 上，可与工作台一起随下滑座 11、上滑座 12 做纵向或横向移动。工作台还可绕上滑座的圆导轨在水平平面内转位，以便加工互相成一定角度的平面或孔。当刀具装在平旋盘 5 的径向刀架上时，径向刀架可带着刀具做径向进给，以镗削端面，如图 11-23(f)所示。

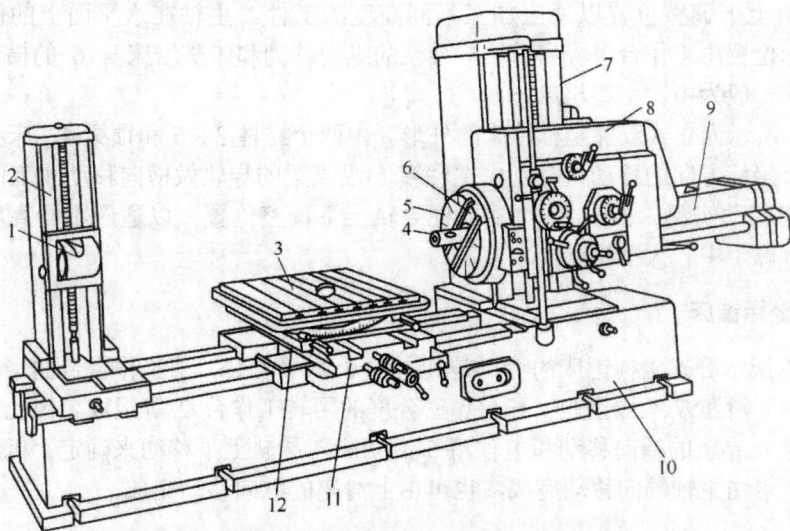

图 11-24　卧式镗床

1—后支架；2—后立柱；3—工作台；4—镗杆；5—平旋盘；6—径向滑板；

7—前立柱；8—主轴箱；9—后尾筒；10—底座；11—下滑座；12—上滑座

综上所述，卧式镗床具有下列工作运动：镗杆的旋转主运动；平旋盘的旋转主运动；镗杆的轴向进给运动；主轴箱的垂直进给运动；工作台的纵向进给运动；工作台的横向进给运动；平旋盘径向刀架的径向进给运动。

辅助运动：主轴箱、工作台在进给方向上的快速调位运动、后立柱纵向调位运动、后支架垂直调位运动、工作台的转位运动。这些辅助运动由快速电动机传动。

11.2.2　坐标镗床

坐标镗床是一种用于加工精密孔系的高精度机床，其特征是这种机床具有测量坐标位置的精密测量装置。为了保证高精度，机床的零部件的制造和装配精度都很高，并且具有良好的刚性和抗震性。它主要用于镗削精密孔(IT5 级或更高)和位置精度要求很高的孔系(坐标定位精度可达 0.002～0.01mm)。坐标镗床不仅可以保证孔有很高的尺寸和形状精度，还可以在不使用任何引导装置的条件下，保证孔距及到某一基面之间的距离精度。

坐标镗床的工艺范围很广，除镗孔、钻孔、扩孔、铰孔、精铣平面和沟槽外，还可以进行精密刻线及孔距和直线尺寸的精密测量等工作。坐标镗床主要用于单件小批量生产的工具车间对夹具的精密孔、孔系和模具的加工，也逐渐用于生产车间成批地对各类箱体、缸体和机体的精密孔系加工。

坐标镗床有立式的和卧式的。立式坐标镗床适宜于加工轴线与安装基面垂直的孔系和铣削顶面；卧式坐标镗床适宜于加工与安装基面平行的孔系和铣削侧面。立式坐标镗床还有单柱和双柱之分。

1. 立式坐标镗床

立式单柱坐标镗床见图 11-25。主轴 2 由精密轴承支承在主轴套筒中，由立柱 4 内的电动机，经主传动机构传动主轴旋转完成主运动，主轴可随套筒做轴向进给。主轴箱 3 可沿立柱的导轨上下调整位置以适应加工不同高度的工件。主轴在水平面上的位置是固定的，镗孔坐标位置由工作台 1 沿床鞍 5 导轨的纵向移动和床鞍沿床身 6 的横向移动来确定。这类机床一般为中、小型机床。

图 11-26 所示为立式双柱坐标镗床的外形。由两个立柱 3、6 和顶梁 4、床身 8 构成龙门框架。两个坐标方向的移动，分别由主轴箱 5 沿横梁的导轨做横向移动和工作台 1 沿床身导轨做纵向移动实现。横梁 2 可沿立柱导轨上下调整位置，以适应不同高度的工件加工。这种机床属于中、大型机床。

2. 卧式坐标镗床

图 11-27 所示卧式坐标镗床的特点是其主轴 3 水平安装，与工作台台面平行。安装工件的工作台由下滑座 7、上滑座 1 和可精密分度的回转工作台 2 等组成。镗孔坐标位置由下滑座沿床身 6 导轨的横向移动和主轴箱 5 沿立柱 4 导轨上下移动来确定。机床进行加工的进给运动，可由主轴轴向移动完成，也可由上滑座的纵向移动完成。

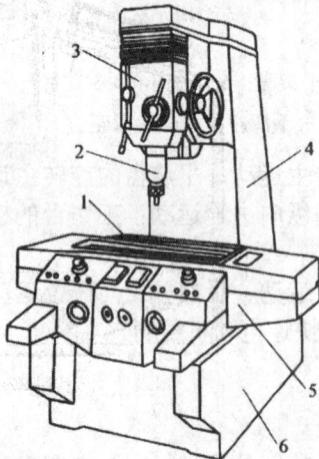

图 11-25　立式单柱坐标镗床

1—工作台；2—主轴；3—主轴箱；
4—立柱；5—床鞍；6—床身

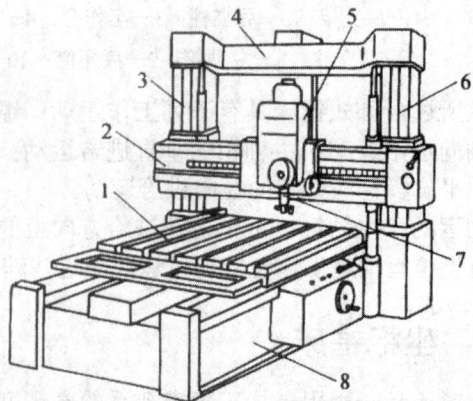

图 11-26　立式单柱坐标镗床

1—工作台；2—横梁；3、6—立柱；4—顶梁；
5—主轴箱；7—主轴；8—床身

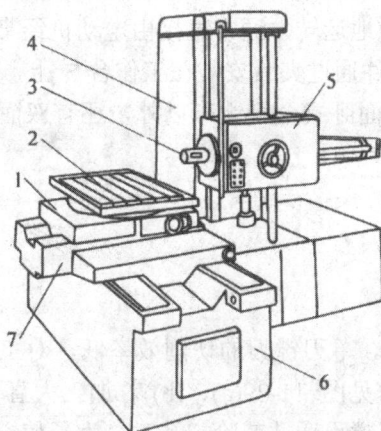

图 11-27　卧式坐标镗床

1—上滑座；2—回转工作台；3—主轴；4—立柱；

5—主轴箱；6—床身；7—下滑座

卧式坐标镗床具有较好的工艺性能，工件高度不受限制，安装方便，利用回转工作台的分度运动，可在工件一次安装中完成工件几个平面上孔的加工，适于在生产车间中成批加工箱体等零件。

11.2.3　金刚镗床

金刚镗床是一种高速镗床，通常采用硬质合金刀具(以前采用是金刚石刀具，机床由此得名)，以极高的速度、很小的切削深度和进给量主要对有色金属和铸铁工件上的内孔进行精细加工，加工的尺寸精度可达 0.003～0.005mm，表面粗糙度可达 $Ra0.16～1.25\mu m$。

根据主轴的位置不同，金刚镗床可分为卧式和立式两类。图 11-28 所示为单面卧式金刚镗床。

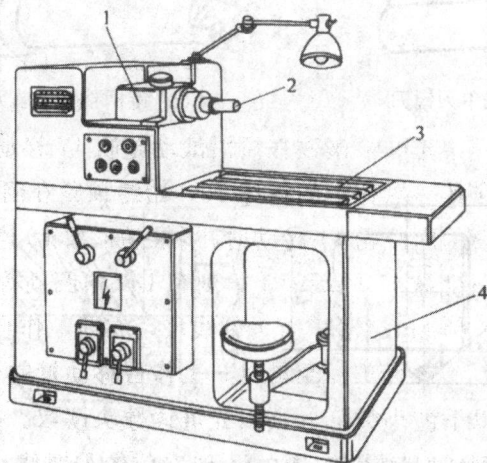

图 11-28　单面卧式金刚镗床

1—主轴箱；2—主轴；3—工作台；4—床身

为了保证主轴 2 准确平稳地运转，通常直接由电动机经带传动带动主轴高速旋转，并且主轴采用精密轴承支承。工件通过夹具安装在工作台 3 上，并随工作台一起沿床身 4 导轨做低速平稳的进给。除了单面卧式金刚镗床以外，还有双面卧式金刚镗床和立式金刚镗床等。

11.2.4 镗刀

1. 单刃镗刀

它适用于孔的粗、精加工。单刃镗刀的切削效率低，对工人操作技术要求高。加工小直径孔的镗刀通常做成整体式(见图 11-29(a)、(b))，加工大直径孔的镗刀可做成机夹式(见图 11-29(c)、(d)、(e)、(f))。在镗不通孔或阶梯孔时，为了使镗刀头在镗杆内有较大的安装长度，并具有足够的位置安置压紧螺钉和调节螺钉，常将镗刀头在镗杆内倾斜安装，镗刀头在镗杆上的安装倾斜角 δ 一般取 10°～45°，以 30° 居多；镗通孔时取 $\delta=0$°。

机夹式单刃镗刀的镗杆可长期使用，镗刀头通常做成正方形或圆形。正方形镗刀头的强度与刚度是直径与其边长相等的圆形刀的 80%～100%，故在实际生产中都采用正方形镗刀头。镗杆不宜太细、太长，以免切削时产生振动。镗杆与镗刀头尺寸见表 11-3。镗杆上的调节螺钉用来调节镗刀伸出长度，压紧螺钉从镗杆端面或顶面来压紧镗刀头。在设计不通孔镗刀时，应使压紧螺钉不影响镗刀的切削工作。

表 11-3 镗杆与镗刀头尺寸   mm

工件孔径	28～39	40～50	51～70	71～85	86～100	101～140	141～200
镗杆直径	24	32	40	50	60	80	100
镗刀头直径或长度	8	10	12	16	18	20	24

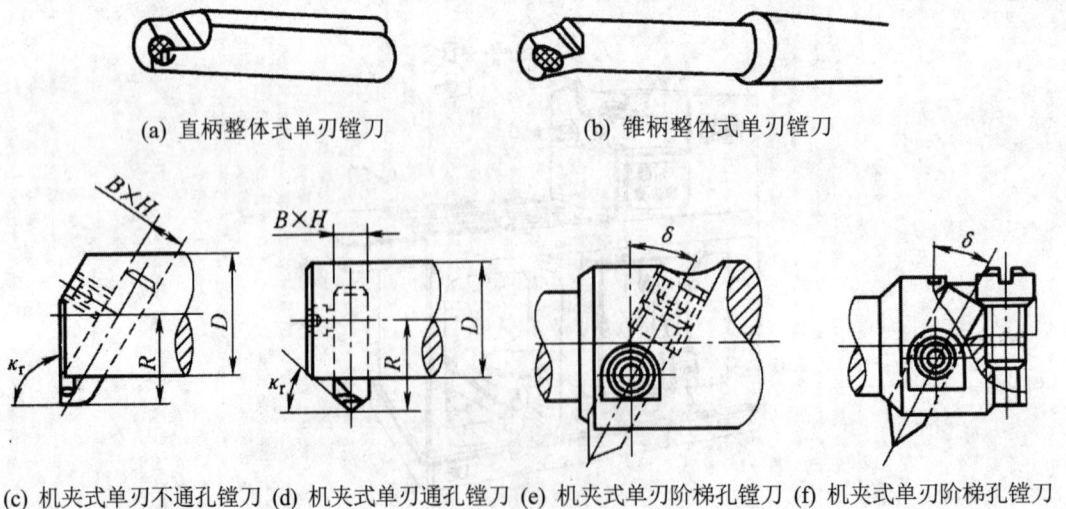

(a) 直柄整体式单刃镗刀   (b) 锥柄整体式单刃镗刀

(c) 机夹式单刃不通孔镗刀 (d) 机夹式单刃通孔镗刀 (e) 机夹式单刃阶梯孔镗刀 (f) 机夹式单刃阶梯孔镗刀

图 11-29 单刃镗刀

镗刀的刚性差，切削时易引起振动，所以镗刀的主偏角选得较大，以减小背向

力 F_p。

镗铸件孔或精镗时，一般取 $\kappa_r = 90°$；粗镗钢件孔时，取 $\kappa_r = 60° \sim 75°$，以提高刀具寿命。

在坐标镗床、自动生产线和数控机床上使用的一种微调镗刀，具有结构简单、制造容易、调节方便、调节精度高等优点，主要用于精加工，图 11-30 所示为微调镗刀结构。

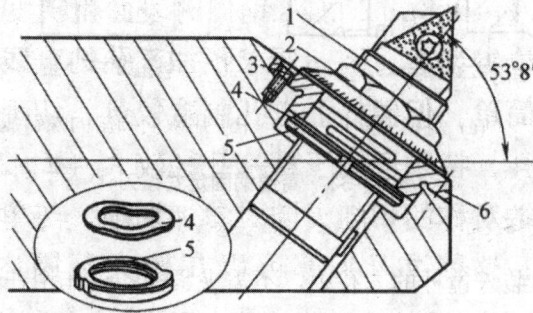

图 11-30　微调镗刀结构

1—镗刀头；2—微调螺母；3—螺钉；4—波形垫圈；5—调节螺母；6—固定座套

微调镗刀首先用调节螺母 5、波形垫圈 4 将微调螺母 2 连同镗刀头 1 一起固定在固定座套 6 上，再用螺钉 3 将固定座套 6 固定在镗杆上。用螺钉 3 通过固定座套 6，调节螺母 5 将镗刀头 1 连同微调螺母 2 一起压紧在镗杆上。调节时，转动带刻度的微调螺母 2，使镗刀头径向移动达到预定尺寸。镗盲孔时，镗刀头在镗杆上倾斜 53°8′。微调螺母的螺距为 0.5mm，微调螺母上刻线 80 格，调节时微调螺母每转过一格，镗刀头沿径向移动量 ΔR 为 0.005mm。

旋转调节螺母 5，使波形垫圈 4 和微调螺母 2 产生变形，用以产生预紧力和消除螺纹副的轴向间隙。

2. 双刃镗刀

镗削大直径的孔可选双刃镗刀。双刃镗刀分固定式镗刀和浮动镗刀，它的两端具有对称的切削刃，工作时可消除背向力对镗杆的影响；工件孔径尺寸与精度由镗刀径向尺寸保证。

1) 固定式镗刀

双刃镗刀有两个切削刃对称地分布在镗杆轴线的两侧参与切削，背向力互相抵消，不易引起振动。高速钢固定式镗刀如图 11-31 所示，也可制成焊接式或可转位式硬质合金镗刀块。固定式镗刀块用于粗镗或半精镗直径 $d > 40$mm 的孔。工作时，镗刀块可通过楔块或者在两个方向倾斜的螺钉等夹紧在镗杆上。安装后，镗刀块相对于轴线的不垂直、不平行与不对称，都会造成孔径扩大，所以，镗刀块与镗杆上方孔的配合要求较高，方孔对轴线的垂直度与对称度误差不大于 0.01mm。

固定式镗刀镗削通孔时 κ_r 取 45°，镗削不通孔时 κ_r 取 90°，而 γ_o 取 5° $\sim$ 10°，α_o 取 8° $\sim$ 12°，修光刃起导向和修光作用，一般取 $L = (0.1 \sim 0.2)d_w$。

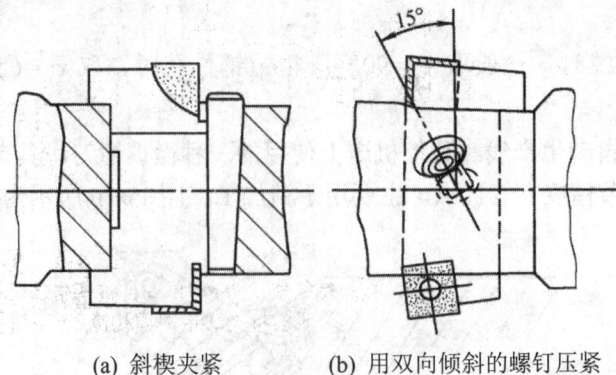

(a) 斜楔夹紧　　　　(b) 用双向倾斜的螺钉压紧

图 11-31　高速钢固定式镗刀

2) 浮动镗刀

镗孔时，浮动镗刀装入镗杆的方孔中，不需夹紧，通过作用在两侧切削刃上的切削力来自动平衡其径向切削位置，自动对中进行切削。因此，它自动补偿由刀具安装误差、机床主轴偏差而造成的加工误差，能获得较高的公差精度等级(IT7、IT6)。加工铸件时表面粗糙度值 Ra 为 0.2～0.8μm，加工钢件时表面粗糙度值 Ra 为 0.4～1.6μm，但它无法纠正孔的直线度误差和位置误差，因而要求预加工孔的直线性好，表面粗糙度值 $Ra \leqslant 3.2$μm。浮动镗刀结构简单，但镗杆上方孔制造较难，切削效率低于铰孔，因此适用于单件、小批量加工直径较大的孔，特别适用于精镗孔径较大(d>200mm)而深的(L/d>5)筒件和管件。双刃镗刀的两端对称的切削刃同时参加切削，与单刃镗刀相比，每转进给量可提高 1 倍左右，生产效率高；这种镗刀头部可以在较大范围内进行调整，且调整方便，最大镗孔直径可达 1000mm。

可调节的硬质合金浮动镗刀如图 11-32 所示。调节时，松开两个紧固螺钉 2，拧动调节螺钉 3 以调节刀块 1 的径向位置，使之符合所镗孔的直径和公差。

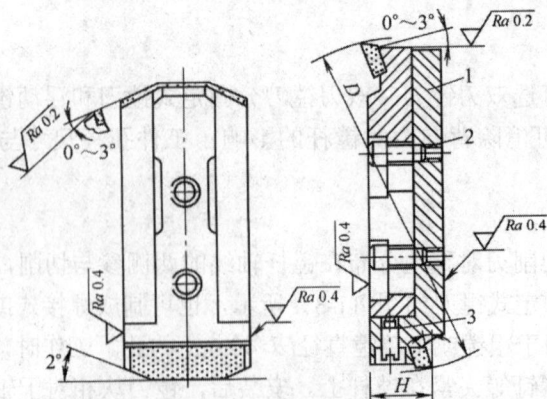

图 11-32　可调节的硬质合金浮动镗刀

1—刀块；2—紧固螺钉；3—调节螺钉

浮动镗刀在车床上车削工件如图 11-33 所示。工作时刀杆固定在四方刀架上，浮动镗刀块装在刀杆的长方孔中，依靠两刃径向切削力的平衡而自动定心，从而可以消除因刀块在刀杆上的安装误差所引起的孔径误差。

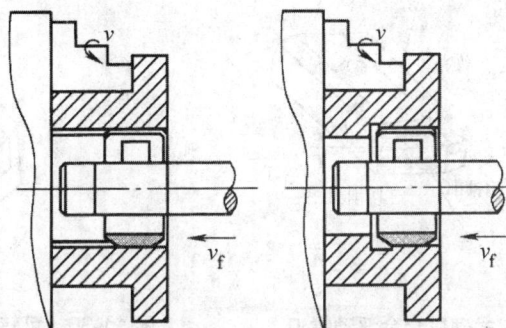

图 11-33　浮动镗刀在车床上车削工件

浮动镗刀在镗床上镗削工件如图 11-34 所示。浮动镗刀还有挤压和修光作用，可减少镗刀块安装误差及镗杆径向圆跳动所引起的加工误差。

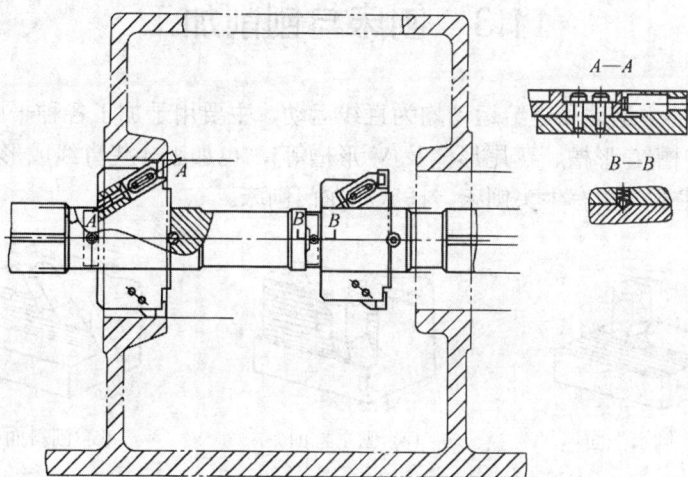

图 11-34　浮动镗刀在镗床上镗削工件

(1) 整体式硬质合金浮动镗刀。它通常用高速钢制作或在 45 钢刀体上焊两块硬质合金刀片，制造时直接磨到尺寸，不能调节。

(2) 可调焊接式硬质合金浮动镗刀。如图 11-35 所示，可调焊接式硬质合金浮动镗刀调节尺寸时，稍微松开紧固螺钉 3，旋转调节螺钉 2 推动刀体，就可增大尺寸，一般调节量为 3～10mm。它已列入国家标准，并由工具厂生产。

(3) 可转位式硬质合金浮动镗刀。图 11-36 所示为可转位式硬质合金浮动镗刀，将刀片 6 套在销子 5 上，旋转压紧螺钉 4，压块 3 向下移动，压块 3 的 3° 斜面将刀片楔紧在销子 5 上。压块靠专用调节螺钉 2 顶紧定位，刀片承受切削力时不会松动。硬质合金刀片的切削刃磨损后，可转位后继续使用。当刀片上的两刃都磨损后可进行重磨。只需旋松螺钉 2、4，便可方便地装卸刀片、调节直径尺寸，一般调节范围在 1～6mm 内。

浮动镗刀工作时，其镗削用量为：v_c =5～8m/min，f=0.5～1mm/r，a_p =0.03～

0.06mm。切钢时采用乳化油或硫化切削油，加工铸铁时采用煤油或柴油。

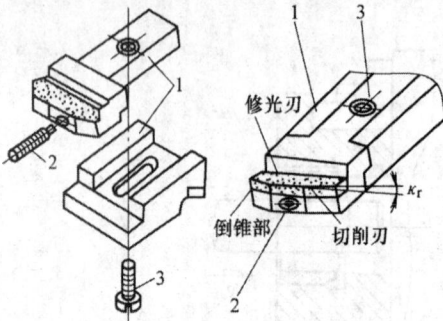

图 11-35　可调焊接式硬质合金浮动镗刀

1—刀体；2—调节螺钉；3—紧固螺钉

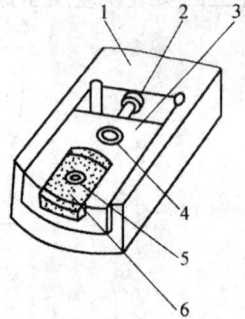

图 11-36　可转位式硬质合金浮动镗刀

1—刀体；2—调节螺钉；3—压块；
4—压紧螺钉；5—销子；6—刀片

11.3　刨床与刨削加工

　　刨床类机床的主运动和进给运动均为直线运动，主要用于加工各种平面(水平面、垂直面及斜面等)和沟槽(T 形槽、燕尾形槽及 V 形槽等)，也加工一些直线成形面，主要加工范围见图 11-37。主要类型有牛头刨床、插床和龙门刨床。

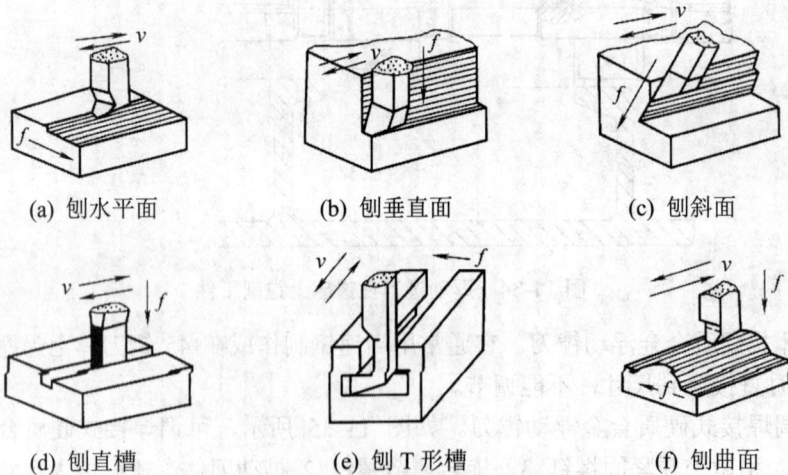

(a) 刨水平面　　(b) 刨垂直面　　(c) 刨斜面

(d) 刨直槽　　(e) 刨 T 形槽　　(f) 刨曲面

图 11-37　刨床的主要加工范围

11.3.1　牛头刨床

　　牛头刨床的主运动是刀具的往复直线运动，而进给运动则由刀具或工件的移动实现，主要用于加工中、小型工件。如图 11-38 所示，滑枕 3 上装有刀架 1，滑枕带动刀架一起沿床身 4 的水平导轨做往复直线运动，可手动使刀架沿刀架座上的导轨移动，以调整刨削深度，也可调整转盘 2 的角度，便于加工斜面和斜槽。横梁 5 可在床身上升降，以适应加工不同高度的工件，工作台 6 可沿横梁做横向间歇进给运动。

　　牛头刨床主运动的传动方式有机械和液压两种。机械的曲柄摇杆机构结构简单、传动可靠、维修方便，因此，应用较广泛。而液压传动能传递较大的力，可实现无级调速，运动平稳，但结构复杂，成本较高，一般用于较大规格的牛头刨床。

　　牛头刨床的主参数是最大刨削长度。

11.3.2　插床

　　插床实质上是立式牛头刨床(见图 11-39)，滑枕 8 带动插刀沿滑枕导轨座 7 上的导轨做上下往复运动，实现主运动，其中向下为工作行程，向上为空行程。滑枕导轨座可以绕销轴 6 在小范围内调整角度，便于加工斜面和沟槽。圆工作台 9 可绕垂直轴线回转，以完成圆周进给或在分度装置 4 的带动下进行分度。圆工作台在上述各方向的进给运动都是在滑枕空行程结束后的短时间内进行的。床鞍 3 和溜板 2 可以分别做横向和纵向进给运动。

　　插床主要用于加工工件的内表面，有时也用于加工成形内表面。

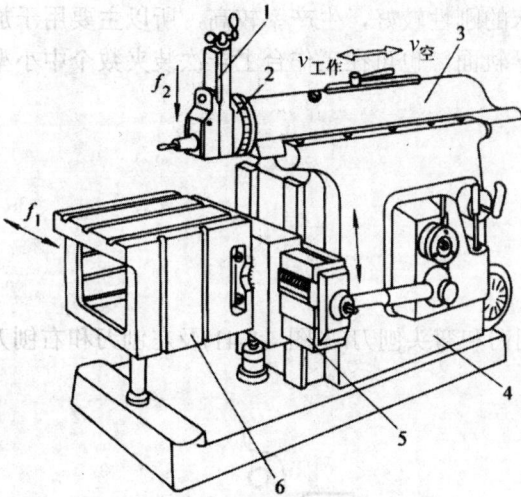

图 11-38　牛头刨床

1—刀架；2—转盘；3—滑枕；4—床身；
5—横梁；6—工作台

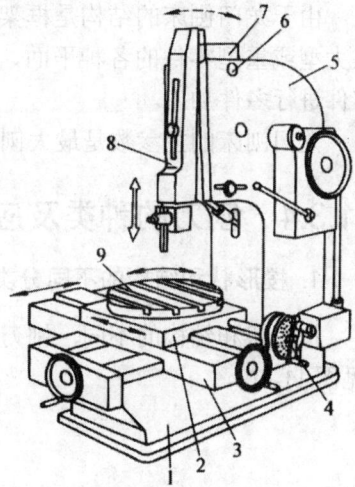

图 11-39　插床

1—床身；2—溜板；3—床鞍；4—分度装置；
5—立柱；6—销轴；7—滑枕导轨座；
8—滑枕；9—圆工作台

11.3.3　龙门刨床

　　龙门刨床主要由床身 1、工作台 2、立柱 6、横梁 3 及进给箱 7 等组成(见图 11-40)。工作台 2 可沿床身导轨做无级调速的直线往复主运动，床身 1 的两侧固定有左右立柱 6，两立柱的导轨上安装有横梁 3，横梁可沿立柱导轨上下移动。横梁上装有两个垂直刀架 4，左右立柱上装有左右侧刀架 9，可同时加工一个零件的几个平面，或几个零件一起装夹同时加工。垂直刀架可做横向和垂直进给运动及快速调整移动，侧刀架可做垂直方向自动进给运动及快速调整移动，并且刀架的进给运动是间歇的。

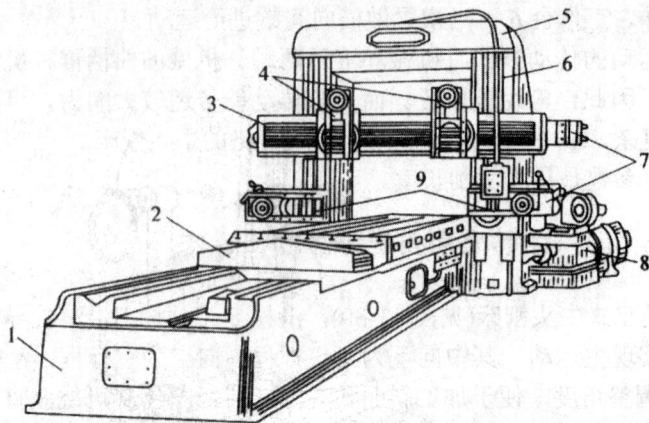

图 11-40　龙门刨床

1—床身；2—工作台；3—横梁；4—垂直刀架；5—顶梁；6—立柱；7—进给箱；8—减速箱；9—侧刀架

　　由于龙门刨床的结构是框架式结构，机床的刚性较好，生产率较高，所以主要用于加工大型或重型零件的各种平面、沟槽和各种导轨面，也可在工作台上一次装夹数个中小型零件进行多件加工。

　　龙门刨床的主参数是最大刨削宽度。

11.3.4　刨刀的种类及应用

1. 按形状和结构的不同分类

　　按形状和结构的不同，刨刀可分为直头刨刀和弯头刨刀(见图 11-41)及左刨刀和右刨刀(见图 11-42)。

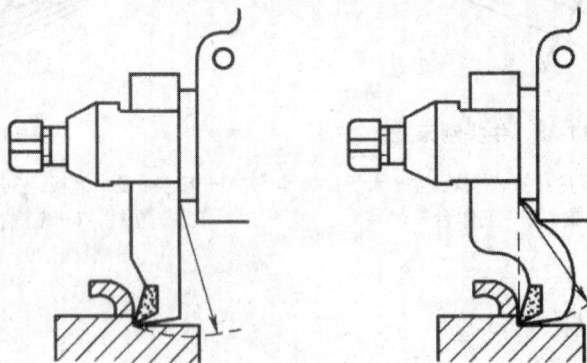

(a) 直头刨刀　　　　　　(b) 弯头刨刀

图 11-41　直头刨刀和弯头刨刀

　　刀杆纵向是直的，称为直头刨刀(见图 11-41(a))，一般用于粗加工；刨刀刀头后弯的刨刀，称为弯头刨刀(见图 11-41(b))，一般用于各种表面的精加工和切断及切槽加工。弯头刨刀在受到较大的切削阻力时，刀杆产生弯曲变形，刀尖向后上方弹起，因此刀尖不会啃入工件，从而避免直头刨刀折断刀杆或啃伤加工表面的缺点。所以，这种刨刀应用广泛。

根据主切削刃在工作时所处的左、右位置不同，以及左、右大拇指所指主切削刃的方向不同，可区分左右刨刀，如图 11-42 中的左图为左刨刀，右图为右刨刀。加工平面常用右刨刀。

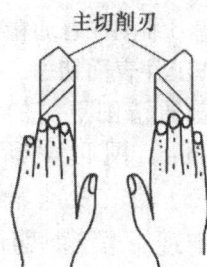

主切削刃

图 11-42　左刨刀和右刨刀

2. 按加工的形状和用途不同分类

按加工的形状和用途不同，刨刀可分为平面刨刀、偏刀、角度刀、直槽刨刀、弯头刨槽刀、内孔刨刀、成形刀等。平面刨刀(见图 11-43(a))包括直头刨刀和弯头刨刀，用于粗、精刨削平面用；偏刀(见图 11-43(b))用于刨削垂直面、阶台面和外斜面等；角度刀(见图 11-43(c))用于刨削角度形工件，如燕尾槽和内斜面等；直槽刨刀(见图 11-43(d))也称为切刀，用于切直槽、切断、刨削台阶等；弯头刨槽刀(见图 11-43(e))也称为弯头切刀，用于加工 T 形槽、侧面槽等；内孔刨刀(见图 11-43(f))用于加工内孔表面与内孔槽；成形刀(见图 11-43(g))用于加工成形表面，刨刀切削刃的形状与工件表面轮廓形状一致；精刨刀(见图 11-43(h))是精细加工用刨刀，多为宽刃形式，以获得较细的表面粗糙度。

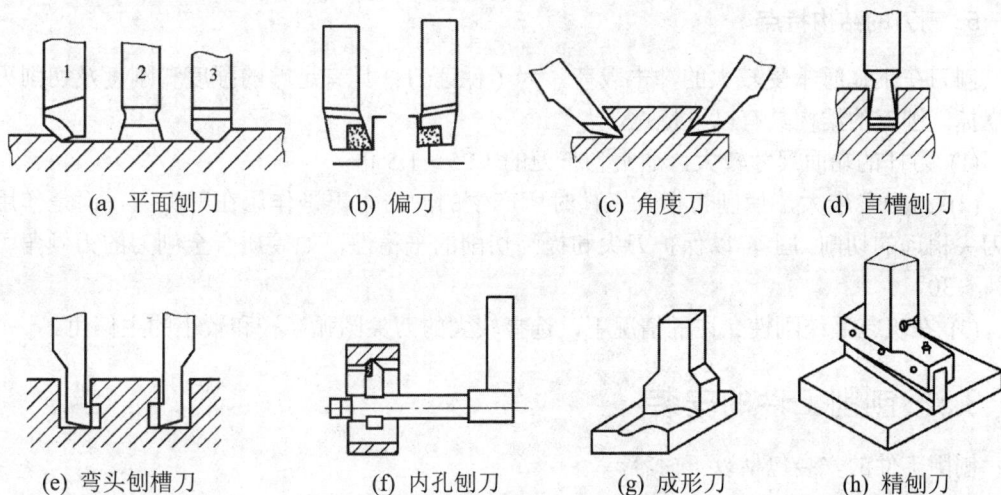

(a) 平面刨刀　　(b) 偏刀　　(c) 角度刀　　(d) 直槽刨刀

(e) 弯头刨槽刀　　(f) 内孔刨刀　　(g) 成形刀　　(h) 精刨刀

图 11-43　形状和用途不同的刨刀

1—尖头平面刨刀；2—平头精刨刀；3—圆头精刨刀

3. 按刀头结构不同分类

按刀头结构不同，分为焊接式刨刀和机械夹固式刨刀。焊接式刨刀是刀头与刀杆由两种材料焊接而成的，刀头一般为硬质合金刀片。机械夹固式刨刀的刀头与刀杆为不同的材料，用压板、螺栓把刀头紧固在刀杆上。

4. 宽刃细刨刀简介

在龙门刨床上，用宽刃细刨刀可细刨大型工件的平面(如机床导轨面)。宽刃细刨主要用来代替手工刮削各种导轨平面，可使生产率提高几倍，应用较为广泛。

宽刃细刨在普通精刨的基础上，使用高精度的龙门刨和宽刃细刨刀，以低切速和大进给量在工件表面切去一层极薄的金属。由于切削力、切削热和工件变形均很小，从而可获得比普通精刨更高的加工质量。表面粗糙度值 Ra 可达 $1.6\sim0.8\mu m$，直线度可达 0.02mm/m。图 11-44 所示为宽刃细刨刀的一种形式。

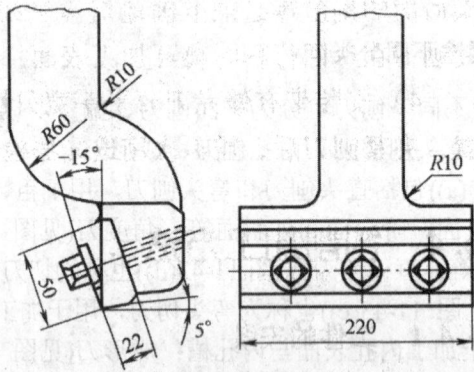

图 11-44　宽刃细刨刀

5. 刨刀的结构特点

刨刀在工作时承受较大的冲击载荷，为了保证刀杆具有足够的强度和刚度及切削刃不致崩掉，刨刀的结构具有以下特点。

(1) 刀杆的端面尺寸较大，通常为车刀的 1.25～1.5 倍。

(2) 刃倾角较大，使刨刀切入工件时所产生的冲击力不是作用在刀尖上，而是作用在离刀尖稍远的切削刃上，以保护刀尖和提高切削的平稳性，如硬质合金刨刀的刃倾角可达 $10°\sim30°$。

(3) 在工艺系统刚性允许的情况下，选择较大的刀尖圆弧半径和较小的主偏角。

11.3.5　刨削工件的安装

刨削工件的安装包括以下内容。

(1) 压板装夹(见图 11-45)。压板装夹时应注意位置的正确性，使工件的装夹牢固。

(2) 台虎钳装夹。牛头刨床工作台上常用台虎钳装夹方法，如图 11-46(a)～(c)所示。图 11-46(a)所示方法适于一般粗加工，工件平行度、垂直度要求不高时应用；图 11-46(b)所示方法适用于工件面 1、2 之间有较高垂直度要求时应用；图 11-46(c)所示方法用垫铁和支承板安装，适于工件面 3、4 之间有较高有平行度要求时应用。

(3) 薄板件装夹。当刨削较薄的工件时，在四周边缘无法采用压板，这时 3 边用挡块挡住，一边用薄钢板承压，并用锤子轻敲工件待加工表面四周，使工件贴平、夹

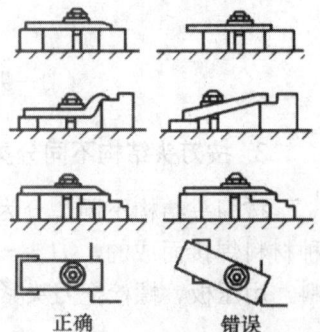

正确　　错误

图 11-45　压板装夹

持牢固，如图 11-47 所示。

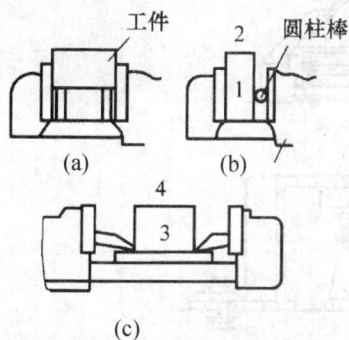

图 11-46　台虎钳装夹

1～4—工件面

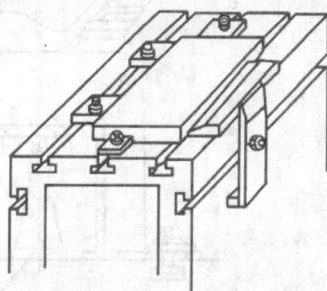

图 11-47　薄板件装夹

(4) 圆柱体工件装夹。如图 11-48(a)所示，刨削圆柱体时，可以采用台虎钳装夹，也可以利用工作台上 T 形槽、斜铁和承块装夹；如图 11-48(b)所示，当刨削圆柱体端面槽时，还可以利用工作台侧面 V 形槽、压板装夹。

(5) 弧形工件装夹。如图 11-49 所示，刨削弧形工件时，可在圆弧内、外各用 3 个支承将工件夹紧。

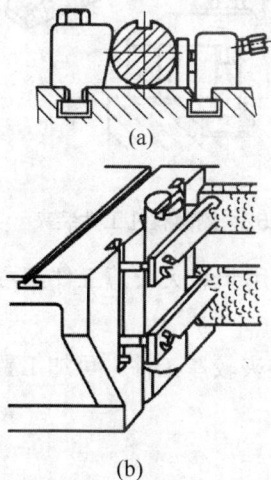

图 11-48　圆柱体工件装夹

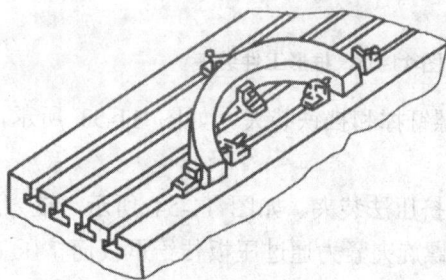

图 11-49　弧形工件装夹

(6) 薄壁工件装夹。如图 11-50 所示，刨削薄壁工件时，由于工件刚性不足，会使工件产生夹紧变形或在刨削时产生振动，因此需将工件垫实后再进行夹紧，或在切削受力处用千斤顶支承。

(7) 框形工件装夹。如图 11-51 所示，装夹部分刚性差的框形工件，应将薄弱部分预先垫实或用螺栓支承。

(8) 侧面有孔工件装夹。如图 11-52 所示，普通压板无法装夹侧面有孔工件，可用圆头压板伸入孔中装夹。

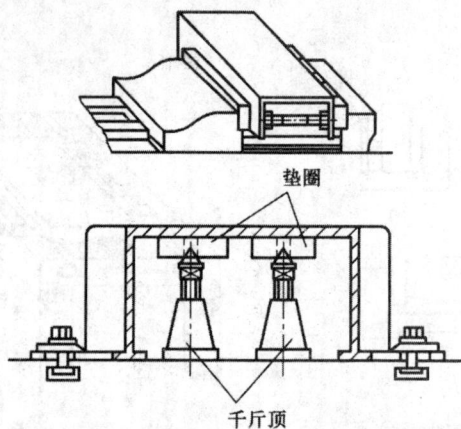

图 11-50　薄壁工件装夹

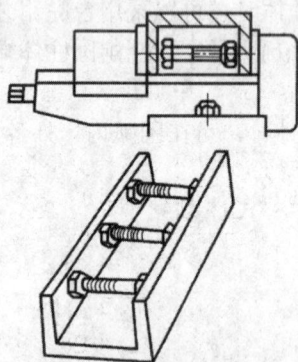

图 11-51　框形工件装夹

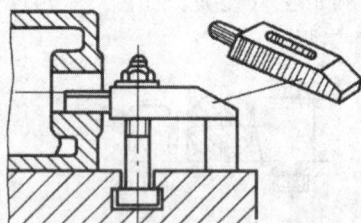

图 11-52　侧面有孔工件装夹

(9) 用螺钉撑和挡铁装夹。如图 11-53 所示，该方法适用于装夹较薄工件，可加工整个上平面。

(10) 用挤压法装夹。如图 11-54 所示，该方法适用于装夹较厚工件，可加工整个上平面，两边的螺旋夹紧力通过压板传给承板而挤压工件。

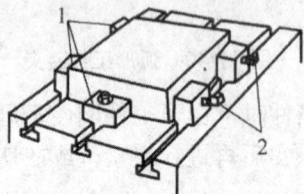

图 11-53　用螺钉撑和挡铁装夹

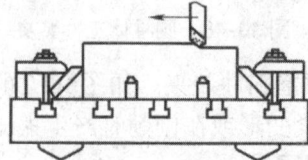

图 11-54　用挤压法装夹

11.4 拉床及拉刀

11.4.1 拉床

拉床主要用于各种通孔表面的加工，也可用于加工平面、沟槽和成形表面。主要加工范围见图 11-55。

拉床很简单，它只有主运动，没有进给运动。加工时拉刀做平稳的低速直线运动，而进给则由拉刀刀齿的齿升量来完成。在拉削过程中，拉刀要承受的切削力很大，为了获得平稳的主运动，通常采用液压驱动。

拉削加工时，切屑薄，运动平稳，因而可获得较高的加工精度(拉削精度可达 IT7～IT8)和较细的表面粗糙度(Ra0.4～3.2μm)。拉床工作时， 拉刀通过加工表面的一次行程中可完成粗、精加工，因此生产率较高，但拉削不同的表面需要不同的专用拉刀，且拉刀的结构复杂，成本较高，因此仅适用于大批大量生产。

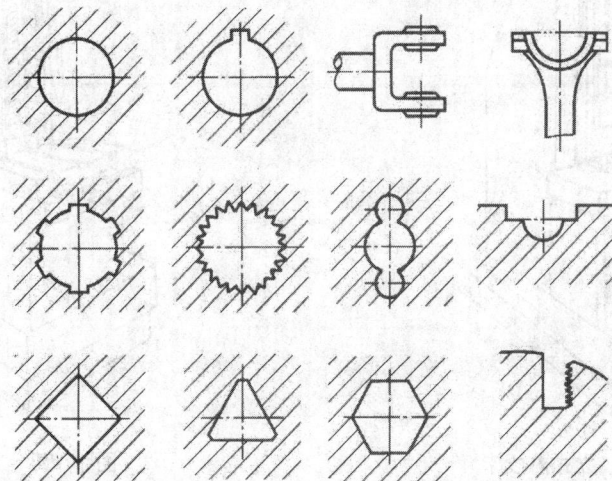

图 11-55 拉削加工的主要范围

拉床的主参数是额定拉力。拉床的类型主要有：按加工的表面可分为内表面和外表面拉床两类；按机床的布局形式可分为卧式和立式两类。另外，还有专用拉床和连续式拉床。

图 11-56 所示为卧式内拉床，是拉床中最常用的，用以拉花键孔、键槽和精加工孔。图 11-57 所示为立式内拉床，常用于在齿轮淬火后，校正花键孔的变形。这时切削量不大，拉刀较短，故为立式。

拉削时常从拉刀的上部向下推。图 11-58 所示为立式外拉床，用于汽车拖拉机行业加工汽缸体等零件的平面。

图 11-59 所示为连续式外拉床，毛坯从拉床左端装入夹具，连续地向右运动，经过拉刀下方时拉削顶面，到达右端 B 时加工完毕，从机床上卸下。它用于大量生产中加工小型零件。

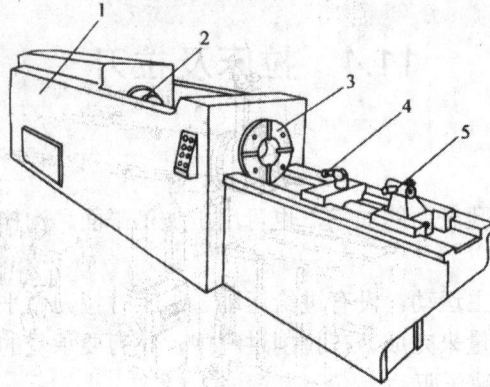

图 11-56　卧式内拉床

1—床身；2—液压缸；3—支承座；4—滚柱；5—护送夹头

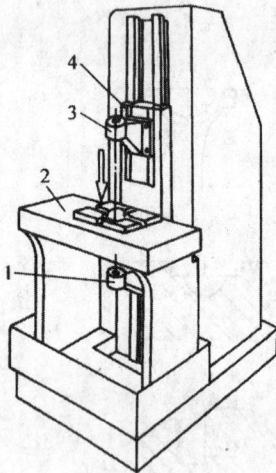

图 11-57　立式内拉床

1—下支架；2—工作台；3—上支架；4—滑座

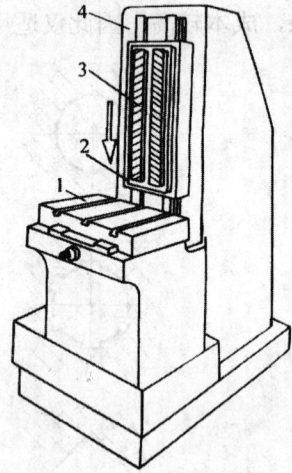

图 11-58　立式外拉床

1—工作台；2—滑块；3—拉刀；4—床身

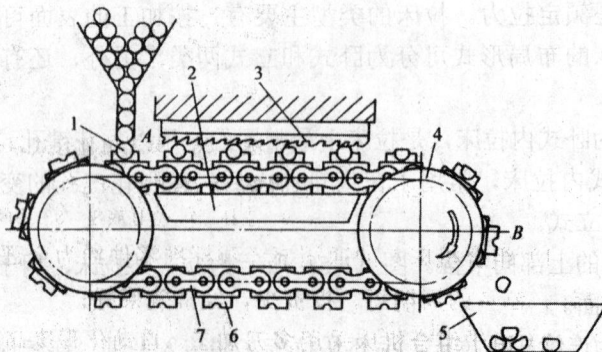

图 11-59　连续式外拉床

1—工件；2—导轨；3—拉刀；4—链轮；5—成品箱；6—夹具；7—链条

11.4.2　拉刀

拉刀是一种高生产率、高精度的多齿刀具。拉削时，通过拉刀沿其轴向的低速移动，使刀齿依次切下很薄的金属层，一次行程就可完成粗、精加工。经拉削后获得的已加工表面可达 IT7～IT12 级精度，$Ra0.8～3.2\mu m$ 的表面粗糙度。拉刀的使用寿命较长，可用于多种形状的通孔和外表面的加工，但由于其结构较复杂，制造成本较低，故主要用于大批量生产中。图 11-60 是拉削过程及拉削的典型表面。

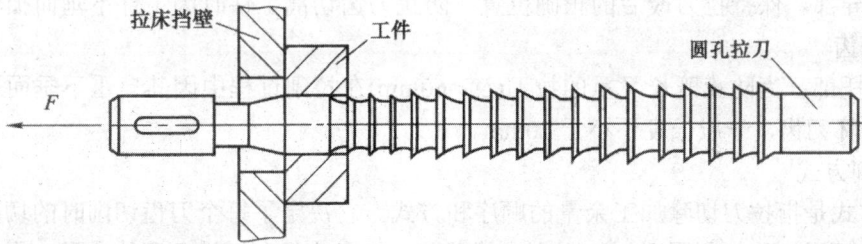

图 11-60　拉削过程

1. 拉刀的类型及其应用

拉刀按受力不同分为拉刀和推刀。

按加工工件表面不同分为内拉刀、外拉刀。内拉刀用于加工工件内表面，如圆孔拉刀、键槽拉刀及花键拉刀等；外拉刀用于加工外表面，如平面拉刀、成形表面拉刀及齿轮拉刀等。按拉刀构造不同分为整体式和组合式。整体式主要用于中、小型尺寸的高速钢拉刀；组合式主要用于大尺寸和硬质合金拉刀，这样不仅可以节省贵重的刀具材料，而且当拉刀刀齿磨损或破损后能够更换，延长拉刀的使用寿命。

2. 拉刀的组成与拉削方式

1) 拉刀的组成

拉刀的种类很多，但其组成部分基本相同。现以圆孔拉刀为例，如图 11-61 所示，介绍拉刀的各组成部分及其作用。

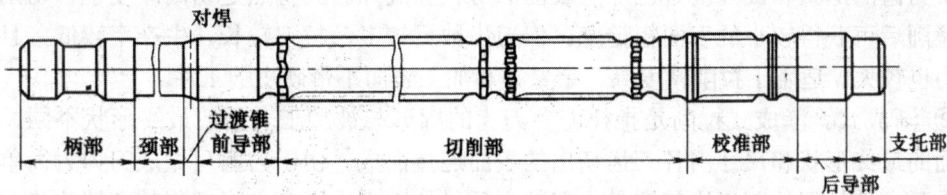

图 11-61　圆孔拉刀结构

(1) 柄部。供拉床夹头夹持以传递动力。

(2) 颈部。柄部与其后各部分的连接部位，也是打标记的位置。伸长的颈部，可使拉刀的第一个齿尚未进入工件孔之前，拉床的夹头能夹住柄部。

(3) 过渡锥。起对准中心的作用，引导拉刀能顺利进入工件的预制孔中。

(4) 前导部。引导拉刀进入将要切削的正确位置，起导向和定心作用，防止拉刀进入工件后发生歪斜，并可检查拉孔前的孔径是否过小，以免拉刀第一个刀齿负荷太重而损坏。

(5) 切削部。承担全部余量的切除，由粗切齿、过渡齿和精切齿组成，这些刀齿的直径，由前导部向后逐渐增大，其最后一个精切齿的直径应保证被拉削孔得到所要求的尺寸。

(6) 校准部。该部由几个直径都相同的校准齿组成，其切削量很少，只起校准与修光作用，以提高加工精度，得到光洁的表面，并作为精切齿的后备齿。

(7) 后导部。保持拉刀最后的正确位置，防止刀齿切离工件时因工件下垂而损坏已加工表面或刀齿。

(8) 支托部。为防止既长又重的拉刀($D \geq 60\text{mm}$)在拉削过程中因其自重下垂而影响加工质量和损坏刀齿，一般长度不小于 20mm。

2) 拉削方式

拉削方式是指拉刀切除加工余量的顺序和方式。它决定了每个刀齿切削时的切削层横截面形状，所以也称拉削图形。拉削方式的不同，将影响每个刀齿负荷的分配，影响拉削力、刀具耐用度、加工表面质量和生产率。所以，拉削方式的确定，是拉刀设计的一个重要环节。拉削方式分为两大类。

(1) 分层拉削方式。分层拉削就是将加工余量一层一层地切除。根据已加工表面形成过程的不同，又分为同廓式和渐成式，如图 11-62 所示。

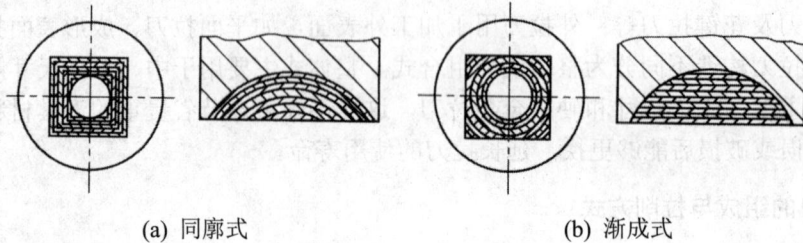

(a) 同廓式　　　　　　　　　　(b) 渐成式

图 11-62　分层拉削方式

① 同廓式。同廓式拉削是指拉刀各刀齿的廓形均与被加工表面的最终形状相似，最后一个刀齿的形状和尺寸决定已加工表面的形状和尺寸。其特点是切削厚度小，切削宽度大，拉削后可获得较小的表面粗糙度。但刀齿数目较多，拉刀较长，生产率较低，且单位切削力也较大。适用于拉削精度高、余量小和加工表面不带硬皮的工件。

② 渐成式。渐成式拉削是指拉刀各刀齿的廓形与被加工表面的最终形状不同，已加工表面的最终形状和尺寸由各刀齿切出的表面连接而成。由于刀齿可做成刀刃为简单的直线和圆弧，使拉刀的制造比较容易。但拉削后已加工表面因有各齿切削的交接痕迹，故表面质量较差。主要用于成形表面的拉削。

(2) 分块拉削方式。分块拉削就是把加工余量分成若干层，每个刀齿依次切除一层或两层中的一部分。分块拉削可分为轮切式和综合轮切式。

① 轮切式。将拉刀的切削齿分成若干个齿组，每个齿组有 2～5 个刀齿。每个齿组共同切除较厚的一层加工余量，而每个刀齿仅切除该层余量的若干块。图 11-63 是 3 个刀齿

列为一级的轮切式拉刀刀齿的结构与切削图形。前两个刀齿直径相同，刀刃上磨出前后交错分布的大圆弧分屑槽，使切削刃也交错分布。第三个刀齿为圆环形，为不使其切下整圈切屑，故直径略小于前齿。

　　轮切式拉削方式的切削厚度大，切削宽度小，故可减少切削齿数，缩短拉刀长度，提高生产率。但其结构较复杂，拉削后的表面也较粗糙。适用于拉削余量大、精度不高和加工表面带有胶皮的工件。

　　② 综合轮切式。综合轮切式是综合了同廓式和轮切式的优点而形成的拉削方式，其刀齿的结构与拉削图形如图 11-64 所示。粗切齿组 A 与过渡齿组 B 分别由若干个刀齿组成，各齿均采用轮切式的刀齿结构，并且依次比前一个刀齿增加一层加工余量，即第一个刀齿切除第一层加工余量宽度的一半，第二个刀齿切除第二层加工余量的一半和第一层剩下的另一半余量。所以从第二齿起的切削厚度为第一齿的 2 倍。后面的刀齿都如此交错切削，切下厚而窄的切屑。精切齿组 C 的刀齿均采用同廓式刀齿结构，切下薄而宽的切屑。这样，既可缩短拉刀长度，提高生产率，又能获得较小的表面粗糙度。一般圆孔拉刀多采用此种拉削方式。

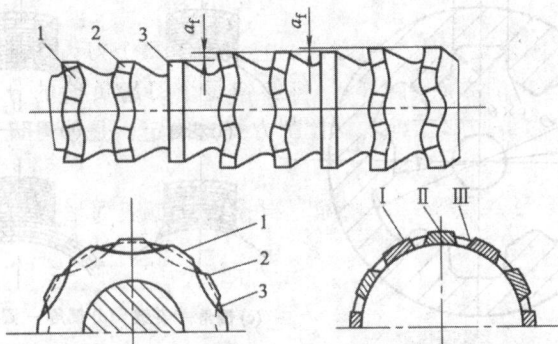

图 11-63　轮切式圆孔拉刀的截面和切削图形

1—第一齿；2—第二齿；3—第三齿；Ⅰ～Ⅲ-第一、二、三齿切除的余量

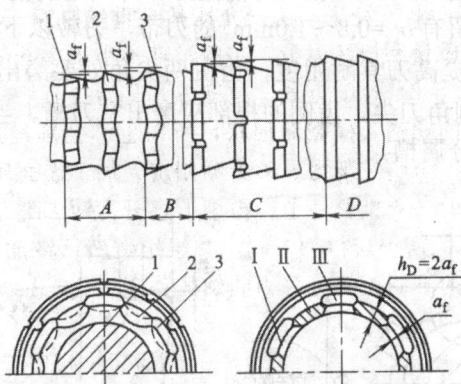

图 11-64　综合轮切式圆孔拉刀截形和拉削图形

1—第一齿；2—第二齿；3—第三齿；A—粗切齿；

B—过渡齿；C—精切齿；D—校准齿

Ⅰ～Ⅲ—第一、二、三齿切除的余量

3. 花键拉刀的特点

1) 刀齿的组合方式

根据矩形花键拉刀刀齿的拉削图形，常用的花键拉刀刀齿组合方式有以下几种，如图 11-65 所示。

图 11-65(a)所示为只拉花键的拉刀，刀齿全部是花键齿，结构简单。但要求工件内径有一定的预加工精度。

图 11-65(b)所示为圆孔—花键复合拉刀，同时配置有圆孔刀齿和花键刀齿，可保证花键内、径的同轴度，对工件内径精度要求不高。

图 11-65(c)所示为倒角—花键复合拉刀，由倒角刀齿和花键刀齿组成。为保证花键内、外径的同轴度，工件内径须加工孔的精度应不低于 IT8。

图 11-65(d)所示为例角—圆孔—花键复合拉刀，拉刀刀齿由 3 部分组成，工艺性较好，适合拉长度较大的花键孔。

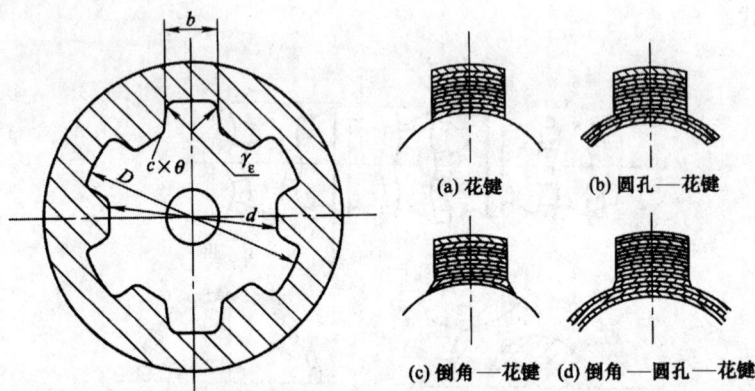

图 11-65　花键拉刀的刀齿组合方式

2) 切削齿的形状

花键切削齿的形状如图 11-66 所示。为使拉刀保持一定的使用寿命，重磨后键宽 b 不致很快减小，在侧刃上应留有 b_a =0.8～1.0mm 的刃带，刃带以下制出 κ_r' =1°～1°30′ 的副偏角，以减少摩擦。为提高刀具耐用度，齿侧两尖角处要磨出 r_ε =0.25～0.3mm 的圆弧半径或(0.2～0.3)×45° 的倒角刀尖。齿侧的根部应磨出空刀槽。当键宽 $b\geqslant6$mm 时，应磨出前后刀齿上交错排列的分屑槽。

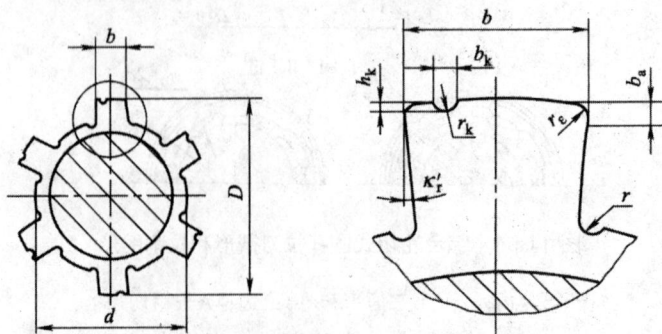

图 11-66　花键拉刀的切削齿截形

4. 拉刀使用时应注意的事项

1) 正确使用和保管拉刀

拉刀使用前，需仔细检查刀齿是否锋利，刀刃是否有碰伤的缺口。装夹拉刀时，位置要准确，夹持要可靠。拉削完每个工件，均应清除附着在切削刃上的切屑，并注意不碰伤刀齿。当工件偏斜或拉床拉力不够时，应立即停止拉削。若拉刀卡在工件内，应设法将工件切割开，以保护拉刀不致损坏，不得用手或压力机强迫卸下工件。

为保护拉刀刀齿，要注意避免拉刀与任何硬物碰撞，不允许将拉刀放在拉床床面或其他硬度高的物体上。拉刀使用完毕，应清洗干净后垂直吊挂在架子上。较长时间不用的拉刀，还应涂上防锈油。

2) 合理选择拉削速度

拉削速度一般应根据工件材料的性质、加工表面质量和刀具耐用度进行选择。目前，高速钢拉刀的拉削速度在 0.5～15m/min 范围内。当加工表面质量要求不高时，拉削速度可在 3～7m/min 内选取。如果拉刀的齿升量较大，加工表面质量要求较高，工件材料的强度、硬度较高时，拉削速度均应适当降低。而加工有色金属时，拉削速度可提高到 10～12m/min。

近年来，高速拉削有了很大发展，拉削速度已达 35～40m/min。

3) 合理选用切削液

拉刀切削时，选用合适的切削液，可有效地改善加工表面质量和提高刀具耐用度。乳化液和硫化油为拉削中常采用的切削液。乳化液冷却性能好而润滑性能差。硫化油的润滑性能好，可使拉刀耐用度成倍增加，但仅用于拉削精度要求不高的一般钢件。对于合金钢和高强度合金钢，宜采用含有油性添加剂和极压添加剂的复合润滑油。

4) 拉削易产生的缺陷

如图 11-67 所示，拉削时，通常由于设计、使用与刃磨的影响，工件拉削表面会产生诸如环状波纹、鳞刺、局部划伤、挤亮斑点等影响表面质量的缺陷。

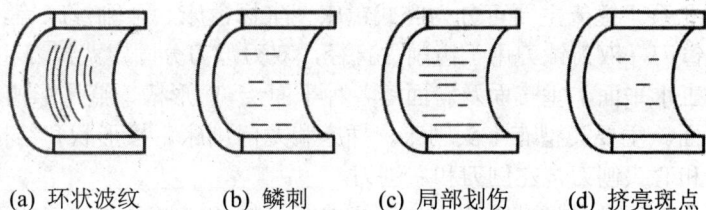

(a) 环状波纹　　(b) 鳞刺　　(c) 局部划伤　　(d) 挤亮斑点

图 11-67　拉削表面上常见的缺陷

(1) 环状波纹。产生波纹的主要原因是拉削时切削力变化较大，引起切削过程不平稳而产生振动所致。可从检查同时工作齿数是否太少，齿升量的安排是否合理，刃带宽度是否太小，机床负荷及拉削速度是否均匀等方面分析和排除。

(2) 鳞刺。产生鳞刺的主要原因是由于拉削过程中塑性变形较严重所致。可通过增大前角、减少齿升量、使用润滑性能好的切削液、适当提高工件硬度、及时重磨钝化的拉刀等途径来解决。

(3) 局部划伤。拉削表面的划伤是由于刀齿产生缺口、切削时产生的积屑瘤及容屑槽内的切屑划伤所造成的。因此，应抑制积屑瘤的产生，防止刀齿产生缺口，重磨后保证拉刀容屑槽具有良好的卷屑、容屑条件。

(4) 挤亮斑点。挤亮斑点的产生是由于刀齿后面与已加工表面间的挤压摩擦较强烈或是工件硬度过高所引起的。所以，适当增大后角，减小校准齿刃带宽度，降低工件硬度和选用适当的切削液等，均可避免这种缺陷。

当工件孔壁太薄或厚薄不均匀时，拉削后孔径可能产生局部变形而造成形状误差。如图 11-68 所示，若工件两端为薄壁，拉削后工件孔呈"腰鼓"形；工件中间部位为薄壁，则拉削后工件孔呈"喇叭口"形。因此，拉削一般不宜加工壁厚不均匀且厚薄较悬殊的工件。

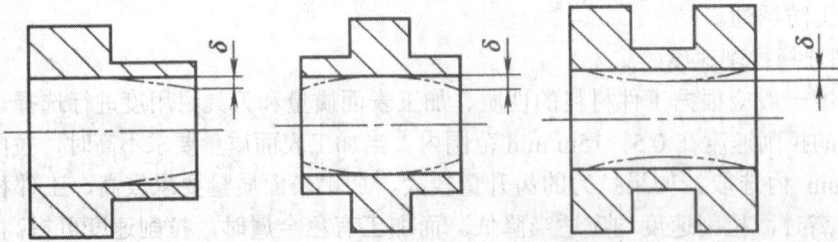

图 11-68　拉削后表面产生的形状误差

小　结

钻床用于钻削加工精度要求不高、尺寸较小的孔，进行扩孔、铰孔、锪孔、攻螺纹和锪端面等工作。钻床可分为立式钻床、台式钻床、摇臂钻床等。常用钻床刀具有麻花钻、群钻、深孔钻、扩孔钻、锪钻、铰刀、孔加工复合刀具。常用深孔钻有枪钻、错齿内排屑深孔钻、喷吸钻。孔加工复合刀具可同时或按先后顺序完成两个或两个以上不同表面的加工。

镗床主要用于镗削大、中型工件上的预制孔，特别适用于加工孔距精度和相互位置精度要求都很高的孔系。镗床主要可分为卧式镗床、坐标镗床、金刚镗床等。镗刀一般分为单刃镗刀和双刃镗刀，双刃镗刀用于镗削大直径，双刃镗刀分固定式镗刀和浮动镗刀。

刨床用于加工水平面、垂直面及斜面等各种平面，T 形槽、燕尾形槽及 V 形槽等沟槽，直线成形表面。主要类型有牛头刨床、插床和龙门刨床。按形状和结构的不同，刨刀可分为直头刨刀和弯头刨刀，左刨刀和右刨刀。

拉床主要用于加工各种通孔，也可加工平面、沟槽和成形表面。按加工的表面拉床可分为内表面和外表面拉床两类；按拉床的布局形式可分为卧式拉床和立式拉床两类。拉刀是一种高生产率、高精度的多齿刀具，使用寿命较长，用于多种形状的通孔和外表面的加工，其结构较复杂，制造成本较高，主要用于大批大量生产。

习题与思考题

11-1　台式钻床、立式钻床和摇臂钻床的加工范围有何不同？

11-2　指出摇臂钻床的成形运动和辅助运动。

11-3　常见的孔加工刀具有哪些？各适用于什么情况？

11-4　试说明麻花钻的结构组成和各部分的作用。

11-5　画图说明麻花钻切削部分的组成。

11-6　麻花钻在结构上存在哪些缺点？群钻与麻花钻相比有哪些改进？

11-7　深孔加工要解决的主要问题是什么？试述喷吸钻的工作原理。它在结构上如何保证孔的质量？

11-8　钻孔常见的缺陷有哪些?如何防止？

11-9　钻孔、扩孔、铰孔有什么区别？

11-10　试述常用锪钻的种类与用途。

11-11　铰孔时铰刀为什么不能反转？

11-12　选用铰刀应注意什么？

11-13　为什么用高速钢铰刀铰削铸铁时易出现孔径扩大现象？而使用硬质合金铰刀铰削钢件时易出现孔径收缩现象？

11-14　复合孔加工有哪些常用刀具？复合孔加工刀具有何特点？复合孔加工刀具在使用过程中应注意什么？

11-15　什么是镗削加工？其加工特点和工艺范围是什么？

11-16　卧式镗床由哪几部分组成？有哪些主运动和进给运动？

11-17　常用镗刀有哪些类型？各有何特点？

11-18　微调镗刀如何调整？怎样控制镗孔尺寸？

11-19　刨床、插床、龙门铣床的应用有什么区别？

11-20　分别说明龙门刨床、牛头刨床、插床的主运动和进给运动。

11-21　牛头刨床主要由哪几个部分组成？各有何功用？

11-22　在 B2012A 型龙门刨床上能否同时加工相互垂直的平面？如何加工？

11-23　为什么刨刀往往做成弯头的？

11-24　刨刀的种类有哪些？其结构有何特点？

11-25　刨削时，工件装夹方法有哪些？

11-26　什么是插削？插削与刨削有哪些方面不同？

11-27　拉削方式有哪几种？各有什么优、缺点？各应用在什么场合？

11-28　拉刀齿升量的大小对拉削过程有什么影响？综合轮切式圆孔拉刀各齿组的齿升量是如何分布的？

11-29　拉削表面常会产生哪些缺陷？如何克服？

11-30　使用拉刀时，需要注意哪些问题？

附　　录

附录 A　机构运动简图(摘自 GB/T 4460—1984)

名　称	基本符号	可用符号	附　注
齿轮机构 齿轮(不指明齿轮) a. 圆柱齿轮			
b. 圆锥齿轮			
c. 挠性齿轮			
齿线符号 a. 圆柱齿轮 (i)直齿			
(ii)斜齿			
(iii)人字齿			
b. 圆锥齿轮 (i)直齿			
(ii)斜齿			
(iii)弧齿			

名　称	基本符号	可用符号	附　注
齿轮传动(不指明齿线) a. 圆柱齿轮			
b. 圆锥齿轮			
c. 蜗轮与圆柱蜗杆齿轮(不指明齿线)			
d. 螺旋齿轮			
齿条传动 a. 一般表示			
b. 蜗线齿条与蜗轮			
c. 齿条与蜗杆			
扇形齿轮			
圆柱凸轮			
外啮合槽轮机构			

名　称	基本符号	可用符号	附　注
联轴器 a．一般符号(不指明类型)			
b．固定联轴器			
c．弹性联轴器			
啮合式离合器 a．单向式			
b．双向式			
摩擦离合器 a．单向式			
b．双向式			
液压离合器(一般符号)			
电磁离合器			
超越离合器			
安全离合器 a．带有易损元件			
b．无易损元件			

续表

名　称	基本符号	可用符号	附　注
制动器(一般符号)			不规定制动器外观
螺杆传动 a. 整体螺母			
b. 开合螺母			
c. 滚珠螺母			
带传动——一般符号(不指明类型)			若需指明传动带采用下列符号 V带 圆形传动带 同步齿形带 平带 如：V带传动
链传动——一般符号(不指明类型)			若需指明链条可采用下列符号 环形链 滚子链 无声链 如：无声链传动
向心轴承 a. 普通轴承			
b. 滚动轴承			
推力轴承 a. 单向推力普通轴承			

名　称	基本符号	可用符号	附　注
推力轴承 b. 推力轴承			
c. 推力滚动轴承			
向心推力轴承 a. 单向向心推力 普通轴承			
b. 双向向心推力 普通轴承			
c. 向心推力滚动 轴承			

附录 B　滚动轴承图示符号(摘自 GB/T 4458.1—1984)

轴承类型	图示符号	轴承类型	图示符号
深沟球轴承	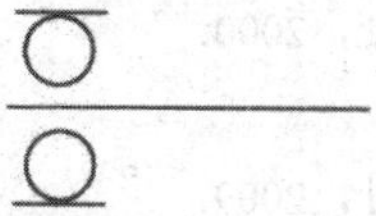	滚针轴承(内圈无挡边)	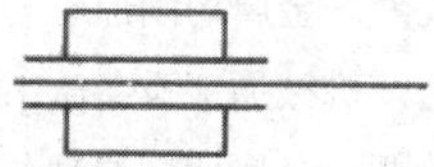
调心球轴承(双列)	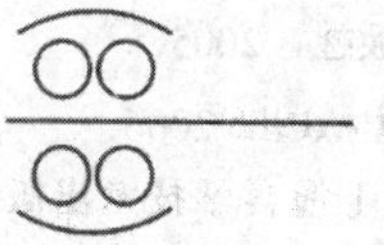	推力球轴承	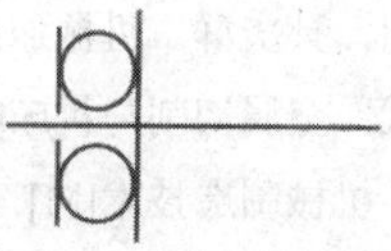
角接触球轴承	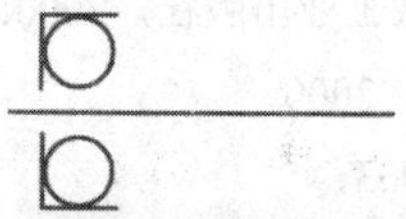	推力球轴承(双向)	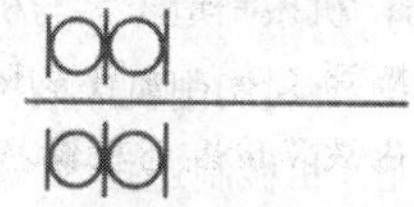
圆柱滚子轴承(内圈无挡边)	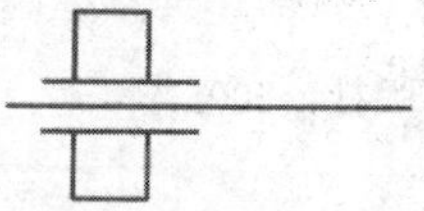	圆锥滚子轴承	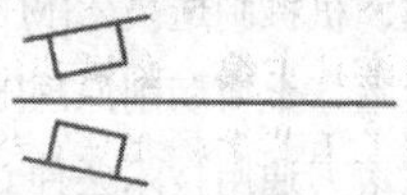
圆柱滚子轴承(双列)	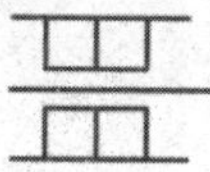	圆锥滚子轴承(双列)	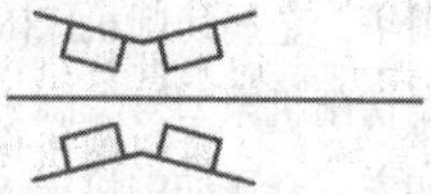

参 考 文 献

[1] 陆剑中，孙家宁. 金属切削原理与刀具[M]. 北京：机械工业出版社，2006.

[2] 王晓霞. 金属切削原理与刀具[M]. 北京：航空工业出版社，2000.

[3] 刘坚. 机械加工设备[M]. 北京：机械工业出版社，2001.

[4] 胡黄卿. 金属切削原理与机床[M]. 北京：化学工业出版社，2009.

[5] 焦小明，孙庆群. 机械加工技术[M]. 北京：机械工业出版社，2005.

[6] 聂建武. 金属切削与机床[M]. 西安：西安电子科技大学出版社，2006.

[7] 李华. 机械制造技术[M]. 北京：高等教育出版社，2005.

[8] 刘守勇. 机械制造工艺与机床夹具[M]. 2版. 北京：机械工业出版社，2000.

[9] 贾亚洲. 金属切削机床概论[M]. 北京：机械工业出版社，2000.

[10] 王茂元. 机械制造技术[M]. 北京：机械工业出版社，2003.

[11] 刘越. 机械制造技术[M]. 北京：化学工业出版社，2003.

[12] 陈日曜. 金属切削原理[M]. 第2版. 北京：机械工业出版社，2005.

[13] 齿轮滚刀通用技术条件 GB/T 6084—2001.

[14] 吴国华. 金属切削机床[M]. 北京：机械工业出版社，2005.

[15] 金属切削机床型号编制方法 GB/T 15375—2008.

[16] 晏初宏. 金属切削机床[M]. 北京：机械工业出版社，2007.

[17] 陈根琴. 金属切削加工方法与设备[M]. 北京：人民邮电出版社，2008.

[18] 汪晓云. 普通机床的零件加工[M]. 北京：机械工业出版社，2010.